全国高级技工学校电气自动化设备安装与维修专业教材

电机变压器原理与维修

人力资源和社会保障部教材办公室组织编写

中国劳动社会保障出版社

内容简介

本书为全国高级技工学校电气自动化设备安装与维修专业教材。主要介绍了单相变压器、三相变压器、特殊变压器、三相异步电动机、单相异步电动机、直流电动机、同步电机和特种电机的结构和原理等知识，并有针对性地安排了技能训练。

本书由王建主编，张宏、李丽、张凯副主编，范慧贞、娄志勇、朱彦齐、林尔付、吴婧、崔书华、许瑞、郭俊霞参加编写；朱照红审稿。

图书在版编目(CIP)数据

电机变压器原理与维修/人力资源和社会保障部教材办公室组织编写. —北京：中国劳动社会保障出版社，2012

全国高级技工学校电气自动化设备安装与维修专业教材

ISBN 978-7-5045-9513-3

Ⅰ.①电… Ⅱ.①人… Ⅲ.①变压器-理论-技工学校-教材②变压器-维修-技工学校-教材 Ⅳ.①TM40

中国版本图书馆 CIP 数据核字(2012)第 035844 号

中国劳动社会保障出版社出版发行

（北京市惠新东街 1 号 邮政编码：100029）

出版人：张梦欣

*

北京鑫海金澳胶印有限公司印刷装订 新华书店经销

787 毫米×1092 毫米 16 开本 19.5 印张 449 千字

2014 年 3 月第 1 版 2025 年 3 月第 18 次印刷

定价：36.00 元

营销中心电话：400-606-6496

出版社网址：http://www.class.com.cn

http://jg.class.com.cn

前　言

为了更好地适应高级技工学校电气自动化设备安装与维修专业的教学要求，全面提升教学质量，人力资源和社会保障部教材办公室组织有关学校的一线教师和行业、企业专家，在充分调研企业生产和学校教学情况的基础上，吸收和借鉴各地高级技工学校教学改革的成功经验，在原有同类教材的基础上，重新组织编写了高级技工学校电气自动化设备安装与维修专业教材。

本次教材编写工作的目标主要体现在以下几个方面：

第一，完善教材体系，定位科学合理。

针对初中生源和高中生源培养高级工的教学要求，调整和完善了教材体系，使之更符合学校教学需求。同时，根据电气自动化设备安装与维修专业高级工从事相关岗位的实际需要，合理确定学生应具备的能力和知识结构，对教材内容的深度、难度做了适当调整，加强了实践性教学内容，以满足技能型人才培养的要求。

第二，反映技术发展，涵盖职业标准。

根据相关工种及专业领域的最新发展，更新教材内容，在教材中充实新知识、新技术、新材料、新工艺等方面的内容，体现教材的先进性。教材编写以国家职业标准为依据，涵盖相关国家职业标准中、高级的知识和技能要求，并在与教材配套的习题册中增加了相关职业技能考试的练习题。

第三，融入先进理念，引导教学改革。

专业课教材根据一体化教学模式需要编写，将工艺知识与实践操作有机融为一体，构建“做中学，学中做”的学习过程；通用专业知识教材根据所授知识的特点，注意设计各类课堂实验和实践活动，将抽象的理论知识形象化、生动化，引导教师不断创新教学方法，实现教学改革。

第四，精心设计形式，激发学习兴趣。

在教材内容的呈现形式上，较多地利用图片、实物照片和表格等形式将知识点生动地展示出来，力求让学生更直观地理解和掌握所学内容。针对不同的知识点，设计了许多贴近实际的互动栏目，在激发学生学习兴趣和自主学习积极性的同时，使教材“易教易学，易懂易用”。

第五，开发辅助产品，提供教学服务。

根据大多数学校的教学实际，部分教材还配有习题册和教学参考书，以便于教师教学和学生练习使用。此外，教材基本都配有方便教师上课使用的电子教案，并可通过出版社网站（http：//www. class. com. cn）免费下载，其中部分教案在教学参考书中还以光盘形式附赠。

本次教材编写工作得到了河北、黑龙江、江苏、山东、河南、广东、广西等省、自治区人力资源和社会保障厅及有关学校的大力支持，在此我们表示诚挚的谢意。

人力资源和社会保障部教材办公室

2011 年 3 月

目　录

第一章

单相变压器

变压器是一种常见的静止电气设备，它利用电磁感应原理，将某一数值的交变电压变换为同频率的另一数值的交变电压。变压器不仅对电力系统中电能的传输、分配和安全使用有重要意义，而且广泛应用于电气控制、电子技术、测试技术及焊接技术等领域。

变压器种类很多，通常可按其用途、绕组结构、铁心结构、相数、冷却方式等进行分类。按相数分为三相变压器和单相变压器。单相变压器常用于单相交流电路中作隔离、电压等级的变换、阻抗变换、相位变换，或作为三相变压器的一相；三相变压器常用于输配电系统中变换电压和传输电能。如图 1—1 所示。

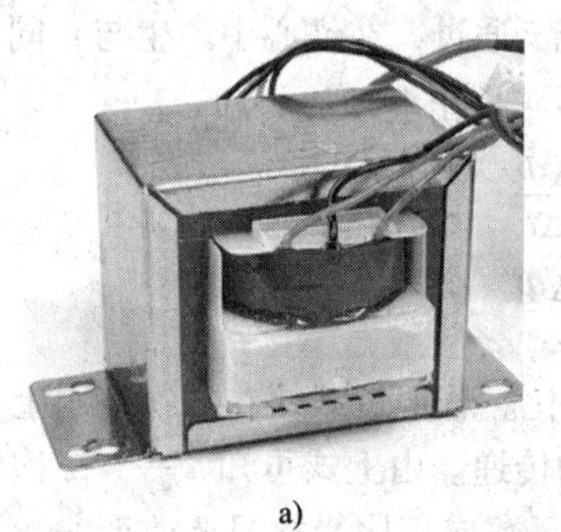

a)

b)

图 1—1　变压器外形

a）单相变压器　b）三相变压器

第一节　单相变压器的原理与分类

学习目标

1. 掌握单相变压器的基本原理。
2. 熟悉单相变压器的分类。

一、单相变压器的基本原理

单相变压器和三相变压器在形态和功能上有一定的差别，但其基本工作原理是相似的。图1—2所示为单相变压器的工作原理图。其主要部件是铁心和绕组。两个互相绝缘且匝数不同的绕组分别套装在铁心上，两绕组间只有磁的耦合而没有电的联系，其中接电源的绕组称为一次绕组（曾称为原绕组、初级绕组），用于接负载的绕组称为二次绕组（曾称为副绕组、次级绕组）。

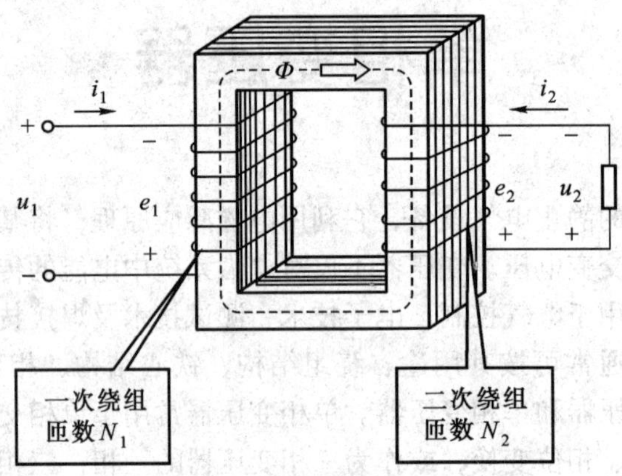

图1—2 变压器基本工作原理图

一次绕组加上交流电压 u_1后，绕组中便有电流 i_1通过，在铁心中产生与 u_1同频率的交变磁通 Φ，根据电磁感应原理，将分别在两个绕组中感应出电动势 e_1和 e_2。

$$e_1 = -N_1 \frac{\Delta\Phi}{\Delta t} \tag{1—1}$$

$$e_2 = -N_2 \frac{\Delta\Phi}{\Delta t} \tag{1—2}$$

式中，“-”号表示感应电动势总是阻碍磁通的变化。若把负载接在二次绕组上，则在电动势 e_2的作用下，有电流 i_2流过负载，实现了电能的传递。由上式可知，一、二次绕组感应电动势的大小（近似于各自的电压 u_1及 u_2）与绕组匝数成正比，故只要改变一、二次绕组的匝数，就可达到改变电压的目的，这就是变压器的基本工作原理。

上述工作原理分析，假设变压器绕组的电阻值、漏磁通和铁损耗都很小，可略去不计；对假设铁心的磁导率很大，可忽略不计励磁磁势。但在分析变压器的工作状况和进行设计计算时必须考虑这些因素的影响。

变压器可以变直流电吗？如果接上直流电压会发生什么现象？

二、单相变压器的分类

1. 按用途分类

（1）电力变压器　在电能的输送与分配过程中，常需要采用不同的电压，这时就需要使用电力变压器进行变压。按功能不同，电力变压器又可分为升压变压器、降压变压器、配电变压器等。

（2）特种变压器　在特殊场合使用的变压器，如作为焊接电源的电焊变压器；将交流电整流成直流电时使用的整流变压器；供电子装置上使用的阻抗匹配变压器等。

（3）仪用互感器　用于电工测量中，如电流互感器、电压互感器等。

（4）控制变压器　容量一般比较小，用于小功率电源系统和自动控制系统。如电源变压器、输入变压器、输出变压器等。

（5）其他变压器　如试验用的高压变压器、输出电压可调的调压变压器、产生脉冲信号的脉冲变压器、压力传感器中的差动变压器等。

图 1—3 所示为各种常用变压器的外形。

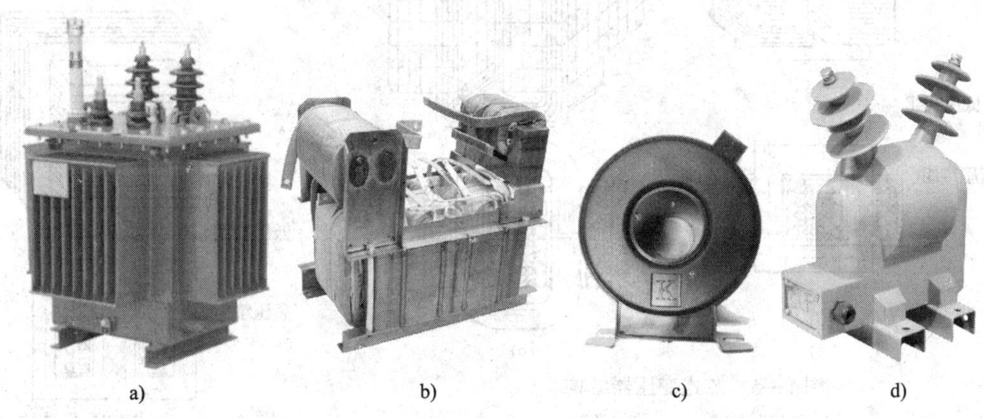

a)　b)　c)　d)

图 1—3　常用变压器的外形

a）配电变压器　b）电焊变压器　c）电流互感器　d）电压互感器

2. 按绕组构成分类

有双绕组变压器、三绕组变压器、多绕组变压器和自耦变压器等。单相自耦变压器如图 1—4 所示，常用于实验室或工业上调节电压。

图 1—4　自耦变压器

3. 按铁心结构分类

根据变压器铁心的结构形式可分为芯式变压器和壳式变压器两大类。芯式变压器是在两侧的铁心柱上放置绕组，形成绕组包围铁心的形式，如图 1—5 所示。壳式变压器则是在中间的铁心柱上放置绕组，形成铁心包围绕组的形状，如图 1—6 所示。

芯式变压器是应用较广泛的典型结构，适用于各类变压器。其中，单相双柱式变压器常用于大、中型三相变压器组中的一相，或用于特高压的电力变压器；单相卷铁心常用于小型变压器、仪用互感器等，或用于电子仪器及电视机、收音机等作为电源变压器。

壳式单相变压器常用于交流电路中隔离、电压等级的变换、阻抗变换、相位变换等小型变压器，或用于低电压大电流（如电焊变压器）、高压试验变压器等特殊变压器。

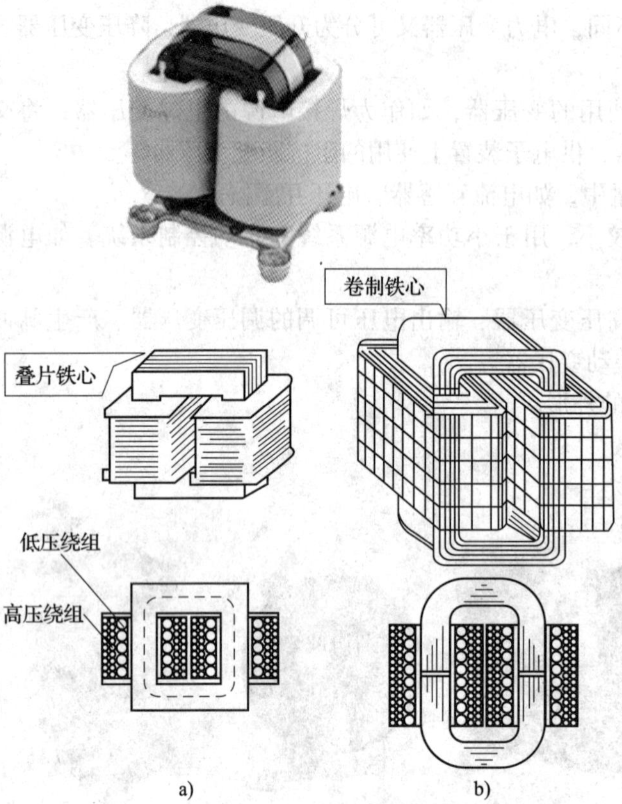

卷制铁心

叠片铁心

低压绕组

高压绕组

a)　　　　b)

图 1—5　芯式变压器结构

a）单相双柱式　b）单相卷铁心

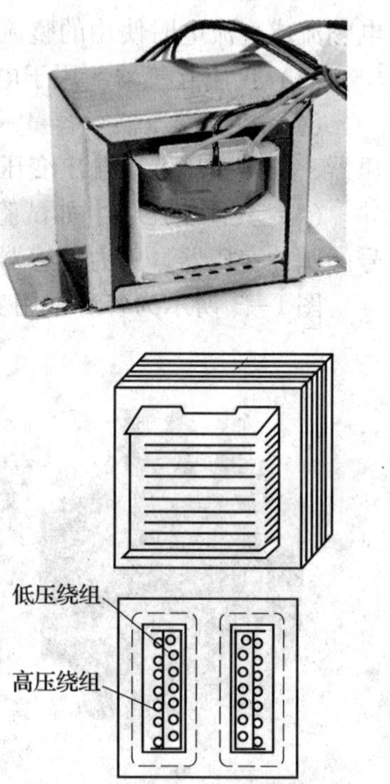

低压绕组

高压绕组

图 1—6　壳式变压器结构

4. 按冷却方式分类

有油浸式、风冷式、自冷式和干式变压器等。

其中油浸式用于中小型电力变压器；风冷式用于大型电力变压器；自冷式用于小型变压器；干式变压器用于防火安全等级较高的场合。

想一想平时都见到过哪些变压器？

第二节　单相变压器的结构

1. 掌握单相变压器的结构。

2. 掌握单相变压器的铁心与绕组的作用。

由上一节变压器的基本原理可知，单相变压器的基本结构包括一只由彼此绝缘的薄硅钢片叠成的闭合铁心以及绕在铁心上的高、低压绕组两大部分。其中绕组是电路部分，铁心是磁路部分。

一、单相变压器铁心

铁心构成变压器磁路系统，并作为变压器的机械骨架。铁心由铁心柱和铁轭两部分组成，铁心柱上套装变压器绕组，铁轭起连接铁心柱使磁路闭合的作用。对铁心的要求是导磁性能要好，磁滞损耗及涡流损耗要尽量小，因此均采用0.35 mm厚的硅钢片制作。目前国产低损耗节能变压器均用冷轧晶粒取向硅钢片，其铁损耗低，且铁心叠装系数高（因硅钢片表面有氧化膜绝缘，不必再涂绝缘漆）。

变压器的铁心为什么要用硅钢片？用整块的硅钢会出现什么问题？

根据变压器铁心的制作工艺可分为叠片式铁心和卷制式铁心两种。叠片式铁心的芯式变压器及壳式变压器的制作顺序：

先将硅钢片冲剪成如图1—7所示的形状，再将一片片硅钢片按其接口交错地插入事先绕好并经过绝缘处理的线圈中，最后用夹件将铁心夹紧。为了减小铁心磁路的磁阻，减小铁心损耗，要求铁心装配时，接缝处的空气隙应越小越好。

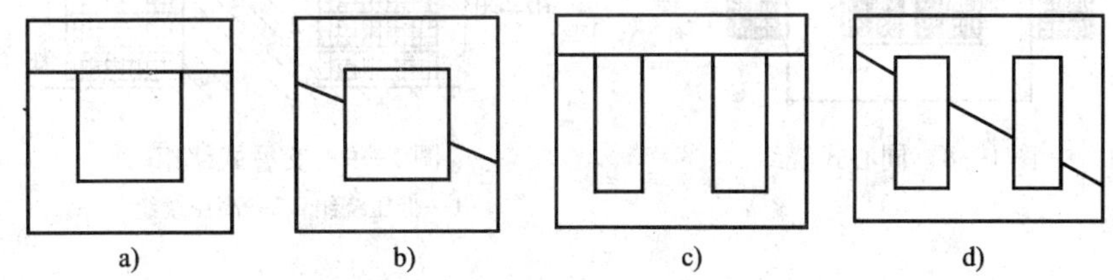

图1—7 单相小容量变压器铁心形式

a）芯式口形 b）芯式斜口形 c）壳式E形 d）壳式F形

二、绕组

变压器的绕组是变压器中的电路部分，小型变压器一般用具有绝缘的漆包圆铜线绕制而成，对容量稍大的变压器则用扁铜线或扁铝线绕制。

在变压器中，接到高压电网的绕组称为高压绕组，接到低压电网的绕组称为低压绕组。按高压绕组和低压绕组的相互位置和形状不同，绕组可分为同心式和交叠式两种。

1. 同心式绕组

同心式绕组是将高、低压绕组同心地套装在铁心柱上，如图1—8所示。为了便于与铁心绝缘，把低压绕组套装在里面，高压绕组套装在外面。对低电压、大电流、大容量的变压器，由于低压绕组引出线很粗，也可以把它放在外面。高、低压绕组之间留有空隙，可作为油浸式变压器的油道，既利于绕组散热，又作为两绕组之间的绝缘。

同心式绕组按其绕制方法的不同又可分为圆筒式、螺旋式和连续式等多种。同心式绕组的结构简单、制造容易，常用于芯式变压器中，这是一种最常见的绕组结构形式，国产电力变压器基本上均采用这种结构。

同心式绕组为什么要低压绕组套装在里面，高压绕组套装在外面？

2. 交叠式绕组

交叠式绕组又称饼式绕组，它是将高压绕组及低压绕组分成若干个线饼，沿着铁心柱的高度交替排列着。为了便于绝缘，一般最上层和最下层安放低压绕组，如图1—9所示。交叠式绕组的主要优点是漏抗小、机械强度高、引线方便。这种绕组形式主要用在低电压、大电流的变压器上，如容量较大的电炉变压器、电阻电焊机（如点焊、滚焊和对焊电焊机）变压器等。

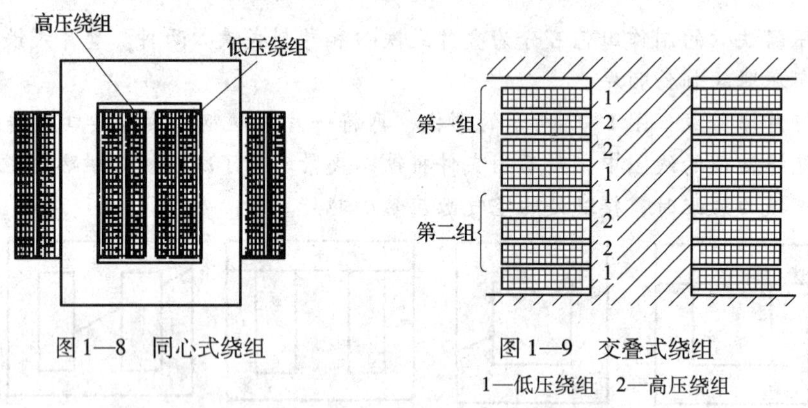

图1—8 同心式绕组

图1—9 交叠式绕组

1—低压绕组 2—高压绕组

第三节 单相变压器的运行原理

1. 掌握单相变压器的运行原理。
2. 掌握变压器变压、变流、阻抗变换及改变相位的作用。

一、空载运行

所谓变压器空载运行就是变压器一次绕组加额定电压，二次绕组开路的工作状态，如图1—10所示。实际变压器在运行中要考虑到各种损耗，分析起来比较复杂。为了分析的简单、方便，如果不计绕组的电阻、铁心的损耗、磁路中的漏磁通和磁饱和影响的变压器称为理想变压器。理想变压器只是一个单纯的电感电路，在一些近似的计算中常用理想变压器来分析。下面一起来分析理想变压器和实际变压器在空载运行中的情况。

1. 理想变压器空载运行

理想变压器空载运行原理图如图1—10所示。

当一次绕组接上交流电压 u_1 时，在一次绕组中就会有交流电流 i_0 通过并在铁心中产生交变的磁通 Φ_m。这个交变磁通不仅通过一次绕组，而且也通过二次绕组，并在两绕组中分别产生感应电动势 e_1 和 e_2。此时，因为二次绕组没接负载，所以二次绕组中没有电流流过，但二次绕组有输出电压 u_{02}。

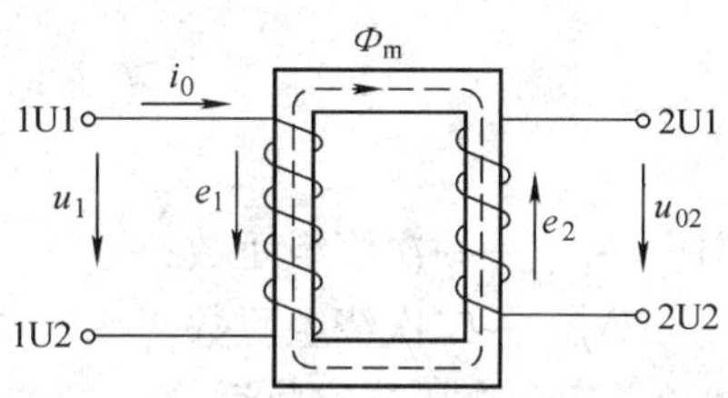

图1—10 变压器的空载运行原理图

（1）空载电流 i_0 变压器空载运行时流过一次绕组的电流称为空载电流，理想变压器的空载电流主要产生铁心中的磁通，所以空载电流也称为空载励磁电流，是无功电流。

（2）电压和感应电动势的关系 因为理想变压器不考虑绕组的电阻、铁心的损耗和漏磁通影响，根据基尔霍夫第二定律可知，一次绕组的电压平衡方程式为

$$\dot{U}_1 = -\dot{E}_1 \tag{1—3}$$

式（1—3）说明一次绕组上的感应电动势等于电源电压的大小，即 $U_1 = E_1$；在相位上，$\dot{E}_1$ 与 $\dot{U}_1$ 反相位，$\dot{E}_1$ 也可以称为反电动势。

二次绕组的电压平衡方程式为

$$\dot{U}_{02} = \dot{E}_2 \tag{1—4}$$

式（1—4）说明二次绕组上输出电压大小等于感应电动势大小，即 $U_{02} = E_2$；并且 $\dot{U}_{02}$ 与 $\dot{E}_{02}$ 同相位。

（3）感应电动势的大小 根据电磁感应定律 $E = -N\dfrac{\Delta\Phi}{\Delta t}$ 可推得变压器绕组上感应电动势大小计算公式

$$E = 4.44fN\Phi_m \tag{1—5}$$

式中 Φ_m——主磁通幅值，Wb；

f——交流电源的频率，Hz；

E——感应电动势有效值，V。

式（1—5）是交流磁路的基本关系式，它表明了感应电动势的大小与电源频率 f，绕组匝数及铁心中的主磁通的幅值成正比。

由式（1—3）$\dot{U}_1 = -\dot{E}_1$ 可知，$U_1 = E_1$；即 $U_1 = E_1 = 4.44fN_1\Phi_m$。

上式说明铁心中的主磁通的大小取决于电源电压、频率和一次绕组的匝数，而与磁路所用的材料和磁路的尺寸无关。

当电源电压不变时，变压器磁路上磁通的幅值是否会变化？

（4）变压比（简称变比） 变压比的定义是一次绕组相电动势 E_1 与二次绕组相电动势 E_2 之比，即

因为 $E_1=4.44fN_1\Phi_m$，$E_2=4.44fN_2\Phi_m$，可得

$$K = E_1/E_2 \tag{1—6}$$

$$K = \frac{E_1}{E_2} = \frac{N_1}{N_2} = \frac{U_1}{U_{02}} \tag{1—7}$$

式中 N_1——一次绕组匝数；

N_2——二次绕组匝数。

2. 实际变压器空载运行

实际变压器空载运行的情况分析如图 1—11 所示。

（1）实际变压器一次绕组存在电阻 r_1，当一次绕组有空载电流流过时，会在该电阻上产生电压降 u_{0r1}。

（2）空载电流产生的磁通分为两部分，其中大部分磁通通过铁心交链一次绕组和二次绕组，该磁通称为主磁通，它在一次绕组和二次绕组中分别感应出电动势 e_1 和 e_2；另一小部分磁通只通过一次绕组和周围的空间形成闭合回路，称为漏磁通 $\dot{\Phi}_{S1}$，仅占主磁通的 0.25% 左右，它在一次绕组中产生漏抗电动势 e_{s1}。

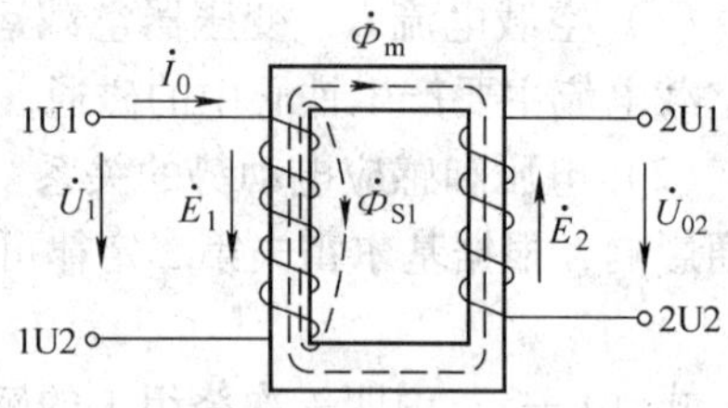

图 1—11 实际变压器（有漏磁）空载运行图

（3）变压器铁心中存在铁耗。当变压器主磁通穿过铁心时，会在铁心中产生涡流损耗和磁滞损耗，该损耗称为铁损耗（简称铁耗）。

由于一次绕组电阻 r_1、空载励磁电流 i_0 和漏磁通很小，所对应的 i_{0r1} 和漏抗电动势 e_{s1} 也很小，可以忽略不计。则实际变压器电压方程为：

$$\dot{U}_1 = -\dot{E}_1$$

$$\dot{U}_{02} = \dot{E}_2$$

铁耗所需的能量由电源提供，当考虑变压器铁心中存在铁耗时，空载电流由两个分量组成，一个是无功分量 $\dot{I}_{0Q}$，起励磁作用，另一个是有功分量 $\dot{I}_{0P}$，用来供给铁心损耗，这两个分量在相位上相差 90°，所以空载电流有效值 I_0 为：

$$I_0 = \sqrt{I_{0P}^2 + I_{0Q}^2} \tag{1—8}$$

其中空载电流有功分量为 $I_{0P}=I_0\sin\delta$，δ 为空载电流 i_0 超前主磁通 Φ_m 的相位角，空载电流无功分量为 $I_{0Q}=I_0\cos\delta$，通常 I_{0P} 很小，所以，空载运行时变压器的功率因数很小。

变压器的空载电流起哪些作用？

二、变压器的负载运行

当变压器的二次绕组接上负载后会出现什么现象呢？下面先观察图 1—12 和图 1—13 所示的实验。

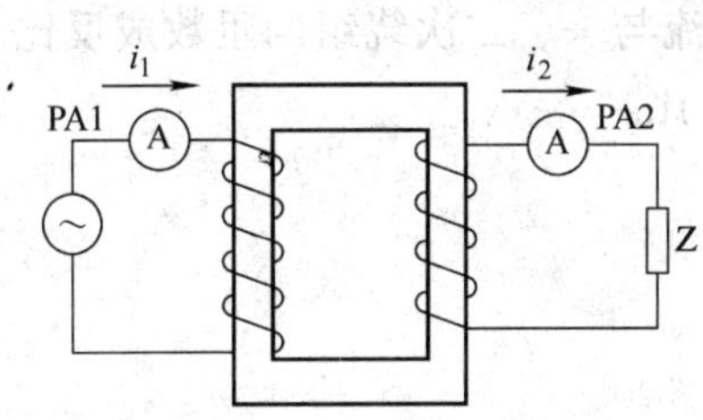

图 1—12 单相变压器负载运行实验图

图 1—13 单相变压器负载运行接线图

当二次绕组接上负载，一次绕组接上交流电源后，二次绕组有电流 i_2通过，此时一次绕组的电流立即从空载电流 i_0增加到 i_1。如果增加负载，则 i_2增大，i_1也随着增大。换句话说，当变压器二次绕组所消耗的电功率增加（或减少）时，则一次绕组从电源所取得的电功率也随着增加（或减少）。这表明，变压器在传输电能时具有一种自动调节的作用。

变压器一、二次绕组之间并没有电的联系，那么这种能量传输的自动调节作用是怎样产生的呢？

在变压器空载时，铁心中的主磁通 Φ_m仅由原绕组空载电流 $\dot{I}_0$ 产生，外加电压 $\dot{U}_1$ 与一次绕组的感应电动势 $\dot{E}_1$ 处于相对平衡的状态。但当二次绕组出现电流 $\dot{I}_2$ 时，情况就发生了变化，如图 1—14 所示，因为 $\dot{I}_2$ 也在铁心中产生磁通 Φ_2，由楞次定律可知，该磁通对主磁通 Φ_m存在阻碍作用，使铁心中的主磁通 Φ_m发生改变的趋势。根据 $U_1=E_1=4.44fN\Phi_m$，在电源电压一定时，磁通 Φ_m保持不变，因此，一次绕组电流从 I_0增加到 I_1，其增加的电流所产生的磁通补偿 Φ_2对 Φ_m的阻碍作用。所以，变压器负载运行时，铁心中磁场是由一、二次绕组中电流共同产生的。

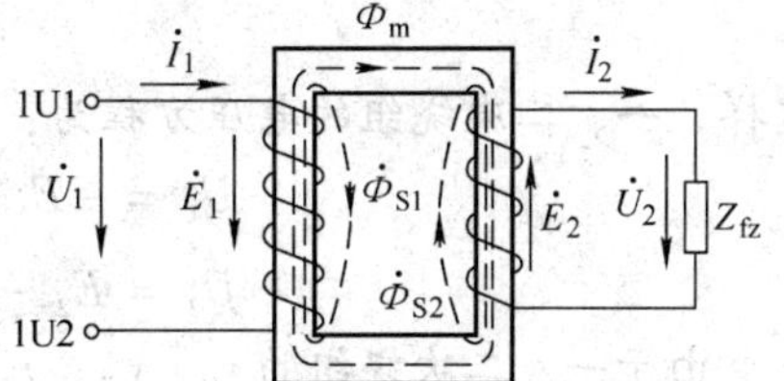

图 1—14 单相变压器负载运行图

同样变压器在负载状态时也存在漏磁通，但此时

一、二次绕组都产生漏磁通，分别是 $\dot{\Phi}_{S1}$ 和 $\dot{\Phi}_{S2}$。

由此可得变压器负载运行时的磁通势平衡方程式为

$$N_1\dot{I}_1 + N_2\dot{I}_2 = N_1\dot{I}_0 \tag{1—9}$$

由于变压器的空载电流 I_0 很小，特别是在变压器接近满载时，$N_1\dot{I}_0$ 相对于 $N_1\dot{I}_1$ 或 $N_2\dot{I}_2$ 而言基本上可以忽略不计，于是可得变压器一、二次绕组磁通势的有效值关系为

$$N_1I_1 \approx N_2I_2$$

$$\frac{I_1}{I_2} \approx \frac{N_2}{N_1} = \frac{1}{K_u} = K_I \tag{1—10}$$

式中，K_I 称为变压器的变流比。

式（1—10）表明，变压器一、二次绕组中的电流与一、二次绕组的匝数成反比，即变压器也有变换电流的作用，且电流的大小与匝数成反比。

变压器的高、低压绕组匝数的多少、通过的电流大小以及导线截面的大小各有什么特点？

实际变压器负载运行的电压方程式

实际变压器一、二次绕组之间不可能完全耦合，一次绕组的磁动势和二次绕组的磁动势除能在磁路中共同建立主磁通外，一次绕组的磁动势还会产生只交链一次绕组的漏磁通 $\dot{\Phi}_{S1}$；二次绕组的磁动势也会产生只交链二次绕组的漏磁通 $\dot{\Phi}_{S2}$。分别在一、二次绕组上产生漏电动势，分别与绕组上流过的电流成正比。用漏电抗形式表示为：

$$\dot{E}_{S1} = -j\dot{I}_1x_{S1}$$

$$\dot{E}_{S2} = -j\dot{I}_2x_{S2}$$

式中 x_{s1}、x_{s2} 为一、二次绕组的漏电抗。考虑绕组内阻压降时，一、二次绕组的漏阻抗为：

$$Z_{S1} = r_1 + jx_{S1}$$

$$Z_{S2} = r_2 + jx_{S2}$$

这样，一、二次绕组的电压方程为：

$$\dot{U}_1 = -\dot{E}_1 + \dot{I}_1r_1 + j\dot{I}_1x_{S1} = -\dot{E}_1 + \dot{I}_1Z_{S1} \tag{1—11}$$

$$\dot{U}_2 = \dot{E}_2 - \dot{I}_2r_2 - j\dot{I}_2x_{S2} = \dot{E}_2 - \dot{I}_2Z_{S2} \tag{1—12}$$

由于一、二次绕组的 r_1、x_{S1}、r_2、x_{S2} 均很小，即使在满负载的情况下，与 E_1、E_2 比较仍然可以忽略，因此可近似认为：

$$\dot{U}_1 = -\dot{E}_1$$

$$\dot{U}_2 = \dot{E}_2$$

三、变压器的阻抗变换

变压器的阻抗变换的示意图如图 1—15 所示。

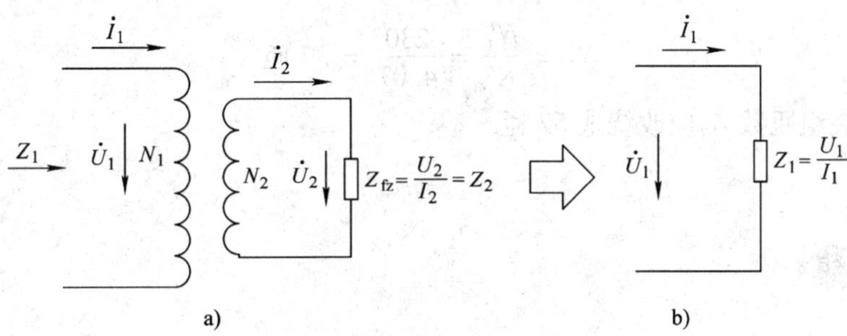

图 1—15 变压器的阻抗变换作用

a）有变压器时 b）无变压器时

当忽略漏阻抗，不考虑相位，只计大小时，在空载和负载运行分析中，得

$$U_1 = KU_2$$

$$I_1 = I_2/K$$

而变压器的一次绕组和二次绕组的阻抗为：$Z_1 = U_1/I_1$ $Z_2 = U_2/I_2$ 所以可以得到阻抗变换公式

$$Z_1 = \frac{U_1}{I_1} = \frac{KU_2}{I_2/K} = K^2\frac{U_2}{I_2} = K^2Z_2 \tag{1—13}$$

这说明负载 Z_2经过变压器以后阻抗可扩大或缩小 K^2倍。如果已知负载阻抗 Z_2的大小，要把它变成另一个一定大小的阻抗 Z_1，只需接一个阻抗变换变压器，该阻抗变换变压器的变比 $K = \sqrt{Z_1/Z_2}$。

在电子线路中，这种阻抗变换很常用，如扩音设备中扬声器的阻抗很小（4 ~ 16 Ω），直接接到功放的输出，则扬声器得到的功率很小，声音就很小。只有经输出变压器把扬声器阻抗变换成和功放内阻一样大时，扬声器才能得到最大输出功率。这也称为阻抗匹配。

【例 1—1】 某晶体管收音机的输出变压器的一次绕组匝数 $N_1 = 230$ 匝；二次绕组匝数 $N_2 = 80$ 匝，原来配接 8 Ω 的扬声器，现要改用同样功率而阻抗为 4 Ω 的扬声器，则二次绕组匝数 N_2应改绕成多少匝？

解：先求出一次绕组的 Z_1，因为不论 N_1和 N_2怎么变，必须保证 Z_1不变，才能保证功率输出最大。

$$Z_1 = K^2 Z_2 = \left(\frac{230}{80}\right)^2 \times 8 = 66.13\ \Omega$$

再由 Z_1 和新的扬声器阻抗 $Z_2 = 4\ \Omega$，求出新的 K' 和 N_2'

$$K' = \sqrt{\frac{Z_1}{Z_2}} = \sqrt{\frac{66.13}{4}} = 4.07$$

$$N_2' = \frac{N_1'}{K'} = \frac{230}{4.07} = 57\ 匝$$

答：二次绕组匝数 N_2 应改绕成 57 匝。

哪些地方用到阻抗变换变压器？使用它的目的是什么？

第四节　单相变压器的运行特性

1. 掌握变压器的外特性及电压变化率的概念。
2. 理解变压器损耗和效率的概念。

一、变压器的外特性及电压变化率

1. 变压器的外特性

变压器的外特性是用来描述输出电压 U_2 随负载电流 I_2 的变化而变化的情况。当一次绕组电压 U_1 和负载的功率因数 $\cos\varphi_2$ 一定时，二次绕组电压 U_2 与负载电流 I_2 的关系，称为变压器的外特性。

变压器的外特性通常用曲线表示，功率因数不同时的几条外特性如图 1—16 所示。在图 1—16 中，纵坐标用 U_2/U_{2N} 之值表示，而横坐标用 I_2/I_{2N} 表示，使得在坐标轴上的数值都在 0 ~ 1 之间，或稍大于 1，这样做是为了便于不同容量和不同电压的变压器相互比较。可以看出，当 $\cos\varphi_2 = 1$ 时，U_2 随 I_2 的增加而下降得并不多；当 $\cos\varphi_2$ 降低时，即在感性负载时，由于一、二次绕组的漏阻抗 Z_{S1}、Z_{S2} 的存在，U_2 随 I_2 增加而下降的程度加大，这是因为滞后的无功电流对变压器磁路中的主磁通的去磁作用更为显著，而使 E_1 和 E_2 有所下降的缘故；但当 $\cos\varphi_2$ 为负值时，即在容性负载时，超前的无功电流有助磁作用，主磁通会有所增加，E_1 和 E_2 也相应加大，使得 U_2 会随 I_2 的增加而提高。以上分析表明，负载的功率因数和漏阻抗 Z_{S1}、Z_{S2} 对变压器外特性的影响是很大的。

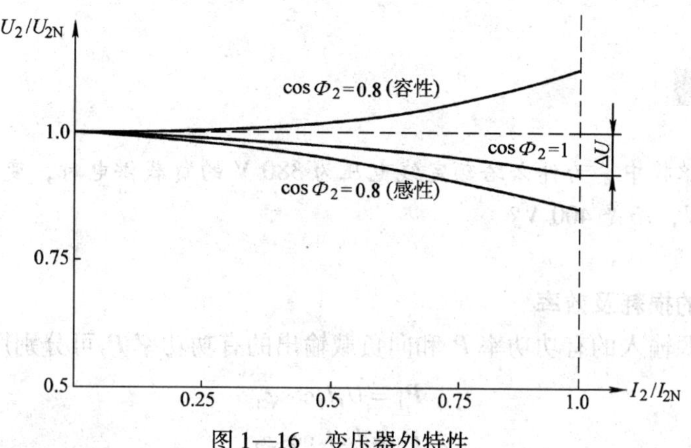

图 1—16　变压器外特性

2. 变压器的电压变化率

一般情况下，变压器的负载大多数是感性负载，因而当负载增加时，输出电压 U_2 总是下降的，其下降的程度常用电压变化率来描述。当变压器从空载到额定负载（$I_2=I_{2N}$）运行时，二次绕组输出电压的变化值 ΔU 与空载电压（额定电压）U_{2N} 之比的百分值就称为变压器的电压变化率，用 $\Delta U\%$ 来表示。

$$\Delta U\% = \frac{U_{2N}-U_2}{U_{2N}} \times 100\% \qquad (1—14)$$

式中，U_{2N} 为变压器空载时二次绕组的电压（称为额定电压）；U_2 为二次绕组输出额定电流时的电压。

电压变化率反映了供电电压的稳定性，是变压器的一个重要性能指标。$\Delta U\%$ 越小，说明变压器二次绕组输出的电压越稳定，因此要求变压器的 $\Delta U\%$ 越小越好。常用的电力变压器从空载到满载，电压变化率约为 3% ~5%。一般情况下照明电源电压波动不超过 ±5%；动力电源电压波动不超过 −5% ~ +10%。

【例 1—2】 　某台供电电力变压器将 $U_{1N}=10\ 000$ V 的高压降压后对负载供电，要求该变压器在额定负载下的输出电压为 $U_2=380$ V，该变压器的电压变化率 $\Delta U\%=5\%$，求该变压器二次绕组的额定电压 U_{2N} 及变比 K。

解：由式（1—13）$\Delta U\% = \frac{U_{2N}-U_2}{U_{2N}} \times 100\%$ 得

$$\Delta U\% = \frac{U_{2N}-380}{U_{2N}} \times 100\% = 5\%$$

则

$$U_{2N}=400\text{ V}$$

$$K=U_{1N}/U_{2N}=10\ 000/400=25$$

答：U_{2N} 为 400 V，变比 K 为 25。

电力变压器铭牌中，为什么给额定线电压为 380 V 的负载供电时，变压器二次绕组的额定电压不是 380 V，而是 400 V？

二、变压器的损耗及效率

变压器从电源输入的有功功率 P_1 和向负载输出的有功功率 P_2 可分别用下式计算

$$P_1 = U_1 I_1 \cos\varphi_1$$

$$P_2 = U_2 I_2 \cos\varphi_2$$

两者之差为变压器的损耗 ΔP，它包括铜损耗 P_{Cu} 和铁损耗 P_{Fe} 两部分，即

$$\Delta P = P_{Cu} + P_{Fe} \quad (1—15)$$

1. 铁损耗 P_{Fe}

变压器的铁损耗包括基本铁损耗和附加铁损耗两部分。基本铁损耗包括铁心中的磁滞损耗和涡流损耗，它决定于铁心中的磁通密度的大小、磁通交变的频率和硅钢片的质量等。附加损耗则包括铁心叠片间因绝缘损伤而产生的局部涡流损耗、主磁通在变压器铁心以外的结构部件中引起的涡流损耗等，附加损耗为基本损耗的 15% ~20%。

变压器的铁损耗与一次绕组上所加的电源电压大小有关，而与负载电流的大小无关。当电源电压一定时，铁心中的磁通基本不变，故铁损耗也就基本不变，因此铁损耗又称“不变损耗”。

2. 铜损耗 P_{Cu}

变压器的铜损耗也分为基本铜损耗和附加铜损耗两部分。基本铜损耗是由电流在一次、二次绕组电阻上产生的损耗，而附加铜损耗是指由漏磁通产生的集肤效应使电流在导体内分布不均匀而产生的额外损耗。附加铜损耗占基本铜损耗的 3% ~20%。在变压器中铜损耗与负载电流的平方成正比，所以铜损耗又称为“可变损耗”。

3. 效率

变压器的输出功率 P_2 与输入功率 P_1 之比称为变压器的效率 η，即

$$\eta = \frac{P_2}{P_1} \times 100\% = \frac{P_2}{P_2 + \Delta P} \times 100\% = \frac{P_2}{P_2 + P_{Cu} + P_{Fe}} \times 100\% \quad (1—16)$$

由于变压器没有旋转的部件，不像电动机那样有机械损耗存在，因此变压器的效率一般都比较高，中小型电力变压器效率在 95% 以上，大型电力变压器效率可达 99% 以上。

【例 1—3】 S9 – 500/10 低损耗三相电力变压器额定容量 500 kV · A，设功率因数为 1，二次电压 U_{2N} = 400 V，铁损耗 P_{Fe} = 0.98 kW，额定负载时铜损耗 P_{Cu} = 4.1 kW，求二次额定电流 I_{2N} 及变压器效率 η。

解：

$$I_{2N} = \frac{S_N}{\sqrt{3}U_{2N}} = \frac{500 \times 1\,000}{\sqrt{3} \times 400} \text{ A} = 722 \text{ A}$$

$$P_2 = S_N \cos\varphi = 500 \text{ kW}$$

则　$$\eta=\frac{P_2}{P_1}\times100\%=\frac{P_2}{P_2+\Delta P}\times100\%=\frac{P_2}{P_2+P_{Cu}+P_{Fe}}\times100\%$$
$$=\frac{500}{500+0.98+4.1}\times100\%=99\%$$

答：二次额定电流 I_{2N} 为 722 A，变压器效率 η 为 99%。

当变压器的负载电流 I_2 变化时，输出功率 P_2 及铜损耗 P_{Cu} 也在变化，因此变压器的效率 η 也随负载电流 I_2 的变化而变化，其变化规律通常用变压器的效率特性曲线来表示，如图 1—17 所示，图中 $\beta=\frac{I_2}{I_{2N}}$ 称为负载系数。

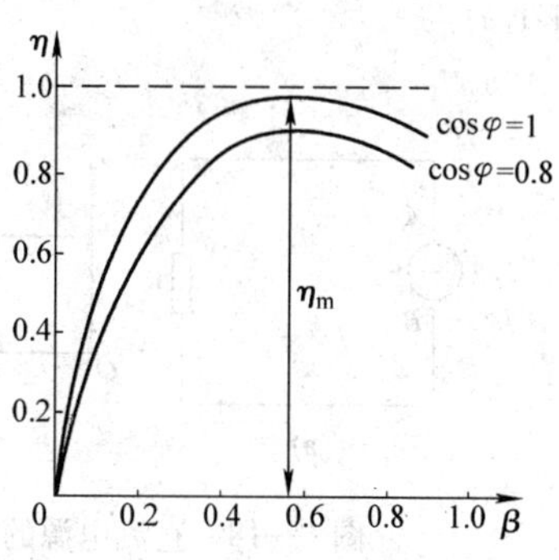

图 1—17　变压器效率曲线

通过数学分析可知：当变压器的不变损耗等于可变损耗时，变压器的效率最高，即 $\beta_m=\sqrt{\frac{P_{Fe}}{P_{Cu}}}$。通常变压器的最高效率位于 $\beta_m=0.5\sim0.6$ 之间。

由于电力变压器常年接在线路上，其空载损耗是固定不变的，而铜损耗则随负载变化；又由于变压器不可能常年满负载运行，相比之下，铁损耗引起的损失是相当大的。从全年效益考虑，降低铁损耗是有利的，一般使铁损耗与铜损耗之比为 1/4 ~ 1/3。

第五节　变压器的极性及判定

1. 理解变压器极性的概念。
2. 掌握变压器极性判定的技能。

一、变压器的极性

1. 直流电源的极性

直流电路中，电源有正、负两极，通常在电源出线端上标以“+”号和“-”号。“+”号为正极性，表示高电位端；“-”号为负极性，表示低电位端，如图 1—18a 所示。当电源与负载形成闭合回路时，回路中电流 I 将由高电位的“+”极流出，经负载流回“-”极。由于直流电源两端电压的大小和方向都不随时间而变化，如图 1—18b 所示，A 端极性恒定为正，B 端极性恒定为负，即直流电源两端的极性恒定不变。

2. 交流电源的极性

正弦交流电源的出线端不标出正负极性，如图 1—19a 所示，因为正弦交流电源输出电压的大小和方向都随时间而变化，每经过半个周期（$T/2$）正负交替变化一次，如图 1—19b 所示。

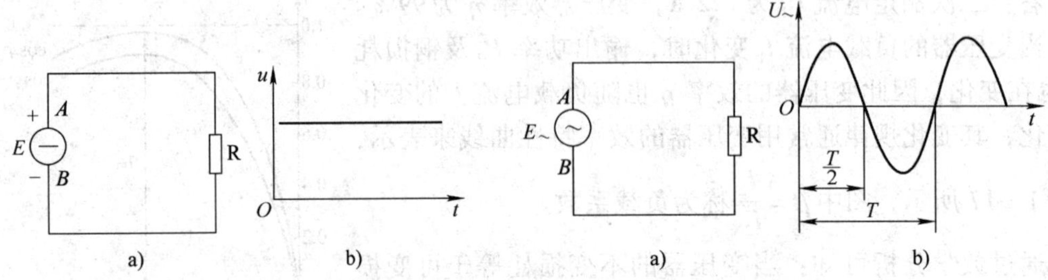

图 1—18　直流电源的极性　　　图 1—19　交流电源的极性

正弦交流电源两端不存在恒定极性，但在任一瞬间仍存在瞬时极性，例如某一瞬间 A 端为高电位，B 端相对 A 端则为低电位，反之当 A 端为低电位时，B 端则为高电位。

回路中电流将由高电位端流出，低电位端流入，由此可见，正弦交流电源两端只存在瞬时极性。而电位的高与低是相对的，极性也是相对的，可变的，暂时的，随时间而变化的。

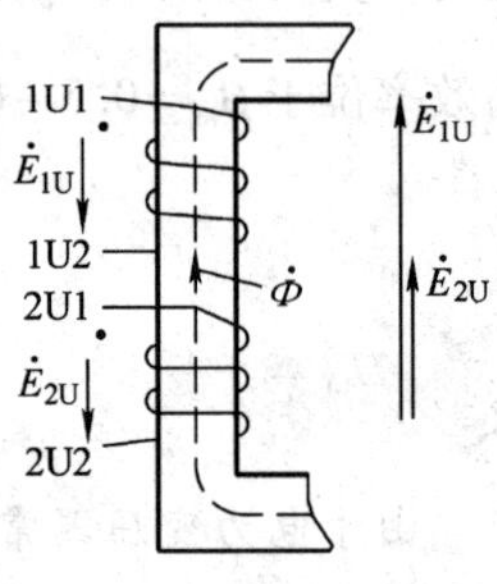

图 1—20　绕组的极性

3. 单相变压器的极性

变压器绕组的极性是指变压器一次、二次绕组在同一磁通作用下所产生的感应电动势之间的相位关系，通常用同名端来标记。

例如在图 1—20 中，铁心上绕制的所有线圈都被铁心中交变的主磁通所穿过，在任意瞬间，当变压器一个绕组的某一出线端为高电位时，则在另一个绕组中也有一个相对应的出线端为高电位，那么这两个高电位（如正极性）的线端称为同极性端，而另外两个相对应的低电位端（如负极性）也是同极性端。即电动势都处于相同极性的线圈端就称同名端；而另一端就成为另一组同名端。不是同极性的两端就称为异名端。

对于没有被同一个交变磁通所贯穿的线圈，它们之间就不存在同名端的问题。

同名端的标记可用星号“＊”或点“●”来表示，在互感器绕组上常用“+”和“−”来表示（并不表示真正的正负意义）。

对一个绕组而言，哪个端点作为正极性都无所谓，但一旦定下来，其他有关的线圈的正极性也就根据同名端关系定下了。有时也称为线圈的首与尾，只要一个线圈的首尾确定了，那些与它有磁路穿通的线圈的首尾也就定下了。

绕组同名端和极性是一回事吗？

【例 1—4】　某一台单相变压器，一次和二次绕组在某一瞬间的电流如图 1—21 所示，试判断并用符号标出同名端。

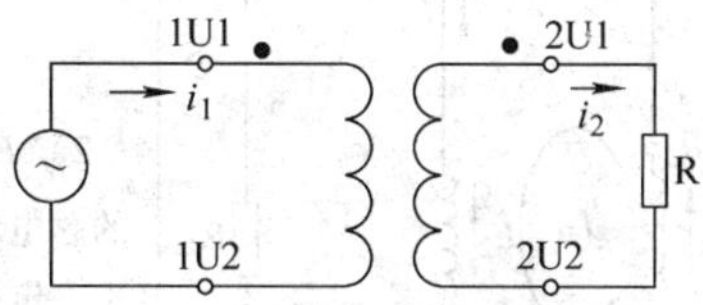

图 1—21　单相变压器电路

解：当一次绕组两端外加一交流电压时，某一瞬间电流 i_1 由 $1U1$ 端流入，由 $1U2$ 端流出，此时二次绕组接上负载后，电流由 2U1 端流出，2U2 端流入，即 1U1 端和 2U1 端为高电位端；1U2 端和 2U2 端是低电位端。故 1U1 与 2U1（或 1U2 与 2U2）为同名端。

4. 绕组的连接

绕组的连接主要有串联与并联两种形式。变压器绕组之间进行连接时，极性判别是至关重要的。一旦极性接反，轻者不能工作；重者导致绕组和设备的严重损坏。这在变压器、电动机和控制电路中是会经常遇到的。绕组的连接形式及特点见表 1—1。

表 1—1　　**绕组的连接形式及特点**

接法	图示	说明
绕组串联	$\dot{E}=\dot{E}_1+\dot{E}_2$ a) 正向串联 $\dot{E}=\dot{E}_1-\dot{E}_2$ b) 反向串联	（1）正向串联，也称为首尾相连，即把两个线圈的异名端相连，总电动势为两个电动势相加，电动势会越串越大 （2）反向串联，也称为尾尾相连（或首首相连），总电动势为两个电动势之差，电动势将变小 正因为正、反向串联的总电动势叠加后数值很大，所以常用此法来判别两个绕组的同名端

续表

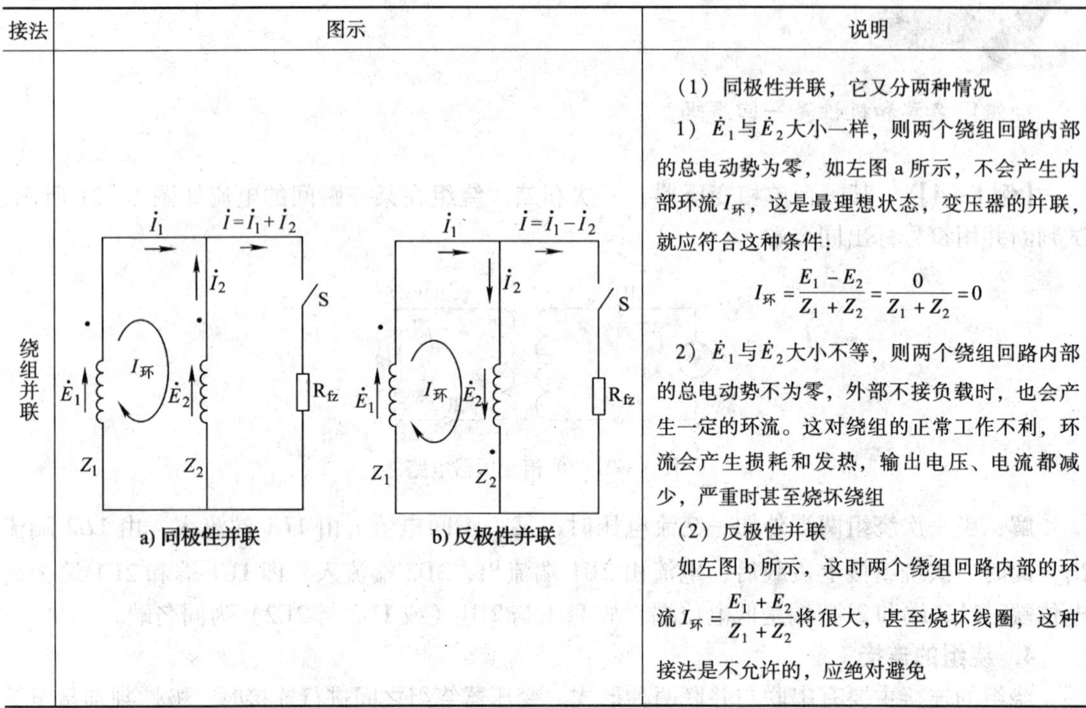

接法	图示	说明
绕组并联	a) 同极性并联 b) 反极性并联	(1) 同极性并联，它又分两种情况 1) $\dot{E}_1$与$\dot{E}_2$大小一样，则两个绕组回路内部的总电动势为零，如左图 a 所示，不会产生内部环流 $I_环$，这是最理想状态，变压器的并联，就应符合这种条件： $I_环=\frac{E_1-E_2}{Z_1+Z_2}=\frac{0}{Z_1+Z_2}=0$ 2) $\dot{E}_1$与$\dot{E}_2$大小不等，则两个绕组回路内部的总电动势不为零，外部不接负载时，也会产生一定的环流。这对绕组的正常工作不利，环流会产生损耗和发热，输出电压、电流都减少，严重时甚至烧坏绕组 (2) 反极性并联 如左图 b 所示，这时两个绕组回路内部的环流 $I_环=\frac{E_1+E_2}{Z_1+Z_2}$将很大，甚至烧坏线圈，这种接法是不允许的，应绝对避免

二、变压器的极性判定

变压器铁心中的交变主磁通，在一次、二次绕组中产生的感应交变电动势，没有固定的极性。这里所说的变压器绕组的极性是指一次、二次两绕组的相对极性，也就是当一次绕组的某一端在某个瞬间电位为正时，二次绕组也一定在同一瞬时有一个电位为正的对应端，我们把这两个对应端称为变压器的同名端，或者称为变压器的同极性端，通常用“ * ”来表示。

变压器同名端的判别方法有以下三种：

1. 观察法

观察变压器一次、二次绕组的实际绕向，应用楞次定律、安培定则来进行判别。例如，变压器一次、二次绕组的实际绕向如图 1—22 所示。当合上电源开关的一瞬间，一次绕组电流 I_1产生主磁通 Φ_1，在一次绕组产生自感电动势 E_1，在二次绕组产生互感电动势 E_2和感应电流 I_2，用楞次定律可以确定 E_1、E_2和 I_1的实际方向，同时可以确定 U_1、U_2的实际方向。这样可以判别出一次绕组 A 端与二次绕组 a 端电位都为正，即 A、a 是同名端；一次绕组 X 端与二次绕组 x 端电位为负，即 X、x 是同名端。

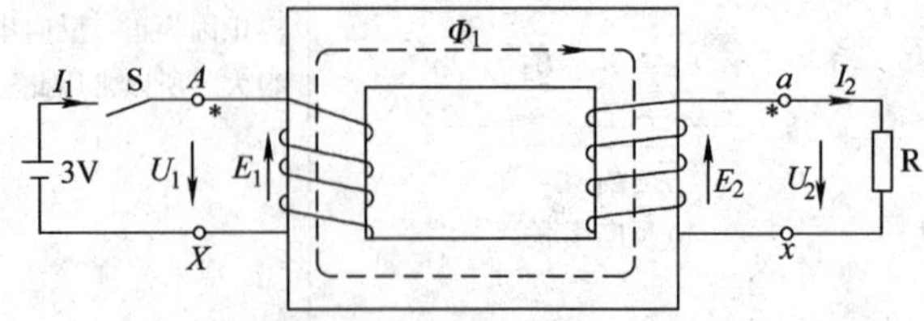

图 1—22　通过绕组实际绕向判定变压器同名端

2. 直流法

在无法辨清绕组方向时，可以用直流法来判别变压器同名端。用1.5 V或3 V的直流电源，按如图1—23所示连接，直流电源接入高压绕组，直流毫伏表接入低压绕组。当合上开关一瞬间，如毫伏表指针向正方向摆动，则接直流电源正极的端子与接直流毫伏表正极的端子是同名端。

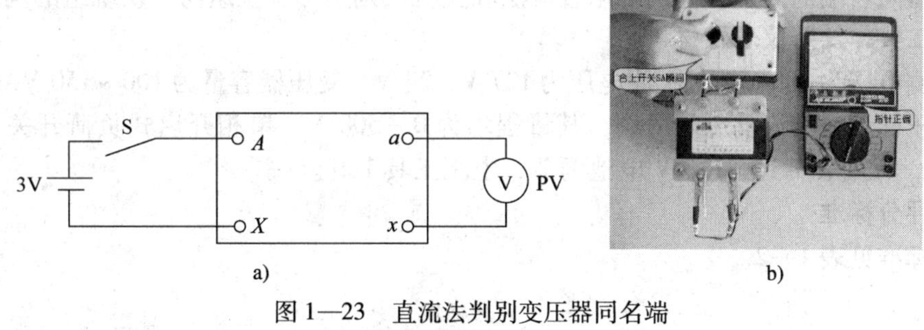

图1—23　直流法判别变压器同名端

a）原理图　b）接线图

直流法判别变压器同名端时，为什么根据开关合上一瞬间毫伏表的指针方向进行判断？开关合上一段时间后会出现什么情况？

3. 交流法

将高压绕组一端用导线与低压绕组一端相连接，同时将高压绕组及低压绕组的另一端接交流电压表，如图1—24所示。在高压绕组两端接入低压交流电源，测量U_1和U_2值，若$U_1>U_2$，则A、a为同名端；若$U_1<U_2$，则A、a为异名端。

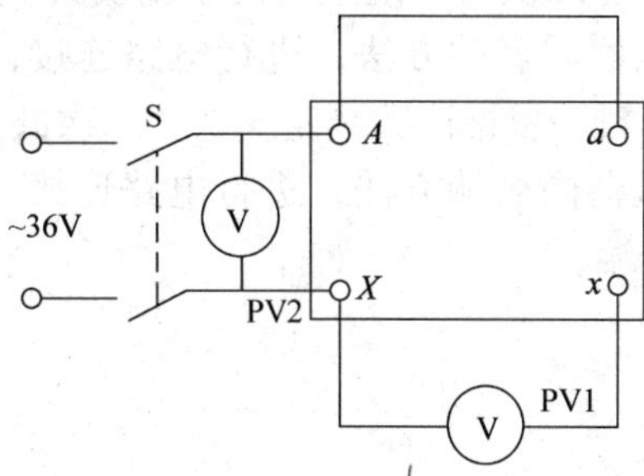

图1—24　交流法判别变压器同名端

交流法判别变压器同名端时，为什么要将高压绕组一端用导线与低压绕组一端相连接？

技能训练1 变压器同名端的判别

一、训练内容

变压器同名端的判别。分别采用直流法和交流法判别一次绕组与二次绕组的同名端。

二、工具、仪器仪表及材料

一次侧电压为380 V，二次侧电压为127 V、24 V，变压器容量为100～150 VA，出线头未标有电压标记。交流电压表两块，其量程均为0～500 V。单相开启式负荷开关一只，容量为15 A，万用表1只，1.5 V电池两节，电工工具1套。

三、评分标准

评分标准见表1—2。

表1—2 评分标准

项目内容	评分标准	配分	扣分	得分
一、二次绕组的判定	一、二次绕组的判定，错一组扣10分	10分		
连接电路	连接电路（共两次连接），每错一次扣20分	40分		
选择量程	电压表量程选择错，扣10分	10分		
判定结果	判定结果错，扣30分	30分		
安全文明生产	每违反一次扣5分	10分		
工时：15 min	总分			
		教师签字		

四、训练步骤

（1）先用万用表判定一次、二次每个绕组的两个出线头。

（2）按照交流法判别变压器同名端方法，进行电路连接，根据被测电压选择电压表的量程，读出电压表实测电压读数。根据读数判定一次、二次共三个绕组的同名端。

（3）按照直流法判别变压器同名端方法，进行电路连接，根据毫伏表的指示值，判定一次、二次共三个绕组的同名端。

提示

（1）采用交流法时，电源应接在高压侧端即一次绕组上。

（2）采用交流法时，电源电压可以选择380 V或220 V，但电压表量程要在对应位置上。

（3）通电时注意安全。

技能训练2　小型变压器的拆装与重绕

一、训练内容

小型变压器的绕制训练，绕制稳压电源变压器。

二、工具、仪器、仪表、设备及材料

1. 硅钢片选用 $a=38$ mm，$c=19$ mm，$h=57$ mm，$A=114$ mm，$H=95$ mm 的 E 形通用硅钢片，叠厚 48 mm，一次 220 V、0.6 A 绕组用最大外径为 0.67 mm 的 Q 型漆包线绕 534 匝。

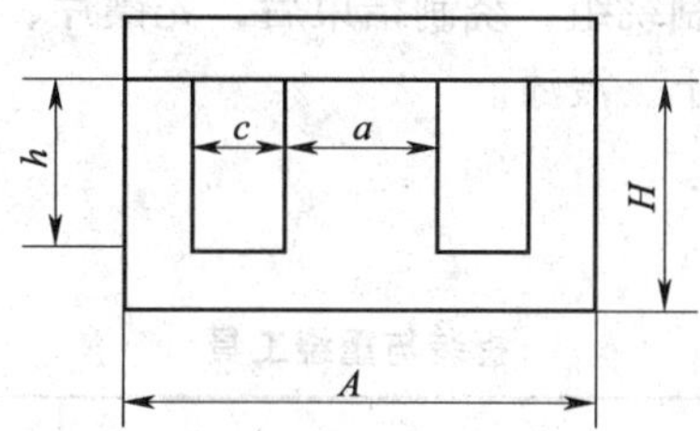

2. 二次 17 V、6 A 绕组用最大外径为 1.64 mm 的 Q 型漆包线绕 41 匝。

3. 二次 30 V×2（中心抽头）、0.2 A 绕组用最大外径为 0.33 mm 的 Q 型漆包线绕 146 匝。

4. 绕线芯子用厚 1 mm 的弹性纸制作；铁心绝缘用两层电缆纸（0.07 mm）和一层黄蜡布（0.14 mm）；绕组间绝缘与铁心绝缘相同。

5. 17 V 层间绝缘用两层电缆纸（0.12 mm）；其他绕组层间绝缘用一层电缆纸（0.07 mm）。

6. 电工工具 1 套，绕线机 1 台，其他专用工具。

三、评分标准

评分标准见表 1—3。

表 1—3　　**评分标准**

项目内容	评分标准	配分	扣分	得分
绕组质量	1. 二次侧电压误差 ±3%，每超过 1% 扣 10 分 2. 中心抽头电压误差 ±1%，每超过 0.5% 扣 10 分 3. 绕组间短路，扣 15 分 4. 绕组通地（碰铁心），扣 15 分	50 分		
外形	1. 线包不紧实，扣 10 分 2. 镶片不整齐，有空隙，扣 5 分 3. 引出线端未作电压值标记，扣 10 分 4. 焊片与青壳纸铆接不牢，每只扣 5 分	30 分		

续表

项目内容	评分标准	配分	扣分	得分
引出线	1. 有虚假焊，每只扣5分 2. 引出线未套绝缘套管，每个扣5分	10分		
安全与文明生产	每违反一次扣10分	10分		
	工时　6 h	总　分		
		教师签字		

四、训练步骤

按小型变压器绕制工艺绕制绕组，绕制结束后，先镶片、紧固铁心、焊接引出线，再交教师检验，待评分后再进行烘干、浸漆。

1. 熟悉工具

拆装与重绕工具见表1—4。

表1—4　　拆装与重绕工具

材料、仪表或工具名称	相关图片	描述
标准变压器及漆包线		通过拆卸标准变压器可知，选用相应的漆包线的一次绕组和二次绕组的线径为多少
绝缘材料的选择	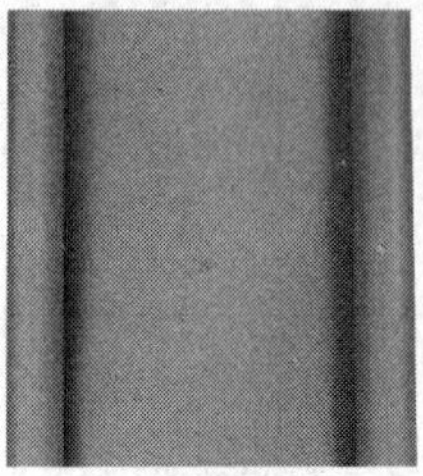 a) 牛皮纸 　b) 青壳纸	绝缘材料的选择应从两个方面考虑：一是绝缘强度，二是工艺处理方案。对于层间绝缘应用厚度为0.08 mm牛皮纸，线包外层绝缘使用厚度为0.25 mm的青壳纸

续表

材料、仪表或工具名称	相关图片	描述
仪表和量具	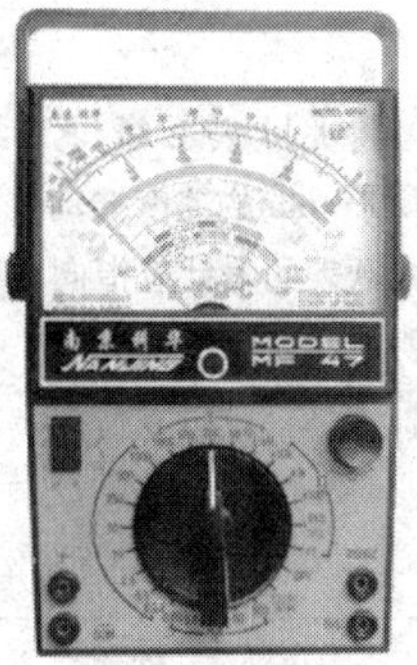 MODEL MF 47 a) 万用表 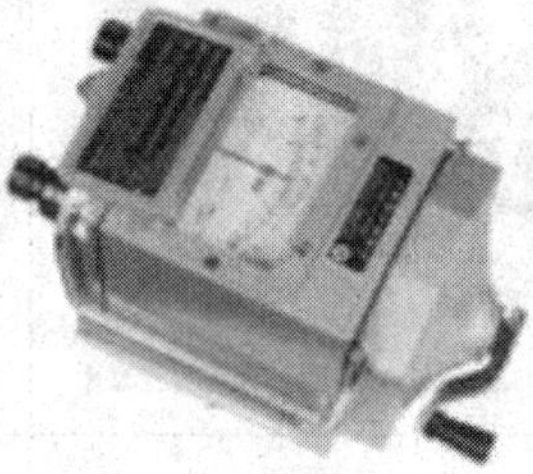 b) 兆欧表 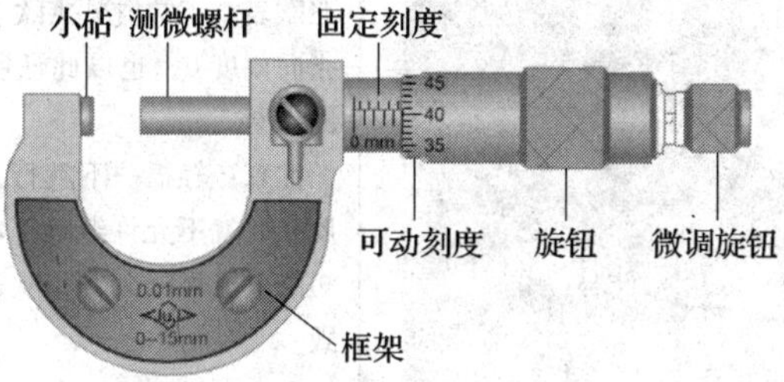 小砧 测微螺杆 固定刻度 可动刻度 旋钮 微调旋钮 框架 0.01mm 0–15mm c）螺旋测微尺（千分尺）	分别用于测量变压器的绕组直流电阻、绝缘电阻及绕组线径
工具	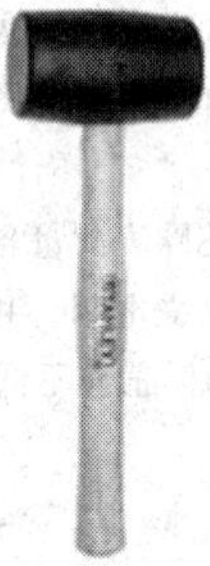 a) 胶锤(或木锤) 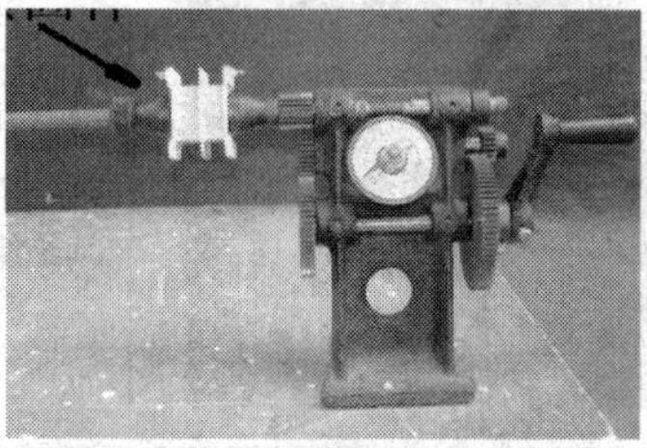 b) 绕线机	用于拆卸变压器铁心及绕组

2. 标准变压器的参数测量

标准变压器的参数测量见表1—5。

3. 单相变压器产品拆卸

（1）对小型变压器的铁心和绕组进行拆卸；

（2）记录：骨架尺寸参数、绕组线圈的线径和匝数。

单相变压器产品拆卸见表1—6。

表 1—5　　标准变压器的参数测量

序号	步骤	过程照片	步骤描述
1	兆欧表的开路试验	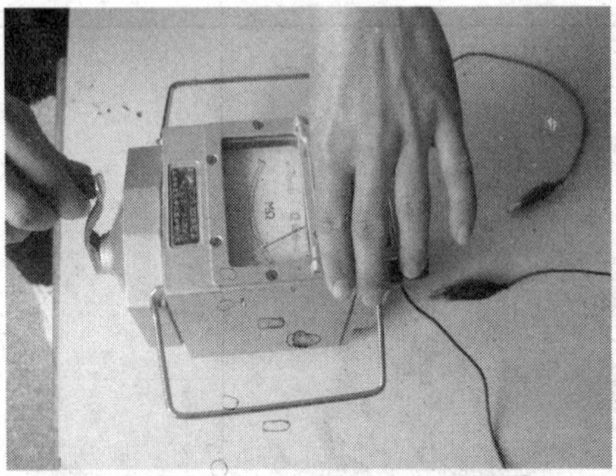	将兆欧表 L 线与 E 线自然分开，以 120 r/min的速度摇动兆欧表。正常情况兆欧表的表针应指向无穷大，也以此证明兆欧表电压线圈正常
2	兆欧表的短路试验	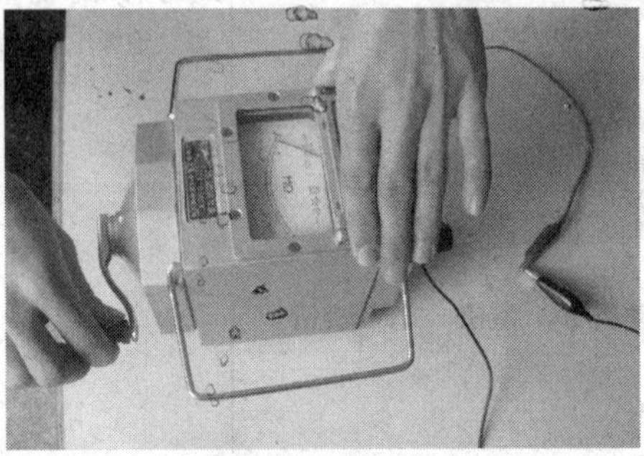	将兆欧表 L 线与 E 线短接，轻轻摇动兆欧表。正常情况兆欧表的表针应很快指向刻度 0，也以此证明兆欧表电流线圈正常 注意：轻摇一下就行，当指针指向刻度 0 后就不允许继续摇动，否则此时的短路电流可能会将兆欧表的电流线圈烧毁
3	一、二次绕组间绝缘电阻的测试		用兆欧表测量一次绕组和二次绕组间的绝缘电阻，如图所示，阻值接近“∞” （用兆欧表测量各绕组间和各绕组对铁心的绝缘电阻，400 V 以下的变压器其绝缘电阻值应不低于 90 MΩ）
4	一次绕组与铁心间绝缘电阻的测试	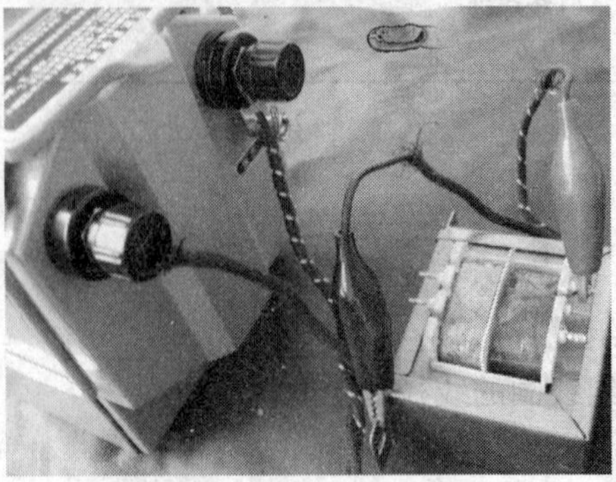	用兆欧表测量一次绕组对铁心（外壳）的绝缘电阻，如左图所示，阻值接近“∞”

续表

序号	步骤	过程照片	步骤描述
5	二次绕组与铁心间绝缘电阻的测试	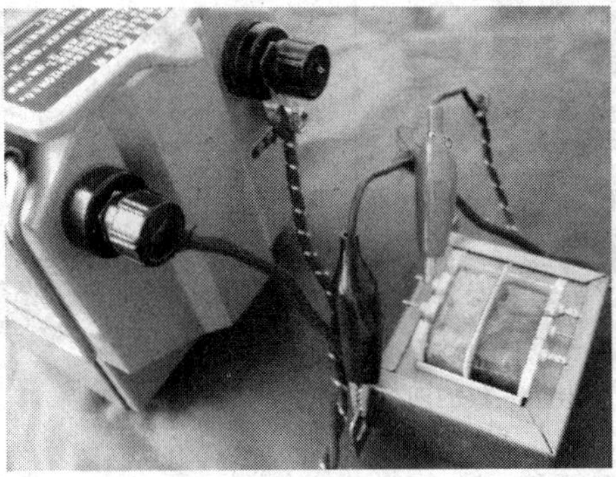	用兆欧表测量二次绕组对铁心（外壳）的绝缘电阻，如左图所示阻值接近“∞”
6	兆欧表读数情况	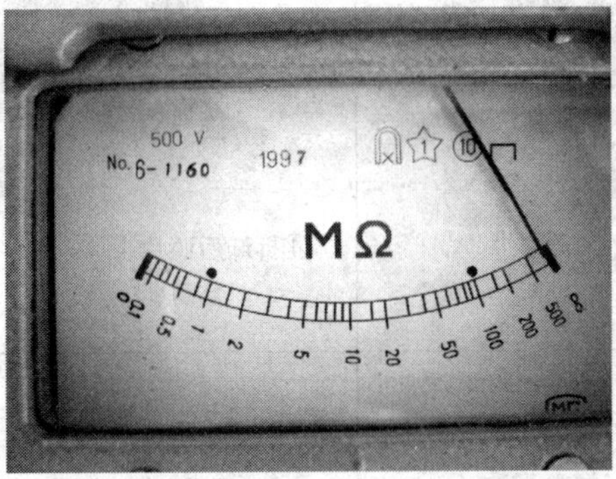	测量阻值接近“∞”时的表面
7	空载电压的测试		当一次侧电压加额定值 220 V 时，二次绕组的空载电压允许误差为正负 5%，现测二次侧电压为 16.5 V，误差为 3%，在允许范围内

表 1—6　　单相变压器产品拆卸

序号	步骤	过程照片及步骤描述	
	外壳拆卸	①用一字螺钉旋具将小型变压器卡住底板的四个卡脚撬起	②取出外壳底板
		③将整个外壳拆卸下来，并取出铁心	④拆卸后照片
	铁心起拆	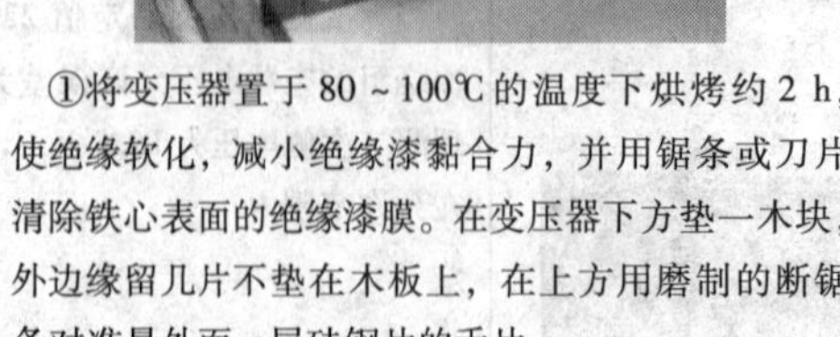 ①将变压器置于 80～100℃的温度下烘烤约 2 h，使绝缘软化，减小绝缘漆黏合力，并用锯条或刀片清除铁心表面的绝缘漆膜。在变压器下方垫一木块，外边缘留几片不垫在木板上，在上方用磨制的断锯条对准最外面一层硅钢片的舌片	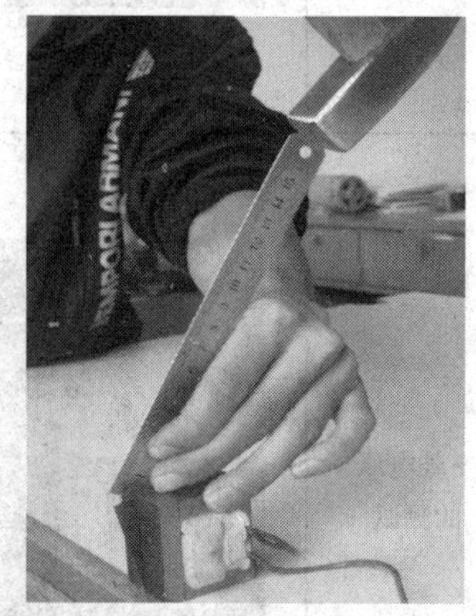 ②用铁锤轻轻敲薄铁片（图中为薄钢尺），将硅钢片先冲出几片来

续表

序号	步骤	过程照片及步骤描述	
	铁心起拆	③将冲出的那几片硅钢片沿两侧摇动，使硅钢片松动，同时将铁心边摇动边住上提，直到这片硅钢片取出为止	④重复上述两个过程，逐步取出最外面插得较紧的硅钢片 外层硅钢片取出后，铁心已不很紧固，其余部分可直接用手取出
8	绕组拆卸	①为了便于记录原绕组线圈的匝数，将待拆绕组连同骨架与绕制线圈的方向相反的方向安装在绕线机上	②将绕线机的计数器清零
	绕组线径测量	③用手拖动线圈的线头并将拉出来的线绕在另一空骨架上。在骨架的拖动下，绕线机也被动转动，同时带动计数器计数。用此方法分别将一次绕组和二次绕组拆卸下为并分别记录好一次绕组和二次绕组的匝数	④用螺旋测微器分别测出一次绕组和二次绕组的线径并做记录

提示

对有卷边和弯曲的硅钢片，可用木槌敲直展平后继续使用。注意不可用铁锤敲打，以免造成延展变形。若硅钢片表面发现锈蚀，应用汽油浸泡掉锈斑和旧有绝缘漆膜，重刷绝缘漆。

如果整个线包需要重新绕制，原有的漆包线和骨架均不再用时，可采用破坏性拆法：将变压器铁心夹紧在台虎钳上，用钢锯沿着铁心舌宽面将线包连骨架一起锯开，即可轻易拆开铁心。

4. 绕组制作

绕组制作见表1—7。

表1—7　　绕组制作

序号	步骤	过程图片	步骤描述
1	芯子的制作		芯子是用来固定骨架并便于绕线用的，可以用木料或铝材制作
2	骨架的制作（仿制或用原骨架）		1. 制作方形底筒 2. 用胶带粘牢底筒并定形 3. 底筒挡板的制作
3	套芯子		将骨架套上芯子

续表

序号	步骤	过程图片	步骤描述
4	固定芯子及骨架		将带芯子的骨架穿入绕线机轴上，上好紧固件
5	记数转盘调零		将绕线机上的记数转盘调零
6			起绕时，在骨架上垫好绝缘层，然后导线一端固定在骨架的引脚上
7	起绕		引线需紧贴骨架，用透明胶将其贴牢
8			绕线时从引线的反方向开始绕起，以便压紧起始线头

续表

序号	步骤	过程图片	步骤描述
9	线尾的固定	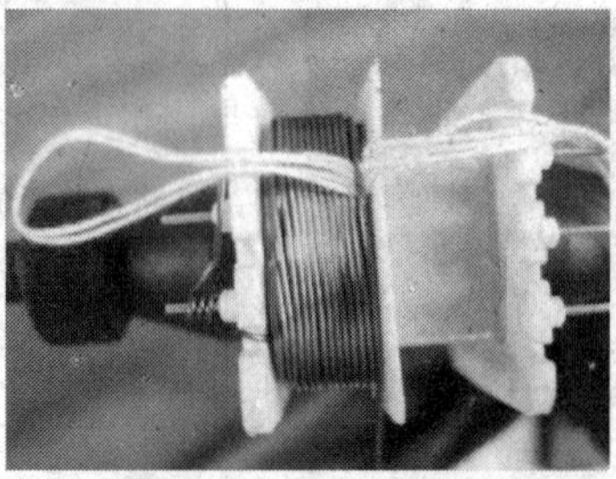	当一组绕组绕制进行到最后一层开始时，要垫上一条对折的棉线，以防引出导线转弯处的菱角与顺绕导线产生摩擦而损伤
10		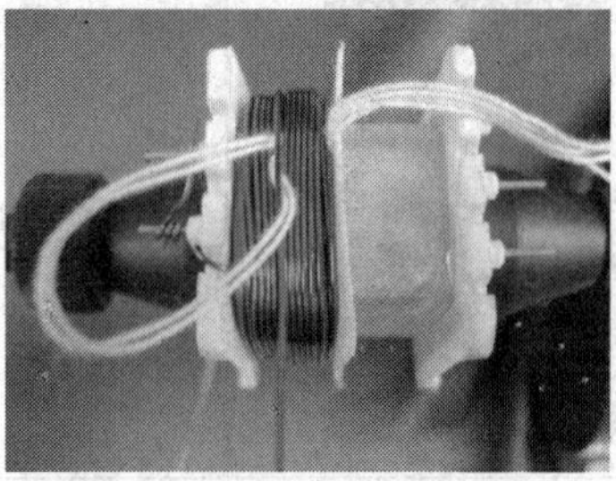	继续绕线到结束，将线尾插入对折棉线的折缝中
11			抽紧绝缘带，线尾便固定，如图
12		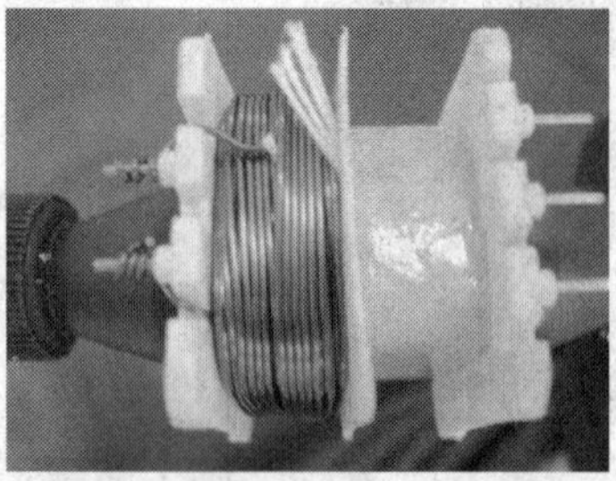	将线尾绕在引脚上，多余的漆包线剪掉
13	引出线的处理		若线径大于0.2 mm时，绕组的引出线可利用原线绞合并将表面的绝缘漆刮掉后将引出线焊在引角上即可，如左图所示

续表

序号	步骤	过程图片	步骤描述
14	外层绝缘		线包绕制好后，外层绝缘用青壳纸缠绕2～3层，写上要求的电压值，用胶水粘牢

提示

导线要求绕得紧密、整齐，不允许有叠线现象。绕线的要领是；绕线时将导线稍微拉向绕线前进的相反方向约5°，如图1—25所示。拉线的手顺绕线前进方向而移动，拉力大小应根据导线粗细而掌握，导线就容易排列整齐，每绕完一层要垫层间绝缘。

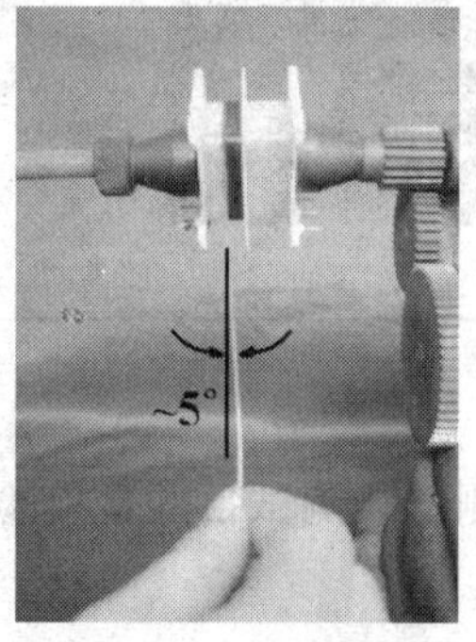

图1—25　绕线的要领

5. 硅钢片的安装

硅钢片的安装见表1—8。

表1—8　　硅钢片的安装

序号	步骤	过程图片	步骤描述
1	硅钢片安装准备		镶片前先将夹板装上

续表

序号	步骤	过程图片	步骤描述
2	硅钢片安装开始	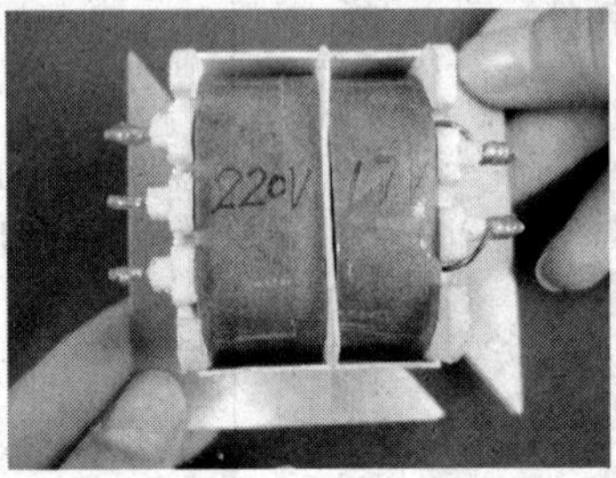	镶片应从线包两边两片两片地交叉对镶
3	硅钢片安装完成	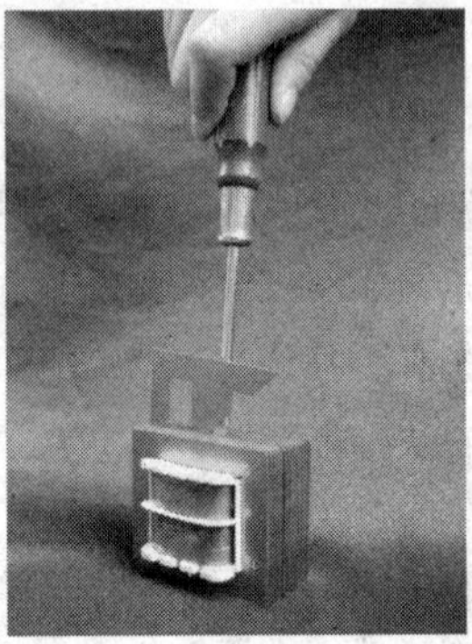	当余下最后几片硅钢片时，比较难镶，俗称紧片。紧片需要一字螺钉旋具撬开两片硅钢片的夹缝才能插入，同时用木榔轻轻敲入，切不可硬性将硅钢片插入，以免损伤框架和线包

6．测试

方法同2．标准变压器的参数测量。测试目的是检验制作出来的变压器的电气性能是否达到要求。

7．绝缘处理

绝缘处理见表1—9。

表1—9　　绝缘处理

序号	步骤	过程图片	步骤描述
1	绝缘处理准备		将线包用导线扎好

续表

序号	步骤	过程图片	步骤描述
2	变压器身加热		放在烘箱内加温到 70～80℃，预热 3～5 h取出，以便绝缘清漆的渗透
3	浸漆		立即浸入 1032 绝缘清漆中，约 0.5 h
4	绝缘风干或烘干		取出后在通风处滴干，然后在 80℃烘箱内烘 8 h 左右即可

（1）木芯和绕线芯子做好后，送教师检验，合格后方可绕线。

（2）绕制绕组不要搞错线径。

（3）一次绕组引出线放在左侧，二次绕组引出线放在右侧。

（4）导线排列要紧密、整齐，不可有叠线现象，匝数要准确。

(5) 不可损伤导线绝缘层，若发现导线绝缘层受损，要及时修复。

(6) 绕制 30×2 V 绕组时，绕到 73 匝要引出中心抽头引出线。

(7) 各绕组的头、尾、中心抽头都要套绝缘套管，并做好头、尾标记。

(8) 铁心镶片时不要损伤线包，硅钢片接口不可有空隙。

(9) 铁心用夹板紧固。

第二章

三相变压器

第一节 三相变压器的用途与结构

1. 熟悉三相变压器的用途。
2. 掌握三相变压器的结构。
3. 熟悉三相变压器的铭牌。

一、三相变压器的用途

目前我国高压输电的电压等级有 110 kV、220 kV、330 kV、500 kV 及 750 kV 等多种。发电机本身由于其结构及所用绝缘材料的限制，不可能直接发出这样的高压，因此在输电时必须首先通过升压变电站，利用变压器将电压升高，其过程如图 2—1 所示。电力网中所使用的变压器统称为电力变压器，由于发电、输电通常都采用三相交流电，因此三相变压器有着广泛的应用，这些变压器又称为三相电力变压器，见表 2—1。

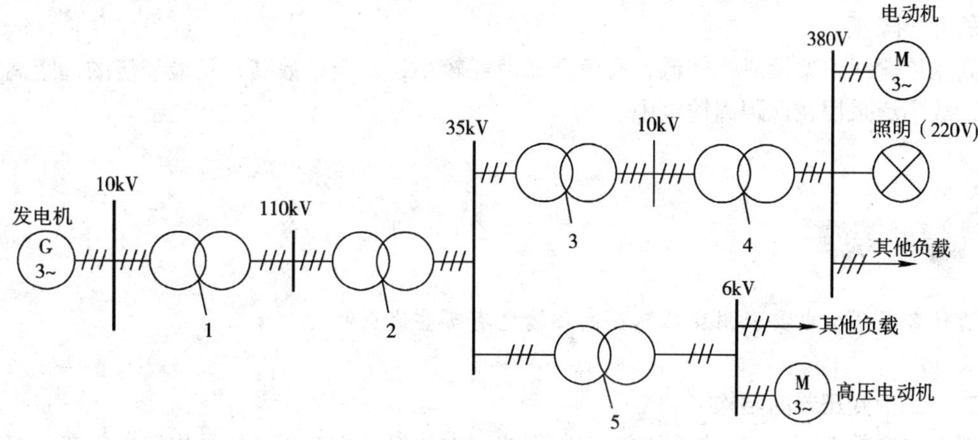

图 2—1 简单电力系统示意图

1—升压变压器 2、3—降压变压器 4、5—配电变压器

表 2—1　　三相变压器的作用

作用	作用描述	电能传输的简单电力系统示意图
升压——实现高压输电	电厂用三相同步发电机将其他自然能源转换产生传输电压为 10 kV 的电能，为提高电能的传输效率，用升压变压器将传输电压提高到 110 kV 甚至更高的超高压	发电机 升压变压器 发电站 220kV 一次高压变电所 110kV 二次高压变电所 10kV 一般用户 低压变电所 工厂
降压——实现低压用电	当把超高压的电能传输到用户前，考虑用电安全等实际，再应用降低变压器降低电压。然后通过电动机或其他用电设备将电能转换成机械能、热能、光能等	

高压电能输送到用电区后，为了保证用电安全和符合用电设备的电压等级要求，还必须通过各级降压变电站，利用变压器将电压降低。例如工厂配电线路，高压侧为 35 kV 变 10 kV或 6 kV，低压侧为 380 V、220 V 等。

综上所述，变压器是输、配电系统中不可缺少的关键电气设备，从发电厂发出的电能经升压变压器升压，输送到用户区后，再经降压变压器降压供电给用户，一般需经 8 ~ 9 次变压器的升、降压。

高压传输线路架设成本较低，有色金属消耗较小，安全系数高，是最经济的远距离输电办法，故广泛采用在远距离输电中。

为什么高压输电要采用变压器？高压输电有哪些优点？

二、三相变压器的结构

根据用途的不同，变压器结构也有所不同，大功率三相变压器的结构比较复杂，而多数三相变压器是油浸式的。油浸式变压器由绕组和铁心组成器身，为了解决散热、绝缘、密封、安全等问题，还需要油箱、绝缘套管、储油柜、冷却装置、压力释放阀、安全气道、温度计和气体继电器等附件，其结构如图 2—2 所示。

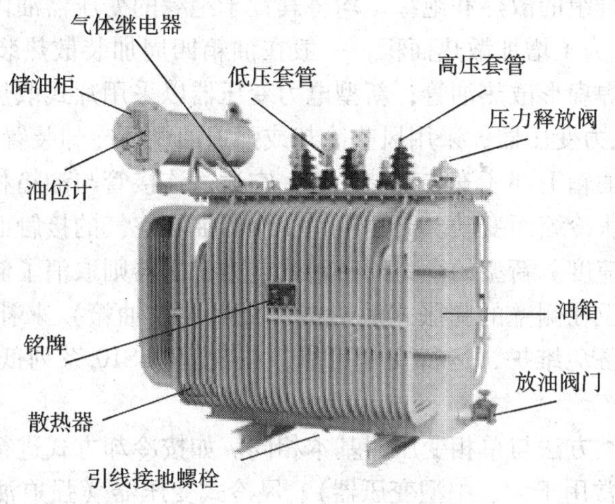

图 2—2　三相变压器的结构

1. 铁心

铁心是三相变压器的磁路部分，与单相变压器一样，它也是由 0.35 mm 厚的硅钢片叠压（或卷制）而成，新型电力变压器铁心均用冷轧晶粒取向硅钢片制作，以降低其损耗。三相变压器铁心均采用芯式结构。

铁心柱的截面形状与变压器的容量有关，单相变压器及小型三相变压器采用正方形或长方形截面，如图 2—3a 所示；在大、中型三相变压器中，为了充分利用绕组内圆的空间，通常采用阶梯形截面，如图 2—3b、c 所示。阶梯形的级数越多，则变压器结构越紧凑，但叠装工艺越复杂。

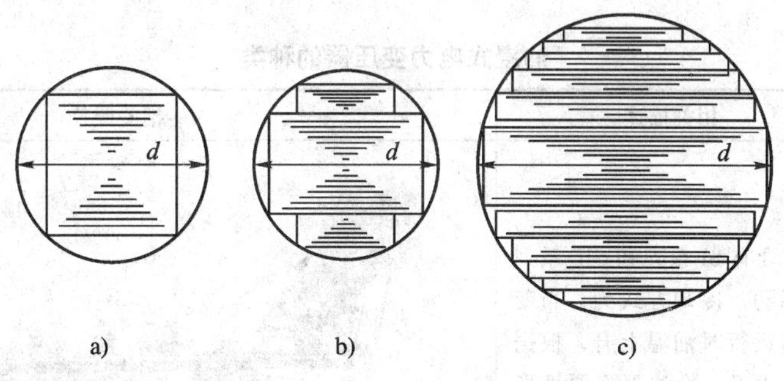

图 2—3　铁心柱截面形状

a）方形　b）阶梯形　c）多级阶梯形

2. 绕组

绕组是三相变压器的电路部分。一般用绝缘纸包的扁铜线或扁铝线绕成，绕组的结构形式与单相变压器一样有同心式绕组和交叠式绕组。当前新型的绕组结构为箔式绕组电力变压器，绕组用铝箔或铜箔氧化技术和特殊工艺绕制，使变压器整体性能得到较大的提高，我国已开始批量生产。

3. 油箱和冷却装置

由于三相变压器主要用于电力系统进行电压等级的变换，因此其容量都比较大，电压也比较高，为了铁心和绕组的散热和绝缘，均将其置于绝缘的变压器油内，而油则盛放在油箱内，如图2—2 所示。为了增加散热面积，一般在油箱四周加装散热装置，老型号电力变压器采用在油箱四周加焊扁形散热油管；新型电力变压器以采用片式散热器散热为多。容量大于10 000 kV · A 的电力变压器，采用风吹冷却或强迫油循环冷却装置。

较多的变压器在油箱上部还安装有储油柜，它通过连接管与油箱相通。储油柜内的油面高度随变压器油的热胀冷缩而变动。储油柜使变压器油与空气的接触面积大为减小，从而减缓了变压器油的老化速度。新型的全充油密封式电力变压器则取消了储油柜，运行时变压器油的体积变化完全由设在侧壁的膨胀式散热器（金属波纹油箱）来补偿，变压器端盖与箱体之间焊为一体，设备免维护，运行安全可靠，在我国以 S10 系列低损耗电力变压器为代表，现已开始批量生产。

三相变压器的分类方法与单相变压器基本相同。如按冷却方式进行分类，电力变压器可分为油浸式变压器（常用于大、中型变压器）、风冷式变压器（强迫油循环风冷，用于大型变压器）、自冷式变压器（空气冷却，用于中、小型变压器）、干式变压器（用于安全防火要求较高的场合，如地铁、机场及高层建筑等）。

变压器的油箱主要起哪些作用？

我国生产的多种系列电力变压器，多数采用油浸式冷却，根据容量不同，可分成下列几种，见表2—2。

表2—2　　油浸式电力变压器的种类

冷却方式名称	相关描述	相关照片
油浸自冷式（ONAN）	主要有 SJ 系列和 SJL 系列（铝线）。冷却方式为：当变压器运行时油温上升，根据热油上升、冷油下降原理形成自然对流，流动的油将热量传给油箱体和外侧的散热器，然后依靠空气的对流传导将热量向周围散发，从而达到冷却效果	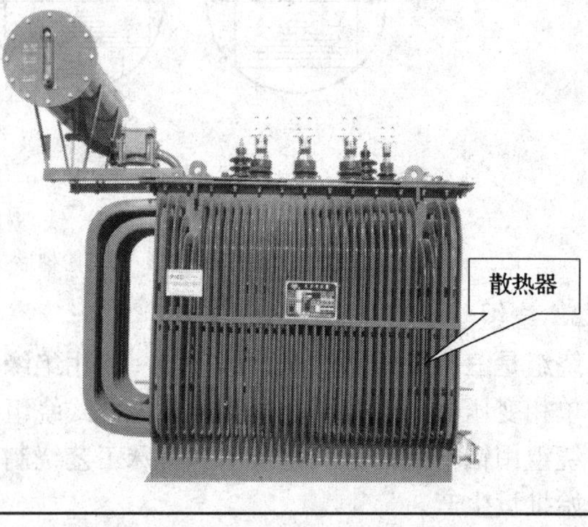

续表

冷却方式名称	相关描述	相关照片
油浸风冷式（ONAF）	主要有 SP 系列，其结构如右图所示。冷却方式：是在油浸自冷式的基础上，在油箱壁或散热管上加装风扇，利用吹风机帮助冷却。而且风力可调，以适用于短期过载。加装风冷后可使变压器的容量增加 30%~35%。多应用于容量在 10 000 kV·A 及以上的变压器	
强迫油循环风冷式（OFAF）	主要有 SFP 系列。冷却方式：在油浸自冷式的基础上，利用油泵强迫油循环，并且在散热器外加风扇风冷，以提高散热效果	
强迫油循环水冷式（OFWF）	主要有 SSP 系列。冷却方式：在油浸自冷式的基础上，利用油泵强迫油循环，并且利用循环水作冷却介质提高了散热效果	

4. 常用的保护装置

常用的保护装置见表 2—3。

表 2—3　常用的保护装置

名称及图片	作用
 气体继电器（瓦斯继电器）	气体继电器装在油箱与储油柜之间的管道中，当变压器发生轻故障时，器身就会过热使油分解产生气体。气体进入气体继电器内，使其中一个水银开关接通（上浮筒动作），发出报警信号。此时应立即将气体继电器中的气体放出检查，若是无色、不可燃的气体，变压器可继续运行；若是有色、有焦味、可燃气体，则应立即停电检查。变压器发生重故障时，变压器油膨胀，冲击气体继电器内的挡板，使另一个水银开关接通跳闸回路（即下浮筒动作），切断电源，避免故障扩大

续表

名称及图片	作用
 安全气道	安全气道又称防爆管，装在油箱顶盖上，它是一个长钢筒，出口处有一块厚度约 2 mm 的密封玻璃板（防爆膜），玻璃上划有几道缝。当变压器内部发生严重故障而产生大量气体，内部压力超过 50 kPa 时，油和气体会冲破防爆玻璃喷出，从而避免了油箱爆炸引起的更大危害。安全气道在生产中目前已较少使用，逐渐被压力释放阀所取代
 压力释放阀	在变压器中，尤其是在全密封变压器中，都广泛采用压力释放阀做保护，它的动作压力为（53.9 ±4.9）kPa，关闭压力为 29.4 kPa，动作时间不大于 2 ms，其结构如左图所示。动作时膜盘被顶开释放压力，平时膜盘靠弹簧拉力紧贴阀座（密封圈），起密封作用

5. 调压分接开关

变压器的输出电压可能因负载和一次侧电压的变化而变化，可通过调压分接开关改变绕组匝数来调节输出电压。调压分接开关见表 2—4。

表 2—4　　调压分接开关

名称及图片	作用
无励磁调压分接开关	无励磁调压是指变压器一次侧脱离电源后调压，常用的无励磁调压分接开关调节范围为额定输出电压的 ±5%
	1U1 2U1 2U2 1U2 一次侧励磁调压原理图 1U1 2U1 1U2 2U2 二次侧励磁调压原理图

续表

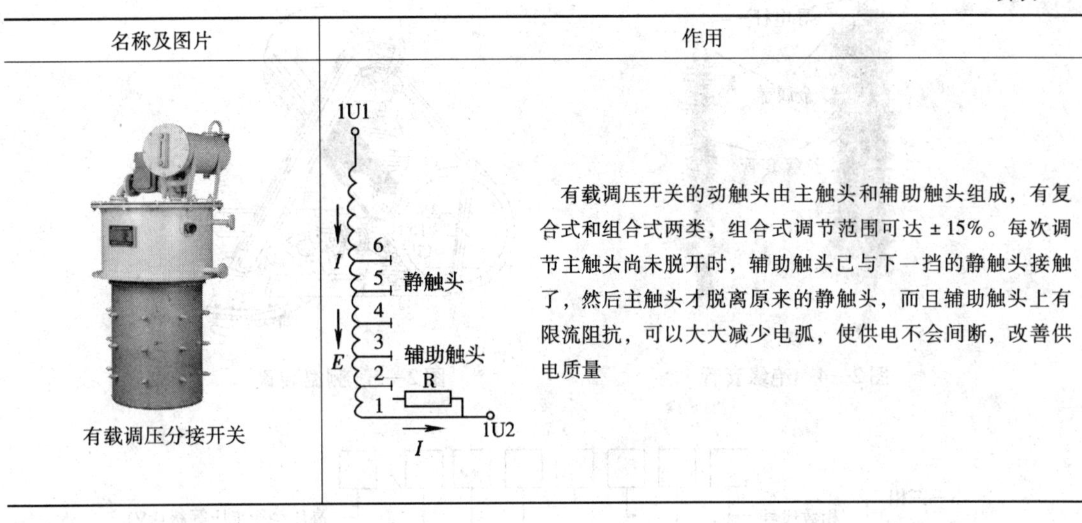

名称及图片	作用
有载调压分接开关	有载调压开关的动触头由主触头和辅助触头组成，有复合式和组合式两类，组合式调节范围可达 ± 15%。每次调节主触头尚未脱开时，辅助触头已与下一挡的静触头接触了，然后主触头才脱离原来的静触头，而且辅助触头上有限流阻抗，可以大大减少电弧，使供电不会间断，改善供电质量

如何利用变压器的调压分接开关来调整输出电压？

6. 绝缘套管

绝缘套管穿过油箱盖，将油箱中变压器绕组的输入、输出线从箱内引到箱外与电网相接。绝缘套管由外部的瓷套和中间的导电杆组成，对它的要求主要是绝缘性能和密封性能要好，如图 2—4 所示。根据运行电压的不同，绝缘套管分为充气式和充油式两种，后者为高电压（60 kV 以上）用。当用于更高电压时（110 kV 以上），还在充油式绝缘套管中包有多层绝缘层和铝箔层，使电场均匀分布，增强绝缘性能。根据运行环境的不同，绝缘套管又分为户内式和户外式。

7. 测温装置

测温装置就是热保护装置。变压器的寿命取决于变压器的运行温度，因此油温和绕组的温度监测是很重要的。通常用三种温度计监测，箱盖上设置酒精温度计，其特点是计量精确但观察不便；变压器上还装有信号温度计，便于观察；箱盖上还装有电阻式温度计，作为远距离监测用。如图 2—5 所示。

三、铭牌

为了使变压器安全、经济运行，并保证一定使用寿命，制造厂按标准规定了变压器的额定数据。有关额定数据标写在铭牌上。铭牌上的主要技术数据有型号、额定容量、额定电压、额定电流、额定频率等。

1. 型号和含义

型号表示变压器的结构特点、额定容量和高压侧的电压等级等内容。

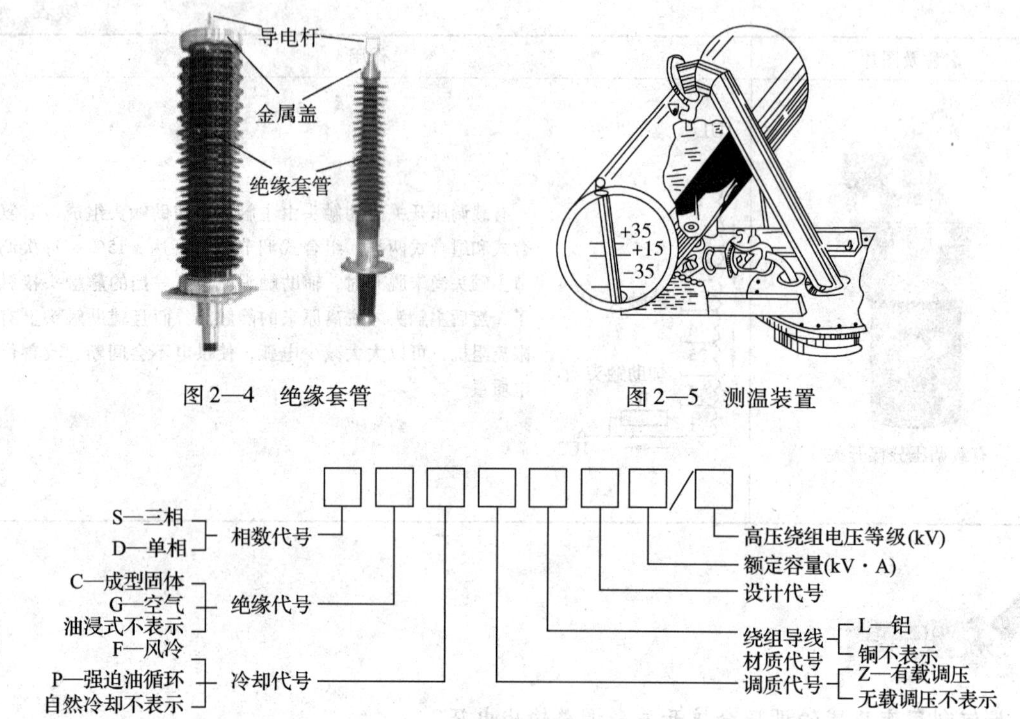

图2—4　绝缘套管　　图2—5　测温装置

例如：SL9 - 800/10 为三相铝绕组油浸式电力变压器，设计序号为 9，额定容量为 800 kV · A，高压绕组电压等级为 10 kV。

2. 额定电压$\left(\dfrac{U_{1N}}{U_{2N}}\right)$

一次绕组的额定电压 U_{1N} 是指变压器额定运行时，一次绕组所加的电压。二次绕组额定电压 U_{2N} 为变压器空载情况下，当一次绕组加上额定电压时，二次绕组测量的空载电压值。变压器额定电压的确定取决于绝缘材料的介电常数和允许温升。对三相变压器是线电压，单位是 V 或 kV。

3. 额定电流$\left(\dfrac{I_{1N}}{I_{2N}}\right)$

额定电流是变压器绕组允许长期连续通过的工作电流，是指在某环境温度、某种冷却条件下允许的满载电流值。当环境温度、冷却条件改变时，额定电流也应变化。如干式变压器加风扇散热后，电流可提高 50%。在三相变压器中，额定电流指的是线电流，单位是 A。

三相变压器的额定电压指的是相电压还是线电压？其额定电流指的是相电流还是线电流？

4．额定容量（S_N）

变压器的额定容量是指变压器的视在功率，表示变压器在额定条件下的最大输出功率。其大小是由变压器的额定电压 U_{2N} 与额定电流 I_{2N} 所决定的，当然也受到环境温度、冷却条件的影响。容量的单位是 V·A 或 kV·A。

单相变压器额定容量：$S_N = U_{2N}I_{2N}$

三相变压器额定容量：$S_N = \sqrt{3}U_{2N}I_{2N}$

5．额定频率（f_N）

我国规定额定频率为 50 Hz。有些国家规定额定频率为 60 Hz。

6．温升（T）

温升是变压器在额定工作条件下，内部绕组允许的最高温度与环境的温度差，它取决于所用绝缘材料的等级。如油浸变压器中用的绝缘材料都是 A 级绝缘。国家规定线圈温升为 65℃，考虑最高环境温度为 40℃，则 65℃ + 40℃ = 105℃，这就是变压器绕组的极限工作温度。

除额定值外，铭牌上还标有变压器的相数、联结组、接线图、短路电压百分值、变压器的运行及冷却方式等。为了考虑运输和吊心，还标有变压器的总质量、油重和器身的吊运质量等。

【例 2—1】　一台三相变压器参数的简单计算

有一台三相油浸式（自冷）电力变压器，$S_N = 500$ kV·A，接法为 Y，d11 联结组（高压为星形联结、低压为三角形联结），一次侧、二次侧额定电压 $U_{1N} = 10\ 000$ V、$U_{2N} =$ 400 V。求：I_{1N}，I_{2N}，K 值。

解：$I_{1N} = \dfrac{S_N}{\sqrt{3}U_{1N}} = \dfrac{500 \times 10^3}{\sqrt{3} \times 10^4} = 28.87\ \text{A}$

$$I_{2N} = \frac{S_N}{\sqrt{3}U_{2N}} = \frac{500 \times 10^3}{\sqrt{3} \times 400} = 721.71\ \text{A}$$

变压器的变比：

$$K = \frac{U_{1\phi}}{U_{2\phi}} = \frac{10\ 000/\sqrt{3}}{400} = 14.43$$

答：$I_{1N} = 28.87$ A，$I_{2N} = 721.71$ A，$K = 14.43$。

提示

当求三相变压器变比 K 时，如果一次绕组、二次绕组都是 Y 联结，或都是△联结时，可以和单相变压器中一样求解，即 $K = U_{1N}/U_{2N}$。如果一次绕组、二次绕组接法不一样，一个是 Y 联结，另一个是△联结，则应把 Y 联结的相电压与△联结的线电压相比较。

新型变压器简介

近十多年来，国内许多变压器制造厂引进先进的制造技术和设备，迅速发展了全密封式变压器、环氧树脂干式变压器、组合式变电站等，提高了我国变压器技术水平。这些新型变压器采用了新材料、新工艺和新技术，在节能高效、安全可靠、免维护等方面都表现了优良的性能。

1．环氧树脂干式变压器

铁心和绕组用环氧树脂浇注或浸渍作包封的干式变压器即称为环氧树脂干式变压器，如图2—6所示。铁心采用单位损耗小、性能好的优质冷轧晶粒取向硅钢片，并采用45°全斜接缝，硅钢片铁心不退火、不上漆，并采用钢带绑扎。这一系列的工艺改进使空载电流、铁心损耗大大降低。该变压器绕组包封采用环氧树脂加石英砂填充浇注式、玻璃纤维增强的环氧树脂浇注式和多股玻璃丝浸渍环氧树脂缠绕式，进一步提高树脂的机械强度，减小膨胀系数，提高导热性能，降低材料成本，改善了振动和噪声，绕组外观较好。由于环氧树脂干式变压器损耗小、体积小、质量轻、阻燃、防爆、无污染、过载能力强，所以被广泛应用于对消防和安全可靠性较高要求的场合。如商业中心、机场、地铁、火车站、港口、矿山、医院等公共场所。

2．S9系列油浸式变压器

如图2—7所示，该变压器铁心材料采用单位损耗小的优质冷轧晶粒取向硅钢片，从而使空载电流和铁心损耗均大为减少；铁心叠片采用阶梯形三级接缝；硅钢片不上漆，采用45°、全斜接缝；铁心不冲孔，采用粘带绑扎，从而改进了铁心结构和工艺条件，有效降低了变压器的铁损。该变压器绕组采用酚醛漆包绝缘并绕制成圆桶式，绕组的层间及高、低压绕组采用瓦楞纸绝缘代替油道撑条，缩小了绝缘尺寸，又由于铁心尺寸减小，绕组直径随之减小，使变压器的负载损耗减小。油箱采用片式散热器，从而提高了散热系数。

图2—6　环氧树脂干式变压器

图2—7　S9系列油浸式变压器

3. S10 系列变压器

如图 2—8 所示，其结构与 S9 系列差不多，只是性能更好，甚至不怕大水淹没，国内已有少数厂家生产，性能达到国际先进水平。如 S10 - Mj 系列全密封膨胀散热器节能变压器，一次性投入安装使用，15 年可不大修。可广泛用于石油、化工、轻纺、冶金和军工等。

4. 非晶合金铁心变压器（AMDT）

如图 2—9 所示，非晶合金铁心变压器比硅钢片铁心变压器的空载损耗下降 70% ~ 80%、空载电流可下降 80% 左右，在节能降耗方面具有绝对的优势。目前，我国自行设计的 SH11 系列和引进制造技术生产的 SH - M 型非晶合金铁心变压器已商品化，正在大力推广应用。

图 2—8 S10 系列变压器

图 2—9 非晶合金铁心变压器

5. 密封式变压器

（1）空气密封型在油箱内距箱盖处留有一定高度的空气，油受热膨胀压缩空气，减少油对箱壁的压力。这种结构现广泛应用在出口的单相柱式变压器上。

（2）充氮密封型在油箱内距箱盖处留有一定高度的氮气，利用氮气垫作为油体积变化的补偿。

（3）全充油密封式没有传统的储油柜，绝缘油体积变化由波纹油箱壁或膨胀式散热器的弹性作补偿。由于隔绝了油和空气的接触途径，绝缘不会受潮，变压器的使用寿命和可靠性得到了提高。

6. 卷铁心变压器

利用硅钢片制造的变压器铁心主要有叠装式和卷绕式两种形式。卷铁心又可分为无接缝和有接缝两种。一般容量在 500 kV · A 及 500 kV · A 以下时为无接缝。无接缝卷铁心变压器在国内近年来发展非常迅速，尤其是中小型单相无接缝卷铁心变压器。三相卷铁心变压器一般采用三相三柱内铁心形式，有两个相同的内框和外框，空载电流仅为叠装式的 30% ~ 40%。卷铁心变压器如图 2—11 所示。

上述新型电力变压器的推广应用，提高了我国变压器技术水平乃至国家整体电力水平。

从 SJ 系列到 S7 系列，再到 S9 系列，更新换代的周期大大缩短。特别是近期来又推出了 S10 系列变压器，其技术含量更高，性能更优越。

图 2—10 密封式变压器

图 2—11 卷铁心变压器

第二节 三相变压器的联结组

1. 理解三相变压器联结组的概念。
2. 掌握三相变压器联结组的判别方法。
3. 掌握三相变压器极性与首尾端的判别方法。

一、三相变压器磁路

正弦交流电能，目前几乎都是以三相交流的系统进行传输和使用，要将某一电压等级的三相交流电能转换为同频率的另一电压等级的三相交流电能，可用三相变压器来完成，三相变压器按磁路系统可分为三相组合式变压器和三相芯式变压器。

三相组合式变压器是由三台单相变压器按一定连接方式组合而成的，其特点是各相磁路各自独立而互不相关，如图 2—12 所示。

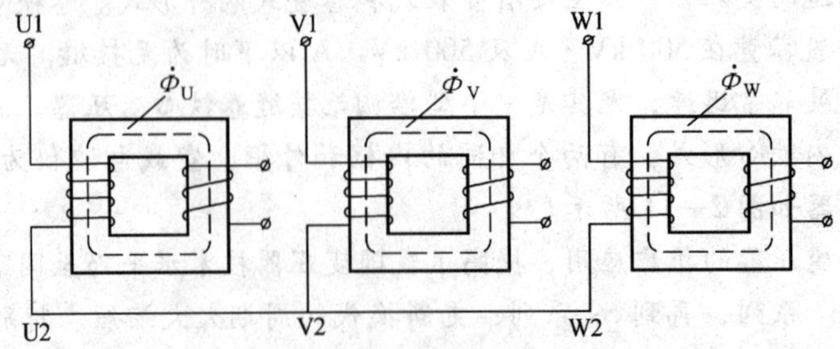

图 2—12 三相组合式变压器的磁路系统

三相芯式变压器是三相共用一个铁心的变压器，其特点是各相磁路互相关联，如图 2—13 所示。它有三个铁心柱，供三相磁通 $\dot{\Phi}_U$、$\dot{\Phi}_V$、$\dot{\Phi}_W$ 分别通过。在三相电压平衡时，磁路也是对称的，总磁通 $\dot{\Phi}_{总} = \dot{\Phi}_U + \dot{\Phi}_V + \dot{\Phi}_W = 0$，所以就不需要另外的铁心来供 $\dot{\Phi}_{总}$ 通过，可以省去中间的铁心，类似于三相对称电路中省去中线一样，这样就大量节省了铁心的材料（见图 2—13b）。在实际的应用中，把三相铁心布置在同一平面上（见图 2—13c），由于中间铁心磁路短一些，造成三相磁路不平衡，使三相空载电流也略有不平衡，但形成的空载电流 $\dot{I}_0$ 很小，影响不大。由于三相芯式变压器体积小，经济性好，所以被广泛应用。但变压器铁心必须接地，以防感应电压或漏电。而且铁心只能有一点接地，避免形成闭合回路，产生环流。

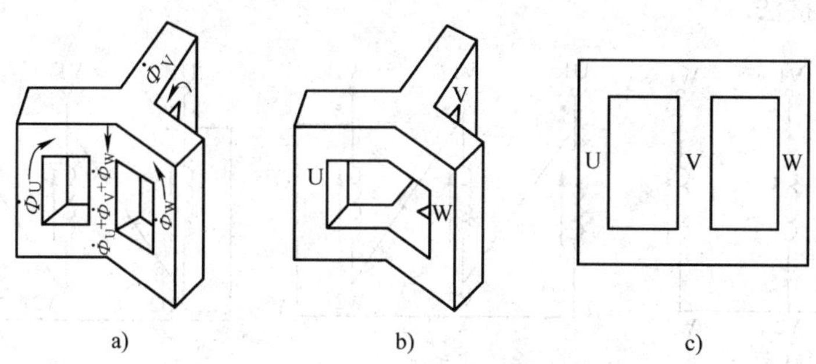

图 2—13　三相芯式变压器的磁路系统

a）三个单相铁心的合并　b）取去中间铁心柱　c）三相芯式铁心

三相组合式变压器和芯式变压器的磁路系统各有哪些特点？

二、三相芯式变压器绕组的连接

如果将三个高压绕组或三个低压绕组连成三相绕组时，则有两种基本接法——星形（Y）接法和三角形（△）接法。

1．星形接法

是将三个绕组的末端连在一起，接成中性点，再将三个绕组的首端引出箱外，其接线如图 2—14a 所示。如果中性点也引出箱外，则称为中性点引出箱外的星形接法，以符号“YN”表示。

（1）星形接法的优点

1）与三角形接法相比，相电压低 $\sqrt{3}$ 倍，可节省绝缘材料，对高电压特别有利。

2）能引出中性点，适合于三相四线制，可提供两种电压供电。

3）中性点附近电压低，有利于装分接开关。

4）相电流大，导线粗，强度大，匝间电容大，能承受较高的电压冲击。

(2) 星形接法的缺点

1) 当未引出中线时，一次侧电流中没有三次谐波，导致磁通中有三次谐波存在（因磁路的饱和造成磁通的波形呈平顶状），而这个磁通只能从空气和油箱中通过（指三相芯式变压器），使损耗增加。所以 1 800 kV · A 以上的变压器不能采用这种接法。

2) 中性点要直接接地，否则当三相负载不平衡时，中点电位会严重偏移，对安全不利。

3) 当某相发生故障时，只好整机停用，而不像三角形接法时还有可能接成 V 形运行。

2. 三角形（△）接法

是将三个绕组的各相首尾相接构成一个闭合回路，把三个连接点接到电源上去，如图 2—14b，c 所示。因为首尾连接的顺序不同，可分为正相序（见图 2—14b）和反相序（见图 2—14c）两种接法。

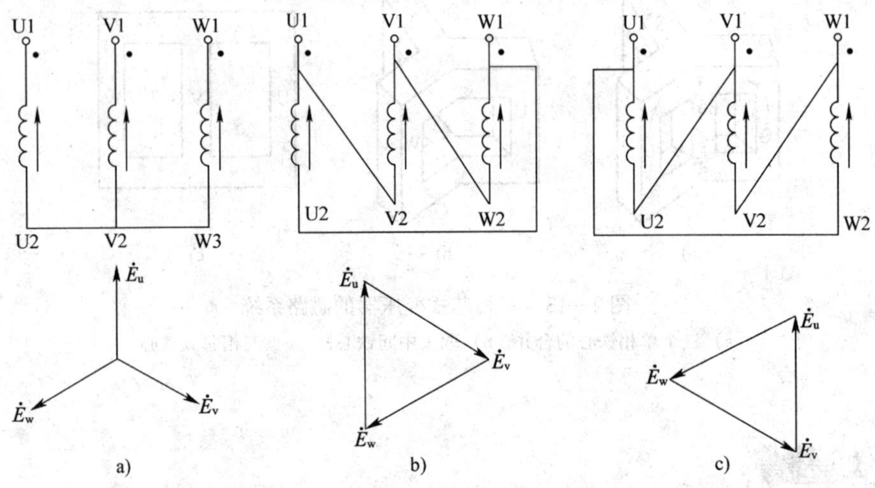

图 2—14　三相变压器绕组联结及相量图

a) 星形联结　b) 正相序三角形联结　c) 反相序三角形联结

三角形接法的优点：

1) 输出电流比星形接法大$\sqrt{3}$倍，可以省铜，对大电流变压器很合适。

2) 当一相有故障时，另外两相可接成 V 形运行供给三相电。

缺点是没有中性点，没有接地点，不能接成三相四线制供电系统。

不管是三角形接法还是星形接法，如果一侧有一相首尾接反了，磁通就不对称，就会同样出现空载电流 I_0 急剧增加，造成严重事故，这是不允许的。

三、三相芯式变压器绕组的联结组别

变压器的一次、二次绕组，根据不同的需要可以有三角形或星形两种接法，一次绕组三角形接法用 D 表示、星形接法用 Y 表示、有中线时用 YN 表示；二次绕组分别用小写 d、y 和 yn 表示。一次、二次绕组不同的接法，形成了不同的联结组别，也反映出不同的一次侧、二次侧的线电压之间的相位关系。为表示这种相位关系，国际上采用了时钟表示法的联结组标号予以区分：把一次侧线电压相量为长针，永远指向 12 点位置；相对应二次侧线电压相量为短针，它指几点钟，就是联结组别的标号。

如 Y，d11 表示高压边为星形接法，低压边为三角形接法，一次侧线电压超前二次侧线电压相位 30°。虽然联结组别有许多，但为了便于制造和使用，国家标准规定了五种常用的联结组别，见表 2—5。

表 2—5　　三相芯式变压器绕组的联结组别

联结组标号	联结图		一般适用场合
Y，yn0	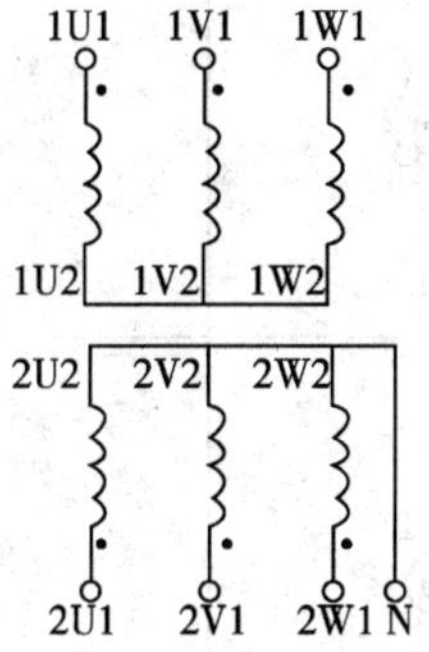 1U1 1V1 1W1 1U2 1V2 1W2 2U2 2V2 2W2 2U1 2V1 2W1 N	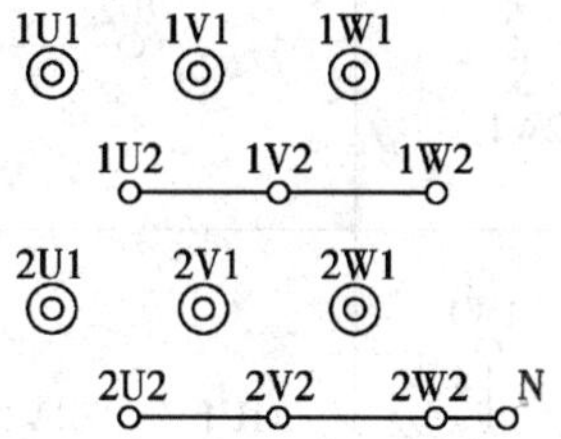 1U1 1V1 1W1 1U2 1V2 1W2 2U1 2V1 2W1 2U2 2V2 2W2 N	三相四线制供电，即同时有动力负载和照明负载的场合
Y，d11	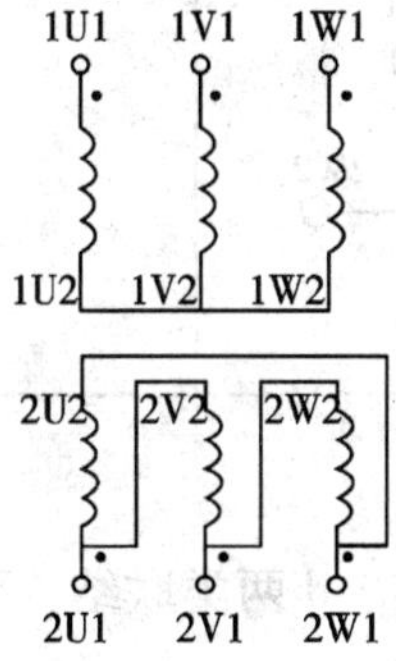 1U1 1V1 1W1 1U2 1V2 1W2 2U2 2V2 2W2 2U1 2V1 2W1	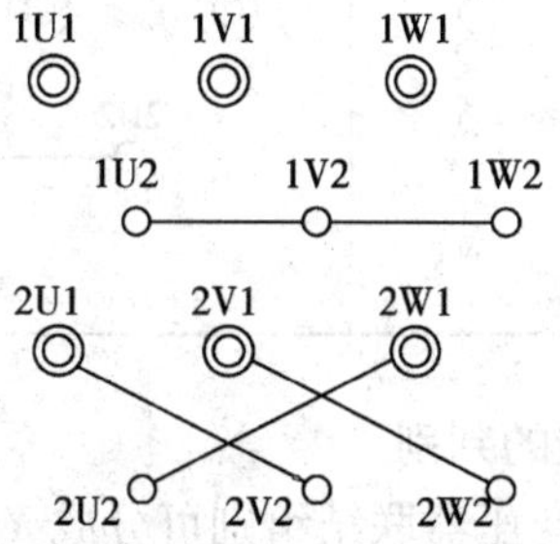 1U1 1V1 1W1 1U2 1V2 1W2 2U1 2V1 2W1 2U2 2V2 2W2	一次侧线电压在 35 kV 以下，二次侧线电压高于400 V 的线路中
YN，d11	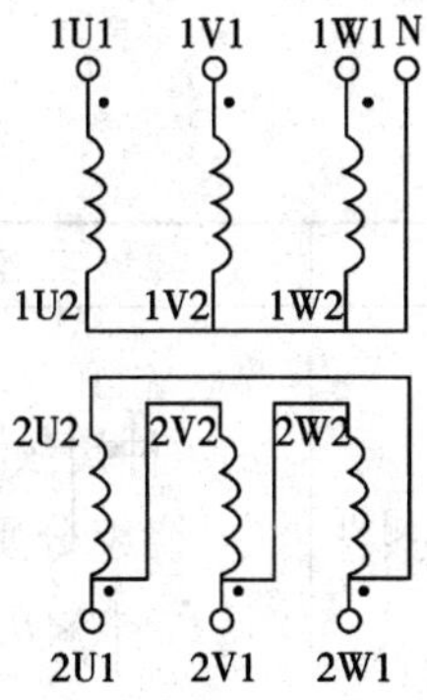 1U1 1V1 1W1 N 1U2 1V2 1W2 2U2 2V2 2W2 2U1 2V1 2W1	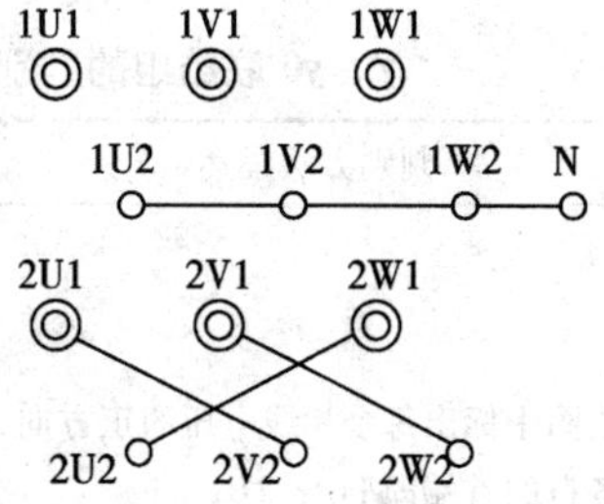 1U1 1V1 1W1 1U2 1V2 1W2 N 2U1 2V1 2W1 2U2 2V2 2W2	一次侧线电压在 110 kV 以上的，中性点需要直接接地或经阻抗接地的超高压电力系统

续表

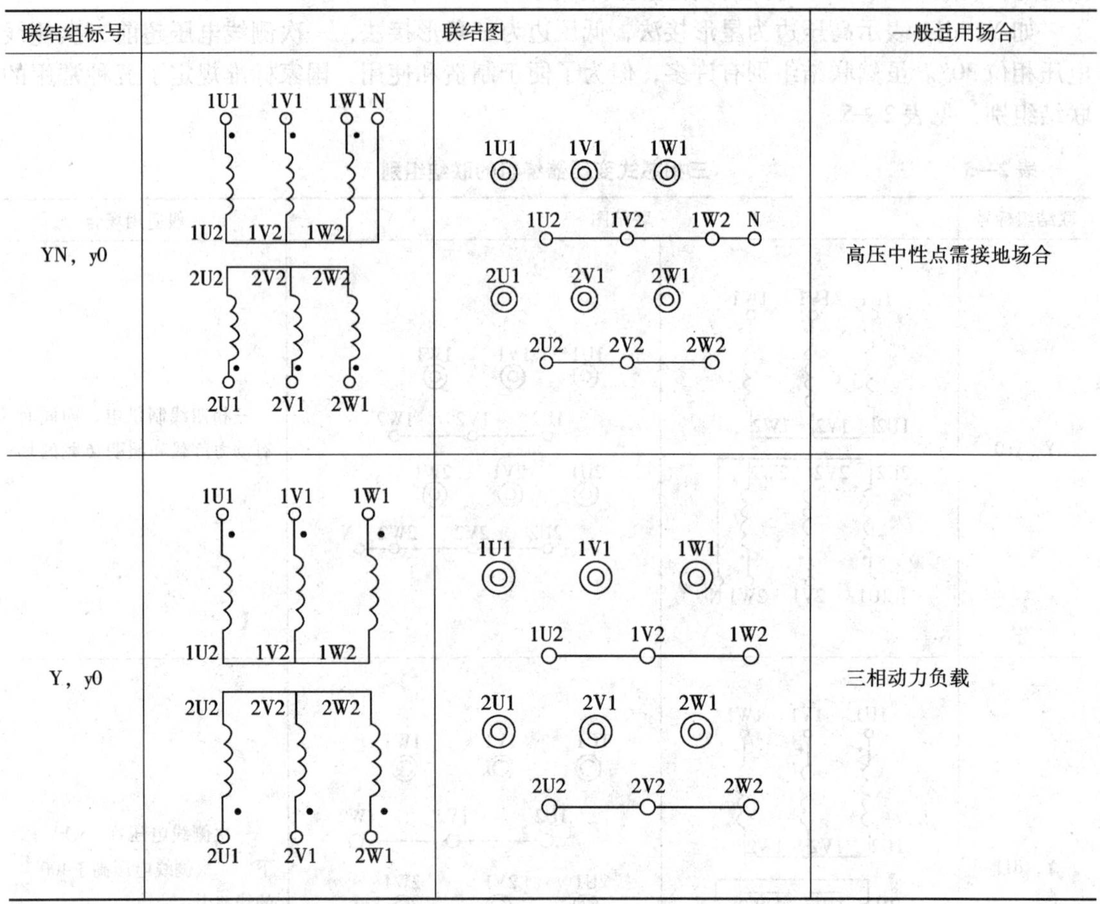

联结组标号	联结图		一般适用场合
YN，y0	1U1 1V1 1W1 N 1U2 1V2 1W2 2U2 2V2 2W2 2U1 2V1 2W1	1U1 1V1 1W1 1U2 1V2 1W2 N 2U1 2V1 2W1 2U2 2V2 2W2	高压中性点需接地场合
Y，y0	1U1 1V1 1W1 1U2 1V2 1W2 2U2 2V2 2W2 2U1 2V1 2W1	1U1 1V1 1W1 1U2 1V2 1W2 2U1 2V1 2W1 2U2 2V2 2W2	三相动力负载

四、三相变压器联结组的判别

由表2—5可知，三相变压器联结组别可分成Y，y和Y，d两类联结，下面分别介绍它们的判别方法。

1. Y，y联结

已知变压器的绕组联结图及各相一次侧、二次侧的同极性端，对于Y，y0联结组的判别步骤见表2—6。

表2—6　Y，y0联结组的判别步骤

步骤	判别方法描述	绘图
标示各相电压方向	首先要在接线图中标出每个相线电压的正方向，如一次侧和二次侧都指向各自的首端即1Ul、2U1	1U 1V 1W $\dot{U}_{1U}$ $\dot{U}_{1V}$ $\dot{U}_{1W}$

续表

步骤	判别方法描述	绘图
		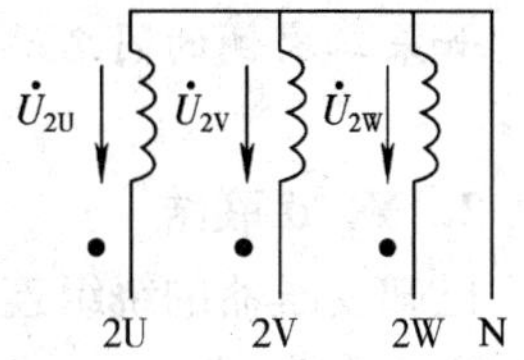 $\dot{U}_{2U}$ $\dot{U}_{2V}$ $\dot{U}_{2W}$ 2U 2V 2W N
画一次绕组相电压及 UV 间线电压 $\dot{U}_{1U,1V}$ 相量图	再画出一次绕组相电压相量图 $\dot{U}_{1U}$，$\dot{U}_{1V}$，$\dot{U}_{1W}$ 最好按书中方位画，这样画出的线电压 $\dot{U}_{1U,1V}=\dot{U}_{1U}-\dot{U}_{1V}$，$\dot{U}_{1U,1V}$ 正巧在钟表“12”的位置，不用再移动了	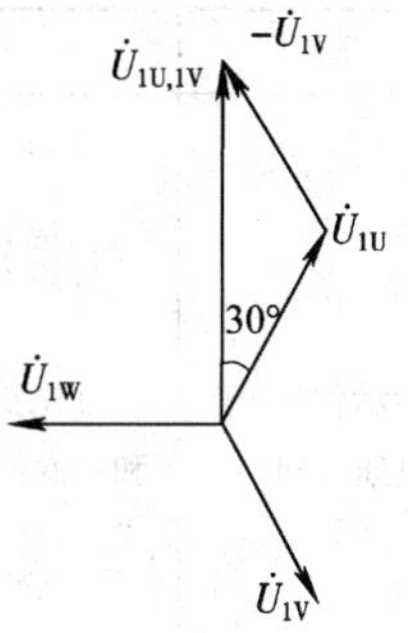 $\dot{U}_{1U,1V}$ $-\dot{U}_{1V}$ $\dot{U}_{1U}$ 30° $\dot{U}_{1W}$ $\dot{U}_{1V}$
画二次绕组相电压及 UV 间线电压 $\dot{U}_{2U,2V}$ 相量图	画出二次绕组的线电压相量图，由接线图中的同名端可判断出 $\dot{U}_{2U}$、$\dot{U}_{2V}$、$\dot{U}_{2W}$ 和一次侧的电动势 $\dot{U}_{1U}$、$\dot{U}_{1V}$、$\dot{U}_{1W}$ 是同相位（即同极性），所以它的相量图也和一次侧一样，画出 $\dot{U}_{2U,2V}=\dot{U}_{2U}-\dot{U}_{2V}$	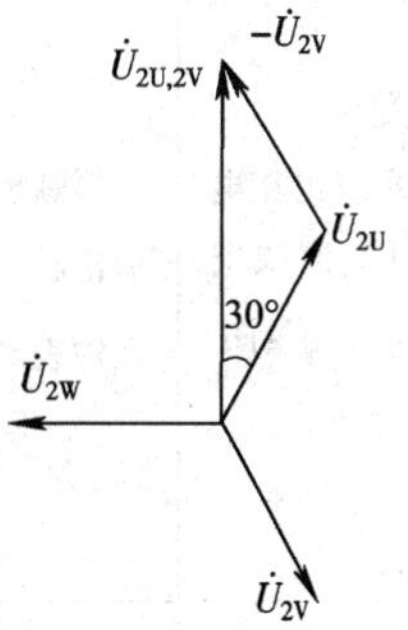 $\dot{U}_{2U,2V}$ $-\dot{U}_{2V}$ $\dot{U}_{2U}$ 30° $\dot{U}_{2W}$ $\dot{U}_{2V}$
$\dot{U}_{1U,1V}$ 与 $\dot{U}_{2U,2V}$ 相量的时钟表示	画出时钟的钟点，只要把一次侧的 $\dot{U}_{1U,1V}$ 放在“12”点，再把二次侧的 $\dot{U}_{2U,2V}$ 作为短针放上去即可，很明显二次侧是 12 点，也就是 0 点，所以该联结组是 Y，y0 联结组	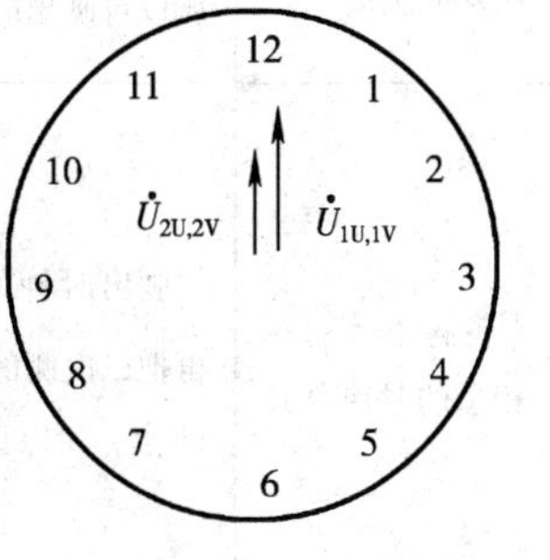 12 1 2 3 4 5 6 7 8 9 10 11 $\dot{U}_{2U,2V}$ $\dot{U}_{1U,1V}$

如果二次侧的同名端全部接反，则 Y，y0 联结组将变成哪种形式的联结组？

2．Y，d 联结

已知变压器的绕组连接图及各相一次侧、二次侧的同极性端，对于 Y，d11 联结组的判别步骤见表 2—7。

表 2—7　　Y，d11 联结组的判别

步骤	判别方法描述	绘图
标示各相电压方向	首先要在接线图中标出每个相线电压的正方向，如一次侧和二次侧都指向各自的首端即 1Ul、2U1	1U 1V 1W $\dot{U}_{1U}$ $\dot{U}_{1V}$ $\dot{U}_{1W}$ $\dot{U}_{2U}$ $\dot{U}_{2V}$ $\dot{U}_{2W}$ 2U 2V 2W
画一次绕组相电压及 UV 间线电压 $\dot{U}_{1U,1V}$ 相量图	再画出一次绕组相电压相量图 $\dot{U}_{1U}$，$\dot{U}_{1V}$，$\dot{U}_{1W}$ 最好按书中方位画，这样画出的线电压 $\dot{U}_{1U,1V}=\dot{U}_{1U}-\dot{U}_{1V}$，$\dot{U}_{1U,1V}$ 正巧在钟表“12”的位置，不用再移动了	$\dot{U}_{1U,1V}$ $-\dot{U}_{1V}$ $\dot{U}_{1U}$ 30° $\dot{U}_{1W}$ $\dot{U}_{1V}$
画二次绕组相电压及 UV 间线电压 $\dot{U}_{2U,2V}$ 相量图	从接线图中找出二次侧线电压 $\dot{U}_{2U,2V}$ 与哪个相的线电压相等，由图中找到 $\dot{U}_{2U,2V}=-\dot{U}_{2V}$，即 $\dot{U}_{2U,2V}$ 的方向指向“11”，所以可画出时钟图	$\dot{U}_{2U}$ $\dot{U}_{2U,2V}$ $\dot{U}_{2V}$ $\dot{U}_{2W}$
$\dot{U}_{1U,1V}$ 与 $\dot{U}_{2U,2V}$ 相量的时钟表示	画出时钟的钟点，只要把一次侧的 $\dot{U}_{1U,1V}$ 放在“12”点，再把二次侧的 $\dot{U}_{2U,2V}$ 作为短针放上去即可，很明显二次侧是 11 点，所以该联结组是 Y，d11 联结组	12 1 2 3 4 5 6 7 8 9 10 11 $\dot{U}_{2U,2V}$ $\dot{U}_{1U,1V}$

这种接法的判别比 Y，y 接法稍难一点，关键是找出二次侧线电压的相量，其大小等于二次绕组相电压的绝对值。

如果二次侧的同名端全部接反，则 Y，d11 联结组将变成哪种形式的联结组？如果三相电源相序接反，则 Y，d11 联结组又将变成哪种形式的联结组？你能画出 Y，d1 的联结组的相量图吗？

不论是 Y，y 联结组还是 Y，d 的联结组，如果一次绕组的三相标记不变，把二次绕组的三相标记 u、v、w 改为 w、u、v（相序不变），则二次侧的各线电压相量也分别转过 120°，相当于转过 4 个钟点。若标记改为 v、w、u，则相当于转过 8 个钟点。因而对 Y，y 联结组而言，可得 0、4、8、6、10、2 等 6 个偶数标号。对 Y，d 联结组而言，可得 11、3、7、5、9、1 等 6 个奇数标号。

技能训练　三相变压器首尾端的判别

一、训练内容

用直流法判别三相变压器首尾端。

二、工具、仪器仪表及材料

1. 工具

电工工具 1 套（验电笔、一字和十字螺钉旋具、钢丝钳、尖嘴钳、斜口钳、剥线钳、电工刀等）。

2. 三相变压器 1 台

刀开关和多挡位转换开关各 1 只。1.5 V 干电池 1 只。

3. 仪器仪表

万用表 1 只。

三、评分标准

评分标准见表 2—8。

表 2—8 评分标准

项目内容	评分标准	配分	扣分	得分
一、二次绕组的判定	一、二次绕组的判定，错一组扣 10 分	10		
连接电路	连接电路（共两次连接），每错一次扣 20 分	40		
选择量程	电压表量程选择错，扣 10 分	10		
判定结果	判定结果错，扣 30 分	30		
安全文明生产	每违反一次，扣 5 分	10		
工时：15 min	总分			
		教师签字		

四、训练步骤

1. 分相设定标记

首先用万用表电阻挡测量 12 个出线端间通断情况及电阻大小，找出三相高压绕组。假定标记为 1U1、1V1、1W1、1U2、1V2、1W2。如图 2—15 所示。

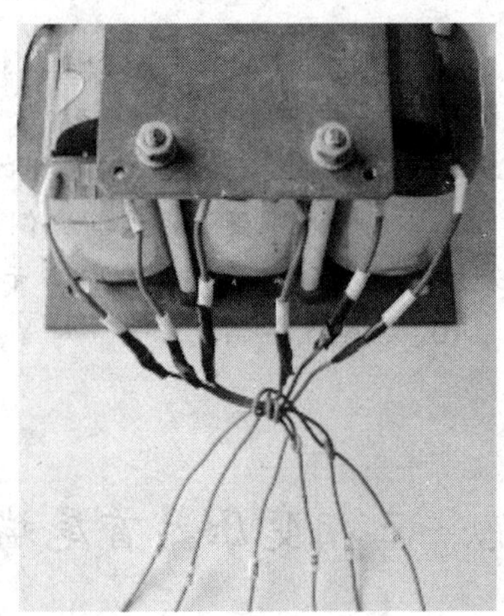

图 2—15 分相设定标记

如何利用测量电阻通断和电阻的大小来区分高、低压绕组？并将测得的结果填入表2—9。

表 2—9 高、低压绕组的电阻

高压绕组的电阻（Ω）	低压绕组的电阻（Ω）

2. 定出 V 相首尾并通过电路判别 U 相首尾

将一个 1.5 V 的干电池（用于小容量变压器）或 2 ~ 6 V 的蓄电池（用于电力变压器）和刀开关 SA 接入三相变压器高压侧任一相中（1V1 接干电池的“+”并定为首端，开关的一端接“－”极，1V2 接开关的另一端并定为尾端）；W 相悬空，然后用万用表直流 500 mA 挡测量 U 相电流的方向。并通过接通开关 SA 瞬间，U 相电流方向来判断其相间极性。如图 2—16所示。

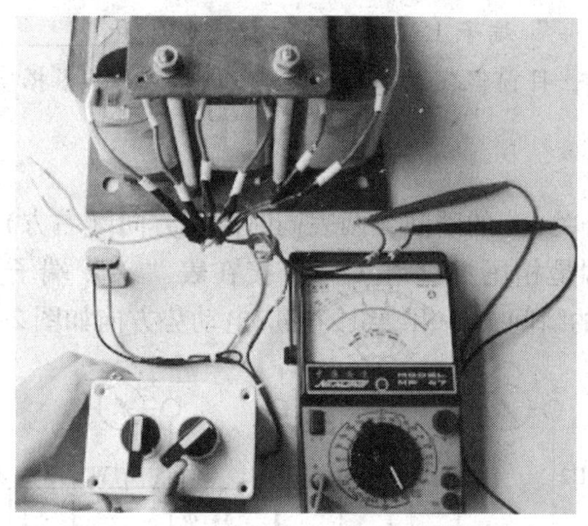

图 2—16　定出 V 相首尾并通过电路判别 U 相首尾

两直流电流表“＋”端子上连接的应为________和________，“－”端子上连接的应为________和________，目前假定为________和________，根据实际情况修改标记。

3. 判别 W 相首尾

方法与上述相同，只是将上述的 U 相与 W 相调换操作。即将 U 相悬空，然后用万用表直流 500 mA 挡来测量 W 相电流的方向。并通过接通开关 SA 瞬间，W 相电流方向来判断其相间极性。如图 2—17 所示。

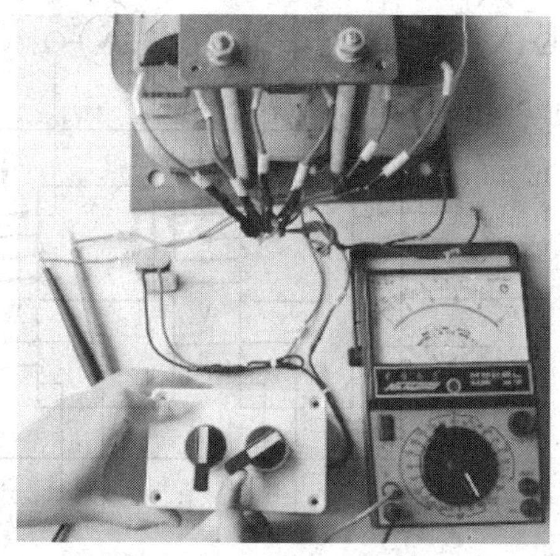

图 2—17　判别 W 相首尾

两直流电流表此时“+”端子上连接的应为________和________，“-”端子上连接的应为________和________，目前假定为________和________，根据实际情况修改标记。

4. 确认同名端

（1）如果在合上刀开关 SA 的瞬间，两表同时向正方向（右方）摆动时，则接在直流电流表“+”端子上的线端是相尾 1U2 和 1W2，接在表“-”端子上的线端是相首 1U1 和 1W1，在接通刀开关 SA 的瞬间，各相绕组的感应电动势方向如图 2—18 所示。

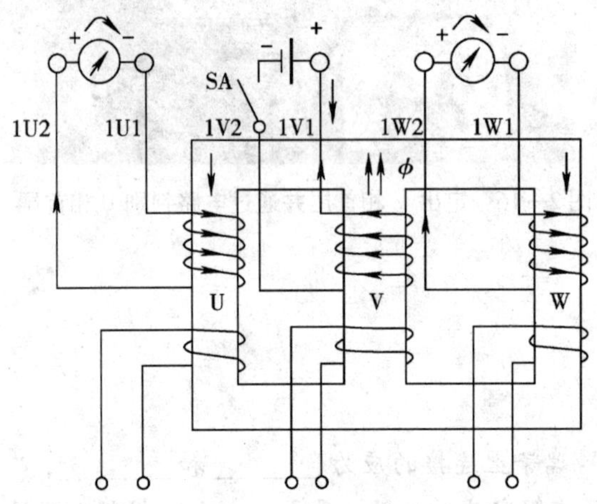

图 2—18 直流法测定三相变压器首尾（正摆）

（2）如果在接通的瞬间，两表同时向反方向（左向）摆动时，则接在直流表的“+”端子上的线端是相首 1U1 和 1W1，接在表“-”端子上的线端是相尾 1U2 和 1W2。如图 2—19 所示。

5. 用同样的方法判别低压绕组的首尾

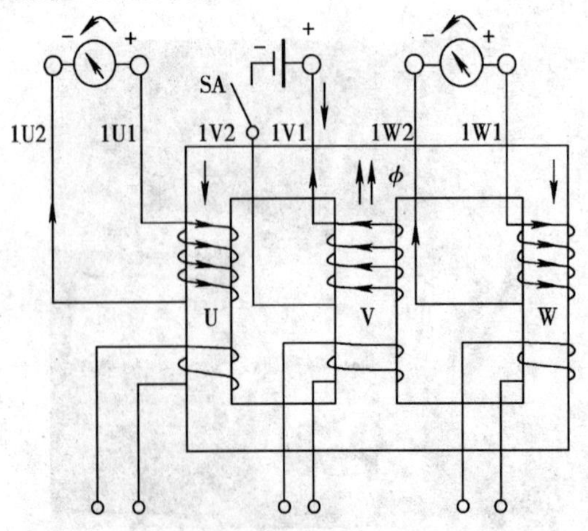

图 2—19 直流法测定三相变压器首尾（反摆）

第三节 三相变压器的并联运行

1. 理解三相变压器并联运行的意义。
2. 掌握三相变压器并联运行的条件。

三相变压器的并联运行是指几台三相变压器的高压绕组及低压绕组分别连接到高压电源及低压电源母线上，共同向负载供电的运行方式。如图 2—20 所示。

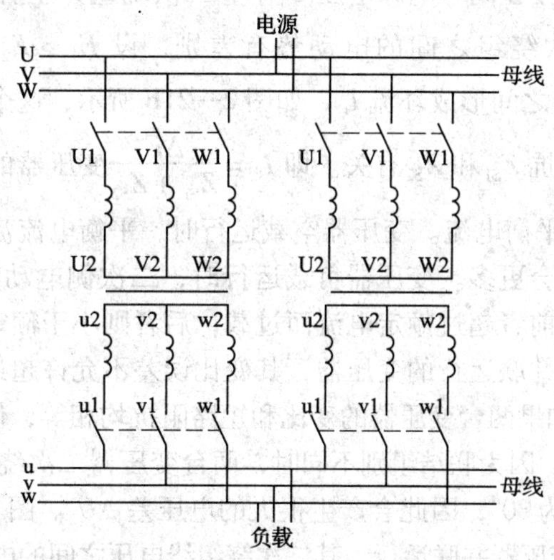

图 2—20 Y，y0 联结三相变压器的并联运行

一、三相变压器并联运行的优点

在变电站中，总的负载经常由两台或多台三相变压器并联供电，其优点是：

（1）变电站所供的负载总是在若干年内不断发展、不断增加的，随着负载的不断增加，可以相应地增加变压器的台数，这样做可以减少建站、安装时的一次投资。

（2）当变电站所供的负载有较大的昼夜或季节波动时，可以根据负载的变动情况，随时调整投入并联运行的变压器台数，以提高变压器的运行效率。

（3）当某台变压器需要检修（或故障）时，可以切换下来，而用备用变压器投入并联运行，以提高供电的可靠性。

二、三相变压器并联运行的条件

1. 三相变压器并联运行的理想情况

（1）空载时，并联的各变压器之间没有环流，以避免环流铜耗。

（2）负载时，各变压器所承担的负载电流应按其容量的大小成正比例分配，防止其中某台过载或欠载，使并联组的容量得到充分利用。

（3）负载运行时，各变压器所分担的电流应与总的负载电流同相位。这样在总的负载电流一定时，各变压器所分担的电流小。如果各变压器的二次电流一定，则共同承担的负载电流为最大。

2．必须满足的条件

为了使变压器能正常地投入并联运行，各并联运行的变压器必须满足以下条件：

（1）一、二次绕组电压应相等，即变压比应相等。

（2）联结组别必须相同。

（3）短路阻抗（即短路电压）应相等　实际并联运行的变压器，其变比不可能绝对相等，其短路电压也不可能绝对相等，允许有极小的差别，但变压器的联结组别则必须要相同。下面分别说明这些条件。

1）变比相等　设两台同容量的变压器 T_1 和 T_2 并联运行，如图 2—21a 所示，其变比有微小的差别。其一次绕组接在同一电源电压 U_1 下，二次绕组并联后，也应有相同的 U_2，但由于变比不同，两个二次绕组之间的电动势有差别，设 $E_1 > E_2$，则电动势差值 $\Delta\dot{E} = \dot{E}_1 - \dot{E}_2$ 会在两个二次绕组之间形成环流 I_C，如图 2—21b 所示，这个电流称为平衡电流，其值与两台变压器的短路阻抗 Z_{S1} 和 Z_{S2} 有关。即 $I_C = \dfrac{\Delta E}{Z_{S1} + Z_{S2}}$ 变压器的短路阻抗不大，故在不大的 ΔE 下也会有很大的平衡电流。变压器空载运行时，平衡电流流过绕组，会增大空载损耗，平衡电流越大则损耗会更多。变压器负载运行时，二次侧电动势高的那一台电流增大，而另一台则减少，可能使前者超过额定电流而过载，后者则小于额定电流值。所以，有关变压器的国家标准中规定：并联运行的变压器，其变比误差不允许超过 ±0.5%。

2）联结组别相等　如果两台变压器的变比和短路阻抗均相等，但是联结组别不同时并联运行，则其后果十分严重。因为联结组别不同时，两台变压器二次绕组电压的相位差就不同，它们线电压的相位差至少为 30°，因此会产生很大的电压差 ΔU_2。图 2—22 给出了联结组别为 Y、y0 和 Y，d11 的两台变压器并联运行，其二次绕组线电压之间的电压差为 ΔU_2，其数值为：

$$\Delta U_2 = 2U_{2N}\sin\frac{30^\circ}{2} = 0.518U_{2N}$$

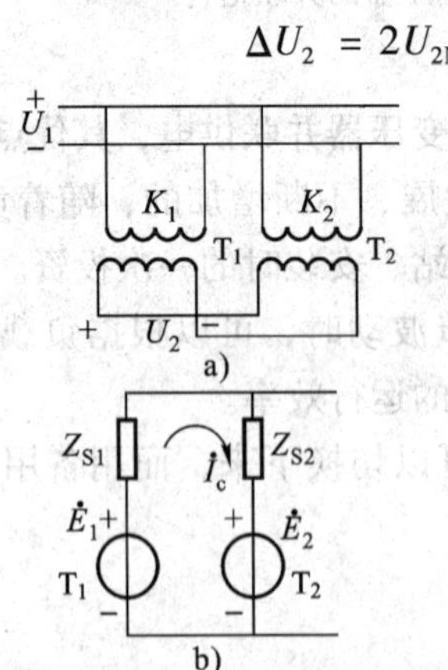

图 2—21　变比不等时的并联运行

a）T_1 和 T_2 并联运行　b）K 不同形成环流 $\dot{I}_C$

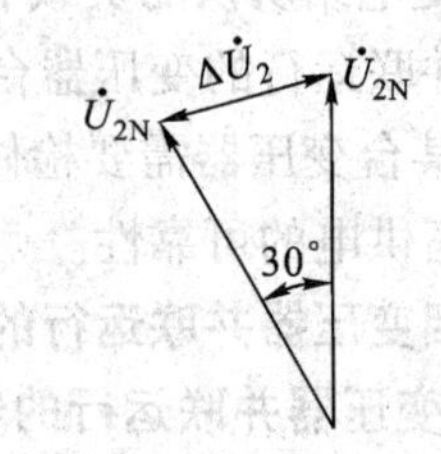

图 2—22　两台变压器并联运行的电压差

这样大的电压差将在两台并联运行的变压器二次绕组中产生比额定电流大得多的空载环流，导致变压器损坏，故联结组别不同的变压器绝对不允许并联运行。

3）短路阻抗相等 设两台容量相同、变比相等、联结组别也相同的三相变压器并联运行，现在来分析它们的负载如何均衡分配。设负载为对称负载，则可取其一相来分析。

如这两台变压器的短路阻抗也相等，则流过两台变压器中的负载电流也相等，即负载均匀分布，这是理想情况。如果短路阻抗不等，设 $Z_{S1}I_1 > Z_{S2}I_2$，则由于两台变压器一次绕组接在同一电源上，变比及联结组别又相同，故二次绕组的感应电动势及输出电压均应相等，但由于 Z_S 不等，参看图 2—21b，由欧姆定律可得 $Z_{S1}I_1 = Z_{S2}I_2$，其中 I_1 为流过变压器 T_1 绕组的电流（负载电流），I_2 为流过变压器 T_2 绕组的电流（负载电流）。由此公式可见，并联运行时，负载电流的分配与各台变压器的短路阻抗成反比，短路阻抗小的变压器输出的电流较大，短路阻抗大的输出电流较小，则其容量得不到充分利用。因此，国家标准规定：并联运行的变压器其短路电压比不应超过 10%。

提示

变压器的并联运行，还存在一个负载分配的问题。两台同容量的变压器并联，由于短路阻抗的差别很小，可以做到接近均匀的分配负载。当容量差别较大时，合理分配负载是困难的，特别是担心小容量的变压器过载，而使大容量的变压器得不到充分利用。为此，要求投入并联运行的各变压器中，最大容量与最小容量之比不宜超过 3:1。

知识拓展

标 幺 值

一、标幺值的概念

在工程计算中，各种物理量如电压、电流、阻抗、功率等往往不用它们的实际值进行计算，而采用其实际值与某一选定的同单位的基值之比的形式，称为标幺值（或相对值）。通常以各物理量的额定值作为基值。各物理量的标幺值都在其右上角加“＊”号表示。如电流的标幺值用 I^* 表示。当以额定值为基值时，一、二次电压、电流的标幺值为：

$$U_1^* = \frac{U_1}{U_{N1}}; \qquad U_2^* = \frac{U_2}{U_{N2}}$$

$$I_1^* = \frac{I_1}{I_{N1}}; \qquad I_2^* = \frac{I_2}{I_{N2}}$$

二、采用标幺值的优点

一、二次绕组阻抗的基值分别取 $Z_{N1} = \frac{U_{N1}}{I_{N1}}$，$Z_{N2} = \frac{U_{N2}}{I_{N2}}$，则阻抗的标幺值为：

$$Z_{\sigma1}^* = \frac{Z_{\sigma1}}{Z_{N1}} = \frac{I_{N1}Z_{\sigma1}}{U_{N1}}; \quad Z_{\sigma2}^* = \frac{Z_{\sigma2}}{Z_{N2}}$$

$$R_{k75℃} = R_{k75℃}^*/Z_N = I_N R_{k75℃}/Z_N = U_{kP75℃}/U_N = U_{kP75℃}^*$$

$X_k^* = X_k/Z_N = I_N X_k/U_k = U_{kQ}/U_N = U_{kQ}^*$

$Z_{k75℃}^* = Z_{k75℃}^*/Z_N = I_N Z_{k75℃}/Z_N = U_{k75℃}/U_N = U_{k75℃}^*$

以上各式中，电压、电流及阻抗均为一相的数值。

由上式可见，短路阻抗的标幺值 $Z_{k75℃}^*$ 就是短路电压的标幺值 $U_{k75℃}^*$，短路电阻的标幺值 $R_{k75℃}^*$ 就是短路电压有功分量的标幺值 $U_{kP75℃}^*$，短路电抗的标幺值 X_k^* 就是短路电压无功分量的标幺值 U_{kQ}^*。

从以上的分析可见，使用标幺值的优点是：

(1) 不论变压器的容量大小和电压高低，用标幺值表示时，所有电力变压器的性能数据变化范围很小，便于对不同容量的变压器进行分析和比较。例如空载电流 I_0^* 为 0.02～0.10；$Z_{k75℃}^*$ 为 0.04～0.10。

(2) 用标幺值表示时，无论从高压侧或低压侧看进去的阻抗标幺值都是相等的，故不必进行折算，使运算大为简便。例如

$$Z_{\sigma1}^* = \frac{I_{N1}Z_{\sigma1}}{U_{N1}} = \frac{1/kI_{N2}k^2Z_{\sigma2}}{kU_{N2}} = \frac{I_{N2}Z_{\sigma2}}{U_{N2}} = Z_{\sigma2}^*$$

第四节 三相变压器的使用与维护

1. 熟悉三相变压器的使用要求。
2. 掌握三相变压器的维护方法和故障的处理技能。

一、三相变压器的使用

1. 电力变压器投入运行前的检查内容

无论是新型变压器还是检修以后的变压器，在投入运行前都必须进行仔细的检查。

(1) 检查型号和规格　检查电力变压器型号和规格是否符合要求。

(2) 检查各种保护装置　检查熔断器的规格型号是否符合要求；报警系统、继电保护系统是否完好，工作是否可靠；避雷装置是否完好；气体继电器是否完好，内部有无气体存在，如有气体存在应打开气阀盖，放掉气体，如图 2—23 所示。检查浮筒、活动挡板和水银开关动作位置是否正确。

(3) 检查监视装置　检查各测量仪表的规格是否符合要求，是否完好；油温指示器、油位显示器是否完好，油位是否在与环境温度相应的油位线上。

(4) 外观检查　检查箱体各个部分有无渗油现象；防爆膜是否完好；箱体是否可靠接地；各电压级的出线绝缘套管是否有裂缝、损伤，安装是否牢靠；导电排及电缆连接处是否牢固可靠。

(5) 消防设备的检查　数量和种类是否符合规定要求。

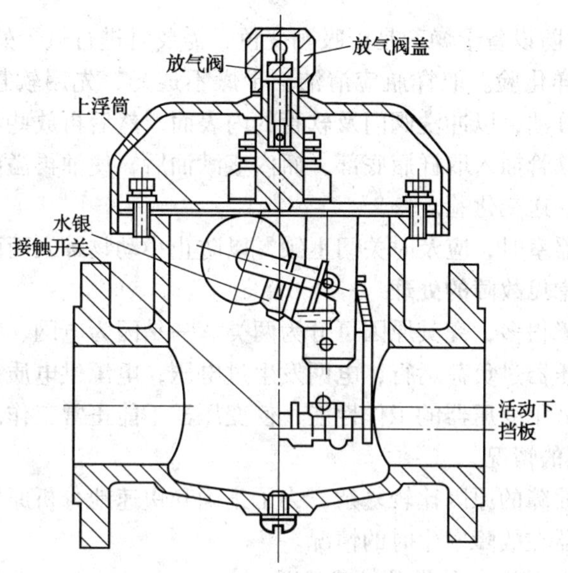

图 2—23　气体继电器原理图

（6）测量各电压级绕组对地的绝缘电阻　20～30 kV 的变压器不低于 300 MΩ，3～6 kV 的变压器不低于 200 MΩ，0.4 kV 以下的变压器不低于 90 MΩ。

2. 变压器投入运行中应进行的检查工作

为保证变压器安全运行，在变压器投入运行中要定期检查，以提高供电质量，并及时发现故障、排除故障。

（1）监视仪表　电压表、电流表、功率表等应每小时抄表一次；在过载运行时，应每半小时抄表一次；电表不在控制室时每班至少抄表两次。温度计安装在配电盘上的，在记录电流数值时同时记录温度；温度计安装在变压器上的应在巡视变压器时进行记录。

（2）现场检查　有值班人员的应每班检查一次，每天至少检查一次，每星期进行一次夜间检查。无固定人员值班的至少每两月检查一次，遇特殊情况或气候急剧变化时要进行及时检查。定期检查的内容有：

1）检查绝缘套管表面是否清洁，有无破损裂纹及放电痕迹，螺栓有无损坏及其他异常情况，如发现上述缺陷，应尽快停电检修。

2）检查箱壳有无渗油和漏油现象，严重的要及时处理。检查散热管温度是否均匀。

3）检查储油柜的油位高度是否正常，若发现油面过低应加油；油色是否正常，必要时进行油样化验。

4）检查油面温度计的温度与室温之差（温升）是否符合规定，对照负载情况，是否因变压器内部故障而引起过热。

5）观察防爆管上的防爆膜是否完好，有无冒烟现象。

6）观察导电排及电缆接头处有无发热变色现象，如贴有示温，应检查蜡片是否熔化，如有此种现象，应停电检查，找出原因修复。

7）注意变压器有无异常声响，或响声是否比以前增大。

8）注意箱体接地是否良好。

9）变压器室内消防设备干燥剂是否吸潮变色，需要时进行烘干处理或调换。

10）定期进行油样化验。取样瓶应清洁，干燥不透光，先用软管与放油阀门接通，打开阀门，先放掉一部分油，以冲洗阀门及软管的内表面，然后再放些油冲洗取样瓶和软管外表面。清洗完毕，将软管插入取样瓶底部，瓶内盛满油后，使油再溢出少许，在溢出过程中拉出软管，盖紧瓶盖，送交化验。

此外，进出变压器室时，应及时关门上锁，以防止小动物蹿入而引起重大事故。

二、三相变压器常见故障的处理

变压器的常见故障很多，究其原因可分为两类。一是因为电网、负载的变化使变压器不能正常工作，如：变压器过负荷运行，电网发生过电压，电源供电质量差等；二是变压器内部元件发生故障，降低了变压器的工作性能，使变压器不能正常工作。

1．了解故障发生的情况

电力变压器发生故障的原因比较复杂，为了正确和快速地分析原因，在进行处理故障之前，应详细了解变压器在故障发生时的情况。

（1）变压器的运行状况、种类及过载状况。

（2）变压器的温升及电压状况。

（3）事故发生前的气候与环境，如气温、湿度及有无雷雨等。

（4）查看变压器的运行记录、前次大修记录和质量评价等。

（5）了解继电保护装置动作的性质，如短路保护、启动保护、气体继电器等动作。

2．变压器短时过载及处理原则

（1）解除音响报警，汇报值班班长并做好记录。

（2）及时调整运行方式，调整负荷的分配，如有备用变压器，应立即投入。

（3）如属正常过负荷，可根据正常过负荷的倍数确定允许运行时间，并加强监视油位、油温，不得超过允许值，若过负荷超过允许时间，则应立即减小负荷。

（4）如属事故过负荷，则过负荷的允许倍数和时间应依制造厂的规定执行。若过负荷倍数及时间超过允许值，应按规定减小变压器的负荷。

（5）在过负荷运行时间内，应对变压器及其有关系统进行全面检查，若发现异常应汇报处理。

3．短路及其他故障原因的分析及处理

三相变压器常见故障的种类、现象、产生原因及处理见表2—10。

表2—10　　三相变压器常见故障的种类、现象、产生原因及处理

故障种类	故障现象	故障的可能原因	故障的处理
绕组匝间或层间短路	（1）变压器异常发热 （2）油温升高 （3）油发出特殊的“嗞嗞”声 （4）电源侧电流增大 （5）高压熔断器熔断 （6）气体继电器动作	（1）变压器运行年久，绕组绝缘老化 （2）绕组绝缘受潮 （3）绕组绕制不当，使绝缘局部受损 （4）油道内落入杂物，使油道堵塞，局部过热	（1）更换或修复所损坏的绕组，衬垫和绝缘套管 （2）进行浸漆和干燥处理 （3）更换或修复绕组

续表

故障种类	故障现象	故障的可能原因	故障的处理
绕组接地或相间短路	(1) 高压熔断器熔断 (2) 安全气道薄膜破裂、喷油 (3) 气体继电器动作 (4) 变压器油燃烧 (5) 变压器振动	(1) 绕组主绝缘老化或有破损等严重缺陷 (2) 变压器进水，绝缘油严重受潮 (3) 油面过低，露出油面的引线绝缘距离不足而击穿 (4) 过电压击穿绕组绝缘	(1) 更换或修复绕组 (2) 更换或处理变压器油 (3) 检修渗、漏油部位，注油至正常位置 (4) 更换或修复绕组绝缘，并限制过电压的幅值
绕组变形与断线	(1) 变压器发出异常声音 (2) 断线相无电流指示	(1) 制造装配不良，绕组未压紧 (2) 短路电流的电磁力作用 (3) 导线焊接不良 (4) 雷击造成断线	(1) 修复变形部位，必要时更换绕组 (2) 拧紧压圈螺钉，紧固松脱的衬垫、撑条 (3) 割除熔蚀面重焊新导线 (4) 修补绝缘，并作浸漆干燥处理
铁心片间绝缘损坏	(1) 空载损耗变大 (2) 铁心发热、油温升高、油色变深 (3) 变压器发出异常声响	(1) 硅钢片间绝缘老化 (2) 受强烈振动，片间发生位移或摩擦 (3) 铁心紧固件松动 (4) 铁心接地后发热烧坏片间绝缘	(1) 对绝缘损坏的硅钢片重新刷绝缘漆 (2) 紧固铁心夹件 (3) 紧固铁心夹件 (4) 按铁心接地故障处理方法
铁心多点接地或接地不良	(1) 高压熔断器熔断 (2) 铁心发热、油温升高、油色变黑 (3) 气体继电器动作	(1) 铁心与穿心螺杆间的绝缘老化，引起铁心多点接地 (2) 铁心接地片断开 (3) 铁心接地片松动	(1) 更换穿心螺杆与铁心间的绝缘管和绝缘衬 (2) 更换新接地片 (3) 将接地片压紧
绝缘套管闪络	(1) 高压熔断器熔断 (2) 绝缘套管表面有放电痕迹	(1) 绝缘套管表面积灰脏污 (2) 绝缘套管有裂纹或破损 (3) 绝缘套管密封不严，绝缘受损 (4) 绝缘套管间掉入杂物	(1) 清除绝缘套管表面的积灰和脏污 (2) 更换绝缘套管 (3) 更换封垫 (4) 清除杂物

续表

故障种类	故障现象	故障的可能原因	故障的处理
电压分接开关烧损	（1）高压熔断器熔断 （2）油温升高 （3）触点表面产生放电声 （4）变压器油发出“咕嘟”声	（1）动触头弹簧压力不够或过渡电阻器损坏 （2）开关配备不良，造成接触不良 （3）绝缘板绝缘性能变劣 （4）变压器油位下降，使电压分接开关暴露在空气中 （5）电压分接开关位置错位	（1）更换或修复触头接触面，更换弹簧或过渡电阻器 （2）按要求重新装配并进行调整 （3）更换绝缘板 （4）补注变压器油至正常油位 （5）纠正错误
变压器油变劣	油色变暗	（1）变压器故障引起放电，造成变压器油分解 （2）变压器油长期受热氧化使油质变劣	对变压器油进行过滤或换新油

第三章

特殊变压器

第一节 自耦变压器

1. 熟悉自耦变压器的用途及特点。
2. 掌握自耦变压器的原理及使用方法。

一、自耦变压器的用途及特点

普通的变压器是通过一、二次绕组电磁耦合来传递能量，一、二次绕组之间没有直接的电的联系，称为双绕组变压器。而自耦变压器的结构却有很大的不同，它的低压绕组就是高压绕组的一部分，一、二次绕组有直接的电的联系，单相自耦变压器外形图见表 3—1。

实验室里常常用到自耦调压器。把自耦变压器的二次侧输出改成活动触头，可以接触绕组中任意位置，而使输出电压任意改变而实现调压的功能。自耦调压器按相数分可分为单相自耦变压器和三相自耦变压器。其外形结构及原理图见表 3—1。

表 3—1　　　　自耦变压器外形结构及原理图

类型	外形结构图	示意图	原理图
单相自耦变压器		U_1　U_2	U_1　U_2

续表

类型	外形结构图	示意图	原理图
三相自耦变压器	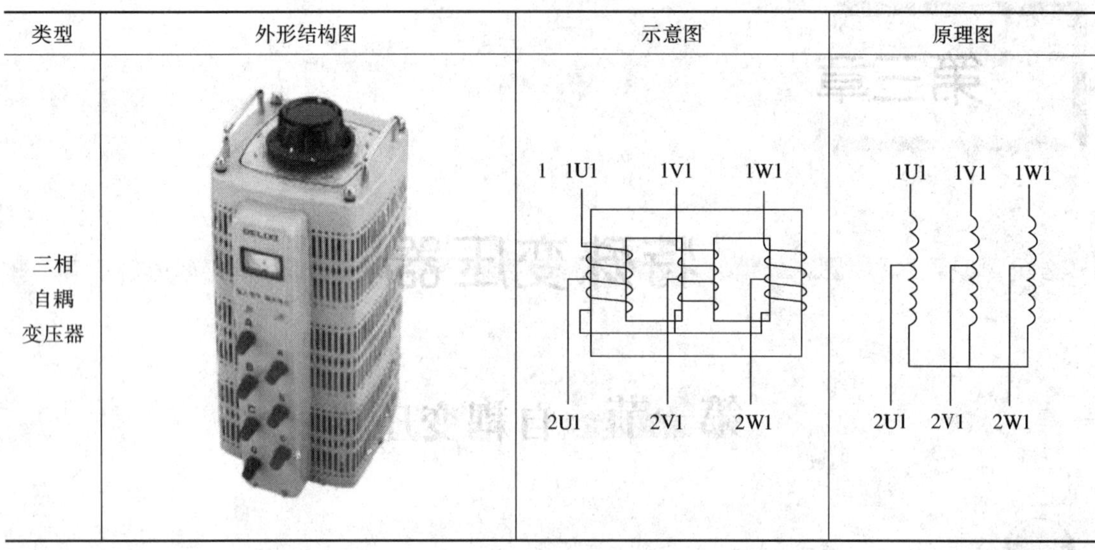		

在电力系统中，用自耦变压器把 110 kV，150 kV，220 kV 和 230 kV 的高压电力系统连接成大规模的动力系统。大容量的异步电动机降压启动，也有采用自耦变压器降压，以减小启动电流。自耦变压器不仅用于降压，还可以只要把输入、输出对调一下，就变成了升压变压器。自耦变压器得到广泛的应用。

上述把降压用的自耦变压器改接成升压用的自耦变压器的方法，容易引起短路事故。

二、自耦变压器的原理

1. 变比

前面讲的变压器的一次侧、二次侧都是分开绕制，虽然都装在一个铁心上，但相互是绝缘的，只有磁路上的耦合，没有电路上的直接联系，能量是靠电磁感应传过去的，所以称为双绕组变压器。自耦变压器的结构却有很大不同，即一次侧、二次侧共用一个绕组，原理如图 3—1 所示。一次、二次绕组不但有磁的联系，还有电的联系，由电磁感应定律和变压器原理分析图 3—1 可知：

$$U_1 \approx E_1 = 4.44 f N_1 \Phi_m$$

$$U_2 \approx E_2 = 4.44 f N_2 \Phi_m$$

因此 $$\frac{U_1}{U_2} \approx \frac{E_1}{E_2} = \frac{N_1}{N_2} = K \geqslant 1 \qquad (3\text{—}1)$$

式中 N_1——一次侧 1U1 与 1U2 之间的匝数；

N_2——二次侧 2U1 与 2U2 之间的匝数。

1U1 U_1 I_1 2U1 U_2 I_2 1U2 2U2

图 3—1 自耦变压器原理图

2. 绕组中公共部分的电流

从磁动势平衡方程式可知，因为输入电压 U_1 不变，主磁通 Φ_m 也不变，所以空载时的磁动势和负载时的磁动势是相等的，即有 $N_1\dot{I}_1+N_2\dot{I}_2=N_1\dot{I}_0$

因为空载电流 I_0 很小，可忽略，则有

$$N_1I_1\approx N_2I_2$$

$$I_1=\frac{N_2}{N_1}I_2=\frac{1}{K}I_2 \tag{3—2}$$

由式（3—2）可见，一次侧电流 I_1 与二次侧电流 I_2 只是大小有些差别，相位是一样的。因此，可以算出绕组中公共部分的电流

$$I=I_2-I_1=(K-1)\ I_1 \tag{3—3}$$

当 K 接近于1时，绕组中公共部分的电流 I 就很小，因此共用的这部分绕组，导线的截面积可以减少，从而减少了变压器的体积和质量，这是它的一大优点。

3. 自耦变压器输出功率

自耦变压器输出的视在功率（不计损耗时）为

$$S_2=U_2I_2=U_2\ (I+I_1)\ =U_2I+U_2I_1=S_2'+S_2'' \tag{3—4}$$

由图3—1中可见，在传输的总容量 S_2 中，$S_2'=U_2I$ 是1U1，1U2绕组与2U1，2U2绕组之间电磁感应传递的能量，而 $S_2''=U_2I_1$ 是通过电路直接从一次侧传递过来的。这是自耦变压器能量传递方式上与一般变压器区别所在，而且这两部分传递能量的比例，完全取决于变比 K。

同样可导出

$$S_2'=\left(1-\frac{1}{K}\right)S_2\quad S_2''=\frac{1}{K}S_2 \tag{3—5}$$

式（3—5）说明，靠电磁感应传递的能量占总能量的（$1-1/K$），而从电路直接输送的能量占 $1/K$。由此可见，当 $K=1$ 时，能量全部靠电路导线传过来；当 $K=2$ 时，S_2' 和 S_2'' 各占一半，二次侧从绕组中间引出，$I=I_1$，绕组中公共部分的电流没有减少，省铜效果已不明显；当 $K=3$ 时，$S'=(2/3)\ S_2$，$S''=(1/3)\ S_2$，电路传输的能量少，而靠电磁感应输送的能量多了，而且 $I=2I_1$，公共部分绕组电流增加了，导线也要加粗了。由此可见，当变比 $K>2$ 时，自耦变压器的优点就不明显了，所以自耦变压器通常工作在变比 $K=1.2\sim2$ 之间。

三、自耦变压器的优缺点

1. 自耦变压器的优点

（1）可改变输出电压。

（2）用料省、效率高。自耦变压器的功率传输，除了因绕组间电磁感应原理而传递的功率之外，还有一部分是由电路相连直接传导的功率，后者是普通双绕组变压器所没有的。这样自耦变压器较普通双绕组变压器用料省、效率高。

2. 自耦变压器的缺点

（1）因它一次、二次绕组是相通的，高压侧（电源）的电气故障会波及低压侧，如高压绕组绝缘破坏，高电压可直接进入低压侧，这是很不安全的，所以低压侧应有防止过电压

的保护措施。

(2) 如果在自耦变压器的输入端把相线和零线接反，虽然二次侧输出电压大小不变，仍可正常工作，但这时输出“零线”已经为“高电位”，是非常危险的，如图 3—2 所示。

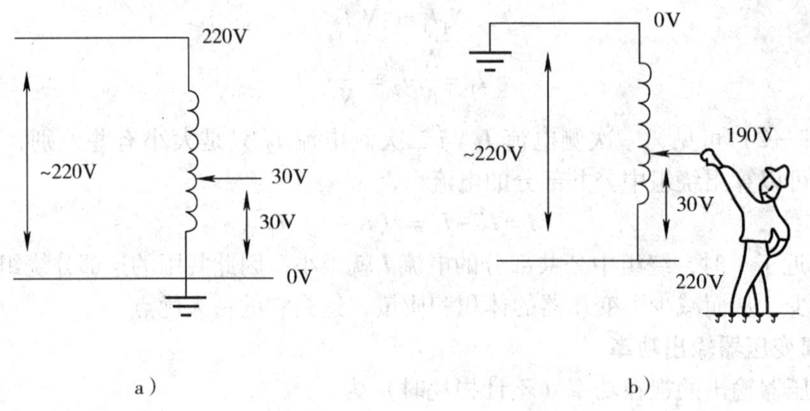

图 3—2 单相自耦变压器的接法
a）正确接线 b）错误接线

国家标准规定：自耦变压器不准作为安全隔离变压器用，而且使用时要求自耦变压器接线正确，外壳必须接地。自耦变压器接电源前，一定要把手柄转到零位。

为什么自耦变压器不能作为安全隔离变压器使用？

技能训练 1 自耦变压器的拆卸、检测与维护

一、训练内容

自耦变压器的拆卸、检测与维护。

二、工具、仪器仪表及材料

1. 工具

电工工具 1 套（验电笔、一字和十字螺钉旋具、钢丝钳、尖嘴钳、斜口钳、剥线钳、

电工刀等)，扳手 1 把。

2. 三相自耦变压器 1 台。

3. 仪器仪表

万用表、兆欧表各 1 只。

三、评分标准

评分标准见表 3—2。

表 3—2　评分标准

项目内容	评分标准	配分	扣分	得分
拆装前的准备	拆装前未将所需工具、仪器及材料准备好，每件扣 1 分	5		
熟悉自耦变压器	自耦变压器外部旋钮和手柄识别错误，每个扣 1 分	5		
测试一次绕组直流电阻值	测试一次绕组直流电阻值方法和步骤错误，扣 5 分	5		
测试二次绕组直流电阻值	测试二次绕组直流电阻值方法和步骤错误，扣 5 分	5		
测量绕组与外壳间的绝缘电阻值	测量绕组与外壳间的绝缘电阻值方法和步骤不正确，每次扣 5 分	10		
拆卸外壳锁紧螺钉	1. 拆卸外壳锁紧安装方法和步骤不正确，每个扣 1 分 2. 螺钉放置不合适，扣 2 分	5		
拆卸调节旋钮和刻度盘	1. 拆卸调节旋钮方法和步骤不正确，扣 5 分 2. 拆卸调节刻度盘方法和步骤不正确，扣 5 分	10		
拆卸外壳	拆卸外壳方法和步骤不正确，每处扣 2.5 分	5		
安装外壳	安装外壳方法和步骤不正确，每处扣 2.5 分	5		
安装调节旋钮和刻度盘	1. 安装调节旋钮方法和步骤不正确，扣 5 分 2. 安装刻度盘方法和步骤不正确，扣 5 分	10		
外壳锁紧螺钉	外壳锁紧螺钉固定方法和步骤不正确，每个扣 1 分	5		
安装后的测试	1. 测试一次侧直流电阻值方法和步骤不正确，扣 5 分 2. 测试二次侧直流电阻值方法和步骤不正确，扣 5 分 3. 测试一次绕组与外壳间的绝缘电阻值方法和步骤不正确，扣 5 分 4. 测试二次绕组与外壳间的绝缘电阻值方法和步骤不正确，扣 5 分	20		
安全文明生产	每违反一次，扣 5 分	10 分		
工时：120 min	总分			
		教师签字		

四、训练步骤

1. 训练步骤

熟悉自耦变压器→测试一次绕组直流电阻值→测试二次绕组直流电阻值→测量绕组与外壳间的绝缘电阻值→拆卸外壳锁紧螺钉→拆卸调节旋钮和刻度盘→拆卸外壳

具体训练步骤和操作要点见表 3—3。

表 3—3　　自耦变压器的拆卸、检测与维护步骤

训练步骤	过程照片	相关描述
熟悉自耦变压器		认真观察三相可调自耦变压器的外形结构和固定方式，以便拆卸。用抹布清洁自耦变压器外壳，进行外围的维护工作
测试一次绕组直流电阻值	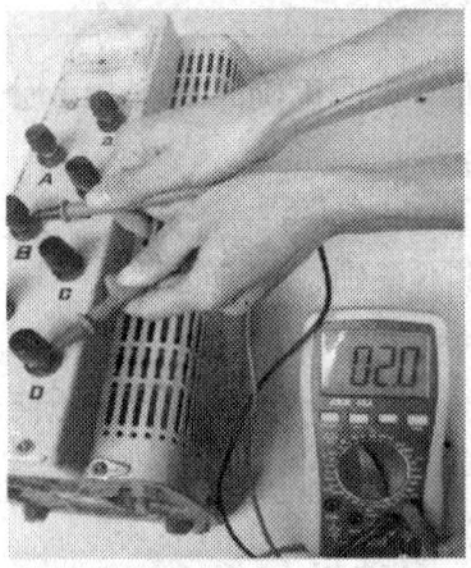	用万用表的“200 Ω”挡分别测量三相一次绕组的直流电阻值（绕组已经接成星形，“0”端子为公共端），照片中测得 B 相绕组的直流电阻值为 2 Ω。其余两相绕组的测量方法相同 正常情况三相一次绕组的直流电阻值基本上相等
测试二次绕组直流电阻值	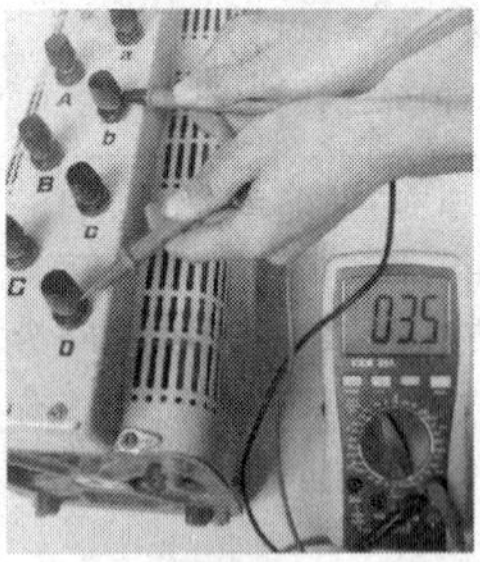	用万用表的“200 Ω”挡分别测量三相二次绕组的直流电阻值，方法与上述一次绕组测量相同。照片中测得 b 相绕组的直流电阻值为 3.5 Ω，说明现二次绕组匝数比一次绕组大，处于升压状态。用同样方法测量其余两相绕组的直流电阻值 正常情况三相二次绕组的直流电阻值基本上相等
测量绕组与外壳间的绝缘电阻值	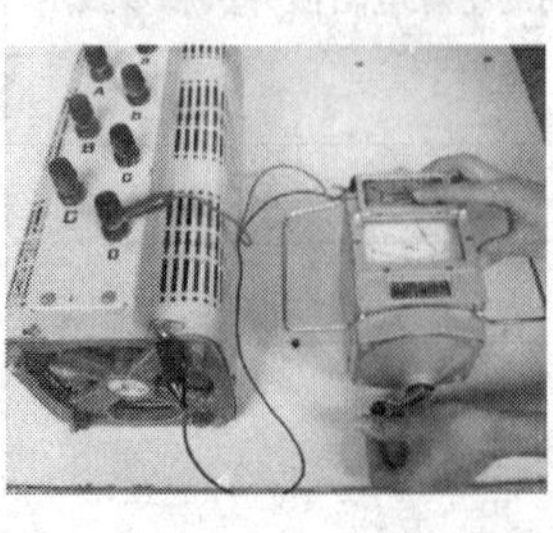	按兆欧表的正确使用方法进行验表。验表正常后将兆欧表的“L”端子与绕组的任意一端子相接，“E”端子与自耦变压器的接地螺钉可靠接触，用正确方法摇动兆欧表进行绝缘电阻值测量 测得阻值应接近“∞”为好，如果小于 1 MΩ 说明自耦变压器有漏电现象，不能正常使用

续表

训练步骤	过程照片	相关描述
拆卸外壳锁紧螺钉	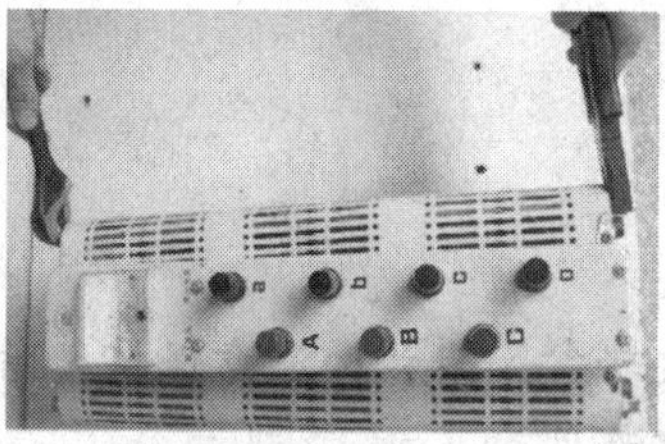	三相自耦变压器的外壳锁紧螺钉较长，拆卸方法如照片中使用活扳手和电工钳进行拆卸
拆卸调节旋钮和刻度盘	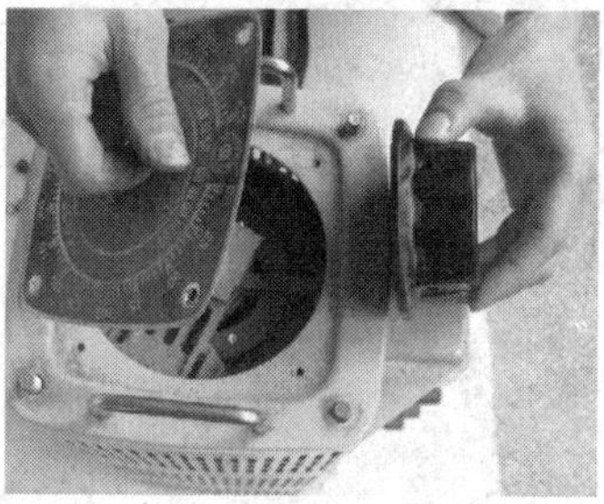	用旋具将调节旋钮侧孔的螺钉拧松，取下调节旋钮；将刻度盘的四个螺钉取下并将刻度盘取下
拆卸外壳		待外壳锁紧螺钉、调节旋钮和刻度盘取下后，将自耦变压器的外壳取出来；认真观察自耦变压器的内部结构，旋转调节旋钮观察触片与绕组的接触情况；用抹布小心翼翼地将绕组及其他装置上的尘埃抹去，作内部维护

2. 按上述操作进行拆装操作练习，并记录测量结果，回答相关问题

（1）记录试验数据（见表3—4）

表3—4　　记录试验数据

	实测值	正常值	是否正常
一次绕组直流电阻值			
二次绕组直流电阻值			
绕组与外壳间绝缘电阻值			

（2）如果二次绕组直流电阻值比一次侧直流电阻值小，则该变压器为升压变压器还是降压变压器？

（3）拆卸外壳后，观察自耦变压器的结构，哪是一次绕组？哪是二次绕组？

3. 自耦变压器的装配

安装过程与拆卸过程相反，参照拆卸过程，完成自耦变压器的安装，并进行简单的电气性能测试，自行设计表格，记录测试结果。

提示

（1）对拆卸后的自耦变压器零部件要轻拿、轻放，注意保持清洁、干燥。

（2）装配时不要碰伤自耦变压器的零部件。

（3）电气性能测试时，要注意安全。

第二节 仪用互感器

学习目标

1. 熟悉互感器的结构与原理。
2. 掌握互感器的使用方法。

一、电流互感器

1. 电流互感器的结构和工作原理

电流互感器结构上与普通双绕组变压器相似，也有铁心和一次、二次绕组，但它的一次绕组匝数很少，只有一匝到几匝，导线都很粗，串联在被测的电路中，流过被测电流，被测电流的大小由用户负载决定，如图3—3所示。

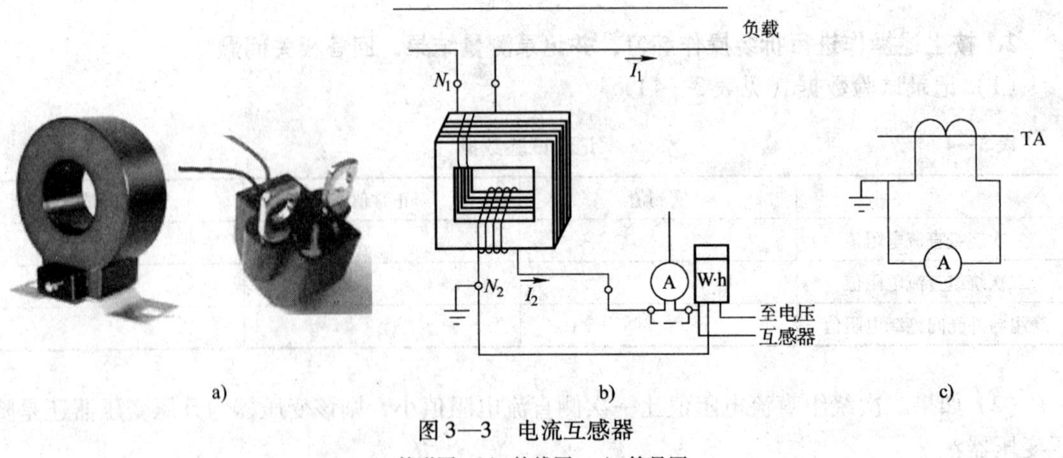

图3—3 电流互感器

a）外形图 b）接线图 c）符号图

电流互感器的二次绕组匝数较多，它与电流表或功率表的电流线圈串联成为闭合电路，由于这些线圈的阻抗都很小，所以二次侧近似于短路状态。由于二次侧近似于短路，所以互感器的一次侧的电压也几乎为零。根据变压器的变流原理$\frac{I_1}{I_2}=\frac{N_2}{N_1}=K_I$可知，式中$K_I$为电流互感器的额定电流比；$I_2$为二次侧所接电流表的读数，乘以$K_I$，就是一次侧的被测大电流的数值。

电流互感器的结构形式有干式、浇注绝缘式、油浸式等多种，如图 3—4 所示。

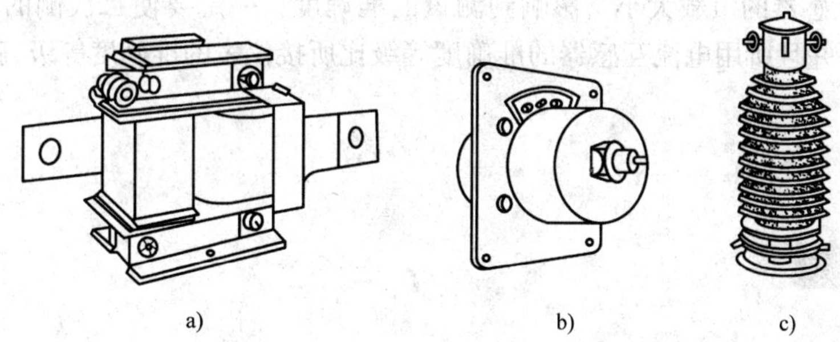

图 3—4 电流互感器的种类

a）干式 LQG－0.5 型 b）浇注绝缘式 LDZJ1－10 型 c）油浸式 LCWD2－110 型

电流互感器的型号格式为：

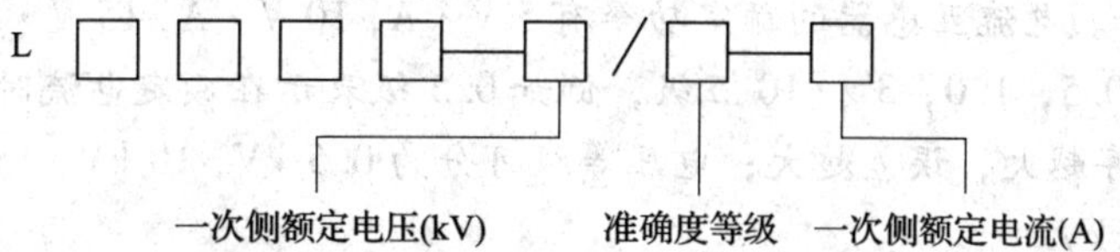

左起第一位字母 L 表示电流互感器；第二位字母有：D 表示贯穿单匝式，F 表示贯穿复匝式，M 表示母线式，Q 表示绕组式，C 表示瓷箱式；第三位字母有：Z 表示浇注绝缘，C 表示瓷绝缘，W 表示户外装置，K 表示塑料外壳式；第四位字母有：D 表示差动保护，J 表示接地保护或加大容量；第五位数字表示设计序号。

例如，LFC－10/0.5－300 表示为一次侧电压等级为 10 kV 的贯穿复匝（即多匝）式瓷绝缘的电流互感器，被测电流额定值为 300 A，准确度等级为 0.5 级。

电流互感器有哪些作用？

2. 电流互感器的使用

（1）电流互感器在运行中二次侧不得开路，否则会在二次绕组中感应起很高的尖峰电势E_2，其峰值可达数千伏，可能造成绝缘击穿而损坏。另外，由于I_1N_1产生很高的磁通密度使铁心中的损耗也增大许多倍，带来铁心的过热，会使绝缘加速老化。因此，电流互感器的二次侧电路中，绝对不允许接熔断器；在运行中如果要拆下电流表，应先把二次侧短接才行。

（2）电流互感器的铁心和二次侧要同时可靠地接地，以免在高压绝缘击穿时危及仪表或人身的安全。

（3）电流互感器的一次、二次绕组有“+”“-”或“*”标记，表示同名端，当二次侧接功率表或电能表的电流线圈时，一定要注意极性。

（4）电流互感器的负载大小，影响到测量的准确度，一定要使二次侧的负载阻抗小于要求的阻抗值，并且所用电流互感器的准确度等级比所接仪表的准确度等级高两级，以保证测量的准确度。

电流互感器的选用

选用电流互感器可根据测量准确度、电压、电流要求选择。例如：二次侧的额定电流为5 A（或1 A），故所接的电流表量程为5A（或1 A）；一次侧的额定电流在5 ~ 25 000 A之间，根据需要选择。电流互感器的额定功率有5 V · A, 10 V · A, 15 V · A, 20 V · A等；准确度等级有0.2，0.5，1.0，3和10五级，例如0.5级表示在额定电流时，误差最大不超过±0.5%，等级数字越大，误差越大；电压等级可分为0.5 kV, 10 kV, 15 kV, 35 kV等，低电压测量均用0.5 kV。

在选择电流互感器时，必须按它的一次侧额定电压、一次侧额定电流、二次侧额定负载阻抗及要求的准确度等级选取，对一次侧电流应尽量选择相符的，如没有相符的，可以稍大一些。

为什么电流互感器的二次侧电路中，绝对不允许安装熔断器？当二次侧接功率表或电能表的电流线圈时，极性接反会出现哪些问题？

二、电压互感器

1. 电压互感器结构和工作原理

电压互感器的原理和普通降压变压器是完全一样的，不同的是它的变比更准确；电压互感器的一次侧接有高电压，而二次侧接有电压表或其他仪表（如功率表、电能表等）的电压线圈，如图3—5所示。

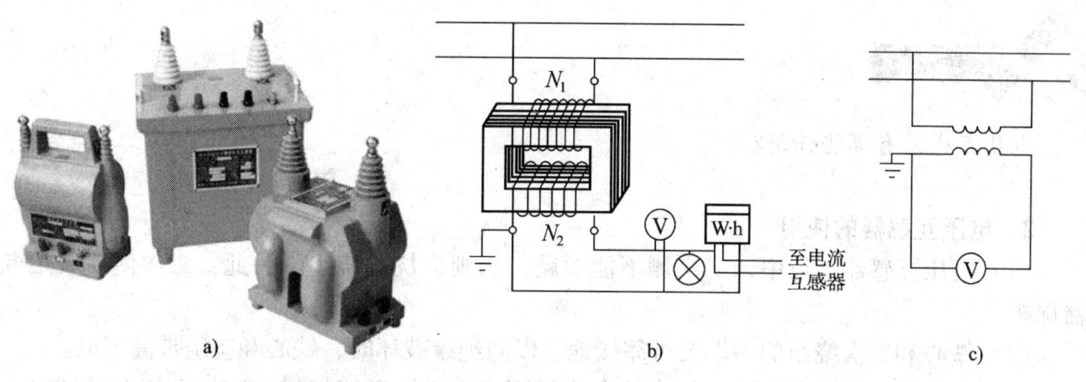

a)　b)　c)

图 3—5　电压互感器

a）实物　b）接线图　c）符号图

因为这些负载的阻抗都很大，电压互感器近似运行在二次侧开路的空载状态，则有

$$\frac{U_1}{U_2}=\frac{N_1}{N_2}=K$$

式中 U_2 为二次侧电压表上的读数，乘以变比 K 就是一次侧的高压电压值。

电压互感器的种类和电流互感器相似，也有干式、浇注绝缘式、油浸式等多种，如图 3—6 所示。

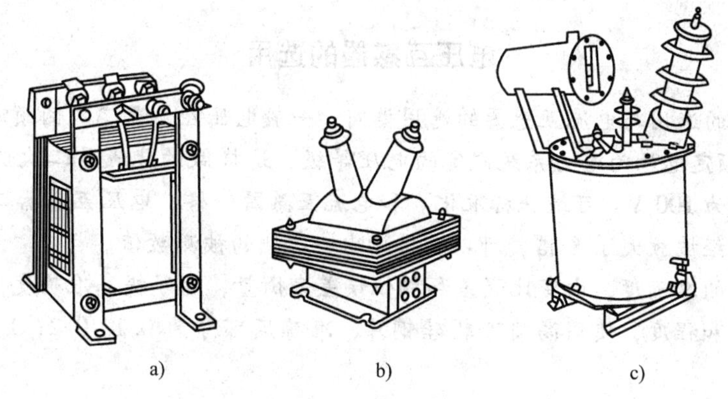

a)　b)　c)

图 3—6　电压互感器的种类

a）干式 JDG－0.5 型　b）浇注绝缘式 JDZJ－10 型　c）油浸式 JDJJ－35 型

它的型号如下：

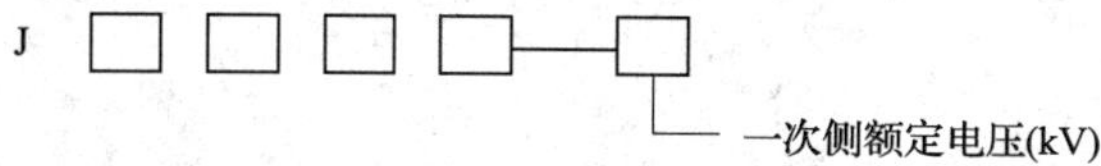

左起第一位字母 J 表示电压互感器；第二位字母有：D 表示单相，S 表示三相，C 表示串级式；第三位字母有：J 表示油浸式，G 表示干式，Z 表示浇注绝缘式；第四位字母 J 表示接地保护；第五位数字表示设计序号。

例如，JDG－0.5 型表示为单相干式电压互感器，额定电压为 500 V。

电压互感器有哪些作用?

2. 电压互感器的使用

(1) 电压互感器运行中，二次侧不能短路，否则会烧坏绕组。为此，二次侧要装熔断器保护。

(2) 铁心和二次绕组的一端要可靠接地，以防绝缘破坏时，铁心和绕组带高压电。

(3) 二次绕组接功率表或电能表的电压线圈时，极性不能接错：三相电压互感器和三相变压器一样，要注意连接法，接错会造成严重后果。

(4) 电压互感器的准确度与二次侧的负载大小有关，负载越大，即接的仪表越多，二次侧电流就越大，误差也就越大。与电流互感器一样，为了保证所接仪表的测量准确度，电压互感器要比所接仪表准确度高两级。

电压互感器的选用

电压互感器的选用与电流互感器的选用类同，一般电压互感器二次侧额定电压都规定为100 V，一次侧额定电压为电力系统规定的电压等级，这样做的优点是二次侧所接的仪表电压线圈额定值都为100 V，可统一标准化。和电流互感器一样，电压互感器二次侧所接的仪表刻度实际上已经被放大了K倍，可以直接读出一次侧的被测数值。

电压互感器的准确度，由变比误差和相位误差来衡量，为了提高准确度，要减小空载电流，降低磁路饱和程度，使用高质冷轧硅钢片，准确度可分为0.1，0.2，0.5，1.0，3.0五级。

选择电压互感器时，一要注意额定电压要符合所测电压值；二要注意二次侧负载电流总和不得超过二次侧额定电流，使它尽量接近“空载运行”状态。

电压互感器的二次侧允许安装熔断器吗？二次绕组接功率表或电能表的电压线圈时，极性接错会出现什么问题？

第三节 电焊变压器

1. 熟悉电焊变压器的结构与原理。
2. 掌握电焊变压器常见故障的处理技能。

一、电焊变压器的结构特点

交流弧焊机由于结构简单、成本低、制造容易和维护方便而得到广泛应用。电焊变压器是交流弧焊机的主要组成部分，它实质上是一个特殊性能的降压变压器，如图 3—7 所示。为了保证焊接质量和电弧燃烧的稳定性，电焊变压器应满足弧焊过程中工艺要求：

（1）二次侧空载电压应为 60 ~ 75 V，以保证容易起弧。同时为了安全，空载电压最高不超过 85 V 。

（2）具有陡降的外特性，即当负载电流增大时，二次侧输出电压应急剧下降。通常额定运行时的输出电压 U_{2N} 为 30 V 左右（即电弧上电压）。外特性如图 3—8 所示。

图 3—7 交流弧焊机

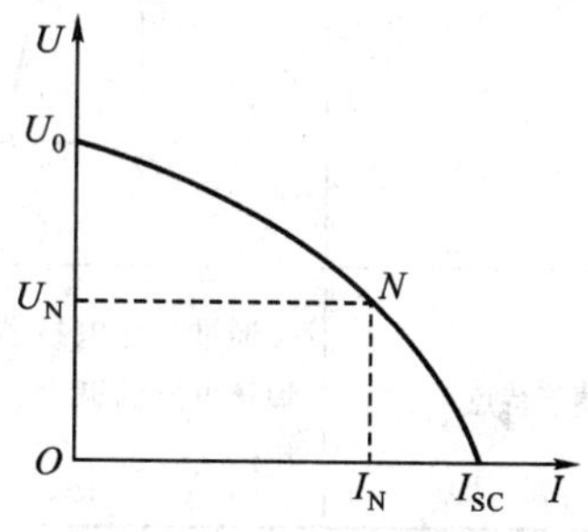

图 3—8 电焊机的外特性

（3）短路电流 I_K 不能太大，以免损坏电焊机，同时也要求变压器有足够的电动稳定性和热稳定性。焊条开始接触工件短路时，产生一个短路电流，引起电弧，然后焊条再拉起产生一个适当长度的电弧间隙。所以，变压器要能经常承受这种短路电流的冲击。

（4）为了适应不同的加工材料、工件大小和焊条，焊接电流应能在一定范围内调节。为了满足以上要求，电焊变压器必须具有较大的漏抗，而且可以进行调节。因此，电焊变压器的结构特点是铁心的气隙比较大，一次、二次绕组不是同心套装在一个铁心柱上，而是分装在不同的铁心柱上，再用磁分路法、串联电抗器法及改变二次绕组的接法等来调节焊接电流。

二、可调电抗器式电焊变压器

带可调电抗器的电焊变压器，根据结构不同可分为外加电抗器式和共扼式。具体介绍见表3—5。

表3—5　　带可调电抗器的电焊变压器

特性＼类型	外加电抗器式	共扼式
结构	一台降压变压器的二次侧输出端再串接一台可调电抗器组合而成	将变压器铁心和电抗器铁心制成一体成为共扼式结构
原理接线图	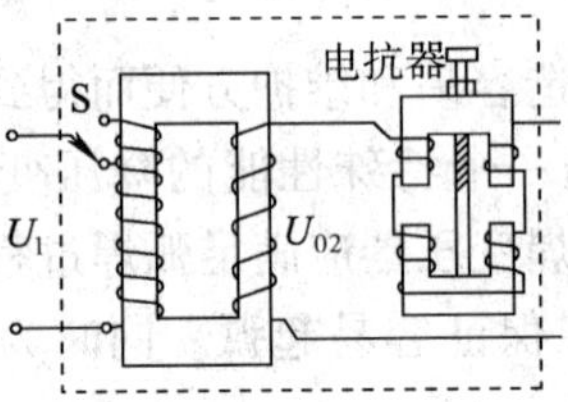	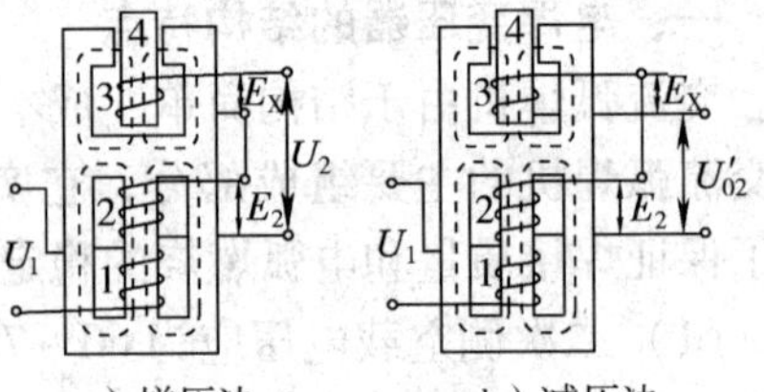 a）增压法　b）减压法
外特性	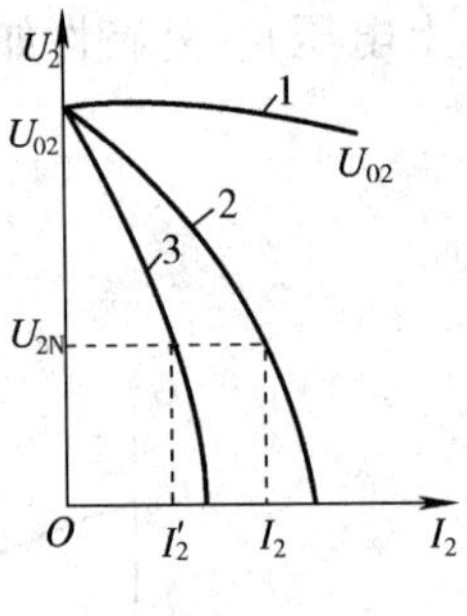	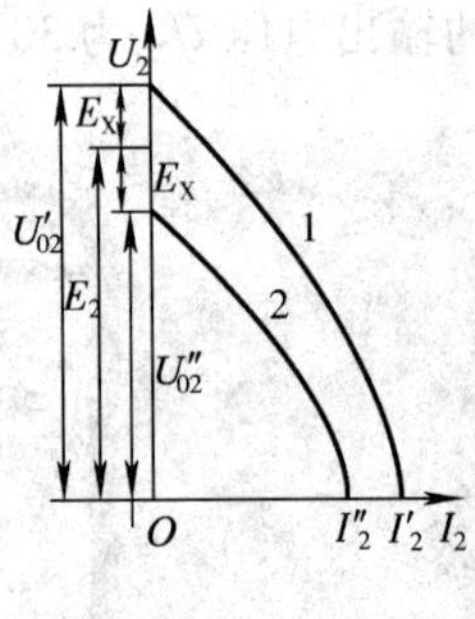
调节特点	通过改变电抗器的气隙大小来实现焊接电流的调节。如气隙减小时，电抗增大	只要调节电抗器铁心中间的动铁心，通过改变气隙来改变 E_X 的大小和电抗值，从而改变 E_X 曲线的下降陡度，达到改变电流的目的

想一想

共扼式电焊变压器要将电流变大，应怎样调节电抗器铁心中间的动铁心？

三、磁分路动铁式电焊变压器

磁分路动铁式电焊变压器是在铁心的两柱中间又装了一个活动的铁心柱，称为动铁心，如图3—9a所示。一次绕组绕在左边一铁心柱上，而二次绕组分两部分，一部分在左边与一次侧同在一个铁心柱上；另一部分在右边一个铁心柱上。当改变二次绕组的接法时就达到改变匝数和改变漏抗的目的，从而达到改变起始空载电压和改变电压下降陡度的作用，以上是粗调作用，如图 3—9b 所示。粗调有 Ⅰ 和 Ⅱ 两挡。

如果要微调电流，则要微调中间动铁心的位置。如果把动铁心从铁心的中间逐步往外移动，那么从动铁心中漏过的磁通会慢慢地减少。因为动铁心往外移动，气隙加大，磁阻也加大，漏磁通就减少，漏抗随之减少，电流下降速度就慢，如图 3—9c 所示。当连接片接在 Ⅰ 位置时（即粗调电流），次级绕组匝数较多，所以空载电压较高，为曲线 1，2。这时把动铁心移到最里面，则漏磁通最多，漏抗最大，曲线下降最陡，即为曲线 1；反之，把动铁心慢慢移出来，曲线就慢慢向曲线 2 靠近。从图 3—9c 中看出，如果工作电压为 30 V，工作电流就会从 60 A 左右慢慢向 170 A 变化，这就是微调电流的原理。

当粗调节器放在Ⅱ位置，由于二次侧匝数少了，空载电压从 70 V 降到 60 V，曲线 3，4 的陡度也小了。同前面分析的一样，当动铁心从最里面移动到最外面时，工作电流将从 130 A 左右慢慢向 450 A 变化，如图 3—9c 所示。

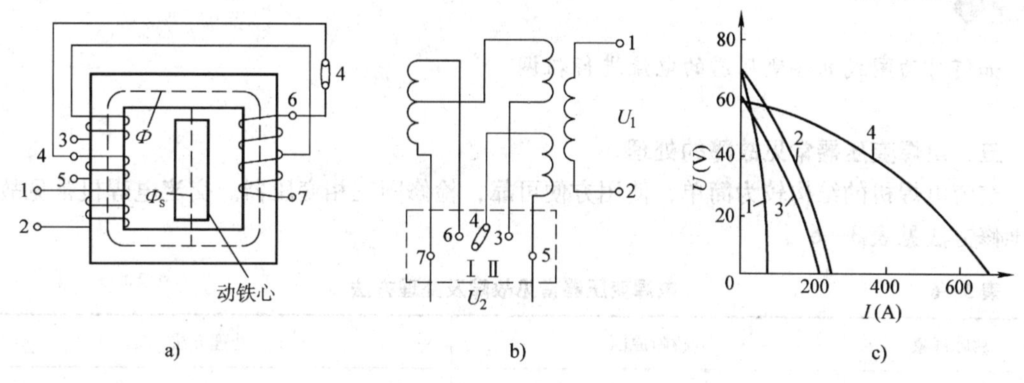

图 3—9　动铁式电焊变压器

a）结构图　b）电路图　c）外特性曲线

动铁式电焊变压器要将电流变大，应怎样进行粗调和细调？

四、动圈式电焊变压器

前面两种变压器的一次、二次绕组是固定不动的，只是改变动铁心位置，即改变气隙大小来改变漏磁通的大小，从而改变了漏抗大小，达到改变曲线的下降陡度、调节电流的目的。动圈式电焊变压器的铁心是壳式结构，铁心气隙是固定不可调的，如图 3—10 所示。一次绕组固定在铁心下部，二次绕组置于它的上面，并且可借助手轮转动螺杆，使二次绕组上下移动，从而改变一次绕组、二次绕组的距离来调节漏磁的大小，以改变漏抗。显然，一次、二次绕组越近则耦合越紧，漏抗就小，输出电压也高，下降陡度也小，输出电流就大；反之则电流就小。以上介绍的是微调。另还可通过将一次侧和二次侧的部分绕组接成串联或并联（它们均由两部分线圈构成）来扩大调节范围，这是电焊变压器的粗调。

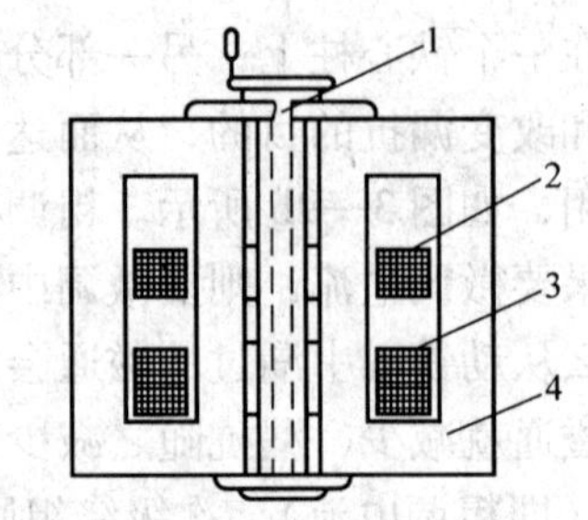

图 3—10　动圈式电焊变压器

1—二次绕组手轮转动螺杆　2—可动二次绕组　3—固定的一次绕组　4—铁心

动圈式电焊变压器的优点是没有活动铁心，从而没有因铁心振动而造成电弧的不稳定。但是它在绕组距离较近时，调节作用会大大减弱，需要加大绕组的间距，铁心要做得较高，增加了硅钢的用量。

如何对动圈式电焊变压器的电流进行粗调？

五、电焊变压器常见故障的处理

交流电焊机的结构较为简单，使用方便可靠，检修同三相变压器。交流电焊机常见故障及维修方法见表 3—6。

表 3—6　电焊变压器常见故障及处理方法

故障现象	故障原因	处理方法
弧焊变压器及导线接线处过热	弧焊变压器过载，如用小容量焊机焊接大工件，焊条粗、钢材厚度大，电流调节大	对过载使用的弧焊机，应进行调整，应按不同容量的焊机焊其规定范围内的工件，避免“小马拉大车”而过载
	弧焊变压器绕组短路未发觉，继续使用使变压器过热	如属弧焊变压器绕组短路，应拆开焊机取出绕组，进行检测找出短路处。若短路在绕组外几层，先将绕组预烘后，将外层几匝放开或撬松，清除老化的旧绝缘物，包上规定层数的新绝缘带，如玻璃丝带、5438－1 粉云母带等，将外几层绕组复位且绑扎紧，预烘、浸漆和烘干合格，再组装好
	接线处螺栓松动或腐蚀，使接触处电阻过大，造成导线发热	若为焊机导线接触处螺栓松动，则用扳手拧紧；若螺栓、螺母锈蚀或乱扣，应更换同规格的新螺栓、螺母且拧紧

续表

故障现象	故障原因	处理方法
焊接电流不稳定，引弧难或电弧不稳定	电流调节失灵，使电流不稳，主要是控制绕组有短路故障，其次是控制回路接触不良等（直流弧焊机）	检查控制绕组，如有短路处应及时修复；同时将控制回路接触不良毛病排除或更换击穿的硅元件，使电流调节正常、灵活
	在焊接过程中交流焊机动铁心位置不稳定，出现相对移动	检查焊机动铁心的调节手柄和动铁心固定情况，如发现有松动，则加以固定
	整流器式直流弧焊机，可能因接触器或风压开关抖动，造成电流波动不稳	检查整流器式弧焊机主控制回路接触器，加以紧固，消除其抖动；同时检查风压开关紧固情况，也消除它的抖动；仔细检查控制回路，如发现元件有接触不良，及时排除
	弧焊变压器空载电压低（低于60 V以下），造成电弧不稳定和引弧困难	检查电源电压是否正常；绕组有无局部短路等现象；整流器是否单边开路
焊接输出电流反常	弧焊变压器中起感抗作用的电抗器绕组绝缘损坏而短路，使电流过大	检查电抗器绕组，如有绝缘损坏或短路，应重新包好绝缘，消除短路
	铁心磁回路叠片绝缘损坏，出现涡流，引起电流变小	检查铁心叠片绝缘情况及紧固绝缘螺杆等有无损坏，如叠片锈蚀、漆皮脱落，要清除干净，重新涂漆或更换叠片；如属绝缘垫圈损坏，应换新的
	焊接导线过长，电阻增大或焊接导线长又盘成圆盘形，加大了电感，使电流变小	焊接线过长，应剪去一段，如焊接线盘在一起，焊接时应把焊接线拉开呈一条线状放置
整流器式直流焊机硅整流元件故障	硅整流元件主要为硅整流二极管（如2CZ）、硅整流器等。它们的故障类别，主要是硅元件开路、短路、漏电、失效、击穿等	可采用万用表等仪表进行检测，检测出故障应更换
整流器式直流焊机电阻、电容元件故障	电阻、电容在控制回路中失效、击穿、短路、断路	可用万用表检测有故障元件应更换，以恢复控制回路正常工作
整流器式直流焊机风扇电动机故障	风扇电动机一旦出现故障，焊机冷却不良，而过热	及时修理和检查风扇电动机

技能训练2　拆卸交流弧焊机

一、训练内容

拆卸交流弧焊机。

二、仪器仪表、工具及器材

交流弧焊机1台，电工常用工具1套，万用表、单臂电桥、兆欧表各1只。

三、评分标准（见表3—7）

表3—7　评分标准

测评内容	评分标准	配分	扣分	得分
拆装前的准备	拆装前未将所需工具、仪器及材料准备好，每件扣2分，扣完为止	10		
拆卸顶盖	1. 拆卸方法和步骤不正确，扣5分 2. 损坏零部件，扣5分	10		
拆卸前罩	1. 拆卸方法和步骤不正确，扣5分 2. 损坏零部件，扣5分	10		
取出前罩	1. 取出前罩方法和步骤不正确，扣5分 2. 前罩放置位置不合适和步骤错误，扣5分	10		
操作电流调节机构	1. 不能辨别一次绕组和二次绕组的，扣10分 2. 操作电流调节机构方法和步骤不正确，每次扣5分	15		
测试一次、二次绕组直流电阻值	1. 不能正确用万用表估测一次和二次绕组的直流电阻值，扣5分 2. 不能正确用单臂电桥测试一次和二次绕组的直流电阻值，扣5分	10		
测试一次、二次绕组绝缘电阻值	1. 不能正确用兆欧表测试一次绕组的绝缘电阻值，扣5分 2. 不能正确用兆欧表测试二次绕组的绝缘电阻值，扣5分	10		
重新安装	1. 安装方法和步骤不正确，扣15分 2. 损坏零部件，扣10分	25		
备注		合计		
		教师签字	年　月　日	

四、操作步骤

1. 交流弧焊机的拆卸

交流弧焊机的拆卸步骤见表3—8。

表 3—8　　交流弧焊机的拆卸步骤

序号	拆装步骤	相关照片	步骤描述
1	准备一交流弧焊机（BX3－120）		准备好一台交流弧焊机，通过对它的拆卸来了解交流弧焊机的基本结构及工作原理。首先认真观察其外形、调整机构，其次是仔细查阅铭牌参数
2	拆卸顶盖		用活扳手将输出电流调节摇把拆下，然后将顶盖四角的锁紧螺钉拆下并取下顶装置
3	拆卸前罩		用一字旋具将弧焊机的前罩螺钉松脱
4	取出前罩		待螺钉松脱后取出前罩，同时认真观察交流弧焊机的内部结构

2. 操作电流调节机构

待前罩取出后，用抹布小心地将弧焊机上的灰尘清理干净，如图3—11所示。旋转调节输出电流的手轮摇把，可以明显地看到电焊变压器二次绕组可以上下移动。

3. 测试一次、二次绕组的直流电阻值

首先用万用表估测一次、二次绕组的直流电阻值，然后用单臂电桥测试一次、二次绕组的直流电阻值。

4. 测试一次、二次绕组的绝缘电阻值

测试方法同单相变压器的绝缘电阻值测试。

5. 重新安装

安装步骤与拆卸步骤相反。

图3—11　操作电流调节机构

对整流器式弧焊机的硅元件及电子线路要特别保持清洁、干燥。放置平稳，避免强烈振击，以防止磁放大器铁心的磁性能变坏。

技能训练3　检修交流弧焊机

一、训练内容

检修交流弧焊机。

故障现象：输出电压过低。

二、仪器仪表、工具及器材

交流弧焊机1台，电工常用工具1套，万用表、单臂电桥、兆欧表各1只。

三、评分标准（见表3—9）

表3—9　评分标准

序号	主要内容	技术要求	评分标准	配分	扣分	得分
1	调查研究	1. 对故障进行调查，弄清出现故障时的现象 2. 查阅有关记录	排除故障前不进行调查研究，扣15分	15		
2	故障分析	1. 根据故障现象，分析故障原因，思路正确 2. 判明故障部位 3. 采取有针对性的处理方法进行故障部位的修复	1. 故障分析思路不够清晰，扣15分 2. 确定最小的故障范围，每个故障点扣10分	35		

续表

序号	主要内容	技术要求	评分标准	配分	扣分	得分
3	故障排除	1. 正确使用工具和仪表 2. 找出故障点并排除故障 3. 排除故障时要遵守电焊机检修的有关工艺要求 4. 根据故障情况进行电气试验	1. 不能找出故障点，扣15分 2. 不能排除故障，扣15分 3. 排除故障方法不正确，扣10分 4. 根据故障情况不会进行电气试验，扣10分	50		
4	其他	操作如有失误，要从此项总分中扣分	1. 排除故障时，产生新的故障后不能自行修复，每个故障从本项总分中扣10分；已经修复，每个故障从本项总分中扣5分 2. 损坏电焊机，从本项总分中扣40分			
备注			合 计			
			教 师 签 字	年 月 日		

四、训练步骤

1. 调查研究

（1）对故障进行调查，弄清出现故障时的现象。

（2）查阅有关记录。

2. 故障分析根据故障现象，分析故障原因

（1）根据故障现象，分析故障原因。

（2）判明故障部位。

（3）采取有针对性的处理方法进行故障部位的修复。

3. 故障排除

（1）正确使用工具和仪表。

（2）排除故障的思路清楚。

（3）针对找出的故障，采用适当的措施，修复故障点。故障排除中应按电焊机检修的有关工艺要求进行。

4. 测试及判断

（1）根据故障情况进行电气试验。

（2）对交流弧焊机进行观察和试验后，判断是否合格。

5. 通电试车，再次测量二次侧输出电压为70 V左右，说明故障点已修复。

6. 总结经验，做好维修记录，清理维修现场。

隔离变压器

隔离变压器的原理和普通变压器的原理是一样的。隔离变压器也是利用电磁感应原理，一般是指1∶1的变压器。由于二次绕组不和地相连，二次绕组任一根线与地之间没有电位差，因此使用安全，常用做维修电源。

隔离变压器不全是1∶1变压器。控制变压器和电子管设备的电源也是隔离变压器。如电子管扩音机，电子管收音机、示波器和车床控制变压器等电源都是隔离变压器。例如，为了安全维修彩电，常用1∶1的隔离变压器。隔离变压器是使用比较多的，在空调中也是使用的。

一般变压器的一次、二次绕组之间虽也有隔离电路的作用，但在频率较高的情况下，两绕组之间的耦合电容仍会使两侧电路之间出现静电干扰。为避免这种干扰，隔离变压器的一次、二次绕组一般分置于不同的心柱上，以减小两者之间的耦合电容；也有采用的一次、二次绕组同心放置的，但在绕组之间加置静电屏蔽，以获得高的抗干扰特性。静电屏蔽就是在一次、二次绕组之间设置一片不闭合的铜片或非磁性导电纸，称为屏蔽层。铜片或非磁性导电纸用导线连接于外壳。有时为了取得更好的屏蔽效果，在整个变压器，还罩一个屏蔽外壳。对绕组的引出线端子也加屏蔽，以防止其他外来的电磁干扰。这样可使一次、二次绕组之间主要有剩磁的耦合，而其间的等值分布电容可小于0.01 pF，从而大大减小一次、二次绕组间的电容电流，有效地抑制来自电源以及其他电路的各种干扰。

第四章

三相异步电动机

电动机是一种将电能转换为机械能的动力设备，应用十分广泛。按所需电源的不同分为交流电动机和直流电动机。交流电动机按工作原理不同分为同步电动机和异步电动机。异步电动机应用最为广泛，因为它具有结构简单、价格低廉、坚固耐用、使用维护方便等优点，但也有功率因数较低、调速困难等缺点。但随着功率因数自动补偿、变频技术的发展和日益普及，异步电动机正在逐步取代直流电动机。

异步电动机又分为三相异步电动机和单相异步电动机。单相异步电动机功率小，多用于小型机械设备和家用电器；三相异步电动机功率较大，多用于工矿企业中；本章主要讲述三相异步电动机的工作原理、结构、特性和使用维修技术。

第一节 三相异步电动机的工作原理

学习目标

1. 熟悉三相异步电动机的种类及用途。
2. 掌握三相异步电动机的工作原理。
3. 掌握三相异步电动机的安装技能。

一、三相异步电动机种类及用途

1. 根据防护形式分类

三相异步电动机根据防护形式分为开启式、防护式、封闭式和防爆式；其外形、特点及使用场合见表4—1。

2. 根据转子形式分类

三相异步电动机根据转子形式分为笼形转子电动机和绕线转子电动机。其外形、特点及使用场合见表4—2。

表 4—1　　三相异步电动机根据防护形式分类

结构形式	特点	适用场合
开启式 	开启式电动机的定子两侧与端盖上都有很大的通风口，其散热条件好，价格便宜，但灰尘、水滴、铁屑等杂物容易从通风口进入电动机内部	适用于清洁、干燥的工作环境
防护式 	防护式电动机在机座下面有通风口，散热较好，可防止水滴、铁屑等杂物从与垂直方向成小于45°角的方向落入电动机内部，但不能防止潮气和灰尘的侵入	适用于比较干燥、少尘、无腐蚀性和爆炸性气体的工作环境
封闭式 	封闭式电动机的机座和端盖上均无通风孔，是完全封闭的。这种电动机仅靠机座表面散热，散热条件不好	封闭式电动机多用于灰尘多、潮湿、易受风雨、有腐蚀性气体、易引起火灾等各种较恶劣的工作环境。密封式电动机能防止外部的气体或液体进入其内部，因此适用于在液体中工作的生产机械，如潜水泵
防爆式 	防爆式电动机是在封闭式结构的基础上制成隔爆形式，机壳有足够的强度	适用于有易燃、易爆气体工作环境，如有瓦斯的煤矿井下、油库、煤气站等

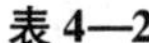

表 4—2　　三相异步电动机根据转子形式分类

结构形式		特点	适用场合
笼形转子	普通笼形转子	机械特性硬、启动转矩不大、调速时需要调速设备	调速性能要求不高的各种机床、水泵、通风机（与变频器配合使用可方便地实现电动机的无级调速）
	高启动转矩笼形转子（多速）	启动转矩大 有多挡转速（2～4 速）	带冲击性负载的机械，如剪床、冲床、锻压机；静止负载或惯性负载较大的机械，如压缩机、粉碎机、小型起重机 要求有级调速的机床、电梯、冷却塔等
绕线转子		机械特性硬（转子串电阻后变软）、启动转矩大、调速方法多、调速性能和启动性能好	要求有一定的调速范围、调速性能较好的机械，如桥式起重机；启动、制动频繁且对启动、制动转矩要求高的生产机械，如起重机、矿井提升机、压缩机、不可逆轧钢机

二、三相异步电动机的旋转磁场

图 4—1 所示为异步电动机旋转原理示意图，在一个可旋转的 U 形永久磁铁中间，放置一只可以自由转动的笼形短路线圈，也称为笼形转子。当转动 U 形永久磁铁时，笼形转子就会跟着一起旋转。这是因为当磁铁转动时，其磁感线（磁通）切割笼形转子的导体，在导体中因电磁感应而产生感应电动势，由于笼形转子本身是短路的，在电动势作用下导体中就有电流流过，该电流的方向如图 4—2 所示。该电流又和旋转磁场相互作用，产生转动力矩，驱动笼形转子随着磁场的转向而旋转起来，这就是异步电动机的简单工作原理。

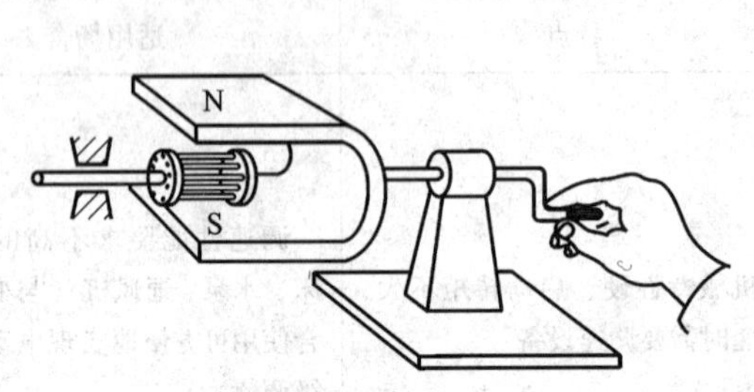

图 4—1　异步电动机原理示意图

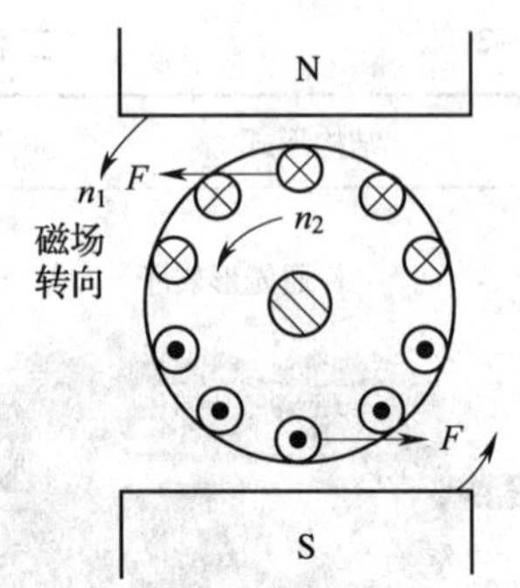

图 4—2　异步电动机工作原理

1. 定子旋转磁场的产生

实际使用的异步电动机其旋转磁场不可能靠转动永久磁铁来产生，因为电动机的职能是将电能转换成机械能。下面先分析旋转磁场产生的条件，再分析三相异步电动机的工作原理。

图 4—3a 所示为三相异步电动机定子绕组结构示意图。在定子铁心上冲有均匀分布的铁心槽，在定子空间各相差 120°电角度的铁心槽中布置有三相绕组 U1U2、V1V2、W1W2，三相绕组接成星形联结，如图 4—3b 所示。现向定子三相绕组中分别通入三相交流电 i_U、i_V、i_W，各相电流将在定子绕组中分别产生相应的磁场，如图 4—3c 所示。

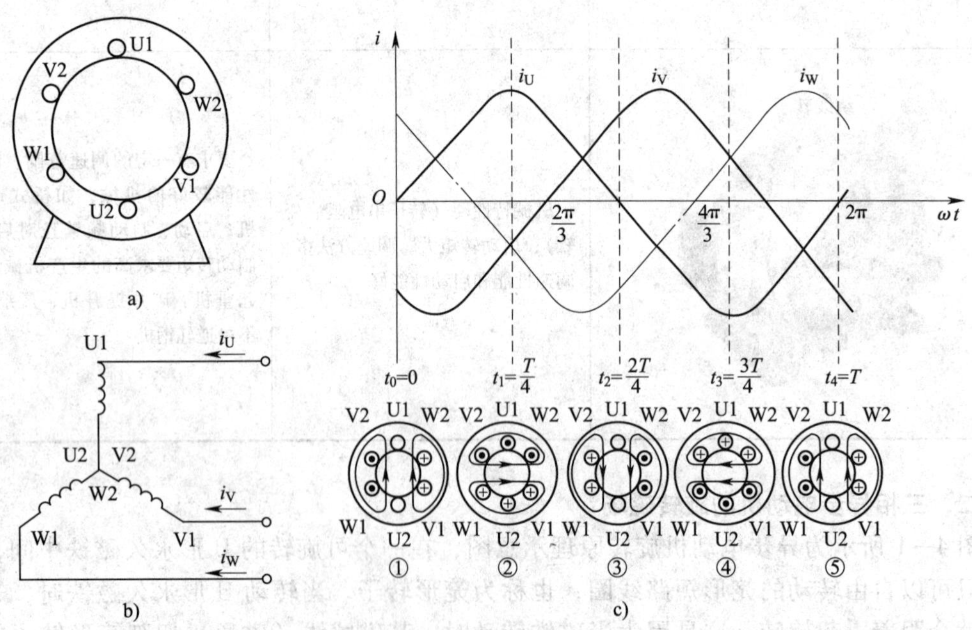

图 4—3　两极定子绕组的旋转磁场

a）三相绕组位置示意图　b）三相绕组中通入三相交流电　c）三相交流电产生的旋转磁场

（1）在 $\omega t=0$ 的瞬间，$i_U=0$，故 U1U2 绕组中无电流；i_V 为负，假定电流从绕组末端 V2 流入，从首端 V1 流出；i_W 为正，则电流从绕组首端 W1 流入，从末端 W2 流出。绕组中电流产生的合成磁场如图 4—3c 位置①所示。

（2）$\omega t=\frac{\pi}{2}$的瞬间，i_U为正，电流从首端 U1 流入、末端 U2 流出；i_V为负，电流仍从末端 V2 流入，首端 V1 流出；i_w 为负，电流从末端 W2 流入、首端 W1 流出。绕组中电流产生的合成磁场如图 4—3c 位置②所示，可见合成磁场顺时针转过了 90°。

（3）继续按上法分析，在 $\omega t=\pi$，$\frac{3\pi}{2}$、2π 的不同瞬间三相交流电在三相定子绕组中产生的合成磁场，可得到如图 4—3c 中位置③、④、⑤所示的变化，观察这些图中合成磁场的分布规律可见：合成磁场的方向按顺时针方向旋转，并旋转了一周。

在三相异步电动机定子铁心中布置结构完全相同、在空间各相差 120°电角度的三相定子绕组，分别向三相定子绕组通入三相交流电，则在定子、转子与空气气隙中产生一个沿定子内圆旋转的磁场，该磁场称为旋转磁场。

2．旋转磁场的转速

当定子绕组连接形成的是两对磁极时，如图 4—4 所示，运用相同的方法可以分析出此时电流变化一个周期，磁场只转动了半圈，即转速减慢了一半。

由此类推，当旋转磁场具有 p 对磁极时（即磁极数为 $2p$），交流电每变化一个周期，其旋转磁场就在空间转动 $1/p$ 转。因此，三相电动机定子旋转磁场每分钟的转速 n_1、定子电流频率 f 及磁极对数 p 之间有如下关系

$$n_1=\frac{60f}{p} \tag{4—1}$$

n_1为同步转速，r/min。

我国交流电源的频率等于 50 Hz，当三相异步电动机旋转磁场的磁极对数等于 1 对时，n_1 =3 000 r/min，同步转速最高，其常见的同步转速见表 4—3。

表 4—3　　常见的同步转速

磁极对数 p	1 对	2 对	3 对	4 对	5 对
旋转磁场转速 n_1	3 000 r/min	1 500 r/min	1 000 r/min	750 r/min	600 r/min

产生旋转磁场的必要条件是什么？

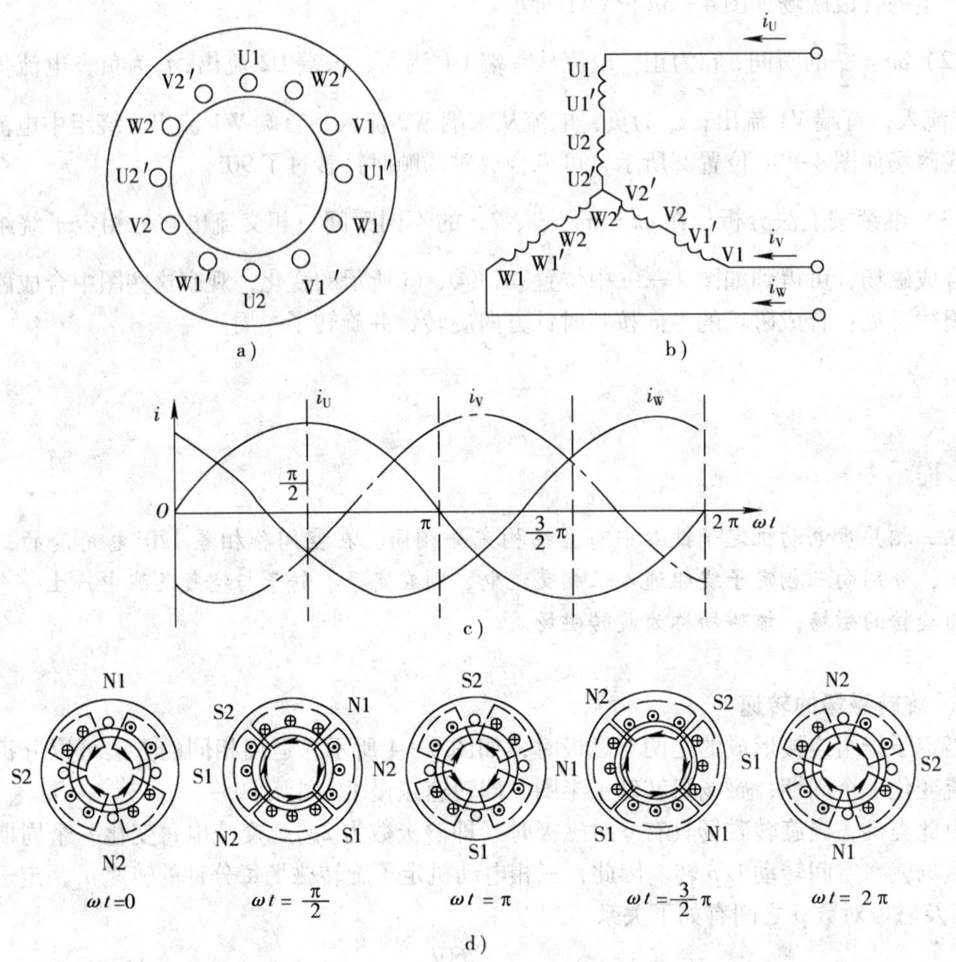

图4—4　三相（四极）定子绕组的旋转磁场的形成

3. 旋转磁场的旋转方向

由图4—3c可以看出，三相交流电的变化次序（相序）为U相达到最大值→V相达到最大值→W相达到最大值。将U相交流电接U相绕组，V相交流电接V相绕组，W相交流电接W相绕组，则产生的旋转磁场的旋转方向为U相→V相→W相（顺时针旋转），即与三相交流电源变化的相序一致。如果任意调换电动机两相绕组所接交流电源的相序，即U相交流电仍接U相绕组，V相交流电接W相绕组，W相交流电接V相绕组，可以对照图4—3c绘出 $\omega t=0$、$\omega t=\frac{\pi}{2}$ 瞬间的合成磁场如图4—5所示。由图4—5可见，此时合成磁场的旋转方向已变为逆时针旋转，即与图4—3c的旋转方向相反。由此可以得出结论：旋转磁场的旋转方向决定于通入定子绕组中的三相交流电源的相序，且与三相交流电源的相序U→V→W的方向一致。

只要任意调换电动机两相绕组所接交流电源的相序，旋转磁场即反转。这个结论很重要，因为后面将要分析到三相异步电动机的旋转方向与旋转磁场的转向一致。

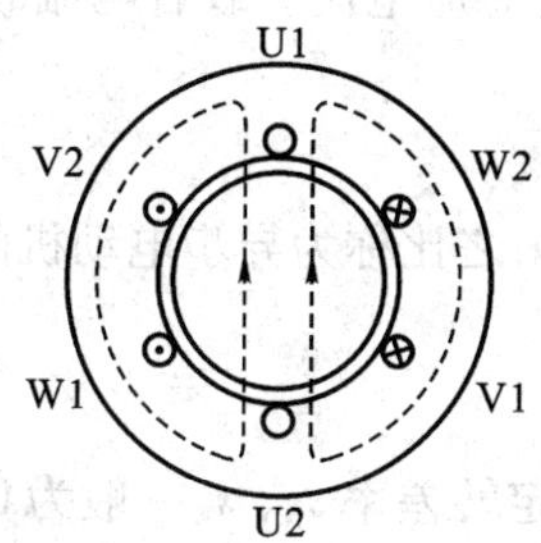

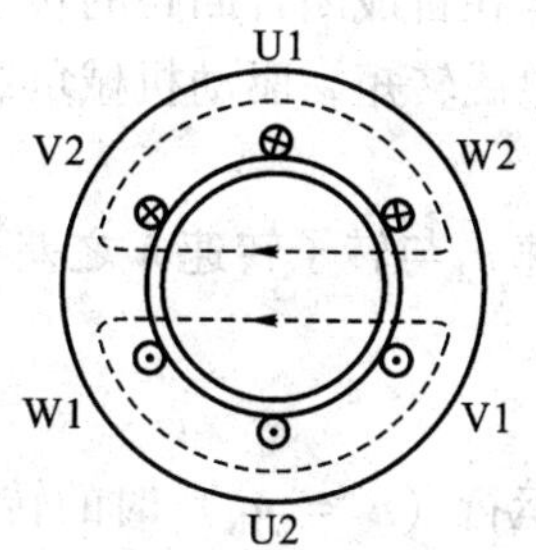

图 4—5　旋转磁场转向的改变

要改变电动机的转向，只要改变旋转磁场的转向即可。

三、三相异步电动机的旋转原理

三相异步电动机为什么能够转动？你知道吗？

1. 转子转动原理

如图 4—6 所示为一台三相笼形异步电动机定子与转子剖面图。转子上的 6 个小圆圈表示自成闭合回路的转子导体。当向三相定子绕组中通入三相交流电后，由前面分析可知，将在定子、转子及其空气隙内产生一个同步转速为 n_1、在空间按顺时针方向旋转的磁场。该旋转的磁场将切割转子导体，在转子导体中产生感应电动势，由于转子导体自成闭合回路，因此该电动势将在转子导体中形成电流，其电流方向可用右手定则判定。在使用右手定则时必须注意，右手定则的磁场是静止的，导体在做切割磁感线的运动，而这里正好相反。为此，可以相对地把磁场看成不动，而导体以与旋转磁场相反的方向（逆时针）去切割磁感线，从而可以判定出在该瞬间转子导体中的电流方向如图中所示，即电流从转子上半部的导体中流出，流入转子下半部导体中。有电流流过的转子导体将在旋转磁场中受电磁力 F 的作用，其方向可用左手定则判定，如图中箭头所示，该电磁力 F 在转子轴上形成电磁转矩，使异步电动机以转速 n 旋转。

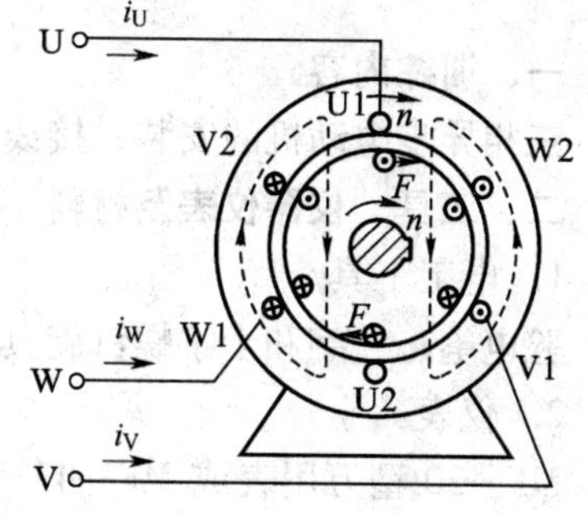

图 4—6　三相异步电动机工作原理

三相异步电动机的旋转原理为：在定子三相绕组中通入三相交流电流时，在电动机气隙中即形成旋转磁场。旋转磁场切割、转子绕组在转子绕组中感生电动势。转子电动势在自成闭合回路的转子绕组中产生感应电流。载有电流的转子绕组受电磁力的作用，产生电磁转矩，驱动机械负载旋转。

2. 转差率

旋转磁场转速 n_1 与转子转速 n 之差与同步转速 n_1 之比称为异步电动机的转差率 s，即：

$$s = \frac{n_1 - n}{n_1} \tag{4—2}$$

电动机额定运行（$n = n_N$）时的转差率称为额定转差率 s_N，s_N 一般为 0.01 ~ 0.07。

根据转差率的大小，可判别三相异步电动机的运行状态。如：当 $s = 1$ 时表示电动机正处于通电瞬间；当 s 在大于 0.1 时表示电动机正处于启动过程或负载状态中；当 s 很接近 0 时表示电动机正处于空载或轻载状态中；$s < 0$ 时表示电动机正处于再生制动状态（在后续章节讨论）。还可以通过额定转差率 s_N 的大小计算出电动机的额定转速 n_N。

【例 4—1】 某台三相异步电动机的额定转速 $n_N = 720$ r/min，试求（1）该电动机的磁极对数和额定转差率；（2）另一台 4 极三相异步电动机的额定转差率 $s_N = 0.05$，试求该电动机的额定转速。

解：（1）在电源频率为工频交流电时，根据三相异步电动机额定转速要小于同步转速、且相差不大的关系，由三相异步电动机的额定转速 $n_N = 720$ r/min，可以得到电动机的同步转速 $n_1 = 750$ r/min，则该电动机的磁极对数为 4，额定转差率为：

$$s_N = \frac{n_1 - n}{n_1} = \frac{750 - 720}{750} = 0.04$$

（2）三相异步电动机的磁极数为 4 极，则电动机的同步转速为：

$$n_1 = \frac{60f}{p} = \frac{60 \times 50}{2} = 1\,500 \text{ r/min}$$

由额定转差率 $s_N = 0.05$ 得额定转速：

$$n_N = n_1 (1 - s) = 1\,500 (1 - 0.05) = 1\,425 \text{ r/min}$$

答：（1）三相异步电动机的磁极对数为 4，额定转差率 $s_N = 0.04$。

（2）三相异步电动机的额定转速 $n_N = 1\,425$ r/min。

技能训练 1　三相异步电动机安装、接线

一、训练内容

三相异步电动机的安装、接线与一般试验的方法。

二、工具、仪器仪表及材料

1. 电工工具

验电笔、一字和十字螺钉旋具、钢丝钳、尖嘴钳、斜口钳、剥线钳、电工刀等。

2. 仪表

MF—30 型万用表或 MF—47 型万用表；T301—A 型钳形电流表；兆欧表 500 V、0 ~ 2 000 MΩ；转速表。

3．三相异步电动机

电动机的铭牌技术数据：型号 Y132M—4 、功率 7.5 kW、额定电压 380 V、额定电流 15.4 A、定子绕组△联结、额定转速 1 460 r/min。

4．安装、接线及试验用的专用工具。

5．材料

（1）配电板 1 块（100 mm × 200 mm × 20 mm）。

（2）依据电动机容量，动力线采用 BVR16 mm^2（红色）多股软塑料铜线；接地线采用 BVR10 mm^2（黄绿色）多股软塑料铜线，其数量按需要而定。

（3）低压断路器　型号和规格 DZ10—250/330，1 只。

（4）无缝钢管　型号和规格自定；长度自定。注：安装前无缝钢管应根据现场情况已弯曲好。

（5）其他　绝缘黑色胶布、演草纸、圆珠笔、螺钉、垫圈、劳保用品等，按需而定。

三、评分标准

评分标准见表 4—4。

表 4—4　　　　**评分标准**

序号	主要内容	评分标准		配分	扣分	得分
1	安装前的准备	1. 设备有灰尘、有污垢，扣 5 分 2. 工具及仪器准备不齐全，扣 5 分		10		
2	安装	1. 安装不牢固有松动现象，每处扣 5 分 2. 不符合机械传动的有关要求，每处扣 5 分		35		
3	接线	1. 接线不正确、不熟练，扣 5 分 2. 电缆头金属保护层及电动机外壳接地不好，扣 10 分		15		
4	电气测量	1. 电动机绝缘电阻值不合格，扣 5 分 2. 不会测量电动机的电流、振动、转速及温度等，各扣 5 分		20		
5	试车	1. 空载试验方法不正确，扣 10 分 2. 根据试验结果不会判定电动机是否合格，扣 10 分		20		
6	时间	60 min	合　计			
7	备注		教师签字	年　月　日		

四、训练步骤

1．安装前的准备

（1）准备好安装场地及摆放好各种所需工具。

（2）选择好电动机安装地点，一般电动机的安装地点选择在干燥、通风好、无腐蚀气体侵害的地方。

（3）制作电动机的底座、座墩和地脚螺钉。

电动机的座墩有两种形式：一种是直接安装座墩；另一种是槽轨安装座墩。座墩高度一般应高出地面 150 mm，具体高度要按电动机的规格、传动方式和安装条件等决定。座墩的长与宽大约等于电动机机座底尺寸加 150 mm 的裕度。如图 4—7a 所示。

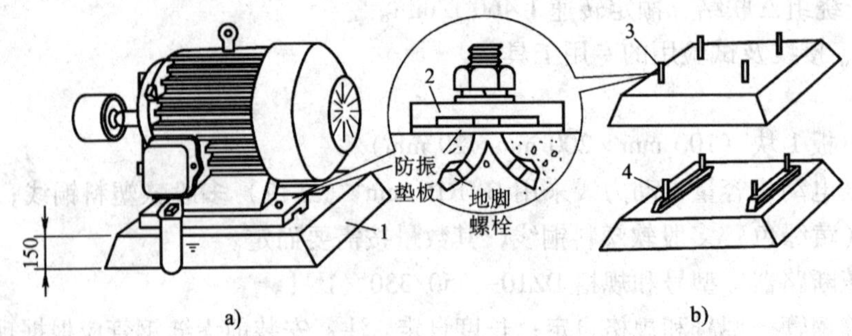

图 4—7　底座和座墩

a）座墩　b）地脚螺钉

1—水泥墩　2—机座　3—固定的地脚螺钉　4—活动的地脚螺钉

固定的地脚螺钉用六角螺栓制作，首先用钢锯在六角螺栓上锯一条 25 ~ 40 mm 的缝，再用钢凿把它分成人字形，依据电动机机座尺寸，埋入水泥墩里面。如图 4—7b 所示。

2. 安装电动机

（1）电动机与座墩的安装

1）将电动机与座墩之间衬垫一层质地坚韧的木板或硬橡胶的防振物。

2）用起重设备将电动机吊到基础上，如图 4—8 所示。

（2）用水平仪校正水平

1）电动机的水平校正，一般用水平仪放在转轴上，对电动机纵向、横向进行检查，并用 0.5 ~5 mm 厚的钢片垫在机座下，来调整电动机的水平。如图 4—9 所示。

图 4—8　吊电动机到底座

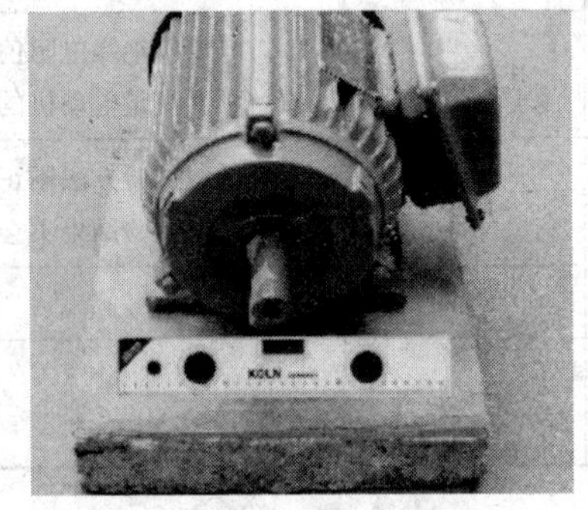

图 4—9　电动机的水平校正

提示

水平尺中的水珠往某方向偏，则表明某方向偏高，需在偏低方向的机座下垫 0.5 ~5 mm 的钢片，直至水平正好为止。发现水平尺中的水珠处于正中位置时，说明水平正好。

2）在四个紧固螺栓上套上弹簧垫圈，按对角线交错依次逐步拧紧螺母。

如果电动机在使用过程中，需要调整位置，电动机功率较小时，可先在基座上预埋槽轨，槽轨的支脚深埋在基座下固定，电动机安装在槽轨上。这种安装方式，可以方便电动机在安装时进行必要的校正或调整。如图4—10所示。

图4—10　小型电动机的槽轨法

3. 安装电动机的传动装置

（1）带传动装置的安装与矫正

安装要求：

1）电动机机座与底座之间垫衬的防振物不可太厚，否则要影响两个带轮的间距。特别是三角带带轮，更是如此。

2）两个带轮的直径大小必须配套。

3）两个带轮要装在一条直线上，两轴要装得平行。

4）塔形三角带带轮必须装得一正一反，否则不能进行调速。

5）平带的接头必须正确，带扣的正反面不应接错。

平带装上带轮时，应按照图4—11的方法进行安装。

宽度中心线的调整方法如图4—12所示。

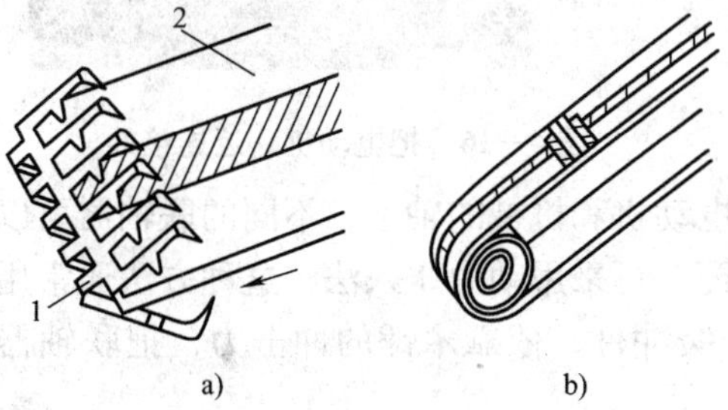

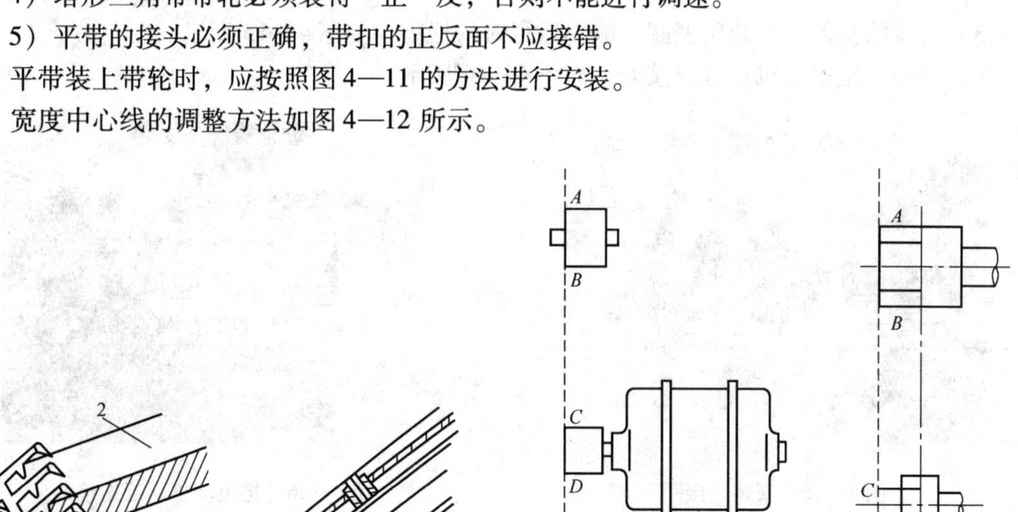

图4—11　平带的安装

a）带扣必须正面安装　b）带的正面应装在外面

1—带扣的正面　2—带的正面

图4—12　带轮宽度中心线的调整

a）带轮宽度相等　b）带轮宽度不等

如两个带轮宽度相等，可按图4—12a所示的方法，用一根弦线拉紧并紧靠两个带轮的端面，弦线如均匀接触A、B、C、D四点，则已将带轮调整好。

如两个带轮宽度不相等，可先用划针划出它们的中心线，然后，拉直一根弦线，一端紧靠带轮A、B两点轮缘上，如图4—12b中虚线所示，再在C和D点用钢尺测量出l_C和l_D，

应使 $l_C + b = l_D + b$。

(2) 联轴器传动装置的安装与矫正

1) 将弹性联轴器安装在转动机械的轴上，如图 4—13 所示。

2) 将联轴器安装到电动机的转轴上，如图 4—14 所示。

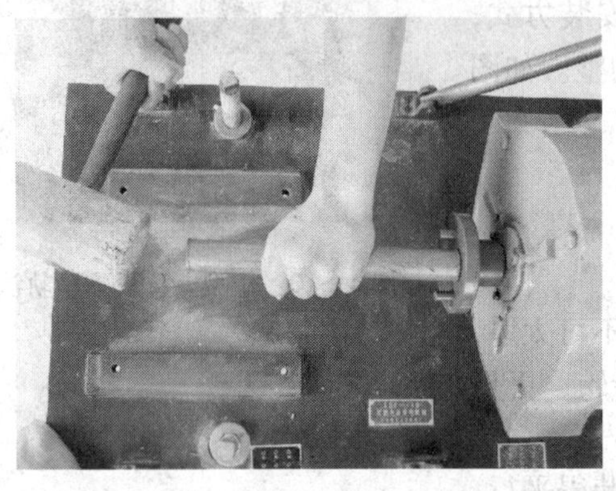

图 4—13 将弹性联轴器安装在转动机械的轴上

图 4—14 将联轴器安装到电动机的转轴上

3) 安装防振圈，安装防振圈，减小运行时的振动，如图 4—15 所示。

4) 联轴。把电动机移近连接处，如图 4—16 所示。

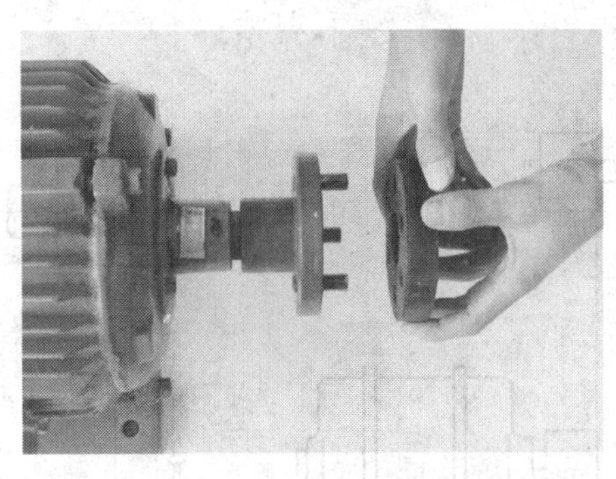

图 4—15 安装防振圈

图 4—16 把电动机移近连接处

联轴器在安装时，先把两片联轴器分别装在电动机和机械的轴上，不同的联轴器可以采用不同的装配方法。对于低速和小型联轴器的装配，可采用动力压入法，这种方法通常用木锤敲打的方法，通过垫放的木块或其他软材料作缓冲件，依靠木锤的冲击力，把联轴器敲入。

5) 电动机预固定　如图 4—17 所示。当两轴相对的处于一条直线上时，先初步拧紧电动机的机座地脚螺栓，但不要拧得太紧，待传动中心线校正后正式拧紧。

6) 联轴器传动的中心线校正　校正时，首先将钢板尺搁在两个半片联轴器的上侧面，查看联轴器转动时是否有高低不一致的现象，如图 4—18 所示。钢板尺在二联轴器上要靠得很紧密，观察不到尺与联轴器的外圆有缝隙。然后用手转动电动机侧的半联轴器，每转动 90°用尺靠一次，若靠 4 次结果均相同，说明二侧轴线已经重合，中心线已经校准。校正后锁紧螺栓。

图 4—17　电动机预固定

图 4—18　联轴器传动的中心线校正

如何使两个带轮装在一条直线上，且两轴要装得平行？带扣的正反面为什么不能相接？

4. 接线

根据电动机的铭牌进行接线，Y 形联结的电动机接线盒上的出线如图 4—19 所示，将接线盒中三相绕组尾端 U2、V2、W2 接线端短接，再将首端 U1、V1、W1 分别接三相电源的 L1、L2、L3 即构成星形接法。

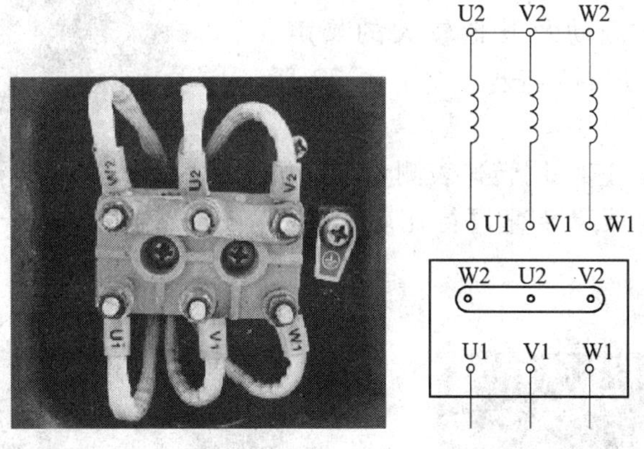

图 4—19　Y 形联结的电动机接线盒上的出线

此时每相绕组的电压是线电压的多少？

定子绕组的三角形接法如图 4—20 所示。

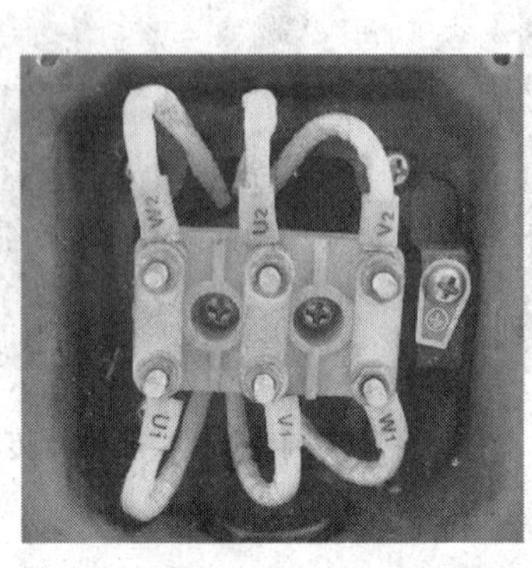

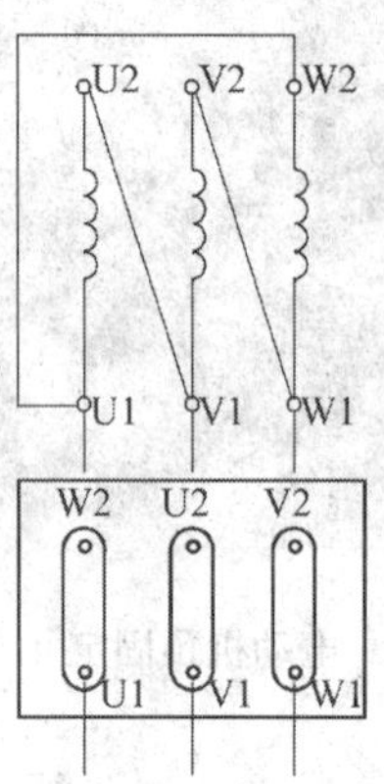

图 4—20　定子绕组的三角形接法

将接线盒中三相绕组的 U1 与 W2、V1 与 U2、W1 与 V2 接线端短接，再将 U1、V1、W1 首端分别接三相电源的 L1、L2、L3 即构成三角形接法。这时每相绕组的电压等于线电压。

为了安全一定要将电动机的接地线接好、接牢。将电源线的接地线接电动机外壳接线柱上，如图 4—21 所示。

5. 测量与试车

（1）测量空载电流　当交流电动机空载时，用钳形表测量三相空载电流是否平衡。同时观察电动机是否有杂声、振动及其他较大的噪声，如果有应立即停车，进行检查。如图 4—22 所示。

（2）测量电动机转速　用转速表测量电动机的转速并与电动机的额定转速进行比较。如图 4—23 所示。

图 4—21　接地线连接

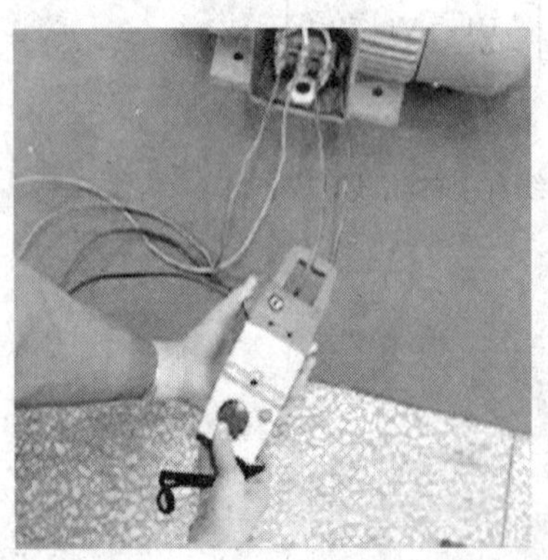

图 4—22　测量交流电动机的空载电流

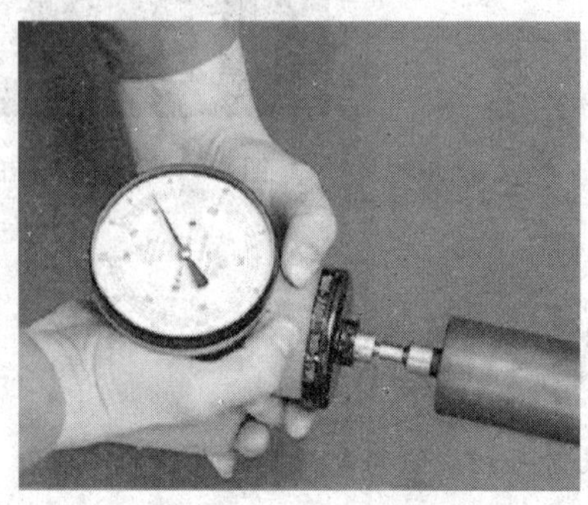

图 4—23　测量电动机转速

(1) 人力搬运小型电动机时，不允许用绳子套在电动机的带盘或转轴上来抬电动机。

(2) 校正电动机的水平时，不能垫木板或竹片，以免拧紧螺钉或电动机运行时压裂变形，影响安装的准确性。

(3) 对齿轮传动装置的安装和校正时，所装齿轮要与电动机配套，齿轮安装后，电动机的轴应与被动轮的轴平行，两齿轮的啮合可用塞尺测量两齿轮的间隙，如间隙均匀，说明两轴已平行。

(4) 测量电动机转速时，用转速表测量电动机的转速时一定要注意安全。

安装电动机的控制、保护装置

安装电动机的控制、保护装置

1. 电动机对控制、保护装置的要求

(1) 每台电动机必须配备一套能单独进行操作、控制的控制开关和单独进行短路及过载保护的保护电器。

(2) 使用的开关设备应结构完整、功能齐全，有可靠的接通和分断电动机工作电流及切断故障电流的能力。

(3) 开关及保护装置的标牌应参数清晰，分断标志明显，安全可靠。

(4) 开关设备的选用应符合要求。

2. 电动机的操作开关及熔断器的安装

(1) 电动机的操作开关必须安装在操作时能监视到电动机的启动和被驱动机械的运转情况的位置上，通常是安装在电动机的右侧。

(2) 依据电动机容量的大小，选择适当的操作开关（低压断路器，刀开关、铁壳开关等）垂直安装在配电板上。低压断路器倾斜度不大于5°。

(3) 小型电动机在不频繁操作、不换向、不变速时，只用一个开关。

(4) 开关需频繁操作时，或需进行换向和变速操作的则需装两级开关，前一级开关做控制电源用，称为控制开关，常用的有低压断路器、铁壳开关和转换开关。

(5) 凡无明显分断点的开关，必须装两级开关，即前一级装一个有明显分断点的开关，如刀开关、转换开关等作为控制开关。凡容易产生误动作的开关，如手柄倒顺开关、按钮等，也必须在前一级加装控制开关，以防开关误动作而造成事故。

(6) 熔断器安装时，熔断器必须与开关装在同一控制板上或同一控制箱内。凡作为保护用的熔断器，必须装在控制开关的后级和操作开关（包括启动开关）的前级。三相回路分别串联安装的熔丝规格、型号应相同，并应安装在三根相线上。

（7）用低压断路器作为控制开关时，应在低压断路器的前一级加装一只熔断器做双重保护。当热脱扣器失灵时，能由熔断器起保护作用，同时兼做隔离开关之用，以便维修时切断电源。

（8）采用倒顺开关和电磁启动器操作时，前级用分断点明显的组合开关做控制开关（一般机床的电气控制常用这种形式），必须在两级开关之间安装熔断器。

3. 电压表和电流表的安装

对于大中型和要求较高的电动机，为了便于监视，安装方法如图 4—24 所示。电压表通常只安装一个，通过换相开关进行换相测量，量程为 400 V；要求较高的应在各相都串接一个电流表；一般要求的可在第二相串接一个电流表，其量程应大于额定电流的 2 ~ 3 倍，以保证启动电流通过。

电动机额定电流较大时，通常采用电流互感器测量，电流互感器的规格也应大于电动机额定电流的 2 ~ 3 倍。接线方法如图 4—25 所示。

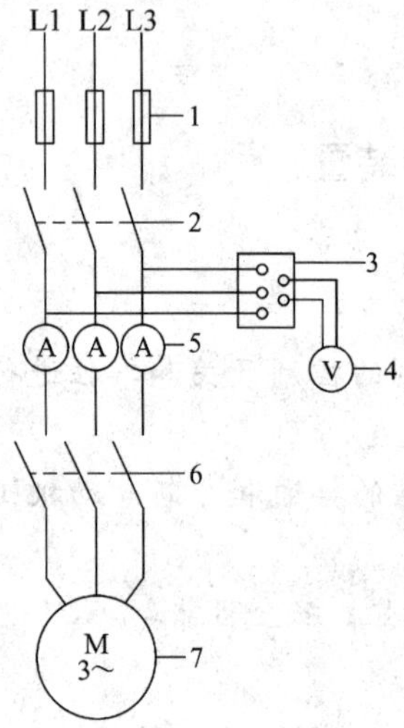

图 4—24　电压表和电流表的接线图

1—隔离熔断器　2—控制开关　3—电压表换相开关

4—电压表　5—电流表　6—操作开关　7—电动机

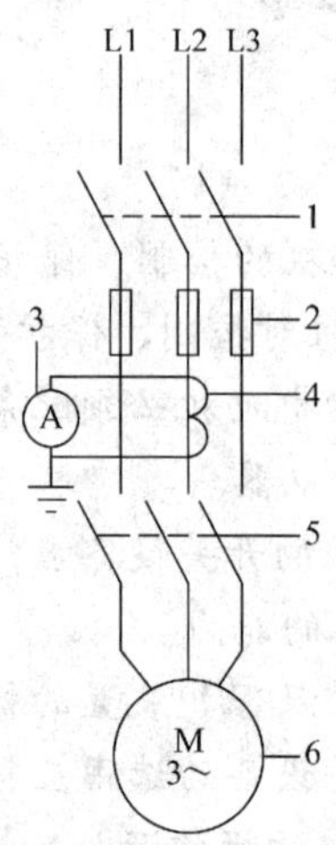

图 4—25　电流互感器和电流表接线图

1—控制开关　2—熔断器　3—电流表

4—互感器　5—接触器　6—电动机

4. 导线的敷设

（1）导线的选择　电动机的连接线的截面应满足载流量的需求，铜芯线最小截面积不得小于 1 mm^2；铝芯线最小截面积不得小于 2.5 mm^2。

（2）导线的敷设形式及要求　从电动机到断路器之间导线的敷设，常采用以下两种形式：一种是地下管敷设，另一种是明管敷设。目前一般用地下管敷设。采用地下管敷设时，应使连接电动机一段的管口离地不得小于 100 mm，并应使它尽量接近电动机的接线盒。另一端尽量接近电动机的操作开关，最好用软管伸入接线盒。

第二节　三相异步电动机的结构

1. 掌握三相异步电动机的结构。
2. 熟悉三相异步电动机的铭牌。
3. 掌握三相异步电动机的拆装技能。

三相异步电动机的种类很多，但各类三相异步电动机的基本结构是相同的，它们都由定子和转子这两大基本部分组成，在定子和转子之间具有一定的气隙。此外，还有端盖、轴承、接线盒、吊环等其他附件，如图 4—26 所示。

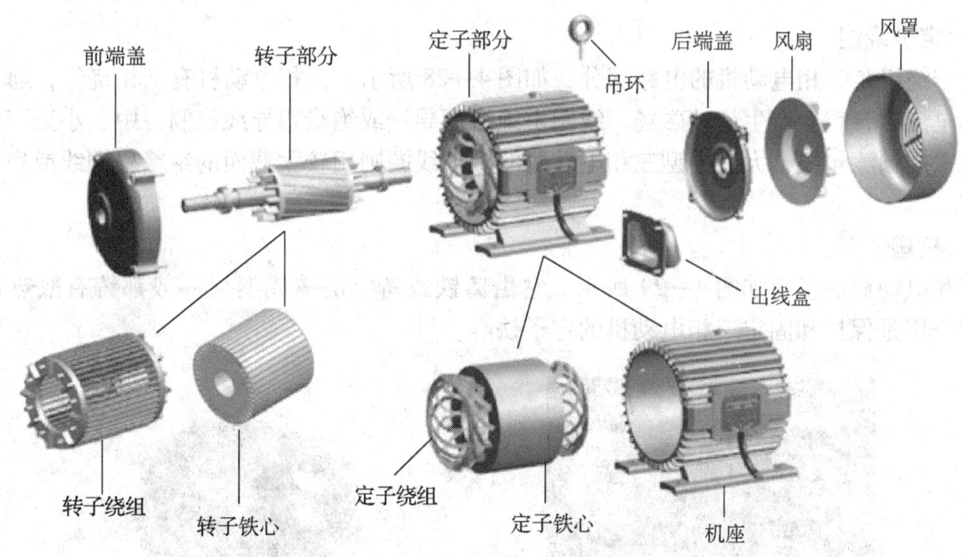

图 4—26　三相异步电动机的主要结构示意图

一、定子

三相异步电动机定子是用来产生旋转磁场的，是将三相电能转化为磁能的环节。三相电动机的定子一般由机座、定子铁心、定子绕组等部分组成。

1. 定子铁心

定子铁心是电动机磁路的一部分，由 0. 35 ~0. 5 mm 厚表面涂有绝缘漆的薄硅钢片叠压而成，由于硅钢片较薄而且片与片之间是绝缘的，所以减少了由于交变磁通通过而引起的铁心涡流损耗。铁心内圆有均匀分布的槽口，用来嵌放定子绕圈。定子铁心如图 4—27 所示。

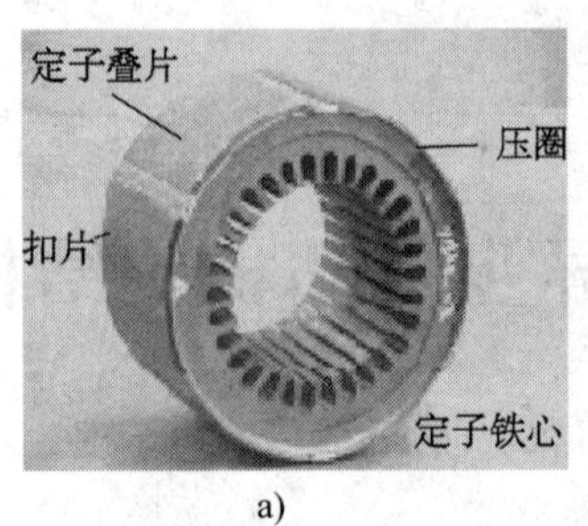

a)

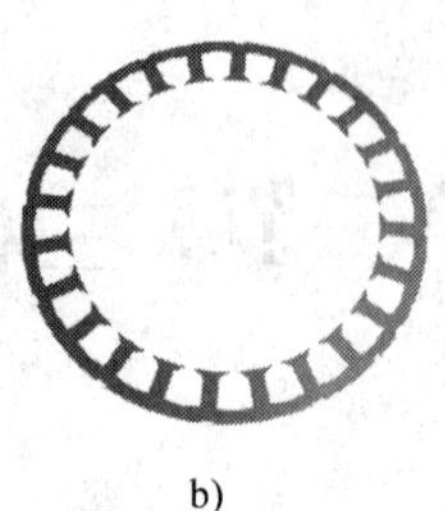
b)

图 4—27　定子铁心

a）定子铁心　b）定子冲片

三相电动机的定子铁心为什么由 0.35 ~ 0.5 mm 厚表面涂有绝缘漆的薄硅钢片叠压构成？

2. 定子绕组

定子绕组是三相电动机的电路部分，如图 4—28 所示。三相电动机有三相绕组，通入三相对称电流时，就会产生旋转磁场。线圈由绝缘铜导线或绝缘铝导线绕制，中、小型三相电动机多采用圆漆包线，大、中型三相电动机的定子线圈则用较大截面的绝缘扁铜线或扁铝线绕制。

3. 机座

三相电动机的机座如图 4—29 所示。它由铸铁或铸钢浇铸成型（一般都铸有散热片），其主要作用是保护和固定三相电动机的定子铁心。

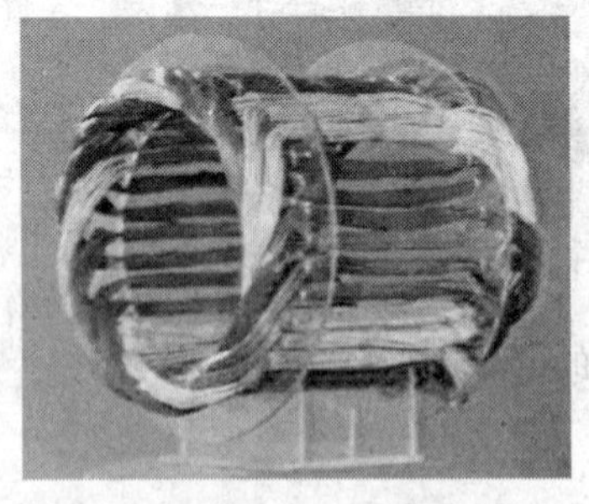

图 4—28　定子绕组

图 4—29　三相电动机的机座

三相电动机的机座为什么外壳铸有沟槽？

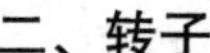

二、转子

三相异步电动机的转子是将旋转磁能转化为转子导体上电能而最终转化为机械能的环节，主要由转子铁心、转子绕组与转轴组成。

1. 转子铁心

转子铁心如图 4—30 所示。转子铁心一方面作为电动机磁路的一部分，另一方面用来安放转子绕组，用 0.5 mm 厚的硅钢片叠压而成，套在转轴上。

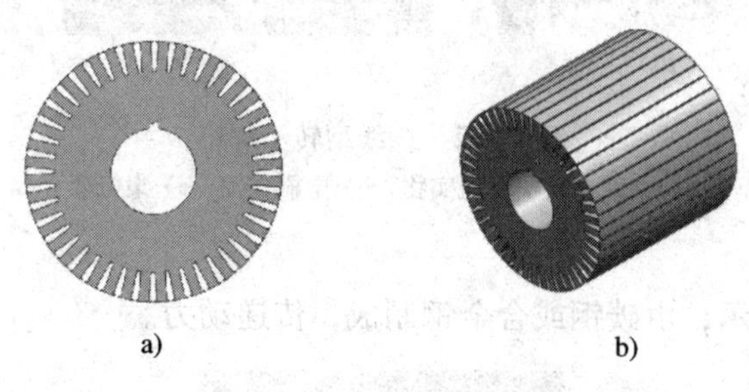

a)　　b)

图 4—30　转子铁心

a）转子冲片　b）转子铁心

2. 转子绕组

（1）笼型转子绕组　笼型转子绕组如图 4—31 所示。转子上的铝条或铜条导体切割旋转磁场产生电磁转矩。笼型绕组是在转子铁心的每一个槽中插入一根铜条，在铜条两端各用一个铜环（称为端环）把导条连接起来，称为铜排转子。也可用铸铝的方法，把转子导条和端环风扇叶片用铝液一次浇铸而成。100 kW 以下异步电动机一般采用铸铝转子。

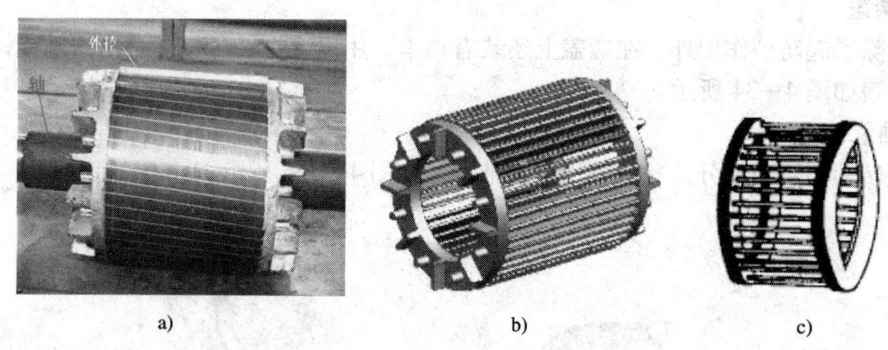

a)　　b)　　c)

图 4—31　笼型转子绕组

a）转子实物　b）铸铝转子绕组结构　c）铜条转子绕组结构

（2）绕线型转子绕组　绕线型转子绕组如图 4—32 所示。与定子绕组一样也是一个三相绕组，一般接成星形，三相引出线分别接到转轴上的三个与转轴绝缘的集电环上，通过电刷装置与外电路相连。其作用一方面是通过集电环形成转子绕组的闭合回路，使得转子切割旋转磁场时感生的电动势在该闭合回路形成电流，从而使转子产生电磁转矩，驱动机械负载旋转；另一方面是可在转子电路中串接电阻或频敏变阻器以改善电动机的运行性能。

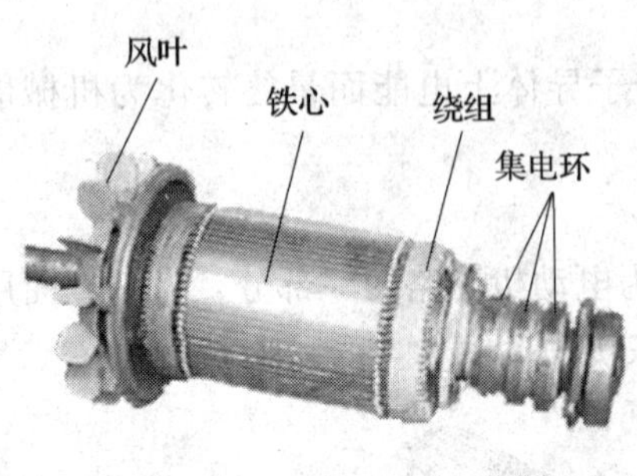

a)

b)

c)

图 4—32　绕线型转子绕组

a）绕线型转子绕组实物　b）电刷支架　c）集电环

3. 转轴

转轴如图 4—33 所示，由碳钢或合金钢制成，传递动力。

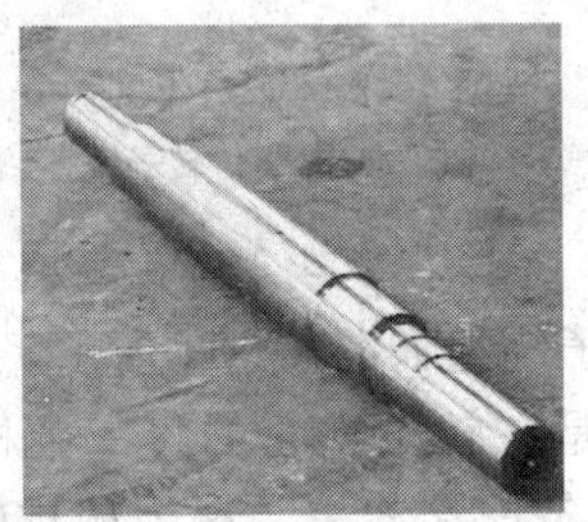

图 4—33　三相异步电动机的转轴

三、其他附件

1. 端盖

端盖除了起防护作用外，在端盖上还装有轴承，用以支撑转子轴。是用铸铁或铸钢浇铸成型。端盖如图 4—34 所示。

2. 轴承

连接转动与不动部分，一般采用滚动轴承。如图 4—35a 所示。

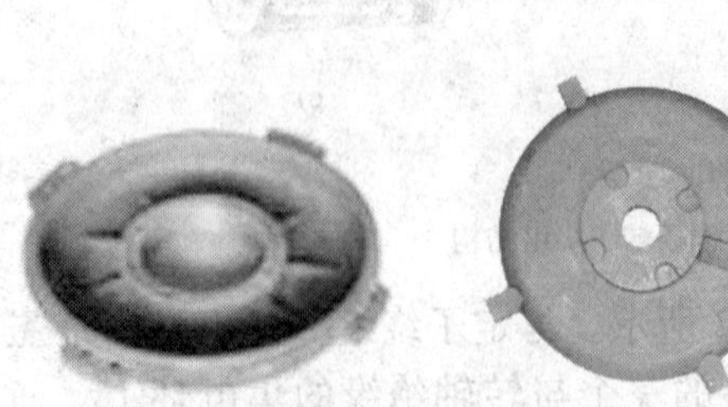

图 4—34　端盖

a)

b)

图 4—35　轴承和轴承盖

a）轴承　b）轴承盖

3. 轴承盖

保护轴承，不使润滑油溢出。

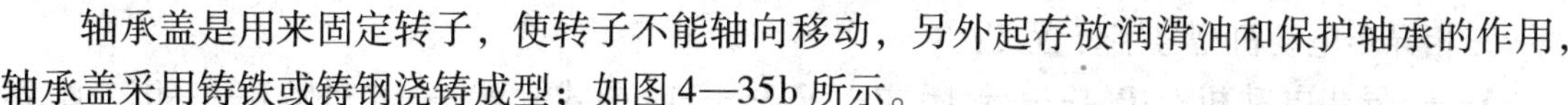

轴承盖是用来固定转子，使转子不能轴向移动，另外起存放润滑油和保护轴承的作用，轴承盖采用铸铁或铸钢浇铸成型；如图 4—35b 所示。

4. 风扇

风扇用铝材或塑料制成，起冷却作用。如图 4—36 所示。

5. 接线盒

用来保护和固定绕组的引出线端子，采用铸铁浇铸。如图 4—37 所示。

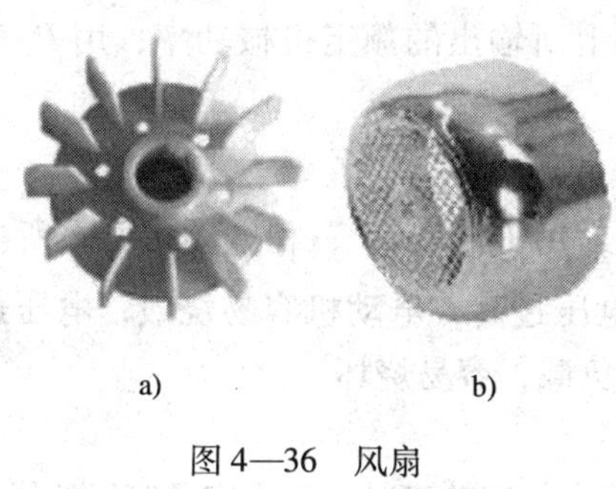

a)　　b)

图 4—36　风扇

a）风扇　b）风罩

图 4—37　接线盒

6. 吊环

用铸钢制造，安装在机座的上端用来起吊、搬抬三相电动机。吊环孔还可以用来测量温度。如图 4—38 所示。

四、电动机铭牌

铭牌上注明这台三相电动机的主要技术数据，是选择、安装、使用和修理（包括重绕绕组）三相电动机的重要依据，如某一台电动机的铭牌如图 4—39 所示。

图 4—38　吊环

三相异步电动机

型号　Y100L－2		编号	
2.2 KW	380 V	6.4 A	接法 Y
2870 r/min	LW 79	dB (A)	B 级绝缘
防护等级 IP44	50 Hz	工作制 S1	kg
标准编号　ZBK22007－88		2001 年　月　日	

图 4—39　Y100L－2 型三相异步电动机铭牌

1. 型号

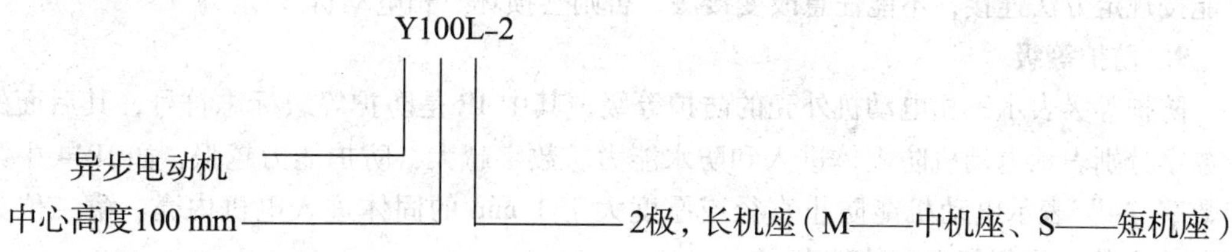

三相异步电动机型号字母含义：

Y——异步电动机；IP44——封闭式；IP23——防护式；W——户外；F——化工防腐用；Z——冶金起重；Q——高启动转矩；D——多速；B——防爆；R——绕线式；CT——电磁调速；X——高效率；H——高转差率。

注：其他型号的含义可查电工手册。

2. 额定功率

额定功率是指在满载运行时三相电动机轴上所输出的额定机械功率，用 P_N表示，以千瓦（kW）或瓦（W）为单位。

3. 额定电压（U_N = 380 V）

额定电压是指接到电动机绕组上的线电压，用 U_N表示。三相电动机要求所接的电源电压值的变动一般不应超过额定电压的 ±5%。电压过高，电动机容易烧毁；电压过低，电动机难以启动，即使启动后电动机也可能带不动负载，容易烧坏。

4. 额定电流（I_N = 8.2 A）

额定电流是指三相电动机在额定电压下，输出额定功率时，流入定子绕组的线电流，用 I_N表示，以安（A）为单位。若超过额定电流过载运行，三相电动机就会过热乃至烧毁。

5. 额定频率（f_N = 50 Hz）

额定频率是指电动机所接的交流电源每秒钟内周期变化的次数，用 f_N表示。我国规定标准电源频率（工频）为 50 Hz。

6. 额定转速（n_N = 2 800 r/min）

额定转速表示三相电动机在额定工作情况下运行时每分钟的转速，用 n_N表示，一般是略小于对应的同步转速 n_1。如 n_1 = 1 500 r/min，则 n_N = 1 440 r/min。

7. 绝缘等级

绝缘等级是指三相电动机所采用的绝缘材料的耐热能力，它表明三相电动机允许的最高工作温度。耐热能力可分为 A、E、B、F、H 五个等级，见表 4—5。

表 4—5　　绝缘等级

绝缘等级	A	E	B	F	H
极限工作温度℃	105	120	130	155	180

8. 定子绕组接法

三相电动机定子绕组的连接方法有星形（Y）和三角形（△）两种。定子绕组的连接只能按规定方法连接，不能任意改变接法，否则会损坏三相电动机。

9. 防护等级

防护等级表示三相电动机外壳的防护等级，其中 IP 是防护等级标志符号，其后面的两位数字分别表示电动机防固体进入和防水能力。数字越大，防护能力越强，如 IP44 中第一位数字“4”表示电动机能防止直径或厚度大于 1 mm 的固体进入电机内壳。第二位数字“4”表示能承受任何方向的溅水。

10. 工作制

工作制是指三相电动机的运转状态，即允许连续使用的时间，分为连续、短时、周期断续三种。

（1）连续（S1）　连续工作状态是指电动机带额定负载运行时，运行时间很长，电动机的温升可以达到稳态温升的工作方式。

（2）短时（S2）　短时工作状态是指电动机带额定负载运行时，运行时间很短，使电动机的温升达不到稳态温升；停机时间很长，使电动机的温升可以降到零的工作方式。

（3）周期断续（S3）　周期断续工作状态是指电动机带额定负载运行时，运行时间很短，使电动机的温升达不到稳态温升；停止时间也很短，使电动机的温升降不到零，工作周期小于 10 min 的工作方式。

短时工作状态的电动机为什么不能用于连续工作状态？而连续工作状态的电动机能否用于短时工作状态？

技能训练2　三相异步电动机拆装

一、训练内容

三相异步电动机拆装。

二、训练器材

1. 电工工具

验电笔、一字和十字螺钉旋具、钢丝钳、尖嘴钳、斜口钳、剥线钳、电工刀等。

2. 仪表

MF30 型万用表或 MF47 型万用表；T301—A 型钳形电流表；兆欧表 500 V　0 ~ 2 000 MΩ；转速表。

3. 三相异步电动机

（1）按实际的情况将电动机安装在现场，电动机轴带联轴器。

（2）三相异步电动机的铭牌技术数据：型号 Y112M—4 、功率 4 kW、额定电压 380 V、额定电流 8. 8 A、定子绕组△联结、额定转速 1 440 r/min。

4. 拆装、接线、调试的专用工具。

5. 配助手 1 名。

6. 其他

汽油、刷子、干布、绝缘黑色胶布、演草纸、圆珠笔、劳保用品等，按需而定。

三、评分标准

评分标准见表 4—6。

表 4—6　　评分标准

序号	主要内容	评分标准	配分	扣分	得分
1	拆装前的准备	1. 操作前未将所需工具、仪器及材料准备好，每件扣2分 2. 拆除电动机电源电缆头及电动机外壳保护接地工艺不正确，电缆头没有保安措施，扣5分 3. 拉联轴器方法不正确，扣5分	15		
2	拆卸	1. 拆卸方法和步骤不正确，每次扣5分 2. 碰伤绕组，扣10分 3. 损坏零部件，每次扣5分 4. 装配标记不清楚，每处扣5分（扣完为止）	30		
3	装配	1. 装配步骤方法错误，每次扣5分 2. 碰伤绕组，扣10分 3. 损伤零部件，每次扣5分 4. 轴承清洗不干净、加润滑油不适量，每只扣5分 5. 紧固螺钉未拧紧，每只扣3分 6. 装配后转动不灵活，扣5分（扣完为止）	30		
4	接线	1. 接线不正确，扣5分 2. 不熟练，扣2分 3. 电动机外壳接地不好，扣3分	10		
5	电气测量	1. 测量电动机绝缘电阻值不合格，扣5分 2. 不会测量电动机的电流、转速，各扣5分	15		
6	时间	180 min			
7	备注	合　计			
		教　师 签　字	年　月　日		

四、训练步骤

1. 拆卸前准备

（1）准备好拆卸场地及摆放好各种拆卸、安装、接线与调试使用的各种工具，断开电源，拆卸电动机与电源线的连接线，并对电源线头做好绝缘处理。

（2）做好记录或标记。

1）在带轮或联轴器的轴伸端做好定位标记，测量并记录联轴器或带轮与轴台间的距离。如图4—40所示。

2）在电动机机座与端盖的接缝处做好标记，如图4—41所示。

3）电动机的出轴方向及引出线在机座上的出口方向做好标记。

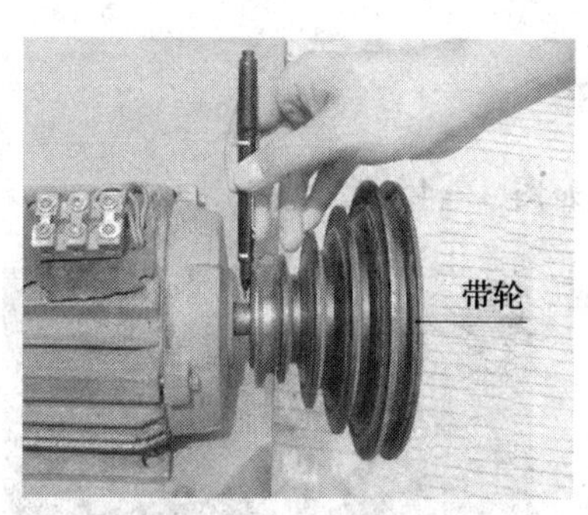

图 4—40　做好定位标记

图 4—41　给电动机做标记

2. 拆卸带轮或联轴器

装上拉具的丝杠顶端要对准电动机轴端的中心，使其受力均匀，转动丝杠，把带轮或联轴器慢慢拉出。如拉不出，不要硬卸，可在定位螺钉内注入煤油，过一段时间再拉。如图 4—42 所示。

提示

注意此过程中不能用锤子直接敲出带轮或联轴器，否则会使带轮或联轴器碎裂、转轴变形或端盖受损等。

3. 拆卸键楔

用合适的工具将固定带轮（或联轴器）的键楔拆下，如图 4—43 所示。

图 4—42　拆卸带轮

图 4—43　拆卸键楔

4. 拆卸风罩和风叶

首先，把外风罩螺钉松脱，取下风罩，如图 4—44 所示。然后把转轴尾部风叶上的定位螺栓或卡簧松脱、取下，用金属棒或锤子在风叶四周均匀地轻敲，风叶就可松脱下来。

提示

（1）拆卸风扇的定位卡簧，要用专用的卡簧钳，如图 4—45 所示。

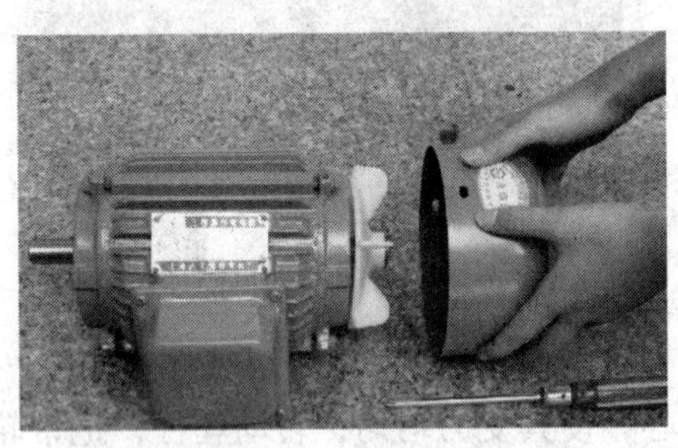

图 4—44　拆卸风罩

图 4—45　拆卸风叶

（2）小型异步电动机的风叶一般不用卸下，可随转子一起抽出。但如果后端盖内的轴承需要加油或更换时，就必须拆卸。对于采用塑料风叶的电动机，可用热水使塑料风叶膨胀后卸。

5. 拆卸端盖螺钉

（1）选择适当扳手，逐步松开前端盖紧固对角螺栓，用紫铜棒均匀敲打前端盖有脐的部分。如图 4—46 所示。

（2）在后端盖与机座之间打好记号后，拆卸后端盖螺钉，如图 4—47 所示。

图 4—46　拆卸前端盖螺钉

图 4—47　拆卸后端盖螺钉

提示

注意拆卸时，要防止端盖跌碎或碰伤绕组。

6. 拆卸后端盖

用木锤敲打轴伸端，使后端盖脱离机座，如图 4—48 所示。当后端盖稍与机座脱开，即可把后端盖连同转子一起抽出机座，如图 4—49 所示。

图 4—48 木锤敲打轴伸端

图 4—49 抽出转子

提示

（1）不能用锤子直接敲打电动机的任何部位，只能用紫铜棒在垫好木块后再敲击或直接用木锤敲打。

（2）抽出转子或安装转子时动作要小心，一边送一边接，不可擦伤定子绕组。

（3）对于质量较大的电动机，抽出转子要用钢丝绳套住转子两端轴颈，在钢丝绳与轴颈间衬一层纸板或棉纱头；当转子的重心已移出定子时，在定子与转子间隙塞入纸板垫衬，并在转子移出的轴端垫以支架或木块；然后将钢丝绳改吊住转子，慢慢将转子抽出。注意不要将钢丝绳吊在铁心风道里，同时在钢丝绳和转子间垫衬纸板。

7. 拆卸前端盖

用硬杂木条从后端伸入，顶住前端盖的内部敲打，松动后，用双手轻轻地将前端盖取下，如图 4—50 所示。

a）

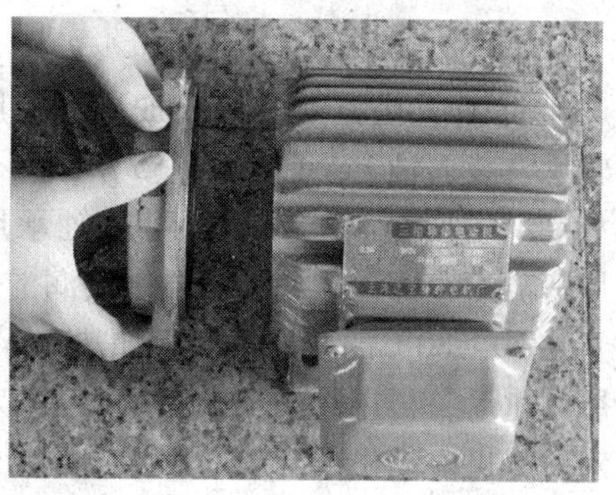
b）

图 4—50 拆卸前端盖

a）松动前端盖 b）取下前端盖

8．取下后端盖

用木榔头均匀敲打后端盖四周，即可取下后端盖。如图4—51所示。

9．拆卸轴承

根据轴承的规格和型号，选择适当的拉具。拉具的脚爪应紧扣轴承内圈，拉具的丝杠顶点要对准转子的中心，缓慢匀速的扳动丝杠，将轴承慢慢拉出。如图4—52所示。

图4—51　取下后端盖

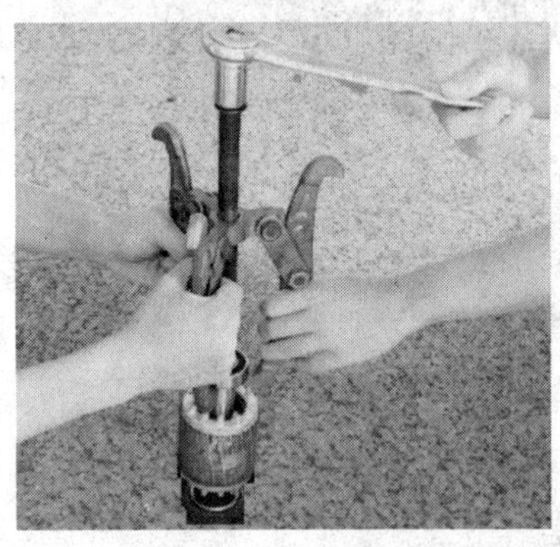

图4—52　拆卸轴承

10．清洗和装配轴承

（1）清洗轴承　检查轴承质量，如图4—53所示；如果质量不好，按规格型号更换。反之清洗后继续使用，如图4—54所示。

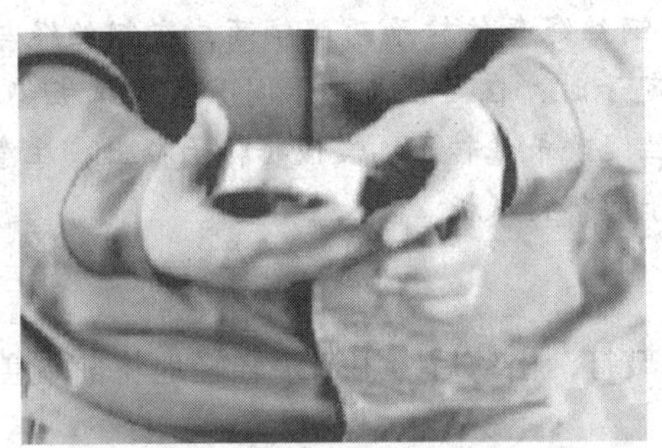

图4—53　检查轴承质量

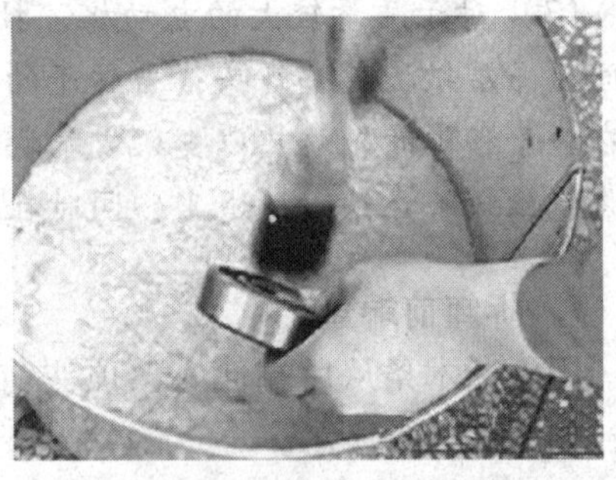

图4—54　清洗轴承

（2）将轴承孔腔内按标准加入润滑脂，用敲打法将轴承再装入轴上。如图4—55所示。

图4—55　安装轴承

如果不需要更换润滑脂，可将轴承用汽油洗干净，用清洁的布擦干。如果需要更换润滑脂，应将轴承放置在70～80℃的变压器油中加热5 min左右，待润滑脂熔化后，再用汽油洗干净，用清洁的布擦干。

对于2极电动机加入新的润滑脂应为轴承空腔容积的1/3～1/2，对于4极或4极以上电动机加入新的润滑脂应为轴承空腔容积的2/3，轴承内、外盖加入新的润滑脂应为盖内容积的1/3～1/2。新的润滑脂要求洁净、无杂质、无水分。加入润滑脂时，要求填入均匀，同时防止外界的灰尘、水和铁屑等异物落入。

用紫铜棒将轴承压入轴颈，要注意的是要使轴承内圈受力均匀，切勿总是敲击一边，或敲轴承外圈。

11. 在转子上安装后端盖

用木锤均匀敲打后端盖四周，即可装上。如图4—56所示。

12. 安装转子

安装转子时要用手托住转子慢慢移入。如图4—57所示。

图4—56　在转子上安装后端盖

图4—57　安装转子

提示

抽出转子或安装转子时动作要小心，一边送一边接，不可擦伤定子绕组。

13. 安装后端盖

用木锤小心敲打后端盖三个耳朵，使螺钉孔对准标记，并用螺钉固定后端盖。如图4—58所示。

提示

固定后端盖时，旋上后端盖螺钉，但不要拧紧，以便固定前端盖后调整。

14. 安装前端盖

用木锤均匀敲打前端盖四周，并调整至对准标记。调整的方法与安装后端盖相同。并用螺栓固定前端盖。如图4—59所示。

图 4—58　安装后端盖

图 4—59　安装前端盖

提示

电动机装配后，要检查转子转动是否灵活，有无卡阻现象，然后紧固好前、后端盖螺钉。

15. 安装风扇

用木锤敲打风扇，用弹簧卡钳安装卡簧。如图 4—60 所示。

a)

b)

图 4—60　安装风扇

16. 安装风扇罩

风扇罩的安装如图 4—61 所示。将风罩上的螺钉孔与机座上的螺母对准并将螺钉拧紧即可。

图 4—61　风扇罩的安装

17. 安装键楔

键楔的安装如图 4—62 所示，轻轻地用木锤敲打键楔进入键槽。

18. 安装连轴器（带轮）

将连轴器（带轮）的键楔对准键槽并用木锤敲击进行安装。如图 4—63 所示。

图 4—62　键楔的安装

图 4—63　安装连轴器（带轮）

19. 接线与测试

（1）将电动机定子绕组的六个线头拆开，用兆欧表测量电动机定子绕组各相及相与地之间的电阻值。

（2）根据电动机的铭牌技术数据（如电压、电流和接线方式等）进行接线，注意为了安全，一定要将电动机的接地线接好、接牢。

（3）测量电动机的空载电流　交流电动机空载运行时，测量三相空载电流是否平衡。同时观察电动机是否有噪声、振动及其他较大噪声，如果有应立即停车，进行检修。

（4）测量电动机转速　用转速表测量电动机转速，并与电动机的额定转速进行比较。

第三节　三相异步电动机的定子绕组

学习目标

1. 熟悉三相异步电动机定子绕组的有关术语及分类。
2. 掌握三相异步电动机的单层、双层绕组的分布与连接规律。
3. 掌握三相异步电动机的嵌线技能。

定子绕组是三相异步电动机的主要组成部分，是电动机产生旋转磁场、实现能量转换的关键部件，也是容易受到损伤的部位。目前损坏的电动机中，80%左右要维修绕组。所以掌握定子绕组的基本结构、连接方法及展开图的绘制，了解常见故障的处理方法都是非常必要的。

三相异步电动机定子绕组通入三相交流电时，会产生旋转磁场，这就要求必须按照一定的规律把三相绕组嵌放在定子铁心槽内，并有序地连接起来。三相绕组必须满足的基本要求是：

（1）绕组的结构要对称，空间上彼此相差 120°电角度，各相阻抗要相等；

（2）绕组结构要力求使磁动势、电动势波形接近正弦波，尽量减少谐波及其产生的损耗；

（3）要有可靠的绝缘性能、力学性能，工艺性能好，省铜，散热好，维修方便。

回忆一下，什么是谐波？

一、绕组的基本术语

1. 线圈、线圈组、绕组

线圈是用相应绝缘等级的绝缘导线按一定形状、尺寸在绕线模上绕制而成的，可由一匝或多匝组成。多个线圈按一定规则连接成一组就称为线圈组（一般一个相带为一组；线圈组按照一定规律连接在一起组成某相绕组）。三相电动机有三个绕组，常称为三相绕组。

为了作图方便，常把线圈画成近似菱形，如图4—64所示。图中直线部分嵌入铁心槽内，进行电磁能量转换，称为有效边；伸出铁心槽外的部分，仅起连接作用，称为端部。在不影响电磁性能和工艺操作条件下，要尽量缩短线圈端部，节约导线，也减少漏抗和其他损耗。

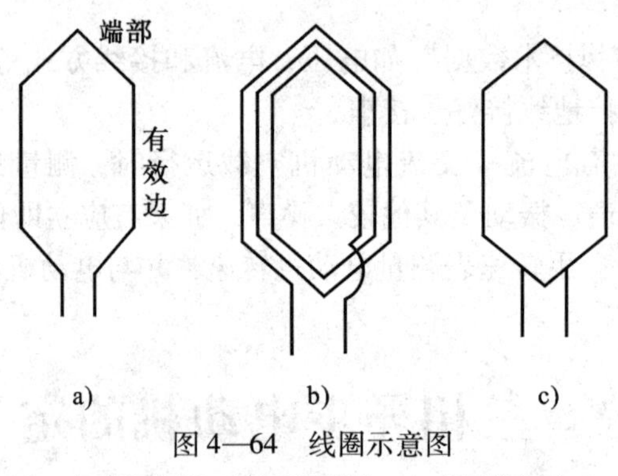

图4—64　线圈示意图

a）单匝线圈　b）多匝线圈　c）多匝简化图

2. 极距 τ

极距是指每一磁极所占圆周的距离（单位 cm），由于铁心内圆周表面均匀分布铁心槽，所以极距一般多用定子上的槽数来表示。即

$$\tau = \frac{\pi D}{2p}$$

$$\text{或}\ \tau = \frac{Z_1}{2p} \qquad (4\text{—}3)$$

式中　Z_1——定子铁心槽总数；

D——定子铁心内径，cm；

$2p$——磁极数。

3. 线圈节距

一个线圈的两个有效边所跨定子圆周的距离称为节距，一般也用定子槽数来表示。如：某线圈的一个有效边嵌放在第1槽，而另一个有效边嵌放在第6槽，则其节距 $y=(6-1)$ 槽 $=5$ 槽。从绕组产生最大磁通势或电动势的要求出发，节距 y 应接近于极距 τ。

当 $y=\tau$ 时，称为整距绕组，较常使用；$y<\tau$ 时，称为短距绕组，可节省导线；$y>\tau$

时，称为长距绕组，浪费导线，一般不用。

4. 机械角度和电角度

一个圆周所对应的几何角度为360°，该几何角度就称为机械角度。而从电磁方面来看，导体每经过一对磁极N、S，其电动势就完成一个交变周期，也即电动势的相位变化了360°，这种交变电动势或电流在交变过程中所经历的角度就称为电角度。显然，对于两极电动机，极对数 $p=1$，这时机械角度等于电角度；对于四极电动机，$p=2$，这时导体每旋转一周要经过两对磁极，对应的电角度为 $2\times360°=720°$。依此类推，若电动机有 p 对极，则

$$电角度=p\times机械角度$$

5. 每极每相槽数

每相绕组在每个磁极下所占有的槽数就叫做每极每相槽数，可由下式计算

$$q=\frac{Z_1}{2pm} \tag{4—4}$$

式中　m——相数，$m=3$。

q 个槽所占的区域称为一个相带。通常情况下，三相异步电动机每个磁极下可按相数分为三个相带。因为一个磁极对应的电角度为180°，所以每个相带占有的电角度为60°，称为60 °相带。

6. 极相组

将一个磁极下属于同一相的线圈按一定方式串联成的线圈组叫极相组。

提示

极相组是一个很重要的概念，因为在画绕组展开图时，均把极相组作为一个单元来画，最后再把它们连接起来，分别组成三相定子绕组。在电动机定子绕组实际制作时，一般也是把一相绕组分成若干个极相组绕制成，再分别嵌线，最后将其连接成一相绕组。

二、定子绕组的分类、分布与连接

1. 定子绕组的分类

三相绕组一般采用分布绕组的形式，即一个线圈组均匀分布在一个相带里，而不像集中绕组都嵌在同一个槽内。根据绕组结构上的区别可分为单层、双层或单双层混合绕组；按每极、每相所占槽数分，可分为整数槽或分数槽绕组；按绕组的连接来分，单层绕组又可分为链绕组、同心绕组、交叉绕组，双层绕组又可分为叠绕组和波绕组。

2. 定子绕组的分布与连接

（1）各相绕组在每个磁极下应均匀分布，以达到磁场的对称。为此，先将定子槽数按极数均分，每一等分代表180°电角度（称为分极）；再把每极下的槽数分为三个区段（即相带），每个相带占60°电角度（称为分相）。

（2）各相绕组的电源引出线应彼此相隔120°电角度。

（3）同一相绕组的各个有效边在同性磁极下的电流方向应相同，而在异性磁极下的电

流方向相反。

（4）同相线圈之间的连接应顺着电流方向进行。

（5）为了节省用铜量，线圈的端接部分长度应尽量短。

三、三相单层绕组

单层绕组是指每一个槽内只有一条线圈边，整个绕组的线圈数等于定子槽数一半的绕组。单层绕组可分为链式绕组、同心式绕组和交叉式绕组等几种形式。绕组的结构通常用展开图来表示。根据对三相绕组的分布、排列和连接要求，可绘出三相单层绕组的展开图。下面举例说明常用的三相单层绕组的结构及展开图的绘制方法和步骤。

1. 链式绕组

链式绕组是由相同节距线圈组成的，其结构特点是构成绕组的线圈一环套一环，形如长链，现举例说明如下。

【例 4—2】 有一台 Y2—90L—4 型三相异步电动机，其定子绕组形式为单层链式，定子槽数 $Z_1=24$，极数 $2p=4$，相数 $m=3$，节距 $y=5$（即 1－6）槽，试绘出该定子绕组的展开图。

解：（1）分极、分相　　每极所占槽数 $\tau=\dfrac{Z_1}{2p}=\dfrac{24}{2\times2}$槽 $=6$ 槽

每极每相槽数　$q=\dfrac{Z_1}{2pm}=\dfrac{24}{2\times2\times3}$槽 $=2$ 槽

如图 4—65 所示，首先将定子全部槽数按极数均分，则每极下分有 6 槽。磁极按 S、N、S、N 然后将每个磁极下的槽数按相数均分为 3 个相带，则每个相带占有 2 槽。因为每个磁极下有 3 个相带，则每对磁极共有 6 个相带，将这 6 个相带按 U1、W2、V1、U2、W1、V2 的顺序排列，各相所属磁极和槽号见表 4—7。

表 4—7　　各相所属磁极和槽号

相带 / 槽号 / 磁极	U1	W2	V1	U2	W1	V2
第一对极	1、2	3、4	5、6	7、8	9、10	11、12
第二对极	13、14	15、16	17、18	19、20	21、22	23、24

（2）标出同一相中线圈有效边的电流方向　按相邻两个磁极下线圈边中电流方向相反的原则进行，如果设 S 极下线圈边的电流方向向上，则 N 极下线圈边的电流方向向下，如图 4—65 中箭头方向所示。

（3）按绕组节距的要求把相邻异极下统一相槽中的线圈边连成线圈　由图 4—65a 可知，U 相绕组包含第 1、2、7、8、13、14、19、20 共 8 个槽中的线圈边，线圈边 1、2 与 7、8 分别处于 S 极与 N 极下面，它们的电流方向相反，所以线圈边 1、2 中的任意一个与线圈边 7、8 中的任意一个都可以组成一个线圈；同样 13、14 中任意一个与 19、20 中任意一个也都可以组成一个线圈。本题中，$y=5$，故可将 U 相带下 8 个槽中的导体组成以下 4 个线圈；2－7、8－13、14－19、20－1，如图 4—65a 所示的 U 相绕组。

同理，V 相的 4 个线圈为 6－11、12－17、18－23、24－5。如图 4—65b 所示。

从图 4—65b 中你能看出 W 相的 4 个线圈是如何分布的吗?

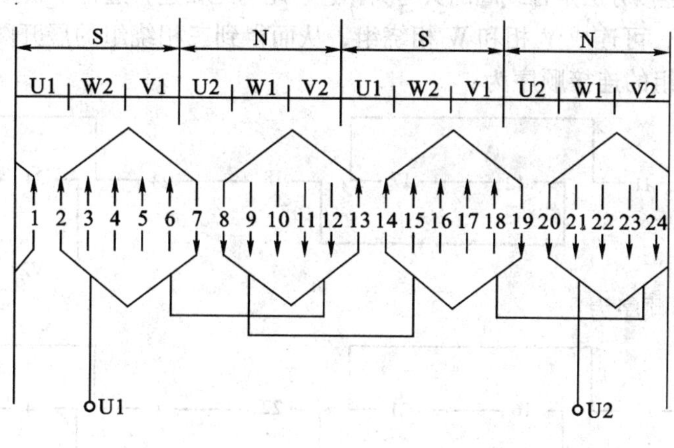

a)

b)

图 4—65　24 槽 4 极单层链式绕组展开图

a）分极、分相图、U 相绕组　b）三相绕组

（4）确定各相绕组的电源引出线　各相绕组的电源引出线应彼此相隔 120°电角度，由于相邻两槽间相隔的电角度为$\frac{360° \times p}{Z_1} = \frac{360° \times 2}{24} = 30°$，则 120°电角度应相隔$\frac{120°}{30°} = 4$槽。

现将 U 相电源引出线的首端 U1 定在第二槽，则 V 相首端 V1 应定在第 6 槽（2 + 4）；W 相首端 W1 应定在第 10 槽，如图 4—65b 所示。

（5）顺电流方向连接同相线圈　将 U 相各线圈沿电流方向连接起来，便形成 U 相绕组的展开图，如图 4—65a 所示。U 相线圈的连接顺序如下：

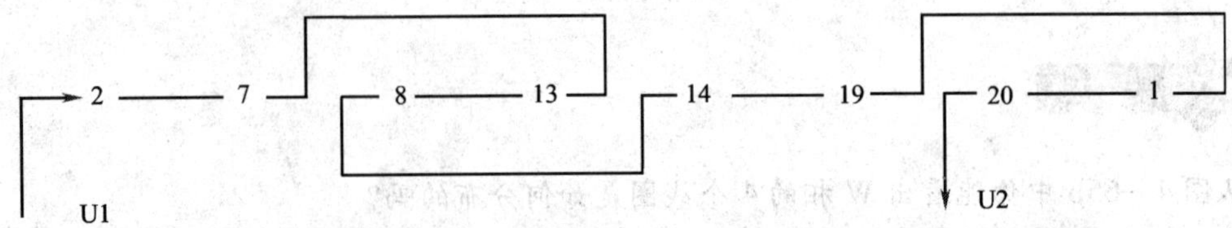

显然，上述的连接方法是各线圈的头与头相连、尾与尾相连，这种串联方法称为反向串联。

按同样的方法，可连成 V 相和 W 相绕组，从而得到三相绕组的展开图，如图 4—65b 所示。其中，V 相绕组的连接顺序为：

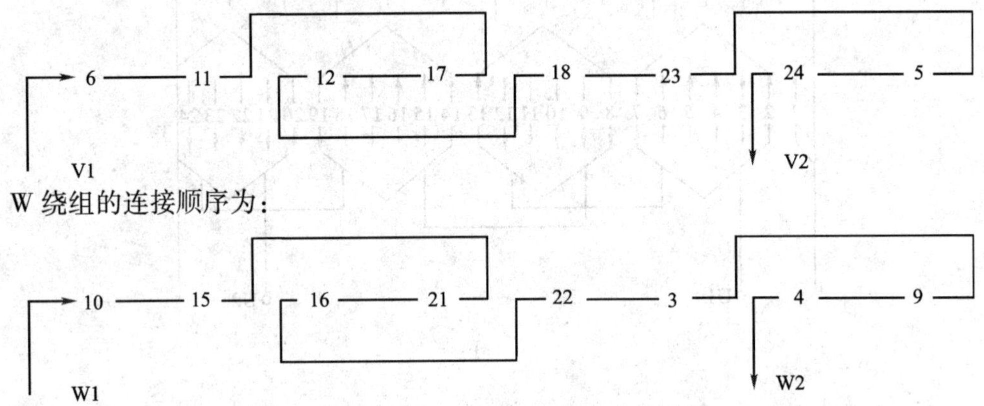

W 绕组的连接顺序为：

国产电动机 Y90S—4 型、Y802—4 型、Y2—90S—4 型、Y2—802—4 型等三相异步电动机的定子绕组，采用的都是这种形式的绕组。

2. 同心式绕组

同心式绕组的结构特点是各相绕组均由不同节距的同心线圈经适当连接而成。若将图 4—65a 中属 U 相绕组的铁心槽，以 1 与 8 组成一个大线圈，2 与 7 组成一个小线圈，大小线圈相套形成一个同心式极相组。同理 13 与 20 组成大线圈，14 与 19 组成小线圈形成另一个同心式极相组，两个极相组串联成 U 相绕组，如图 4—66 所示，即为同心绕组展开图。

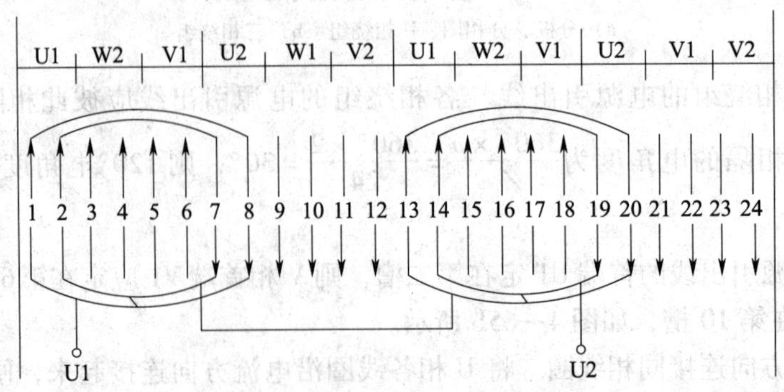

图 4—66 24 槽 4 极单层同心绕组展开图

国产 Y100L—2 等小型 2 极三相异步电动机，定子槽数为 $Z_1=24$ 时，为了绕组便于嵌线，定子绕组常采用单层同心式绕组。其绕组展开图，如图 4—67 所示。

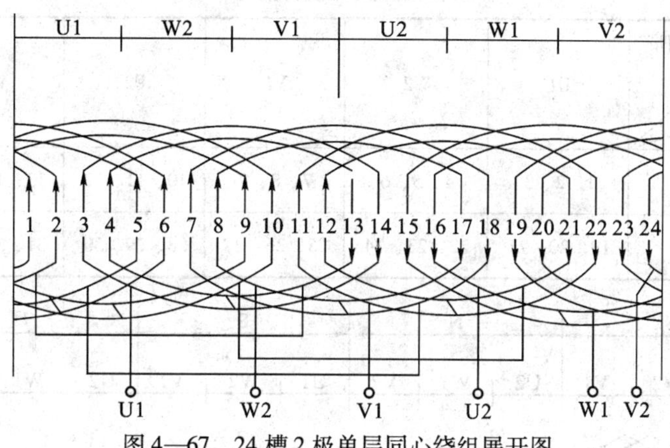

图 4—67 24 槽 2 极单层同心绕组展开图

能否根据图 4—66 找出 V 相、W 相绕组的连接关系吗?

3. 交叉式绕组

交叉式绕组主要用于 q 为奇数（如 $q=3$）的 4 极或 2 极的小型三相异步电动机定子中。这种绕组实质上是同心式绕组和链式绕组的一个综合。由于采用了不等距的线圈，它比同心式绕组的端部短，且便于布置。下面举例说明交叉式绕组的结构及构成方法。

【例 4—3】 国产 Y132S—4 型三相异步电动机，其定子绕组采用单层交叉式绕组。定子槽数 $Z_1=36$ 槽，极数 $2p=4$，相数 $m=3$，大线圈节距为 8（1－9）槽，小线圈节距为 7（1－8）槽，试绘出其三相绕组展开图。

解：（1）分极、分相有关数据计算如下：

每极下所占槽数 $\tau=\dfrac{Z_1}{2p}=\dfrac{36}{2\times2}$槽 $=9$ 槽

每极每相槽数 $q=\dfrac{Z_1}{2pm}=\dfrac{36}{2\times2\times3}$槽 $=3$ 槽

由计算可知，该电动机每极下共 9 槽，整个定子分为 12 个相带，每个相带内有 3 个槽，将这 6 个相带按 U1、W2、V1、U2、W1、V2 的顺序排列，各相所属磁极和槽号见表 4—8。

（2）标出同一相中线圈有效边的电流方向，如图 4—68 所示。

（3）按绕组节距要求将各线圈边依电流方向连接成线圈 因大线圈节距为 8 槽，小线圈节距为 7 槽，则对 U 相绕组来说，可将线圈边 2 与 10 和 3 与 11 连成一个双联（两个线圈连在一起）的大线圈组；而线圈边 12 与 19 组成一个小线圈组。再将线圈边 20 与 28 和 21 与 29 组成另一个大线圈组；30 与 1 组成另一个小线圈组，如图 4—68a 所示。

同理可找出 V 相、W 相的 4 个线圈连接关系，如图 4—68b 所示。

表 4—8　　　　　　　　　　各相所属磁极和槽号

相带 槽号 磁极	U1	W2	V1	U2	W1	V2
第一对极	1、2、3	4、5、6	7、8、9	10、11、12	13、14、15	16、17、18
第二对极	19、20、21	22、23、24	25、26、27	28、29、30	31、32、33	34、35、36

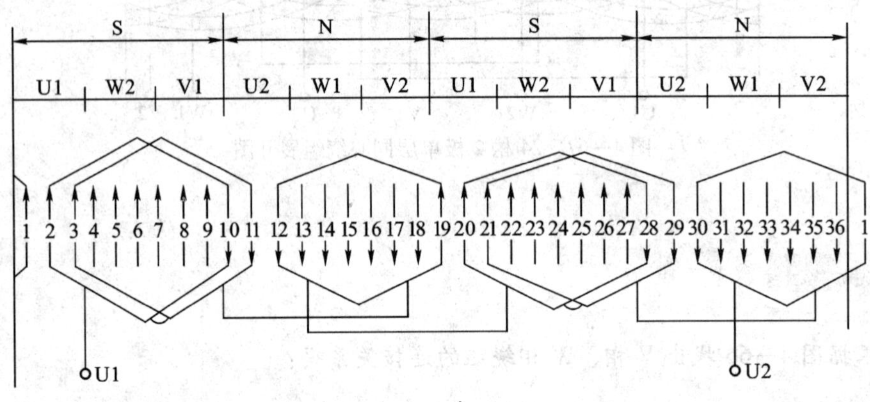

a)

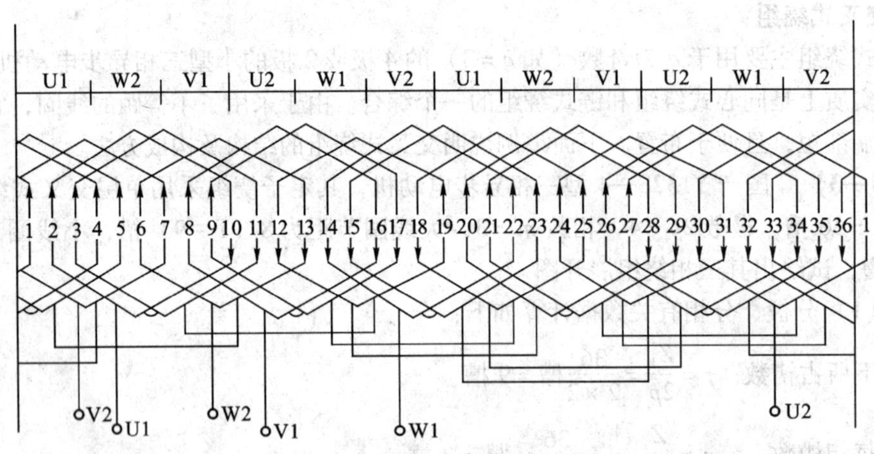

b)

图 4—68　三相 36 槽 4 极单层交叉式绕组展开图

a) U 相绕组　b) 三相绕组

能否根据图 4—68b 找出 V 相、W 相绕组的连接关系吗?

（4）确定各相绕组的电源引出线　两相邻槽间的电角度为$\frac{360°\times p}{Z_1}=\frac{360°\times 2}{36}=20°$，则120°电角度应相隔$\frac{120°}{20°}=6$槽。因此，若U相首端（U1）定在第2槽，则V相首端应定在第8槽，W相首端应定在第14槽，如图4—68b所示。

（5）沿电流方向连接同相线圈采用“首首相连，尾尾相连”的反串联法，将U相绕组的4个线圈组沿电流方向连接起来，可得U相绕组的展开图，如图4—68a所示；再将V相和W相绕组的4个线圈组沿电流方向按反串联接法连接起来，可得三相绕组的展开图，如图4—68b所示。

提示

国产J02—31—4型、J02—32—4型、Y112M—4型、Y132M—4型、Y2—112M—4型、Y2—132M—4型等三相异步电动机的定子绕组，都是属于这一种型式的绕组。

单层绕组的组成最主要的是确定三相绕组的各个线圈在定子槽中的分布规律，只要保证每相绕组所属的槽号及电流方向不变，改变绕组元件的端接形式，对电磁效果就基本上没有影响。上面讨论的三种形式的单层绕组，它们从外部结构上看虽各不相同，但从产生的电磁效果角度看则基本上是一致的。因此到底选用哪种结构形式，主要从缩短端接部分的长度（即节省有色金属）出发，当然也要考虑到嵌线工艺的可能性。同心式绕组因端接部分较长，一般只在嵌线比较困难的2极电动机（$2p=2$）中采用，功率较小的4极、6极、8极电动机采用链式绕组，少部分的2极、4极电动机采用交叉式绕组。

单层绕组的优点是结构简单，嵌线比较方便，槽的利用率高（因无层间绝缘）。其最大的缺点是产生的磁场和电动势波形较差（与正弦波相差较大），从而使电动机铁损和噪声都较大，启动性能不良，故多用于小容量的三相异步电动机中。国产三相异步电动机功率在10 kW以下通常采用单层绕组。

四、三相双层绕组

双层绕组是指每个铁心槽内有上层和下层两个线圈边，每个线圈的一条边嵌放在某一槽的上层，而另一条边则嵌放在相隔约一个极距的另一槽的下层，槽内的上、下层线圈边之间用绝缘材料相互绝缘，双层绕组的线圈数正好等于槽数。

双层绕组的主要优点有：

（1）可以采用短距绕组（一般为$y=5/6\tau$），以使绕组产生的旋转磁场波形更接近于正弦波形，从而降低电动机的损耗、噪声及振动。

（2）所有线圈具有相同的形状和尺寸，便于加工和制造。

（3）可以组成较多的并联支路，便于制造大容量的三相异步电动机，一般功率在10 kW以上的国产电动机都采用双层绕组。

（4）绕组端部排列整齐，有利于散热和增加机械强度。

双层绕组从结构特点上可分为双层叠绕组和双层波绕组两类，广泛使用的是双层叠绕组。双层叠绕组在嵌线时，两个互相串联的线圈，总是后一个叠在前一个的上面，所以称为叠绕组，下面举例说明双层叠绕组的构成。

【例4—4】 有一台国产J02—61—4型三相异步电动机，其定子绕组采用双层叠绕组的形式，定子槽数为$Z_1=36$槽，极数$2p=4$，线圈节距$y=7$（即1－8）槽，试绘出该定子绕组的展开图。

解：（1）分极、分相有关数据计算如下：

$$\tau=\frac{Z_1}{2p}=\frac{36}{2\times 2}\text{槽}=9\text{ 槽}$$

每极每相槽数 $q=\dfrac{Z_1}{2pm}=\dfrac{36}{2\times 2\times 3}\text{槽}=3\text{ 槽}$

由计算可知，该电动机每极下有9个槽，整个定子可分为4×3＝12个相带，每个相带内有3个槽，按上述的分级、分相的方法，可确定各相带内的槽号见表4—9。

表4—9　　**各相带内的槽号**

相带 / 槽号 / 磁极	U1	W2	V1	U2	W1	V2
第一对极	1、2、3	4、5、6	7、8、9	10、11、12	13、14、15	16、17、18
第二对极	19、20、21	22、23、24	25、26、27	28、29、30	31、32、33	34、35、36

（2）标出同一相中线圈有效边的电流方向。S极下线圈边中的电流方向向上，N极下线圈边中的电流方向向下。

（3）按节距要求连接组成线圈，并组成极相组　以U相为例，如图4—69a所示，因大线圈节距$y=7$槽，则第1槽的上层边与第8槽的下层边连接起来构成线圈1，第2槽的上层边与第9槽的下层边连接起来构成线圈2，依此类推，即可构成定子绕组U相的全部12个线圈（1、2、3、10、11、12、19、20、21、28、29、30）。图中，实线表示上层边，虚线表示下层边，每个线圈都由一根实线和一根虚线组成，各线圈的编号都用其上层边所在的槽号表示。

将线圈1、2、3串联起来，19、20、21串联起来，就分别组成了两个对应于S极下U1相带的极相组；将线圈10、11、12串联起来，28、29、30串联起来，又分别组成了两个对应于N极下U2相带的极相组，如图4—69a所示。

（4）确定各相绕组的出线端　定子相邻两槽间的电角度为$\dfrac{360°\times p}{Z_1}=\dfrac{360°\times 2}{36}=20°$，由于U、V、W三相绕组出线端的首端应互隔120°电角度，即$\dfrac{120°}{20°}=6$槽。因此，若将U相出线端的首端（U1）定在第1槽，则V相首端应定在第7槽，W相首端应定在第13槽，如图4—69b所示。

（5）沿电流方向将各极相组连接起来　U相绕组中各线圈的电流方向如图4—69a所示。沿电流方向将U相绕组的4个极相组按“头接头、尾接尾”的方法连接起来，即得到了U

相绕组的展开图，如图 4—69a 所示。

各线圈之间的串联顺序如下：

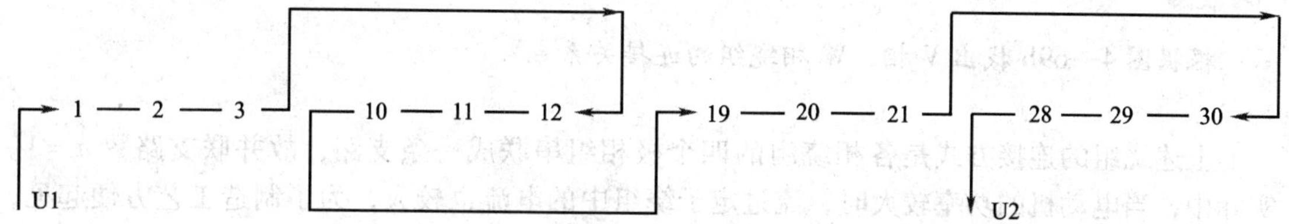

用同样的方法，可构成 V 相和 W 相绕组的展开图，从而组成三相绕组展开图，如图 4—69b 所示。

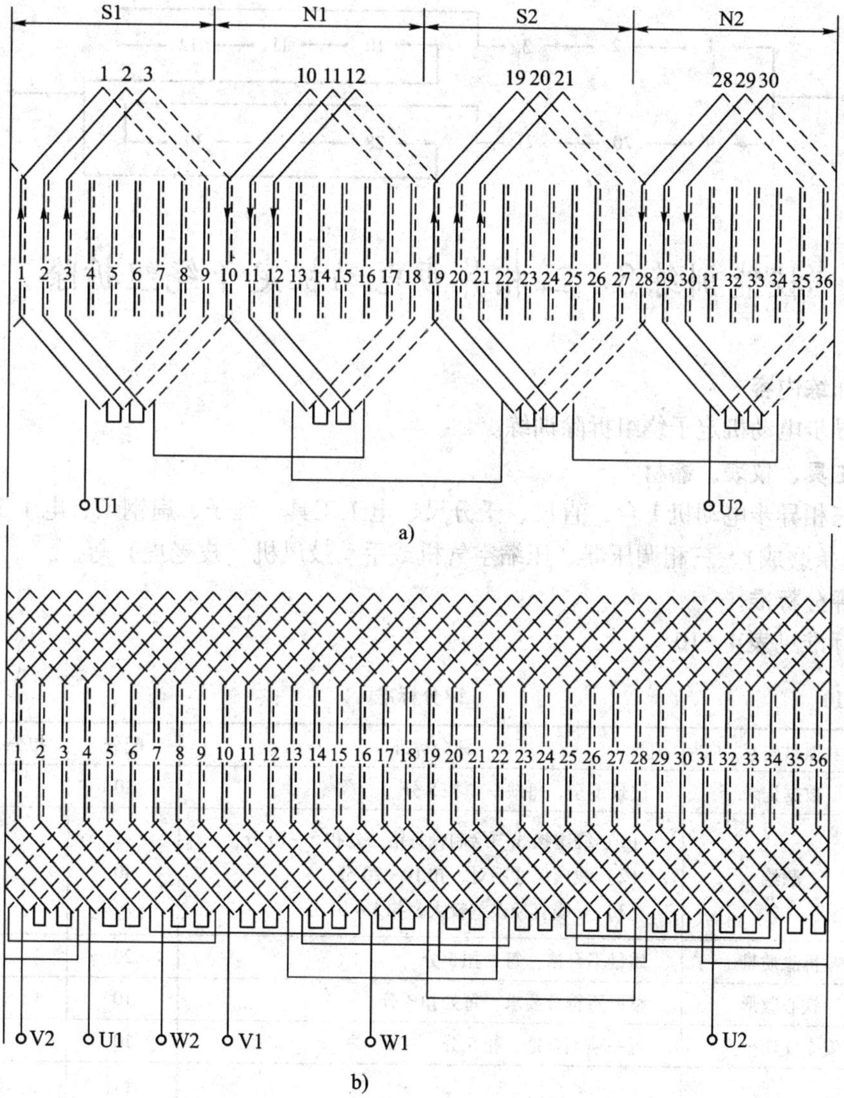

a)

b)

图 4—69 三相双层叠绕组展开图

a）U 相绕组 b）三相绕组

根据图 4—69b 找出 V 相、W 相绕组的连接关系。

上述绕组的连接方式是各相绕组的四个极相组串联成一条支路，故并联支路数 $a=1$。实际中，当电动机的功率较大时，流过定子绕组中的电流也较大，为了制造工艺方便起见，通常要求各相绕组的几个极相组并联连接，即并联支路数 $a>1$。在本例中若要求 $\alpha=2$，则各线圈之间的连接顺序为：

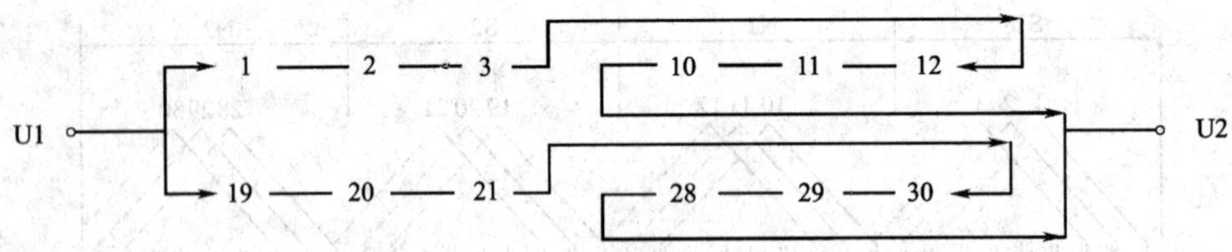

技能训练3　三相异步电动机定子绕组拆除

一、训练内容

三相异步电动机定子绕组拆除训练。

二、工具、仪表、器材

待修三相异步电动机 1 台，直尺、千分尺、电工工具、锤子、扁钢条、电工工具、铲刀（可用废锯条磨成）、三相调压器、压缩空气机或手动鼓风机（皮老虎）等。

三、评分标准

评分标准见表 4—10。

表 4—10　**评分标准**

序号	项目内容	评分标准	配分	扣分	得分
1	数据记录	记录不全，每缺一项扣 5 分	20		
2	测绘	（1）绕组接线图绘制，每错一处扣 5 ~ 10 分 （2）线模尺寸不对，扣 10 ~ 20 分 （3）导线直径误差较大，扣 5 ~ 10 分	40		
3	拆除质量	质量不合格，每处扣 5 分	20		
4	铁心整形	整形不符合要求，每处扣 3 分	10		
5	安全文明生产	每一项不合适，扣 5 分	10		
6	工时：6 h		合计		
			教师签字		

四、训练步骤

（1）按第二节所述方法拆卸异步电动机。

（2）将铭牌、定子铁心和定子绕组数据记录于表中。

（3）绘制三相定子绕组接线图。可对照实物进行绘制，绘制后交老师审阅，无误后作为修复三相定子绕组的依据。

（4）将定子铁心及绕组置于烘箱内加热数小时，也可利用三相调压器通入 100 V 左右的电压（注意：三相调压器中的电流不能超过其额定电流，以免损坏三相调压器），以使定子绕组发热，绝缘软化。

（5）用手锤及扁钢条或一字旋具等打出槽楔。

（6）如果比较容易翻起铁心槽内线圈的上层边，则可先翻起一个节距内的上层边，翻起高度不妨碍下层边的拆出，然后逐个拆出线圈。若上层边的翻起比较困难，则可用断线钳将线圈两端剪断，再用钢丝钳将导线从槽中取出。不管用何法拆除定子绕组，均应保留一组完整的线圈，并记录有关的数据，作为制作绕线模及重绕线圈的依据。

（7）将线圈匝数、并联根数、导线直径、线圈的周长等测量数据填入表中，注意线圈的周长应取原线圈中三个最短单元线圈的平均值；导线直径应为去掉绝缘后的三根导线的平均值。

（8）用铲刀、锯片或电工刀等清除定子铁心槽内残留的绝缘物，并用压缩空气吹净。

（9）用白纸印下定子铁心的裁减槽绝缘宽度的依据。

（10）修整被碰伤的定子铁心齿槽。

（1）拆除线圈时要戴手套，以免碰伤手。

（2）用加热法加热拆除线圈时，要注意不能烧损三相调压器，此时定子铁心及线圈温度较高，应注意安全。

（3）绕线模心尺寸的选取应取线圈直线部分，烧去绝缘层，用棉纱擦净后进行，要多量几根，并对照漆包线规格确定导线直径。

技能训练4　定子绕组的绕制和绝缘材料制作

一、训练内容

定子绕组的绕制和绝缘材料制作训练。

二、工具、仪表、器材

待修三相异步电动机 1 台，直尺、千分尺、电工工具、手锯、锤子、绕线机、木工工具、白纱绳、漆包线、竹楔、绝缘材料等。

三、评分标准

评分标准见表4—11。

表4—11　　评分标准

序号	项目内容	评分标准	配分	扣分	得分
1	绝缘制作	（1）槽绝缘尺寸不合适，扣10分 （2）槽楔尺寸不合适，扣3～5分	20		
2	绕线模制作	尺寸不合要求，每处扣3～10分	20		
3	线圈绕制	（1）线圈匝数不对，每只扣20分 （2）线圈导线交叉多，每只扣3分 （3）损伤导线绝缘层，扣20分 （4）绑扎不整齐，每只扣2分	50		
4	安全文明生产	每一项不合适，扣5～10分	10		
5	工时：12 h		合计		
			教师签字		

四、训练步骤

（1）按测出的铁心槽形状及铁心长度，剪裁槽绝缘材料。可先裁剪几个槽，待嵌线后再确定尺寸是否合适，再全部裁剪，以免浪费。

（2）制作槽楔。

（3）确定线圈尺寸，制作绕线模（模心宽度应稍大于铁心槽的最宽处尺寸），并将制作好的绕线模交老师审查。

（4）将绕线模紧固在绕线机上，计数器调零。

（5）将成卷的漆包线搁起，可以自由灵活地转动。

（6）将漆包线端头在绕线模上固定，在挡板槽内放置扎线后开始绕线。注意，此时计数器必须从零开始计数。

（7）绕线至规定匝数后，用扎线扎好线圈并退出线模，剪断线头。

（8）将槽绝缘放在槽内，试嵌刚绕好的线圈。如试嵌合适，可继续绕制完全部线圈及裁制好全部槽绝缘；如不合适，则需修改绕线模后再绕线，直到合适为止。

提示

（1）绕制线圈时，拉力要适当，不要太紧或太松；导线在绕线模心中的排列不要交叉。

（2）绕线开始时，计数器必须为零，绕完第一个线圈后，最好数一下，是否与原来绕组的圈数相同。

（3）绕线时绝不能损坏漆包线绝缘。

（4）绕线时及制作绝缘材料时，手必须干净，不能有油污等。

技能训练5　定子绕组嵌线

一、训练内容

定子绕组嵌线训练。

二、工具、仪表器材

待修三相异步电动机1台、绕好的线圈、绝缘材料、白纱带、划线板、压线板、木锤、剪刀、电工工具、兆欧表、钳形电流表、万用表等。

三、评分标准（见表4—12）

表4—12　　评分标准

序号	项目内容	评分标准	配分	扣分	得分
1	外表质量	1. 损伤导线绝缘层，每处扣5~10分 2. 相间绝缘未垫，扣10分 3. 各种绝缘损坏未修复，每处扣5~10分 4. 槽楔高于铁心内圆，每处扣5分 5. 端部整形不合格，每处扣5分 6. 整体不整齐、不美观，扣5~10分 7. 浸漆、烘干不符合要求，扣10~20分	40		
2	测试	1. 空载电流不平衡度不符合要求，每处扣5~10分 2. 绝缘电阻值低，扣5~10分	20		
3	接线	1. 接线错误，每处扣20分 2. 接线盒接线错误多，扣10分	30		
4	安全文明生产	每一项不合适，扣5分	10		
5	工时：12h		合计		
			教师签字		

四、训练步骤

（1）清洁工作台，将待修电动机置于工作台上（事先应将电动机外部及铁心槽内清理干净）。

（2）按第三节叙述的方法，确定第一槽的位置，并做好记号。

（3）拿起第一个线圈，用右手拇指和食指捏住线圈右边（注意线圈的引出线朝向嵌线者一方），左手握住线圈左边，将两边扭动一下，使左边外侧线圈扭在上面，右边内侧线圈扭在下面。

（4）按前面叙述的嵌线方法进行嵌线。

（5）在嵌线过程中应注意适时打入槽楔，垫放相间绝缘材料，对嵌好的线圈测试直流电阻值及绝缘电阻值。

（6）全部线圈嵌放完毕后，对照绕组展开图进行接线，接线完毕后应交老师检查无误后，方可用电烙铁在接头处搪锡。搪锡后，将事先套上的绝缘套管移至接头处，恢复绝缘。

（7）用木锤垫木板对绕组端部进行整形，把端部打成合适的喇叭口，使其低于铁心内圆，不能与机座及端盖相碰。

（8）将连接线及引出线贴附在绕组端面的顶端，用白纱带绑扎紧。

（9）用万用表欧姆挡粗测三相绕组直流电阻值，应合格。用兆欧表测量三相绕组对地绝缘电阻值及相间绝缘电阻值，应合格。

（10）用三相调压器给定子三相绕组内通入 60 ~ 100 V 的交流电（此时三相定子绕组可暂时按 Y 形联结），在定子铁心内圆放一只钢珠，钢珠将沿内圆滚动，表明接线正确；反之，则表明可能接错线，或线圈有嵌反故障。如不好判定的话，也可用指南针法判定。

（11）用钢珠法判定接线是否正确时，可同时用钳形电流表测试三相定子电流是否平衡，如平衡则表明接线正确。

（12）上述测试合格后，将引出线按规定在接线盒上正确连接。

（13）嵌好线的定子绕组交教师审评后，进行浸漆、烘干、装配后进行试运转。如果没有把握，可先装配并进行简单试验；试验如果正常，再拆卸后进行浸漆、烘干处理。

提示

（1）嵌线要仔细，不要嵌反，不要损伤导线绝缘层和对地绝缘，如有损伤要立即修复。在嵌线过程中要及时测试绝缘电阻。

（2）嵌在槽内部分的导线不应交叉。

（3）在垫入相间绝缘材料时，必须注意应将两相绕组端部相碰处全部垫上。

（4）槽楔不能高出铁心内圆。

（5）绕组端部不能高出铁心内圆，不能与机座及端盖相碰。

（6）不能有异物及油污等进入被嵌电动机内。

（7）进行连接线焊接时，在接头处与绕组间要用纸板隔开，防止锡液滴入绕组缝隙内。

（8）装配完毕，用手转动转轴，转动灵活后才能进行各种试验。

（9）必须随时注意设备及人身安全。

表 4—13　　绕组首尾接反检查方法

检查方法	检查步骤	电路图
低压交流电源法	首先用万用表查明每相绕组的两个出线端，然后把其中任意两相绕组串联后与电压表（或万用表的交流电压挡）连接，第三相绕组与 36 V 交流电源接通。若电压表有读数，则是首尾相连；若电压表没有读数，则是尾尾相连	U1 V1 W1 U2 V2 W2 ~36V V 有读数 U1 V1 W1 U2 V2 W2 ~36V V 无读数
万用表法	用万用表的毫安挡进行测试。用手转动电动机的转子，如万用表的指针不动，说明首尾端接线正确；如万用表的指针动，说明首尾端接线错误	U1 U2 V1 V2 W1 W2 A 毫安表
干电池法	（1）首先用万用表的欧姆挡将三相绕组分开。给分开后的三相绕组做假设编号，分别为 U1、U2、V1、V2、W1、W2 （2）按右图所示接线，闭合电池开关的瞬间，若微安表指针摆向大于零的一侧，则连接电池正极的接线端与微安表负极所连接的连线端同为首端（或同为末端） （3）再将微安表连接另一相绕组的两接线端，用上述方法判定首末端即可	U1 V1 W1 − + S U2 V2 W2 + A 微安表 −

第四节　三相异步电动机的功率与电磁转矩

1. 理解三相异步电动机功率的转换过程。
2. 掌握三相异步电动机的功率平衡方程式、转矩平衡方程式以及电磁转矩的表达式。

一、三相异步电动机的功率

1. 功率转换过程

三相异步电动机是一种能量转换装置，将输入到定子绕组上的电功率通过电磁感应关系转换为转轴上的机械功率输出，在能量的转换过程中将产生一些损耗，图 4—70 给出功率传递的变化过程。

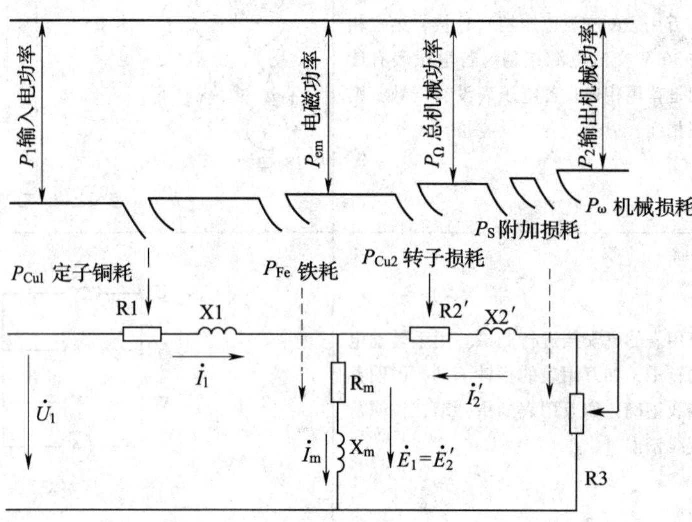

图 4—70　功率传递的变化过程

2. 功率平衡方程式

当电动机正常运行时，转子电流或电动势的频率取决于转子与旋转磁场的相对转速（n_1-n），转子频率 $f_2=\frac{n_1-n}{60}p=sf_1$，仅为 1 ~ 3 Hz，使得转子的铁损很小，所以定子的铁损为整个电动机的铁损 P_{Fe}，从而得出三相异步电动机的功率平衡方程式。

$$\text{输出电功率}\ P_1 = P_{em} + P_{cu1} + P_{Fe} \tag{4—5}$$

$$\text{电磁功率}\ P_{em} = P_\Omega + P_{Cu2} \tag{4—6}$$

$$\text{总机械功率}\ P_\Omega = P_2 + P_\omega + P_s \tag{4—7}$$

式（4—5）~式（4—7）相对应的计算式为

$$\begin{cases} P_1 = 3U_1I_1\cos\varphi_1 \\ P_{em} = 3U_1I_1\cos\varphi_1 - (3I_1^2R_1 + 3I_m^2R_m) \\ P_\Omega = (1-s)P_{em} \\ P_{Cu1} = 3I_1^2R_1 \\ P_{Cu2} = sP_{em} \\ P_{Fe} \approx P_{Fe1} = 3I_m^2R_m \end{cases}$$

计算式中物理量的注释如下：

U_1——相电压，V；

I_1——相电流，A；

R_1——相定子绕组电阻，Ω；

R_m——励磁电阻，Ω；

I_m——励磁电流，A；

s——转差率。

提示

电动机的转速越低，转差率越大，转子上的铜耗量就越大，输出的机械功率就越低，电动机的效率就越低，所以正常运行时，电动机转速越高效率越高。

二、转矩平衡方程式

电动机稳定运行时，作用在电动机转子上有三个转矩：使电动机旋转的电磁转矩 T、由电动机的机械损耗和附加损耗所引起的空载制动转矩 T_0、负载反作用转矩 T_2。因此得出转矩平衡方程式为

$$T = T_2 + T_0 \tag{4—8}$$

式（4—8）还可以由 $P_\Omega = P_2 + P_\omega + P_s = P_2 + P_0$ 两边除以转子的机械角速度 ω 得到，即

$$T = \frac{P_\Omega}{\omega} = \frac{(1-s)P}{\omega} = \frac{P}{\omega/(1-s)} = \frac{P}{\omega_1} \tag{4—9}$$

式中　ω_1——同步角速度，$\omega_1 = \frac{2\pi f_1}{P}$。

$$T_2 = \frac{P_2}{\omega} = \frac{P_2}{\frac{2n\pi}{60}} = \frac{60}{2\pi}\cdot\frac{P_2}{n} = 9\,550\,\frac{P_2}{n} \tag{4—10}$$

式中　T_2——电动机的输出转矩，N·m。

P_2——电动机的输出功率，kW；

n——电动机的转速，r/min。

当 $P_2 = P_N$、$n = n_N$ 时　　$T_N = 9\,550\,\frac{p_N}{n_N}$

【例 4—5】　有 Y160M—4 及 Y160L—8 型三相异步电动机各 1 台，额定功率都是 11 kW，前者的额定转速为 1 460 r/min，后者的额定转速为 730 r/min，试分别求它们的额定输出转矩。

解：（1）Y160M—4 型三相异步电动机

$$T_2 = 9\,550\,\frac{P_2}{n} = 9\,550\,\frac{11}{1\,460}\ \text{N·m} = 71.95\ \text{N·m}$$

（2）Y160L—8 型三相异步电动机

$$T_2 = 9\,550\,\frac{P_2}{n} = 9\,550\,\frac{11}{730}\ \text{N·m} = 143.9\ \text{N·m}$$

答案为（1）71.95 N·m，（2）143.9 N·m。

由此可见，对于输出功率相同的异步电动机，若极数多，则转速就低，输出转矩就大；极数少，转速高，则输出转矩就小，在选用电动机时必须了解这个概念。

三、电磁转矩

1. 物理表达式

感应电动机的旋转磁场与转子中的感应电流相互作用所产生的转矩称为电磁转矩。在电磁转矩的作用下，电动机带动负载运动而作功。电磁转矩的大小与旋转磁场的磁通 Φ_m 和转子电流 I_2 的乘积成正比，还与转子电路的功率因数 $\cos\varphi_2$ 和电动机的结构系数 C_T 有关，电磁转矩的物理表达式可表示为

$$T = C_T \Phi_m I_2 \cos\varphi_2$$

2. 参数表达式

（1）旋转磁场对定子绕组的作用　由于旋转磁场旋转，而定子不动，相当于定子绕组切割旋转磁场，产生的感应电动势的频率与电源频率相同，其感应电动势的大小为

$$E_1 = 4.44 k_1 N_1 f_1 \Phi_m \tag{4—11}$$

式中　E_1——定子绕组感应电动势有效值，V；

k_1——定子绕组的绕组系数，$k_1 < 1$；

N_1——定子每相绕组的匝数；

f_1——定子绕组感应电动势频率，Hz；

Φ_m——旋转磁场每极磁通最大值，Wb。

由于定子绕组本身的阻抗压降比电源电压小得多，即可以近似认为电源电压 U_1 与感应电动势 E_1 近似相等，即

$$U_1 \approx E_1 = 4.44 k_1 N_1 f_1 \Phi_m$$

由上式可知，当外加电源电压 U_1 不变时，定子绕组的主磁通 Φ_m 也基本不变。

定子绕组的主磁通 Φ_m 与哪些因素有关？

（2）旋转磁场对转子绕组的作用

1）转子绕组感应电动势及电流的频率　转子以转速 n 旋转后，转子导体切割定子旋转磁场的相对转速为（$n_1 - n$），因此在转子中感应出电动势及电流的频率 f_2 为：

$$f_2 = \frac{p(n_1 - n)}{60} = \frac{p(n_1 - n)n_1}{60n_1} = sf_1 \tag{4—12}$$

即转子中的电动势及电流的频率与转差率 s 成正比。转子不动时，即 $s = 1$，则 $f_2 = f_1$。当转子转速达到同步转速时，$s = 0$，则 $f_2 = 0$，即转子中没有感应电动势及电流。

2）转子绕组感应电动势的大小

$$E_2 = 4.44k_2N_2f_2\Phi_m = 4.44k_2N_2sf_1\Phi_m = sE_{20} \quad (4\text{—}13)$$
$$E_{20} = 4.44k_2N_2f_1\Phi_m;$$

式中　k_2——转子绕组的绕组系数，$k_2<1$；

N_2——转子每相绕组的匝数；

E_{20}——$4.44k_2N_2f_1\Phi_m$，V。

当转子不动时（$s=1$），转子内的感应电动势最大。随着转子转速的增加，转子中的感应电动势 E_2 也不断下降。由于异步电动机正常运行时，s 为 0.01～0.06，所以正常运行时转子中的感应电动势也只有启动瞬间的 1%～6%。

3）转子的电抗和阻抗　异步电动机中的磁通绝大部分穿过空气隙与定子和转子绕组相交链，称为主磁通；另外，还有一小部分磁通仅与定子绕组相交链，称为定子漏磁通，而与转子绕组相交链的则称为转子漏磁通，漏磁通的变化也将在定子及转子绕组中产生漏磁感应电动势，而在电路中则表现为电抗压降。下面将讨论转子电路内的电抗和阻抗。即

$$X_2 = 2\pi f_2L_2 \quad (4\text{—}14)$$

式中　X_2——转子每相绕组的漏电抗，Ω；

L_2——转子每相绕组的漏电感，H。

当转子不动时（$s=1$），此时转子电路内的电抗用 X_{20} 表示，则 $X_{20}=2\pi f_1L_2$，此时的电抗最大，而在正常运行时，$X_2=sX_{20}$。

由此可得转子绕组的阻抗为

$$Z_2 = \sqrt{R_2^2+X_2^2} = \sqrt{R_2^2+(sX_{20})^2} \quad (4\text{—}15)$$

式中　Z_2——转子每相绕组的阻抗，Ω；

R_2——转子每相绕组的电阻，Ω。

转子绕组的阻抗在什么时刻最大？随转速的增加如何变化？

（3）转子电流和功率因数

1）转子每相绕组的电流 I_2 为

$$I_2 = \frac{E_2}{Z_2} = \frac{sE_{20}}{\sqrt{R_2^2+(sX_{20})^2}} \quad (4\text{—}16)$$

2）转子电路的功率因数为

$$\cos\varphi_2 = \frac{R_2}{Z_2} = \frac{R_2}{\sqrt{R_2^2+(sX_{20})^2}} \quad (4\text{—}17)$$

当 $s=1$ 时，由于 $R_2\ll X_{20}$，故功率因数很小；当 s 下降时，功率因数很高。可见电动机在启动时，电流很大，达到额定电流的 4～7 倍；但功率因数很小；所以力矩并不大。

（4）转矩的参数表达式

$$T=\frac{CsR_2U_1^2}{f_1[R_1^2+(sX_{20})^2]} \tag{4—18}$$

式中 T——电磁转矩，在近似分析与计算中可将其看做电动机的输出转矩，N·m；

U_1——电动机定子每相绕组上的电压，V；

s——电动机的转差率；

R_2——电动机转子绕组每相的电阻，Ω；

X_{20}——电动机静止不动时转子绕组每相的电阻值，Ω；

C——电动机结构常数；

f_1——交流电源的频率，Hz。

第五节 三相异步电动机的机械特性

学习目标

1. 理解三相异步电动机的工作特性。
2. 掌握三相异步电动机机械特性的分析方法。
3. 理解三相异步电动机的运行性能。

一、三相异步电动机的工作特性

异步电动机的工作特性是指在额定电压和额定频率下，电动机的转速 n（或转差率 s）、电磁转矩 T（或输出转矩 T_2）、定子电流 I_1、效率 η 和功率因数 $\cos\varphi_1$ 与输出功率 P_2 之间的关系曲线。即 $U_1=U_N$，$f_1=f_N$ 时，n、T_{em}、I_1、η、$\cos\varphi_1=f(P_2)$ 的函数关系。工作特性可以通过电动机直接加负载试验得到，或者利用等效电路计算而得；图 4—71 所示为三相异步电动机的工作特性曲线。

1. 转速特性 $n=f(P_2)$

因为 $n=(1-s)n_1$，电机空载时，负载转矩小，转子转速 n 接近同步转速 n_1，s 很小。随着负载的增加，转速 n 略有下降，s 略微上升，这时转子感应电势势 E_{2s} 增大，转子电流 I_{2s} 增大，以产生更大的电磁转矩与负载转矩相平衡。因此，随着输出功率 P_2 的增加，转速特性是一条稍微下降的曲线，$s=f(P_2)$ 曲线则是稍微上翘的。一般异步电动机，额定负载时的转差率 $s_N=0.01\sim0.05$，小数字对应于大容量电动机。

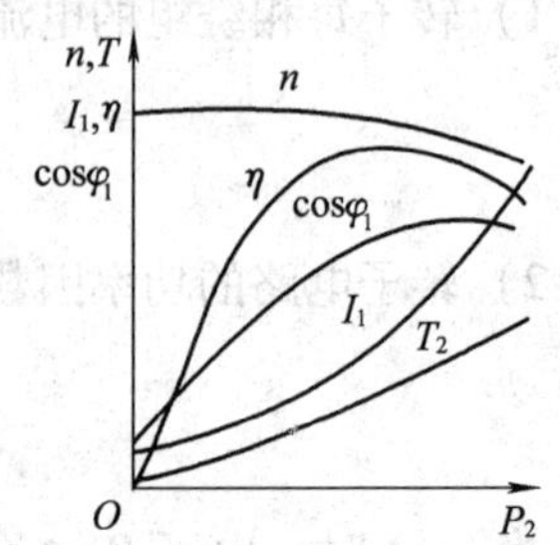

图 4—71 三相异步电动机的工作特性曲线

2. 转矩特性 $T_{em}=f(P_2)$

$T=T_2+T_0=\dfrac{P_2}{\Omega}+T_0$，随着 P_2 增大，由于电动机转速 n

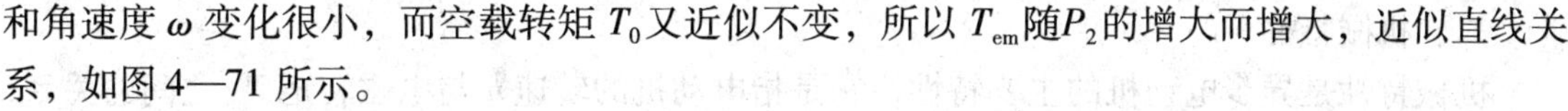

和角速度 ω 变化很小，而空载转矩 T_0又近似不变，所以 T_{em}随P_2的增大而增大，近似直线关系，如图 4—71 所示。

3. 定子电流特性 $I_1=f(P_2)$

从式 $N_1\dot{I}_1+N_2\dot{I}_2=\dot{I}_0N_1$ 得，定子电流 $\dot{I}_1=\dot{I}_0+(-\dot{I}_2')$。空载时，转子电流 $\dot{I}_2'\approx 0$，定子电流几乎全部是励磁电流 $\dot{I}_0$。随着负载的增大，转速下降，$\dot{I}_2$ 增大，相应 $\dot{I}_1$ 也增大，如图 4—71 所示。

4. 效率特性 $\eta=f(P_2)$

根据定义，异步电动机的效率为 $\eta=\dfrac{P_2}{P_1}=1-\dfrac{\Sigma P}{P_2+\Sigma P}$，异步电动机的损耗也可分为不变损耗和可变损耗两部分。电动机从空载到满载运行时，由于主磁通和转速变化很小，铁耗 P_{Fe}和机械损耗 P_w近似不变，称为不变损耗。而定、转子铜耗 P_{cu1}、P_{cu2}和附加损耗 P_s是随负载而变的，称为可变损耗。空载时，$P_2=0$，随着 P_2增加，不变损耗增加较慢，可变损耗上升很快，直到当可变损耗等于不变损耗时，效率最高。若负载继续增大，铜耗增加很快，效率反而下降。异步电动机的效率曲线与变压器的大致相同。对于中小型异步电动机，最高效率出现在 $0.75P_N$左右。一般电动机额定负载下的效率在 74% ~94%，容量越大的，额定效率 η_N 越高。

为什么异步电动机的最大效率不在额定功率处？

5. 功率因数特性 $\cos\varphi_1=f(P_2)$

异步电动机对电源来说，相当一个感性阻抗，因此其功率因数总是滞后的，运行时必须从电网吸取感性无功功率，$\cos\varphi_1<1$。空载时，定子电流几乎全部是无功的磁化电流，因此 $\cos\varphi_1$很低，通常小于 0.2；随着负载增加，定子电流中的有功分量增加，功率因数提高，在接近额定负载时，功率因数最高。负载再增大，由于转速降低，转差率 s 增大，转子功率因数角 $\varphi_2=\arctan\dfrac{sx_2}{R_2}$变大，使 $\cos\varphi_2$和 $\cos\varphi_1$又开始减小。

由于异步电动机的效率和功率因数都在额定负载附近达到最大值，因此选用电动机时应使电动机容量与负载相匹配。如果选得过小，电动机运行时过载。其温升过高，影响寿命甚至损坏电动机。但也不能选得太大，否则，不仅电动机价格较高，而且电动机长期在低负载下运行，其效率和功率因数都较低，不经济。

二、机械特性

机械特性是异步电动机的主要特性，它是指电动机的转速 n 与电磁转矩 T_{em} 之间的关系，即 $n=f(T_{em})$。

1. 固有机械特性分析

固有机械特性是指异步电动机工作在额定电压和额定频率时的机械特性。将 s 坐标替换成转速 n 的坐标就成如图 4—72 所示的三相异步电动机的机械特性曲线。机械特性的曲线被 T_m 分成两个性质不同的区域，即 ab 段和 bc 段。

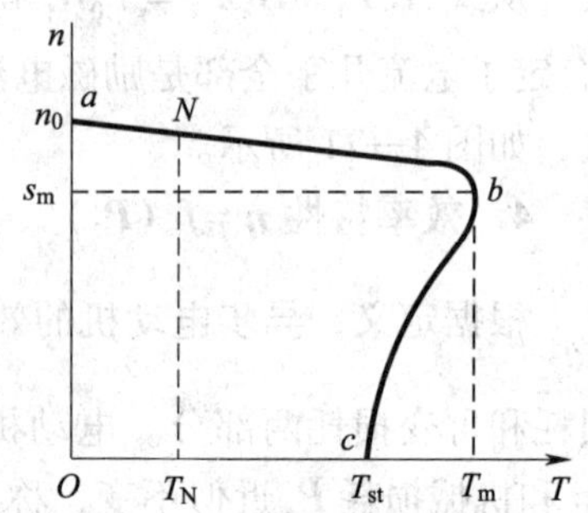

图 4—72　三相异步电动机的机械特性曲线

当电动机启动时，只要启动转矩 T_{st} 大于阻力矩 T_L，电动机便转动起来。电磁转矩 T 的变化沿曲线 bc 段运行。随着转速的上升，bc 段中的 T 一直增大，所以转子一直被加速使电动机很快越过 cb 段而进入 ab 段，在 ab 段随着转速上升，电磁转速下降。当转速上升某一定值时，电磁转矩 T 与阻转矩 T_L 相等，此时，转速不再上升，电动机就稳定运行在 ab 段，所以 bc 段称为不稳定区，ab 段称为稳定区。

电动机一般都工作在稳定区域 ab 段上，在这区域里，负载转矩变化时，异步电动机的转速变化不大，电动机转速随转矩的增加而略有下降，这种机械特性称为硬特性。三相异步电动机的这种硬特性很适用于一般金属切削机床。

为什么异步电动机一般都工作在稳定运行区？

2. 人为机械特性分析

人为机械特性是指人为改变电动机参数或电源参数而得到的机械特性。

（1）降低电源电压时的机械特性　降低电源电压时的机械特性为一组通过同步点的曲线族，如图 4—73 所示。当电动机在某一负载运行时，若降低电压，将使电动机转速降低，转差率增大，转子电流将因此增大，从而引起定子电流的增大。

如果电压降低过多，致使最大转矩 T_m 小于总的负载转矩时，会发生电动机堵转事故。

（2）转子电路中串接对称电阻器时的人为机械特性　在绕线转子异步电动机的转子电路分别串联大小相等的电阻器 R_{pa}，可得到一组通过同步点的曲线族，如图 4—74 所示。

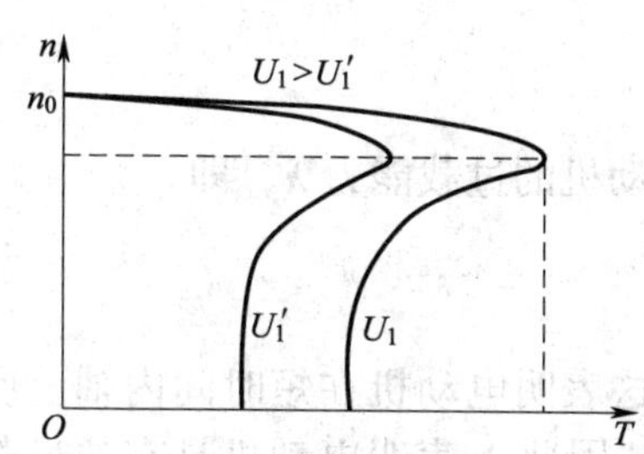

图4—73　降低电源电压时的人为机械特性

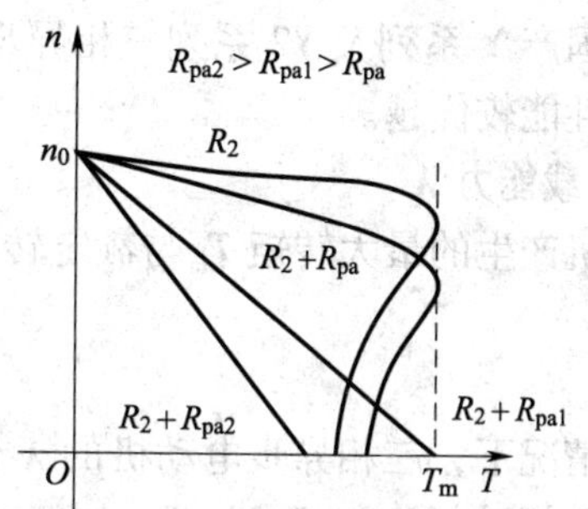

图4—74　转子电路中串接对称电阻器时的人为机械特性

在一定范围内增加绕线转子异步电动机的转子电阻，可以增大电动机的启动转矩后 T_{st}，如果串接某一数值的电阻后 $T_{st}=T_m$，若再增大转子电阻，启动转矩将开始减少。

三、运行性能

1. 运行状态

在机械特性曲线上，反映电动机工作性能的特殊工作点如下（见图4—72）：

（1）理想空载点 a　此时 $n=n_0$，$s=0$，$T=0$，转子电流 $I=I_0$。

（2）最大转矩点 b　此时 $s=s_m$，$T=T_m$。如果负载转矩大于最大转矩，则电动机会因带不动负载而停转，即转子堵住。这时，电动机的电流立即增大好几倍，时间过长将会烧毁电动机。

由数学分析知道，最大转矩 T_m 的大小只与电源电压 U_1 有关，与转子总电阻 R_2 的大小无关，而产生最大转矩时的转差率 s_m（称临界转差率）可通过数学运算求得。

$$s_m = \frac{R_2}{X_{20}} \tag{4—19}$$

上式说明，产生最大转矩时的临界转差率 s_m 与电源电压 U_1 无关，但与转子电路的总电阻 R_2 成正比，故改变转子电路电阻 R_2 的数值，即可改变产生最大转矩时的临界转差率（即临界转速），如果 $R_2=X_{20}$，$s_m=1$，即 $n=0$，即说明电动机在启动瞬间产生的转矩最大（换句话说也就是电动机的最大转矩产生在启动瞬间）。所以绕线转子异步电动机可以在转子回路中串入适当的电阻，从而使启动时能获得最大的转矩。

（3）启动工作点　此时 $n=0$，$s=1$，$T=T_{st}$，只有当 T_{st} 大于负载转矩时，电动机才能启动。此时启动电流可达额定电流的4~7倍。

（4）额定工作点　此时 $n=n_N$，$T=T_N$。电动机带动额定负载运行，额定转差率为 $s=0.015\sim0.05$，可见，由空载到满载运行，电动机的转速变化不大。

2. 启动转矩倍数

前面已经说过，电动机刚接入电网但尚未开始转动（$n=0$）的一瞬间，轴上产生的转矩叫启动转矩（或堵转转矩）。启动转矩必须大于电动机轴上所带的机械负载阻转矩，电动机才能启动。因此启动转矩 T_{st} 是衡量电动机启动性能好坏的重要指标，通常用启动转矩倍数 λ_{st} 表示，即

$$\lambda_{st} = \frac{T_{st}}{T_N} \tag{4—20}$$

式中　T_N——电动机的额定转矩。

目前国产 Y 系列及 Y2 系列三相异步电动机 λ_{st} 值约为 2.0，因此 Y 系列及 Y2 系列电动机的启动性能较优越。

3. 过载能力 λ

电动机产生的最大转矩 T_m 与额定转矩 T_N 之比称为电动机的过载能力 λ，即

$$\lambda = \frac{T_m}{T_N}$$

一般情况下，三相异步电动机的 λ 值为 1.8 ~2.2，这表明电动机在短时间内轴上所带负载只要不超过（1.8 ~2.2）T_N，电动机仍能继续运行。因此 λ 表明电动机具有的过载能力。

异步电动机的转矩 T 与加在电动机上的电压 U_1 的平方成正比。因此电源电压的波动对电动机的运行影响很大。当电源电压降为额定电压的 90%（即 $0.9U_N$）时，电动机的转矩则降为额定值的 81%。因此当电源电压过低时，电动机就有可能驱动不了负载而被迫停转，这一点在使用电动机时必须注意。

三相异步电动机的非稳定运行区

前面所述，电动机在运行中驱动的负载转矩 T_1 必须小于电动机的最大转矩 T_m，电动机才有可能稳定运行，否则电动机将因驱不动负载而被迫停转。

1. 稳定运行区分析

当 $s_m > s > 0$ 范围内，由于 s 值较小，sX_{20} 比 R_2 小得多，可忽略不计，根据表达式可知

$$T \approx \frac{CsU_1^2}{f_1R_2}$$

可见随 s 的增加（转速下降），驱动转矩 T 相应增加，这个区域称为稳定运行区，如图 4—72 所示。设电动机原在额定转矩 T_N 运行，对应额定转速 n_N，如果负载突然增大，则转速下降，转差率 s 增大，由上式可知电动机输出驱动转矩也增加，以平衡新的负载转矩，使电动机的转速不会再下降；如果负载突然减少，则转速上升，转差率 s 下降，由上式可知电动机输出驱动转矩也减少，以平衡新的负载转矩，使电动机的转速不会再上升。当负载恢复原来大小时，转速也回到额定转速 n_N，负载的波动不会破坏电动机的稳定工作。

2. 非稳定运行区分析

$$T \approx \frac{CR_2U_1^2}{f_1sX_{20}^2}$$

在 $1>s>s_m$ 范围内，由于 s 值比较大，R_2 比 X_{20} 要小，R_2 可忽略不计，由式（4—18）

可得
$$T\approx\frac{CR_2U_1^2}{f_1sX_{20}^2}$$

可见随 s 的增加（转速减小），驱动转矩 T 相应减少，这个区域称为不稳定运行区。设电动机工作在不稳定区域的某点，如果外加负载突然增加，电动机的转速下降，转差率 s 将增大，由上式可知电动机驱动转矩也随之下降，使电动机的转速继续下降，而恒转矩负载转矩不变，最后迫使电动机停下来；如果负载突然减少，则电动机的转速上升，转差率减少，同理可知电动机的驱动转矩也增加，随之电动机的转速又上升……不断循环上升，直到稳定工作区为止。不过风机型负载在这个不稳定区域内能运行，因为随着转速的下降，风机型负载转矩也急剧地减少，从而使电动机驱动转矩与风机型负载转矩达到新的平衡，如图 4—75 所示。

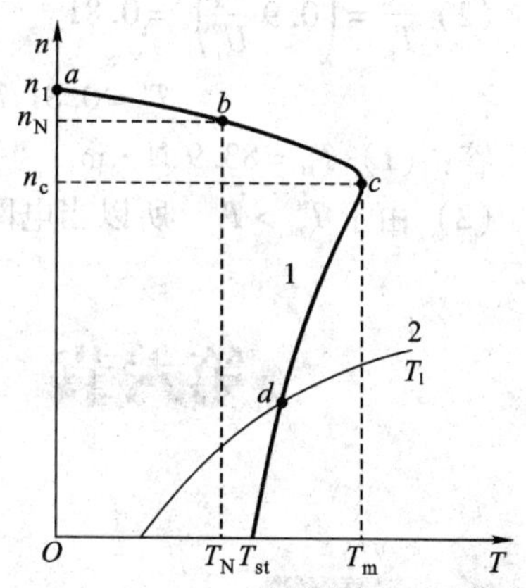

图 4—75　风机型负载的稳定运行

1—恒转矩型负载　2—风机型负载

4. 异步电动机机械特性的结论

（1）在稳定运行区内，负载变化时电动机转速变化很小，属于硬机械特性。

（2）异步电动机有较大的过载能力。

（3）电源电压发生变化时，电动机转矩变化较大，转速略有变化，电压过低容易损坏电动机。

（4）加大转子电路的电阻可以增大电动机的启动转矩，也可用于调速，但机械特性变软。

（5）除风机型负载（随着转速的下降，风机型负载转矩也急剧减少，从而使电动机驱动转矩与风机型负载转矩达到新的平衡）外，一般负载不能在非稳定运行区工作。

（6）电动机空载运行时 $P_2=0$，空载电流 I_0 占额定电流的 20% ~35%，$\cos\varphi_N<0.2$。

【例 4—5】　有一台三相笼型异步电动机，额定功率 $P_N=40$ kW，额定转速 $n_N=1\ 450$ r/min。过载能力 $\lambda=2.2$，试求额定转矩 T_N，最大转矩 T_m。

解： $T_N=9\ 550\dfrac{P_N}{n_N}=9\ 550\dfrac{40}{1\ 450}$ N·m $=263.45$ N·m

$$T_m=\lambda T_N=2.2\times263.45=579.59\ \text{N}\cdot\text{m}。$$

答：$T_N=263.45$ N·m，$T_m=579.59$ N·m。

【例 4—6】　已知 Y2—132S—4 三相异步电动机的额定功率 $P_N=5.5$ kW，额定转速 $n_N=1\ 440$ r/min，$\lambda_{st}=2.3$，试求：

（1）在额定电压下启动时的启动转矩 T_{st}；

（2）若电动机轴上所带负载的阻力矩 T_L 为 60 N·m，当电网电压降为额定电压的 90% 时，该电动机能否启动？

解：(1) $T_N = 9\ 550\dfrac{P_N}{n_N} = 9\ 550\dfrac{5.5}{1\ 440}\ \text{N}\cdot\text{m} = 36.48\ \text{N}\cdot\text{m}$

$$T_{st} = 2.3T_N = 2.3 \times 36.48\ \text{N}\cdot\text{m} = 83.9\ \text{N}\cdot\text{m}$$

(2) $\dfrac{T'_{st}}{T_{st}} = \left(0.9\dfrac{U_1}{U_1}\right)^2 = 0.81$

$$T'_{st} = 0.81\ T_{st} = 0.81 \times 83.9\ \text{N}\cdot\text{m} = 68\ \text{N}\cdot\text{m}$$

答：(1) $T_{st} = 83.9\ \text{N}\cdot\text{m}$

(2) 由于 $T'_{st} > T_L$，所以当电网电压降为额定电压的90%时，电动机也可以启动。

第六节　三相异步电动机的启动

学习目标

1. 掌握三相异步电动机的直接启动原理及方法。

2. 掌握三相异步电动机的降压启动原理及方法。

启动是指三相异步电动机通电后转速从 0 开始逐渐加速到正常运转的过程。在生产过程中，电动机要经常启动与停止。因此对启动有如下要求：

(1) 电动机应有足够大的启动转矩。

(2) 在保证足够的启动转矩前提下，电动机的启动电流应尽量小。

(3) 启动所需的控制设备应尽量简单、力求价格低廉，操作及维护方便。

(4) 启动过程中的能量损耗应尽量小。

由上节的分析知道，异步电动机在启动瞬间，转子绕组中感应的电流很大，使定子绕组中流过的启动电流也很大，为额定电流的 4 ~7 倍，大的启动电流带来的不良后果主要有：

(1) 使供电线路电压下降，影响其他设备正常运行。

(2) 使电动机本身发热严重，损耗加大，使用寿命降低甚至损坏。

一、三相笼型异步电动机的启动

三相笼型异步电动机的启动方式有两种，即在额定电压下的直接启动和降低启动电压的降压启动，两种方式各有优缺点，可按具体情况正确选用。

1. 直接启动

所谓直接启动即是将电动机三相定子绕组直接接到额定电压的电网上，因此又称为全压启动。一台异步电动机能否采用直接启动，应视电网的容量（变压器的容量）、电网允许干扰的程度及电动机的型式、启动次数等许多因素决定，究竟多大容量的电动机能够直接启动呢？通常认为只需满足下述三个条件中的一条即可：

(1) 容量在 7.5 kW 以下的三相异步电动机一般均可采用直接启动。

(2) 当电动机启动时在电网上引起的电压降不超过 10% ~15% 时，就允许直接启动。

（3）由独立的动力变压器供电时，允许直接启动的电动机容量不超过变压器容量的20%。即：

$$\frac{I_{st}}{I_N} = \frac{3}{4} + \frac{电源总容量\ S_N}{4 \times 电动机容量\ P_N}$$

直接启动的优点是所需设备简单，启动时间短，缺点是对电动机及电网有一定的冲击。在实际使用中的三相异步电动机，只要允许采用直接启动，则应优先考虑使用直接启动。

2. 降压启动

降压启动是指启动时降低加在电动机定子绕组上的电压，启动结束后加额定电压运行的启动方式。

降压启动虽然能起到降低电动机启动电流的目的，但由于电动机的转矩与电压的平方成正比，因此降压启动时电动机的转矩减小较多，故降压启动一般适用于电动机空载或轻载启动。常用的降压启动有星—三角降压启动、串电阻（电抗）降压启动、自耦变压器降压启动及软启动器启动。

三相异步电动机降压启动的目的是什么？

（1）星形—三角形降压启动　启动时，先把定子三相绕组作星形联结，待电动机转速升高到一定值后，再改接成三角形。因此这种降压启动方法只能用于正常运行时作三角形联结的电动机上。其原理电路如图 4—76 所示。启动时将 Y—△转换开关 QS2 的手柄置于启动

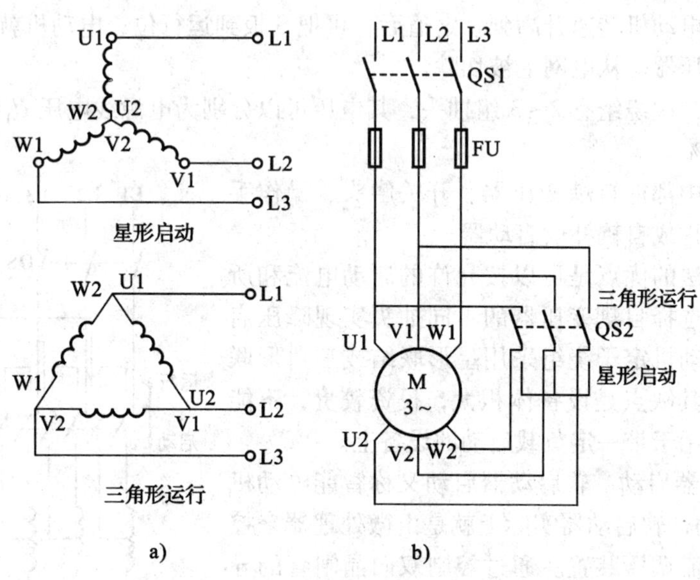

图 4—76　三相异步电动机星形—三角形降压启动
a）启动原理　b）启动电路

位，则电动机定子三相绕组的末端 U2、V2、W2 连成一个公共点，三相电源 L1、L2、L3 经开关 QS1 向电动机定子三相绕组的首端 U1、V1、W1 供电，电动机以星形联结启动。加在每相定子绕组上的电压为电源线电压 U_1 的 $1/\sqrt{3}$倍，因此启动电流较小。待电动机启动即将结束时，再把开关 QS2 手柄转到运行位，电动机定子三相绕组接成三角形联结，这时加在电动机每相绕组上的电压即为线电压 U_1，电动机正常运行。

用星形—三角形降压启动时，启动电流为直接采用三角形联结时启动电流的 1/3，所以对降低启动电流很有效，但启动转矩也只有三角形联结直接启动时的 1/3，即启动转矩降低很多，故只能用于轻载或空载启动的设备上。这种方法的最大优点是所需设备较少、价格低，因而获得了较为广泛的采用。由于此法只能用于正常运行时为三角形联结的电动机上，因此我国生产的 Y 系列、Y2 系列三相笼型异步电动机，凡功率在 4 kW 及以上者，正常运行时都采用三角形联结。

为什么用星形—三角形降压启动时，启动电流为直接采用三角形联结时启动电流的1/3？为什么不能重载启动？

（2）自耦变压器降压启动　自耦变压器减压启动的最主要特点就是在相同的启动电流下，电动机的启动转矩相应较高，它是利用自耦变压器来降低启动时加在定子三相绕组上的电压，如图 4—77 所示。启动时，先合上开关 QS，再将补偿启动器控制手柄（即开关 S）扳到启动位，这时经过自耦变压器降压后的交流电压加到电动机三相定子绕组上，电动机开始降压启动，待电动机转速升高到一定值后，再把 S 扳到运行位，电动机就在全压下正常运行。此时自耦变压器已从电网上被切除。

自耦变压器二次绕组有 2～3 组抽头，其电压可以分别为电源线电压 U_1 的 80%、65% 或 80%、65%、50%。

在实际使用中都把自耦变压器、开关触头、操作手柄等组合在一起构成自耦补偿启动器。

这种启动方法的优点是可以按允许的启动电流和所需的启动转矩来选择自耦变压器的不同抽头实现降压启动，而且不论电动机定子绕组采用星形联结或三角形联结都可以使用。其缺点是设备体积大，投资较贵，不能频繁启动，主要用于带一定负载启动的设备上。

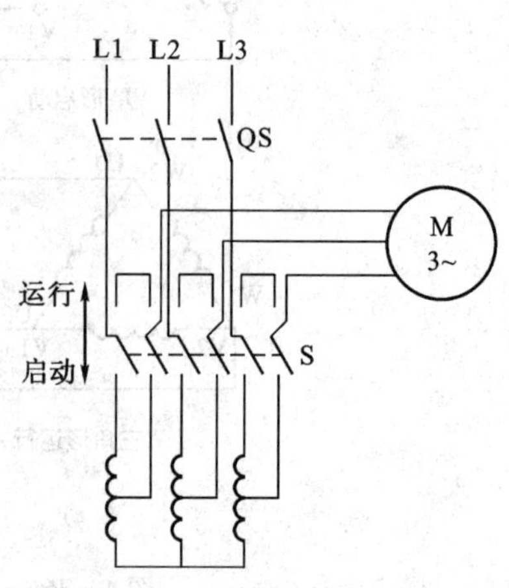

图 4—77　自耦变压器降压启动

（3）软启动器启动　软启动器启动又称智能电动机控制器 SMC 启动，软启动器实际上就是由微处理器来控制双向晶闸管交流调压装置。通过控制双向晶闸管的导通角来改变三相异步电动机启动时加在三相定子绕组上的电压，以控制电动机的启动特性，常用的控制模式是限流软启动控制模式，软启动时 SMC 的输出电压由零迅速增加，使输出电流（即电动机的启动电流）很快上升到 3 ~ 4 倍电动机的额定电流，然后保持输出电流基本不变，而电压则逐步上升，使电动机的转矩和电流与要求得到较好的匹配。最后使电动机加速到额定转速，启动完毕，接触器触头 KM 闭合，将晶闸管短接，电动机实现全压运行。其电路原理如图 4—78 所示。

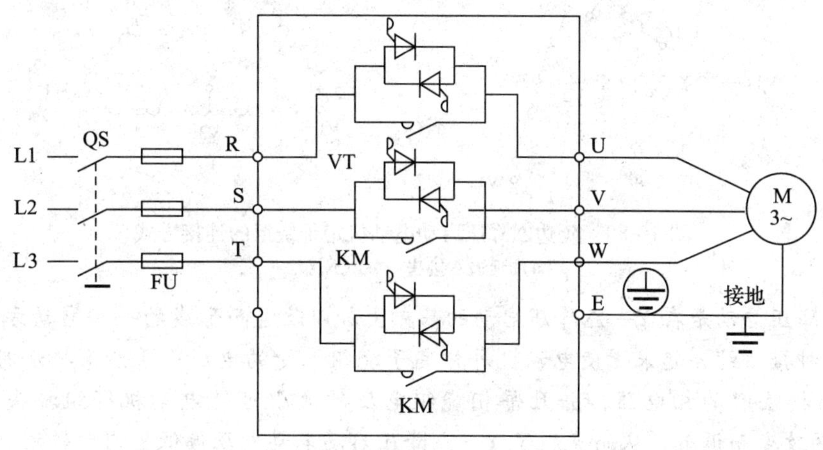

图 4—78 软启动器启动

其他常用降压启动方法

1. 串联电阻（电抗）降压启动

如图 4—79 所示，电动机启动时在定子绕组中串联电阻器降压，启动结束后再用开关 S 将电阻器短路，全压运行。

由于串联电阻器启动时，在电阻上有能量损耗而使电阻发热，故一般常用铸铁电阻片。有时为了减小能量损耗，也可用电抗器代替。

串联电阻器降压启动具有启动平稳、工作可靠、启动时功率因数高等优点，另外，改变所串入的电阻值即可改变启动时加在电动机上的电压，从而调整电动机的启动转矩，不像星形—三角形降压启动那样，只能获得一种降压值。但由于其所需设备比星形—三角形降压启动要多，投资相应较大，同时电阻器上有功率损耗，不宜频繁启动，一般使用电抗器以减少电能的损耗，但电抗器体积。成本较大，本方法已经很少采用。

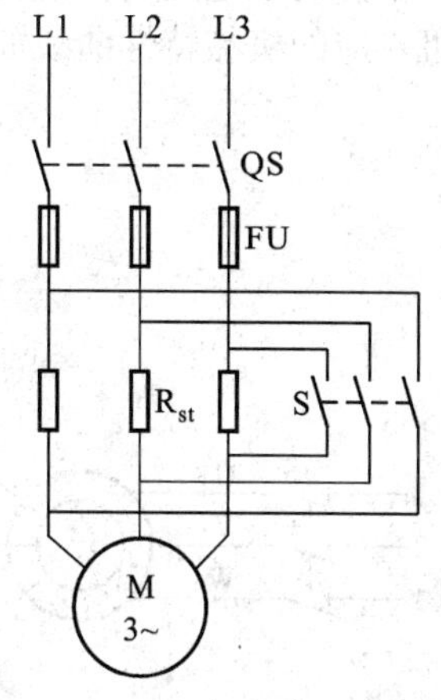

图 4—79 串联电阻器降压启动

2. 延边△降压启动

延边△降压启动是指电动机启动时，把定子绕组的一部分接成“Y”，另一部分接成“△”，使整个绕组接成延边△，待电动机启动后，再把定子绕组改接成△形全压运行，如图 4—80 所示。

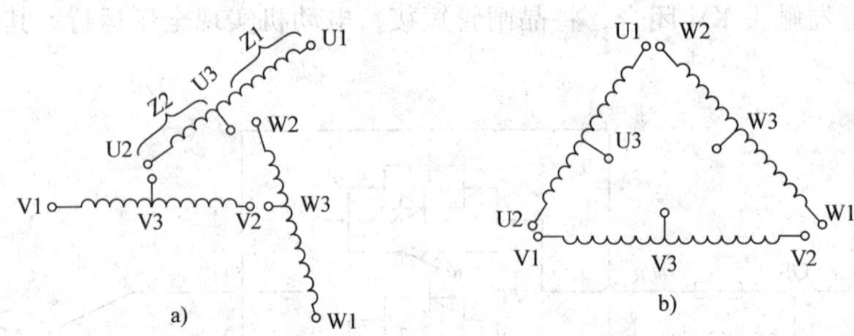

图 4—80　延边△降压启动电动机定子绕组的连接方式
a）延边△接法　b）△接法

延边△降压启动是在 Y—△降压启动的基础上加以改进而形成的一种启动方式，它把 Y 形和△形两种接法结合起来，使电动机每相定子绕组承受的电压小于△形接法时的相电压，而大于 Y 形接法时的相电压，并且每相绕组电压的大小可随电动机绕组抽头（U3、V3、W3）位置的改变而调节，从而克服了 Y—△降压启动电动电压偏低、启动转矩偏小的缺点。

二、绕线转子异步电动机的启动

前已叙述绕线转子异步电动机与笼型转子异步电动机的主要区别是绕线转子异步电动机的转子采用三相对称绕组，且均采用星形联结。启动时通常在转子三相绕组中串联可变电阻器启动，也有部分绕线转子异步电动机用频敏变阻器启动。

1. 转子串电阻器启动

如图 4—81 所示，在绕线转子异步电动机的转子电路中串入电阻器，并通过接触器触头或凸轮控制器触头的开闭有级地切除电阻。该电路的工作原理是：启动时控制器的全部触头 S1 - S3 均断开，合上电源开关 QS 后，绕线转子异步电动机开始启动，此时电阻器的全部电阻都串入转子电路内，如正确选取电阻值，使转子回路的总电阻 $R_2 = X_{20}$，则此时 $s = 1$，电动机对应的机械特性曲线如图 4—82 曲线 1，此时电动机的启动转矩 T_1 接近最大转矩，电动

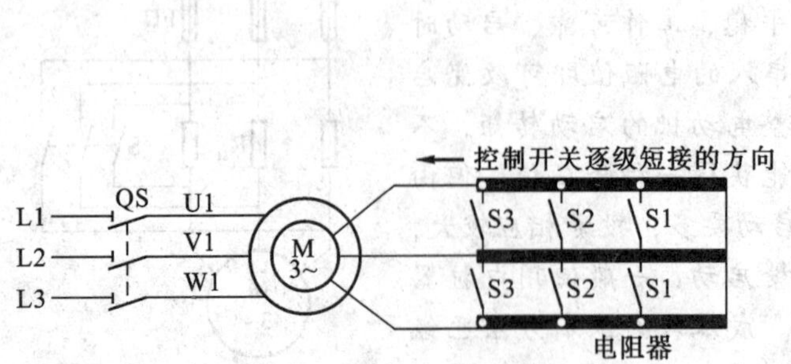

图 4—81　绕线转子电动机转子串联电阻器启动电路

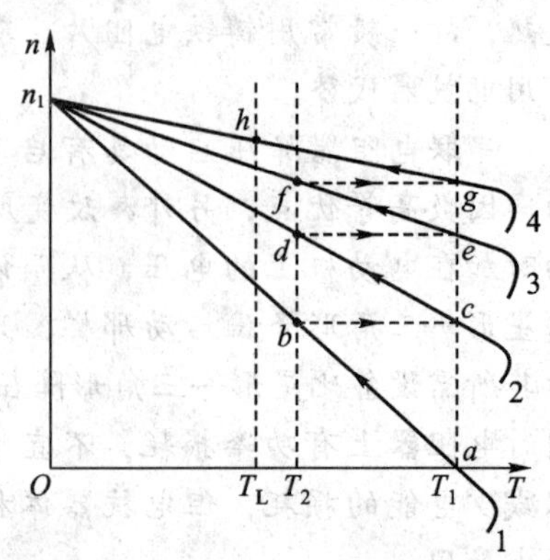

图 4—82　机械特性曲线

机开始启动，随着转速的升高，转矩相应地下降（对应线段 ab），到达 b 点对应的转速时，触头 S_1 闭合，转子电阻减小，对应于曲线 2，由于在此瞬间电动机转速不能突变，故电动机产生的转矩由 T_2 升为 T_1，然后电动机转矩及转速沿线段 cd 变化，到 d 点时，触头 S2 闭合，过渡到曲线 3，最后转子电阻全部切除，电动机稳定运行于曲线 4 的 h 点，启动过程结束。电动机在整个启动过程中启动转矩较大，故该方式适合于重载启动，主要用于桥式起重机、卷扬机、龙门吊车等。其主要缺点是所需启动设备较多，启动级数较少，启动时有一部分能量消耗在启动电阻上，因而又出现了转子串联频敏变阻器启动。

如果绕线转子异步电动机的转子开路，能否启动？为什么？

2. 转子串频敏变阻器启动

频敏变阻器的外形结构如图 4—83a 所示，它是一种有独特结构的无触点元件，其构造与三相电抗器相似，即由三个铁心柱和三个绕组组成，三个绕组接成星形联结，并通过集电环和电刷与绕线转子异步电动机的三相转子绕组相连，如图 4—83b 所示。

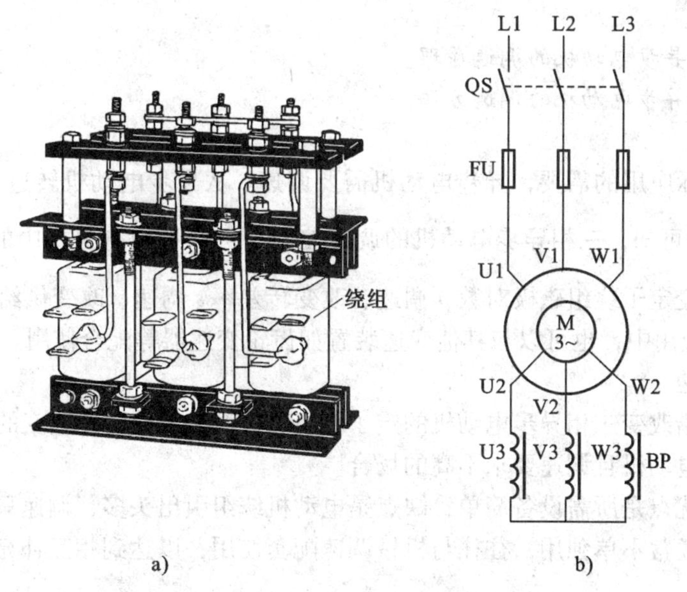

图 4—83 转子串频敏变阻器启动

a）基本结构 b）启动电路

频敏变阻器的主要结构特点是铁心用 6 ~ 12 mm 厚的钢板制成，并有一定的空气隙，当绕组中通过交流电后，在铁心中产生的涡流损耗及磁滞损耗都较大。由于铁心处于磁饱和状态，其感抗相应较小；另外，由于绕组匝数不是很多，因此绕组的直流电阻也较小。

当绕线转子异步电动机刚开始启动时，电动机转速很低，故转子频率f_2很大（接近f_1），铁心中的损耗很大，即R_2很大，因此限制了启动电流，增大了启动转矩。随着电动机转速的增加，转子电流频率下降（$f_2 = sf_1$），于是R_2减小，使启动电流及转矩保持一定数值。故频敏变阻器实际上是利用转子频率f_2的平滑变化来达到使转子回路总电阻平滑减小的目的。启动结束后，转子绕组短接，把频敏变阻器从电路中切除。

由于频敏变阻器的等效电阻和等效电抗都随转子电流频率而变化，反应非常灵敏，所以称为频敏变阻器。这种启动方法的主要优点是结构简单、成本较低、使用寿命长、维护方便，能使电动机平滑启动（无级启动），基本上可获得恒转矩的启动特性。其主要不足之处是由于有电感L的存在，使功率因数降低，启动转矩并不很大。因此，当绕线转子异步电动机在轻载启动时，采用频敏变阻器法启动的优点较明显，如重载启动时，一般采用串联电阻启动。

第七节　三相异步电动机的调速

1. 熟悉三相异步电动机的调速原理。
2. 掌握三相异步电动机的调速方法。

为了满足实际应用的需要，异步电动机需要调速。从异步电动机转速公式$n = n_1(1-s) = \frac{60f}{p}(1-s)$可知，三相异步电动机的调速控制是可通过控制公式中的p、f、s任一参数来实现，即改变定子绕组磁极对数p调速、改变转差率s调速、改变供给电动机电源的频率f调速。实际应用中，也可以与其他变速装置如齿轮变速器等配合使用。

一、变极调速

变极调速是指改变三相异步电动机的定子绕组磁极对数p使转速改变的方法。变极调速只用于笼型异步电动机且调速要求不高的场合。

变极调速的优点是所需设备简单；缺点是电动机绕组引出头多，调速只能有级调节，级数少。变极调速通常不单独用，往往与机械调速配套使用，以达到相互补充，扩大调速范围的目的。

利用改变定子绕组极数的方法进行调速的异步电动机称为多速电动机。其中，双速异步电动机应用广泛，也比较经济，其调速方法有△/YY变极调速和Y/YY变极调速两种。

1. △/YY变极调速

双速电动机定子绕组共有6个出线端，通过改变6个出线端与电源的连接方式，就可得到两种不同的转速。双速电动机定子绕组的△/YY接线图如图4—84所示。低速时接成△接法，磁极为 4 极，同步转速为 1 500 r/min；高速时接成 YY 接法，磁极为 2 极，同步转速为 3 000 r/min。可见双速电动机高速运转时是低速运转时的 2 倍。

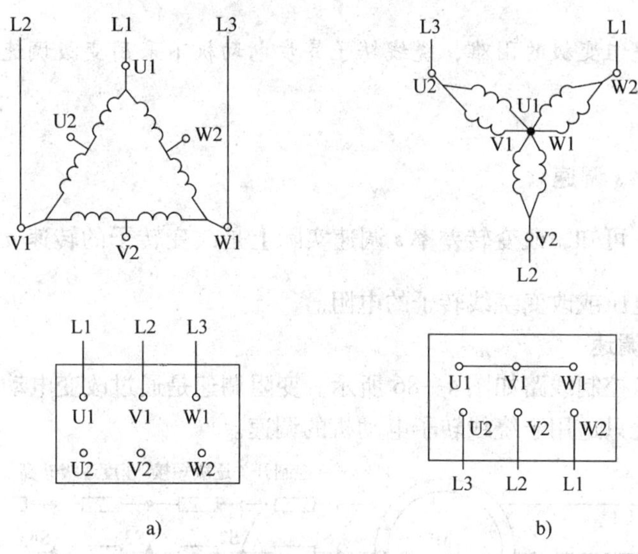

图 4—84　双速电动机定子绕组的△/YY 接线图

a）低速—△接法（4 极）　b）高速—YY 接法（2 极）

对于△/YY 联结的双速电动机，其变极调速前后的输出功率基本不变，因此适用于负载功率基本恒定的恒功率调速，例如普通金属切削机床等机械。

2. Y/YY 变极调速

如图 4—85 所示，当 U1、V1、W1 连接到三相交流电源时，三相绕组为 Y 联结，$2p=4$；如果将 U1、V1、W1 连接在一起，将 U2、V2、W2 接到电源上，则三相绕组成为 YY 联结，$2p=2$。对于 Y/YY 联结的双速电动机，其变极调速前后的输出转矩基本不变，因此适用于负载转矩基本恒定的恒转矩调速，例如起重机、带式输送机等机械。

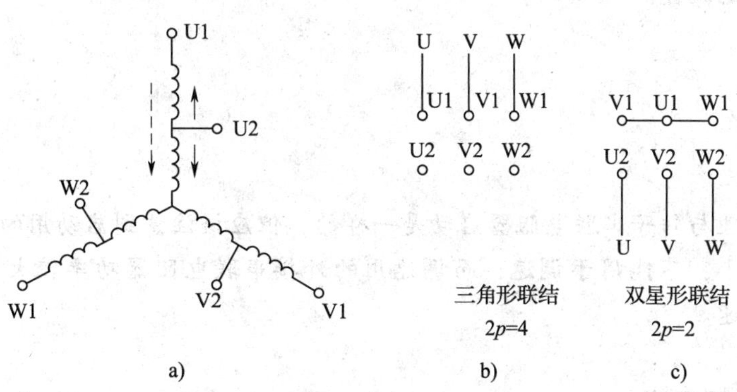

图 4—85　双速电动机定子绕组的 Y/YY 接线图

变极调速在机床上应用时，必须与齿轮箱配合，才能得到更多档次的转速。

为了避免转子绕组变极的困难，绕线转子异步电动机不采用变极调速，即变极调速只用于笼型异步电动机中。

二、改变转差率 s 调速

由公式 $s=\frac{n_1-n}{n_1}$ 可知，改变转差率 s 调速实际上是改变转子的转速 n，调速方法主要有改变定子绕组上的电压或改变绕线转子的电阻。

1. 变转子电阻调速

变转子电阻调速控制线路如图 4—86 所示。变阻调速是通过改变电动机转子电路的外接电阻器实现的，因此只适用于绕线转子电动机的调速。

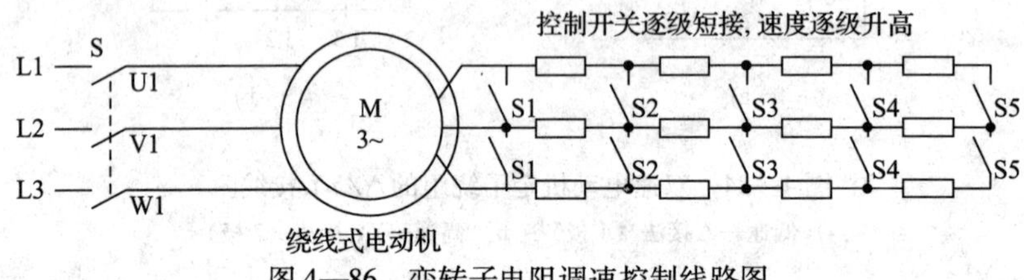

图 4—86 变转子电阻调速控制线路图

具体调速方案是电源电压保持不变，电动机的最大转矩 T_m 不变，改变转子电路的外接电阻器，则产生最大转矩时的转速（或 s_m）也随之变化，画出的机械特性曲线如图 4—87 所示。对应一定的负载转矩，就有不同的转速 n_1、n_2、n_3。这种调速方法简单方便，但机械特性曲线较软，而且外接电阻越大曲线越软，致使如果负载有较小的变化，便会引起很大的转速波动。

另外在转子电路上的串接电阻器要消耗功率，使电动机效率较低。变阻调速主要应用于起重、运输机械的调速。

变阻调速原理与转子串联电阻器启动是一样的，但应该注意到启动用的转子外接串联电阻器功率往往较小，不能用于调速；而调速用的外接串联电阻器功率较大，既可以用做启动，也可用做调速。

2. 变电源电压调速

通过三相调压器为三相异步电动机的定子绕组提供电源电压。由于转矩与电压平方成正比，对于不同的定子电压，可以得到一组不同的机械特性曲线，如图 4—88 所示。对于恒转矩负载，可得到不同的额定转速 n_1、n_2、n_3，可见恒转矩负载的调速范围变化很小，实用价值不大。但风机类负载转矩与电压转速的平方成正比，随着转速的上升，其负载转矩急剧增大，可得 A、B、C 工作点，调速效果显著。

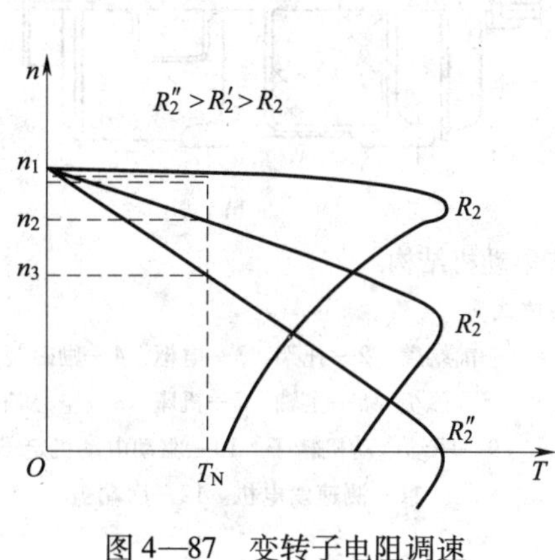

图 4—87　变转子电阻调速

图 4—88　变电源电压调速

变电源电压调速适用于哪种负载？

电磁调速异步电动机

电磁调速异步电动机又称为滑差电动机，其特点是在异步电动机轴上装有一个电磁转差离合器，控制电磁转差离合器的电流，就可调节离合器的输出转速。它有组成式和整体式两大类，如图 4—89 所示。整个滑差电动机系统由异步电动机、转差离合器和控制装置三部分组成。

转差离合器由主动和从动两部分组成，如图 4—90 所示，其主动部分是电枢（外转子），它与异步电动机的转轴硬连接并一起旋转。电枢用铁磁性材料做成，形状是圆筒形，有实心钢体和铝合金杯形等结构。适用于笼型和绕线转子异步电动机。

转差离合器的从动部分由励磁绕组、磁极、集电环和输出轴等组成。磁极（内转子）结构上有凸极、爪式和感应式三种。

爪形磁极、圆筒形钢体电枢组成的转差离合器原理如下：当通过电刷和集电环向磁极上的励磁绕组通入直流电流时，磁极上即产生磁通，进而在电枢中产生涡流，涡流又与磁极磁通作用产生转矩，转矩驱动输出轴，驱动负载运行。并且从动部分的转速小于主动部分的转速。改变励磁绕组中励磁电流的大小，也就改变了电枢中涡流的大小，就可调节转差离合器的输出转矩和转速。励磁电流越大，输出转矩也越大，在一定负载转矩下，输出转速也越高。

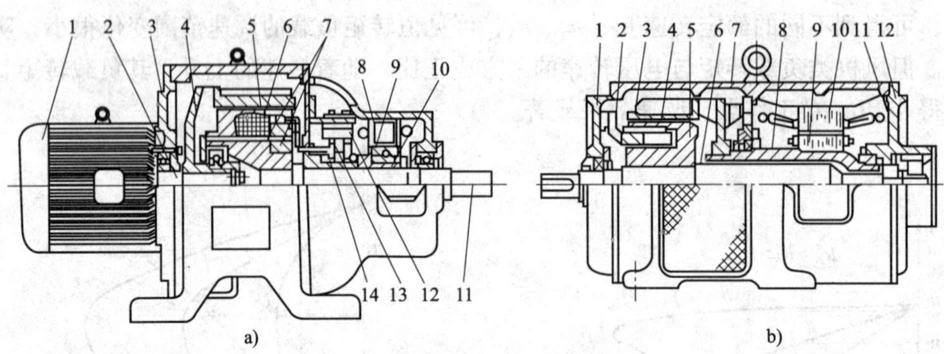

图 4—89　电磁调速异步电动机结构

a）组合式　b）整体式

1—电动机　2—主动轴　3—法兰端盖　4—电枢
5—工作气隙 6—励磁绕组　7—磁极　8—测速发电机
9—测速机磁极　10—永久磁铁　11—输出轴
12—刷架　13—电刷　14—集电环

1—前端盖　2—托架　3—电枢　4—励磁绕组
5—磁极　6—主轴　7—机座　8—空心轴
9—驱动电动机转子　10—驱动电动机定子
11—测速发电机　12—后端盖

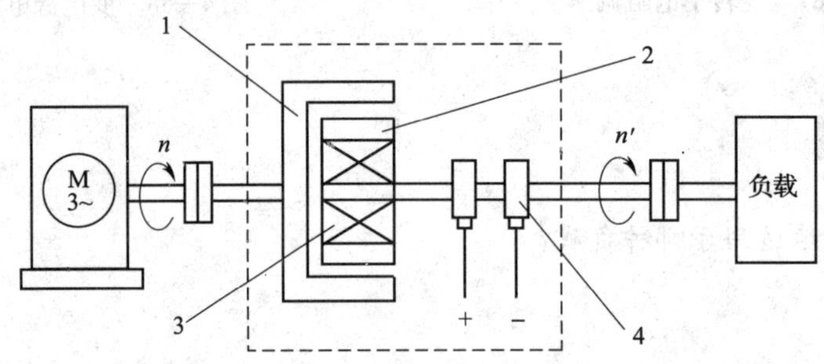

图 4—90　转差离合器的示意图

1—异步电动机　1—电枢　2—磁极　3—励磁绕组　4—电刷和集电环

电磁调速异步电动机的机械特性曲线很软。为保持转速的相对稳定，一般都配装测速发电机。电磁调速异步电动机不能长时间低速工作，如果要改变输出轴的转向，必须改变异步电动机的方向。

串 级 调 速

1. 串级调速原理

串级调速就是在绕线转子感应电动机的转子电路中引入一个附加电动势 E_f，来调节电动机的转速。附加电动势 E_f 的频率等于转子频率 sf_1，而其大小和相位都可以改变。串级调速原理如图 4—91 所示。

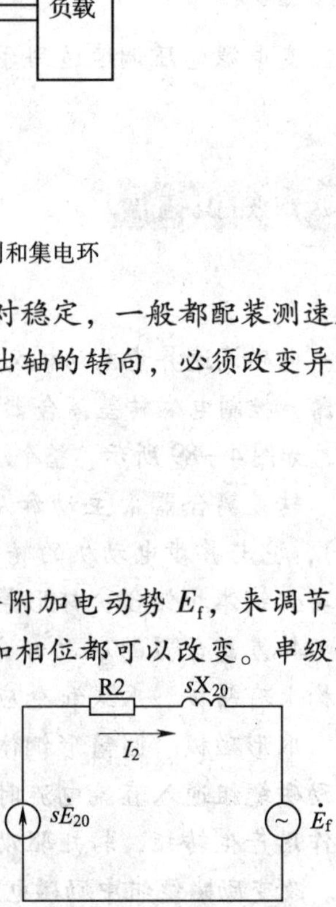

R2　sX_{20}　I_2　$s\dot{E}_{20}$　$\dot{E}_f$

图 4—91　串级调速原理

当附加电动势 $\dot{E}_f$ 与 $\dot{E}_{2s}$ 频率相同、相位相同时，转子电流 $I_2=\dfrac{sE_{20}+E_f}{\sqrt{R_2^2+(sX_{20})^2}}$将增大，由于负载转矩不变，使得电磁转矩 T 增大，电动机加速，转差率 s 下降，合成电动势 $\dot{E}_{2s}+\dot{E}_f$ 减小，电流 I_2 和电磁转矩 T 则在上升到最大值后逐渐下降，直到 $T=T_L$

为止，电动机便在比原来转速值高的转速下稳定运行，这是升速过程。调节 $\dot{E}_f$ 的大小可以调节电动机的转速，并可使电动机的转速超过其同步转速。

当附加电动势 $\dot{E}_f$ 与 $\dot{E}_{2s}$ 频率相同、相位相反时，电动机将减速，调节 $\dot{E}_f$ 的大小，可使电动机在同步转速以下调速。

当附加电动势 $\dot{E}_f$ 相位超前 $\dot{E}_{2s}$ 90°时，可提高电动机的功率因数；若 $\dot{E}_f$ 相位滞后 $\dot{E}_{2s}$ 90°时，将使电动机的功率因数降低。一般情况下，附加电动势 $\dot{E}_f$ 可以与 $\dot{E}_{2s}$ 相差 θ 角，这时可将 $\dot{E}_f$ 分解为两个分量，与 $\dot{E}_{2s}$ 同相的分量 $\dot{E}_f\cos\theta$ 使电动机的转速发生变化，与 $\dot{E}_{2s}$ 成 90°的分量 $\dot{E}_f\sin\theta$ 使电动机的功率因数发生变化。

2. 串级调速系统基本类型

串级调速系统可分为低同步串级调速系统和超同步串级调速系统。低同步串级调速系统的特点是用不可控整流器将转子电动势 $\dot{E}_{2s}$ 整流为直流电动势 E_2，与转子整流回路中串入的直流附加电动势 E_f 进行合成，通过改变 E_f 值的大小，实现低于同步转速的电动运行和高于同步转速的回馈制动运行。由于转子整流器是不可控的，转差功率只能通过产生可控的附加直流电动势装置回馈给电网，单方向从转子流出，无法使转差功率流入转子，故不能实现高于同步转速的电动运行和低于同步转速的回馈制动运行。

低同步串级调速系统原理电路如图 4—92 所示。UI 为晶闸管有源逆变器，它始终工作在有源逆变状态下，即 $\beta<90°$。直流逆变电压 U_β 即为直流附加电动势 E_f。调节逆变角 β 可改变直流附加电动势的大小，从而实现串级调速。通常 β 取 30°～90°，当 $\beta=\beta_{max}=90°$ 时，$U_\beta=2.34U_{2T}\cos\beta=0$，电动机便以接近额定转速的最高转速运行；当 $\beta=\beta_{min}=30°$ 时，逆变电压 U_β 最大，转子电流最小，电动机以最低速运行。

超同步串级调速系统的特点是在转子回路中串入的附加电势 $\dot{E}_f$ 为频率可变的交流附加电动势，使 $\dot{E}_f$ 在保持与 $\dot{E}_{2s}$ 同频率的条件下，通过改变 $\dot{E}_f$ 的幅值大小和相位，实现四限运行，并可解决低同步串级调速系统功率因数低等问题，但它需要一个产生这种 $\dot{E}_f$ 的变流器，设备复杂。按变流器类型的不同，又可分为转子交—交变流方式和转子交—直—交变流方式的超同步串级调速系统。超同步串级调速系统适用于需要四象限运行的大容量生产机械。

3. 串级调速性能特点

绕线转子感应电动机串级调速与转子串电阻调速相比，其优点是机械特性较硬，调速平滑性好，损耗小，效率高（大容量系统满载时的效率可达 90% 以上，中小容量系统满载时由于极间漏磁，多数效率也可达 80% 以上），便于向大容量发展；其缺点是功率因数较低（低同步串级调速），设备较复杂，低速时电动机过载能力较低。

由于串级调速系统转子直流回路等效电阻大，因此其机械特性比感应电动机的自然机械特性要软。这使得电动机在额定负载时难以达到其额定转速，而且电动机在串级调速时所产生的最大转矩也比电动机固有机械特性的最大转矩减小 17.4%，即为 0.826 T_m。

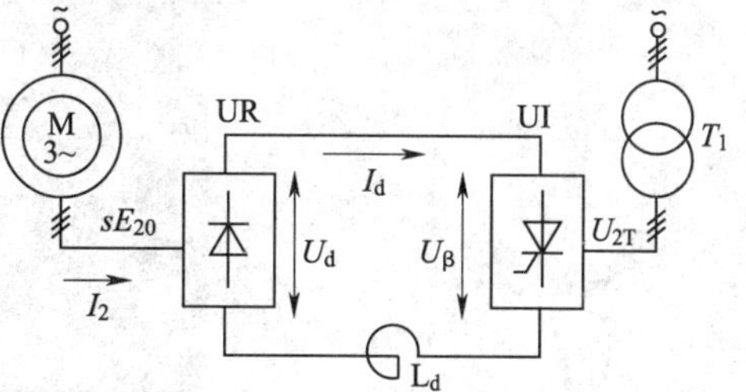

图 4—92　低同步串级调速系统原理电路

因此，串级调速适用于调速范围不太大的场合，如风机、泵类、压缩机等生产机械中节能调速的应用。

三、变频调速

变频调速是通过改变供给电动机电源的频率 f 来实现调速的一种调速方法。改变电动机电源的频率，就能改变电动机的转速。但是单一调节电源频率，将导致电动机运行性能的变化，其原因可由表达式 $U_1 \approx E_1 = 4.44\ k_1 N_1 f_1 \Phi_m$ 来进行分析。

若电源电压 U_1 不变，则当频率 f_1 减少时，主磁通 Φ_m 将增加，这将导致电动机磁路出现过饱和，使励磁电流增大，功率因数降低，铁心损耗增加；反之，若频率 f_1 增加，则 Φ_m 将减少，使电动机的电磁转矩及最大转矩下降，过载能力 λ 将减少，电动机的功率得不到充分的利用。因此，为了使交流电动机能保持较好的运行性能，要求在调节频率 f_1 的同时，改变定子电压 U_1，以维持最大磁通 Φ_m 不变，或保持电动机的过载能力 λ 不变。

异步电动机的变频调速有三种方式：

(1) 恒磁通控制。

(2) 恒电流控制（过载能力 λ 不变）机械特性曲线与恒磁通控制的机械特性曲线相类似，只是过载能力小，用于负载容量小且变化不大的场合。

(3) 恒功率控制　如果电动机的调速要高于额定转速，而电源电压又不能提高，此时电动机应为恒功率调速。

变频调速具有质量轻、体积小、惯性小、效率高等优点，价格也在逐步下降。随着微电子技术和计算机技术的发展，专门用来调节三相异步电动机转速的变频器已经相当普及，其外形如图 4—93 所示。采用矢量控制技术，机械特性曲线可以做得像直流电动机调速一样硬，是目前交流调速的发展方向。

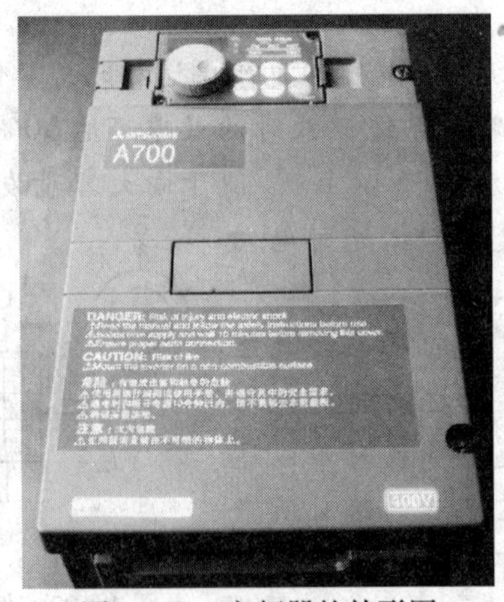

图 4—93　变频器的外形图

第八节　三相异步电动机的反转与制动

1. 熟悉三相异步电动机的反转原理。
2. 掌握三相异步电动机的制动原理和方法。

一、反转

旋转磁场的转动方向即电动机的转动方向，它由通入三相定子绕组的电流的相序决定，只要对换电动机任意两相电源线，旋转磁场就会改变转动方向，电动机也随之反转。常用的方法有倒顺开关控制或接触器联锁控制。如图 4—94 所示。

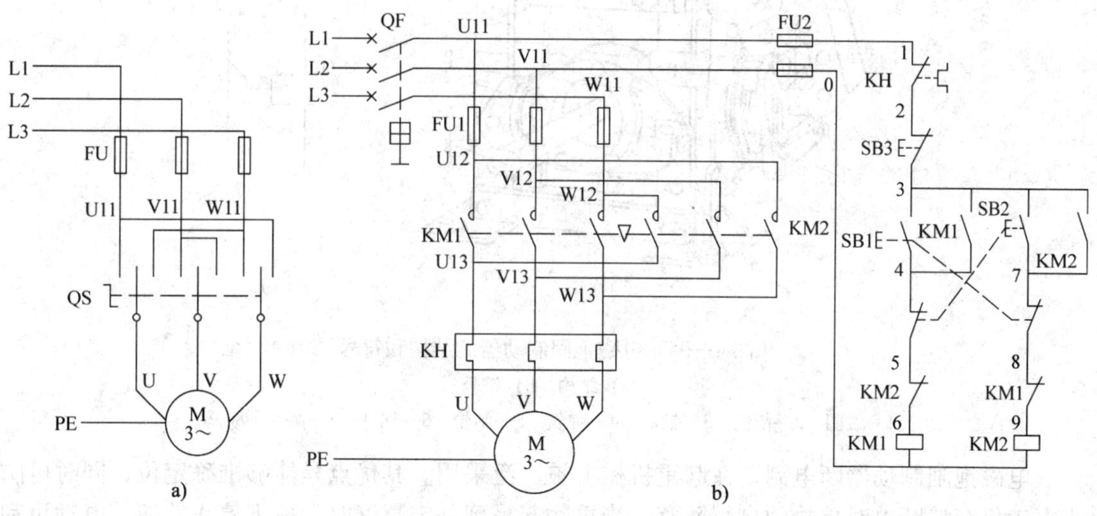

图 4—94　电动机正、反转控制电路

a）倒顺开关控制　b）接触器联锁控制

二、制动

电动机断开电源以后，由于惯性作用不会马上停止转动，而是需要转动一段时间才会完全停下来，这对于某些要求迅速停车及准确定位的机械设备是不能满足要求的，所以要对电动机进行制动。所谓制动，就是给电动机一个与转动方向相反的转矩使它迅速停转（或限制其转速）。常见的制动方法分为机械制动和电力制动两大类。

电动机断开电源以后使其停车是否属于制动？

1. 机械制动

机械制动是指利用机械装置使电动机断开电源后迅速停转的方法。机械制动除电磁抱闸制动外，还有电磁离合器制动。

电磁抱闸制动器分为断电制动型和通电制动型两种。电磁抱闸制动器的结构和符号如图4—95所示。断电制动型的原理如下：当制动电磁铁的线圈得电时，制动器的闸瓦与闸轮分开，无制动作用；当线圈失电时，制动器的闸瓦紧紧抱住闸轮制动。通电制动型的原理如下：当制动电磁铁的线圈得电时，闸瓦紧紧抱住闸轮制动；当线圈失电时，制动器的闸瓦与闸轮分开，无制动作用。

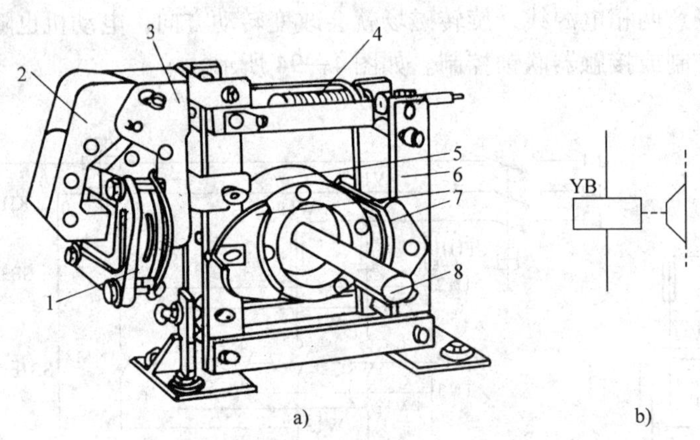

图4—95 电磁抱闸制动器的结构和符号

a）结构 b）符号

1—线圈 2—衔铁 3—铁心 4—弹簧 5—闸轮 6—杠杆 7—闸瓦 8—轴

电磁抱闸制动器断电制动在起重机械上被广泛采用。其优点是能够准确定位，同时可防止电动机突然断电时重物的自行坠落。当重物起吊到一定高度时，按下停止按钮，电动机和电磁抱闸制动器的线圈同时断电，闸瓦立即抱住闸轮，电动机立即制动停转，重物随之被准确定位。如果电动机在工作时，线路发生故障而突然断电时，电磁抱闸制动器同样会使电动机迅速制动停转，从而避免重物自行坠落。

2. 电力制动

所谓电力制动是指使电动机在切断定子电源停转的过程中，产生一个和电动机实际旋转方向相反的电磁力矩（制动力矩），迫使电动机迅速制动停转的方法。电力制动常用的方法有反接制动、能耗制动、电容制动和再生发电制动等。

（1）反接制动　依靠改变电动机定子绕组的电源相序来产生制动力矩，迫使电动机迅速停转的方法称为反接制动。反接制动原理图如图4—96所示。当电动机为正常运行时，电动机定子绕组的电源相序为 L1—L2—L3，电动机将沿旋转磁场方向以 $n < n_1$ 的速度正常运转。当电动机需要停转时，先断开开关 QS，使电动机先脱离电源（此时转子仍按原方向旋转），接着将开关迅速向下接通反接制动挡，使电动机三相电源的相序发生改变，旋转磁场反向，此时转子将以 $n_1 + n$ 的相对速度沿原转动方向切割旋转磁场，在转子绕组中产生感应电流。电动机产生的转矩方向可由左手定则判断出来，可见此转矩方向与负载惯性转矩方向相反，起制动作用，使电动机受制动迅速停转。

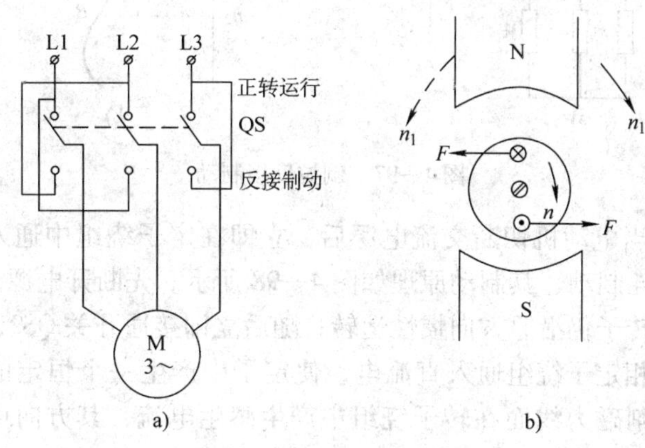

图 4—96 反接制动原理图

反接制动的特点是停车迅速，设备简单；缺点是对电动机振动和冲击较大。反接制动一般只适用于小型电动机，且不经常停车制动的场合。

反接制动时应注意的是：当电动机转速接近零值时，应立即切断电动机的电源，否则电动机将反转。

倒拉反接制动

反接制动的另一种特殊情况是起重机下放重物，如图 4—97a 所示。重物 G 下放，电动机逆时针转动，而电动机的电磁力矩的方向是顺时针，平衡重物下放力矩。这时线绕式异步电动机的机械特性曲线如图 4—97b 所示。转子电路上串联较大的电阻，启动转矩 T_{st} 的方向与重物下放力矩 T_G 相反，且 $T_{st} < T_G$，迫使电动机反向旋转并加速，电动机的转差率 $s > 1$ 并增大，电磁力矩 T 也增大至 B 点时，$T = T_G$，电动机以稳定转速 $-n_2$ 运行。这种制动也称负载倒拉反接制动。

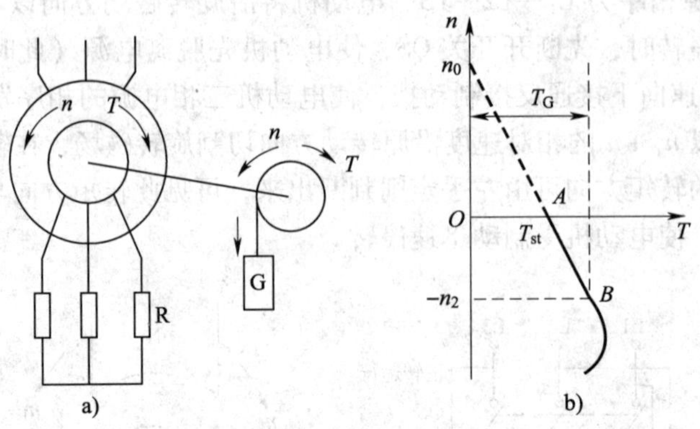

图 4—97　倒拉反接制动

（2）能耗制动　当电动机切断交流电源后，立即在定子绕组中通入直流电，迫使电动机停转的方法称为能耗制动。其制动原理如图 4—98 所示。先断开电源开关 QS1，切断电动机的交流电源，这时转子仍沿原方向惯性运转；随后立即接通开关 QS2，并将 QS1 也向下接通，电动机 V，W 两相定子绕组通入直流电，使定子中产生一个恒定的静止磁场，这样做惯性运转的转子因切割磁力线而在转子绕组中产生感生电流，其方向可用右手定则判断出来，上面标“×”，下面标“·”。绕组中一旦产生了感生电流，又立即受到静止磁场的作用，产生电磁转矩，用左手定则判断，可知转矩的方向正好与电动机的负载惯性转矩相反，使电动机受制动迅速停转。由于这种制动方法是通过在定子绕组中通入直流电以消耗转子惯性运转的动能来进行制动的，所以称为能耗制动，又称动能制动。

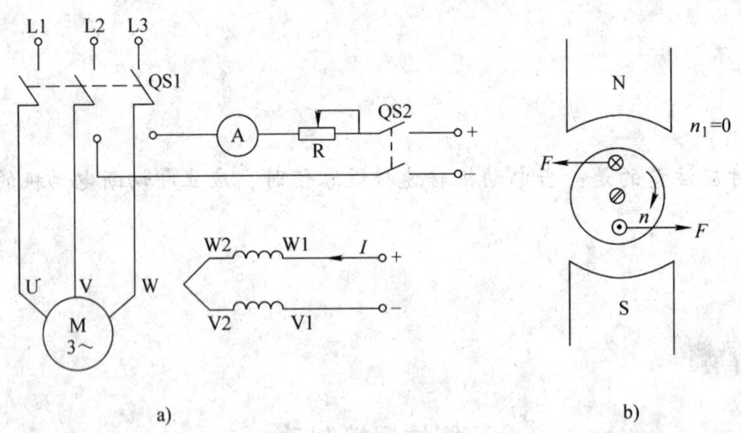

图 4—98　能耗制动原理图

能耗制动的优点是制动力较强，能耗小，制动较平稳。对电网和设备的冲击较小；但在低速时制动力矩较小，不易制动停车，需要直流电源。能耗制动常用于机床设备中。

（3）再生发电制动　当电动机所带负载是位能负载时（如起重机），由于外力的作用（如起重机在下放重物时），电动机的转速 n 超过同步转速 n_1，电动机处于发电状态，定子电流方向反了，电动机转子导体的受力方向也反了，驱动力矩变为制动力矩，即电动机是将机械能转化为电能，向电网反送电，这种制动方法称为再生发电制动。如图 4—99 所示。再生发电制动经济性较好，常用于起重机、电力机车和多速电动机中。

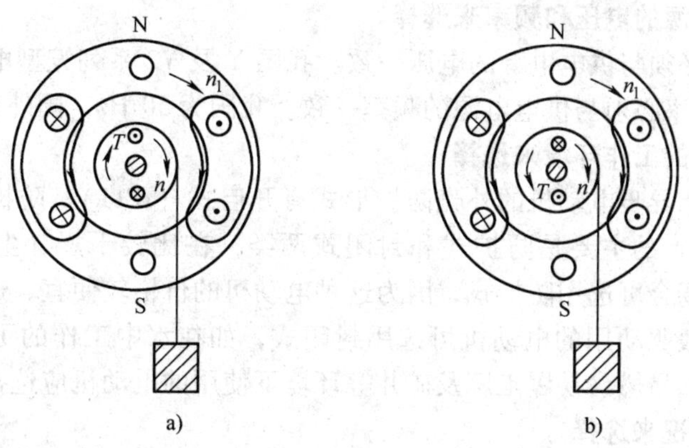

图 4—99　再生发电制动

再生发电制动是一种比较经济的制动方法。制动时不需要改变线路即可从电动机运行状态自动转入发电制动状态，把机械能转换成电能，再回馈到电网，节能效果显著。缺点是应用范围窄，仅当电动机转速大于同步转速时才能实现发电制动。所以常用于在位能负载作用下的起重机械和多速异步电动机由高速转为低速时的情况。

电容制动

当电动机切断交流电源后，立即在电动机定子绕组的出线端接入电容器来迫使电动机迅速停转的方法叫电容制动。其制动原理是：当旋转着的电动机断开交流电源时，转子内仍有剩磁。随着转子的惯性转动，有一个随转子转动的旋转磁场。这个磁场切割定子绕组产生感生电动势，并通过电容器回路形成感生电流，该电流产生的磁场与转子绕组中感生电流相互作用，产生一个与旋转方向相反的制动转矩，使电动机受制动迅速停转。

第九节　三相异步电动机的选用与检修

1. 熟悉三相异步电动机的选用。
2. 掌握三相异步电动机常见故障的处理方法和技能。

一、三相异步电动机的选用

三相异步电动机的选用原则如下：

1. 根据供电电源的电压和频率来选择

电动机的电压必须与供电电源的电压一致。我国 Y 及 Y2 系列笼型电动机的供电电压为 380 V。电动机的频率必须与供电电源的频率一致。我国为 50 Hz，国外有些为 60 Hz。

2. 根据电动机的工作环境来选择

一般驱动用三相异步电动机的外壳防护形式有开启式（IP11）、防护式（IP23）和封闭式（IP44）。目前生产的主要是防护式和封闭式两类，在比较干燥，尘土较少，不会有水滴、杂物等浸入的场合可选用防护式，因为这种电动机的价格较便宜、通风良好。与上述使用环境不相符的一般驱动用的电动机可选用封闭式，如在水中工作的可选用水密式或潜水式。在特殊场合，如易燃、易爆工厂及矿井等环境下使用的电动机应选择防爆式。

3. 根据负载情况来选择

（1）电动机功率的选择　电动机的功率要满足负载的需要。一般来说，电动机的额定功率要比负载的功率大些，以留有余地；但也不能太大，避免造成“大马拉小车”的现象，这样不仅增加了设备投资成本，而且使电动机工作时效率及功率因数也较低，造成浪费。反之，如果选择电动机的功率比负载功率小，又可能使电动机长期过载运行，即所谓“小马拉大车”现象，电动机会因绝缘老化而容易烧损，这更不可取。

（2）电动机定额工作制的选择　一般电动机均可长期连续工作，故应选用连续工作制（S1），对驱动某些特殊负载的电动机，例如起重机械、空气压缩机等，可用短时工作制或断续工作制的电动机。

4. 根据电动机的转速来选择

各种负载都有一定的转速要求，选用电动机时必须满足这些要求。若电动机转速和负载转速要求不一致时，可用带轮或齿轮等装置进行变速。一般情况下以选用四极（$2p=4$）三相异步电动机为宜。因为在功率相同的情况下，二极电动机机械磨损大，启动电流也相应较大，而启动转矩较小；如果电动机极数多，则转速低，使电动机体积、尺寸大，价格贵，且效率也较低。

二、三相异步电动机的检修

1. 三相异步电动机的检查

检查电动机时，一般应按先外后里、先机后电、先听后检的顺序。先检查电动机的外部是否有故障，后检查电动机内部；先检查机械方面，再检查电气方面；先听使用者介绍使用情况和故障情况，再动手检查。这样才能正确迅速地找出故障原因。

提示

在对电动机外观、绝缘电阻、电动机外部接线等项目进行详细检查时，如未发现异常情况时，可对电动机做进一步的通电试验：将三相低电压（30% U_N）通入电动机三相绕组并逐步升高，当发现声音不正常、有异味或转不动时，立即断电检查。如未发现问题，可测量三相电流是否平衡，电流大的一相可能是绕组短路；电流小的一相可能是多路并联绕组中的支路断路。若三相电流平衡，可使电动机继续运行1～2 h，随时用手检查铁心部位及轴承端盖，发现烫手，立即停车检查。如线圈过热则是绕组短路；如铁心过热，则是绕组匝数不够，或铁心硅钢片间的绝缘损坏。以上检查均在电动机空载下进行。

通过上述检查，确认电动机内部有问题，就可按照异步电动机的拆卸步骤拆开电动机做进一步检查。检查方法见表4—14。

表4—14　　电动机检查方法

检查部位	检查方法和内容
检查绕组部分	查看绕组端部有无积尘和油垢，查看绕组绝缘、接线及引出线有无损伤或烧伤。若有烧伤，烧伤处的颜色会变成暗黑色或烧焦，有焦臭味。再查看导线是否烧断和绕组的焊接处有无脱焊、虚焊现象
检查铁心部分	查看转子、定子表面有无擦伤的痕迹。若转子表面只有一处擦伤，这大都是由于转子弯曲或转子不平衡造成的；若转子表面一周全都有擦伤的痕迹，定子表面只有一处伤痕，这是由于定子、转子不同心造成的，造成不同心的原因是机座或端盖止口变形或轴承严重磨损使转子下落；若定子、转子表面均有局部擦伤痕迹，是由上述两种原因共同引起的
检查轴承部分	查看轴承的内、外套与轴颈和轴承室配合是否合适，同时也要检查轴承的磨损情况
检查其他部分	查看风扇叶是否损坏或变形，转子端环有无裂痕或断裂，再用短路测试器检查笼型转子的导条有无断裂

2. 定子绕组的故障处理

常见的定子绕组故障有：绕组断路、绕组接地、绕组短路及绕组接错、嵌反等。

（1）绕组接地的检查与修理　电动机定子与铁心或机壳间因绝缘损坏而相碰，称为接地故障。造成这种故障的原因有受潮、雷击、过热、机械损伤、腐蚀、绝缘老化、铁心松动或有尖刺，以及绕组制造工艺不良等。绕组接地的具体检查方法见表4—15。

表4—15　　绕组接地的具体检查与修理方法

检查方法	检查内容
用兆欧表检查	将兆欧表的两个出线端分别与电动机的绕组和机壳相连，以120 r/min的速度摇动兆欧表手柄，若所测的绝缘电阻值在0.5 MΩ以上，说明被测电动机绝缘良好；在0.5 MΩ以下或接近零，说明电动机绕组已受潮，或绕组绝缘很差。如果被测绝缘电阻值为“0”，同时有的接地点还会发出放电声或微弱的放电现象，则表明绕组已接地；如有时指针摇摆不定，说明绝缘已被击穿
用校验灯检查	拆开各绕组间的连接线，用36 V灯泡与36 V电压串联，逐一检查各相绕组与机座的绝缘情况，若灯泡发亮，说明该绕组接地；否则，说明绕组绝缘良好；灯泡微亮，说明绕组已被击穿

续表

检查方法	检查内容
用校验灯检查	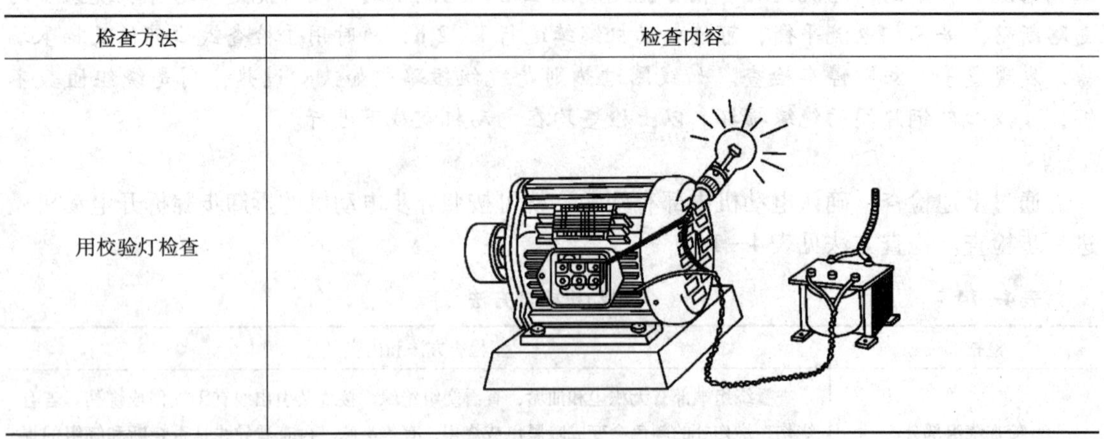

修理方法：如果接地点在槽口或槽底接口处，可用绝缘材料垫入线圈的接地处，再检查故障是否已经排除，如已排除则可在该处涂上绝缘漆，再进行烘干处理。如果故障在槽内，则需更换绕组或用穿绕修补法进行修复。

（2）绕组绝缘电阻值很低的检修　可将该绕组的表面擦抹及吹刷干净，然后放在烘箱内慢慢烘干，当烘到绝缘电阻值上升到 0.5 MΩ 以上时，再给绕组浇一层绝缘漆，并重新烘干，以防回潮。

（3）绕组断路的检查与修理　电动机定子绕组内部连接线、引出线等断开或接头处松脱所造成的故障称为绕组断路故障。这类故障多发生在绕组端部的槽口处，检查时可先检查各绕组的连接线处和引出头处有无烧损、焊点松脱和熔化现象。

1）绕组断路的检查　绕组断路的检查见表 4—16。

表 4—16　　　　绕组断路的检查

检查方法	检查内容
用万用表检查	将万用表置于 R×1 或 R×10 挡上，分别测量三相绕组的直流电阻值。对于单线绕制的定子绕组而言，则电阻值为无穷大或接近该值时，说明该相绕组断路。如无法判定断路点时，可将该绕组中间一半的连接点处剖开绝缘，进行分段测试，如此逐段缩小故障范围，最后找出故障点 电流小　断路处　L　~　电流大　通路　通路　电流大 a) 并联 Y 形联结 断路处　电流小　断路 b) 并联△形联结

续表

检查方法	检查内容
用校验灯检查	使用时将小灯泡与干电池串联一起，将试灯一端与某相绕组的首端接上，另一端与此绕组的尾端接上，如果灯亮，表示此相绕组无断路；灯灭，则表示电路不通，有断路存在 采用试灯检查时，对于△形联结绕组应拆开一个端口，才能测出各相的断路，对于Y形联结绕组可以直接测试。另外，两根以上并绕的绕组，如果只断开一根导线，用试灯法不易检查出断路，这时应采用电桥法测量每相绕组的直流电阻值，如果有一相偏大，大于2%以上，可能这一相绕组的并联导线有断路 灯或表不通　断路处　灯或表不通　灯或表通　a)　Y形联结 灯或表通　灯或表通　断路处　灯或表不通　b)　△形联结
用电桥检查	如电动机功率稍大，其定子绕组由多路并绕而成，当其中一相发生故障时，用万用表和校验灯则难以判断，此时需用电桥分别测量各相绕组的直流电阻值。断路相绕组的直流电阻值明显大于其他相，再参照上述的办法逐步缩小故障范围，最后找出故障点

2）绕组断路的修理

①局部补修　断路点在端部、接头处，可将其重新接好焊好，包好绝缘并刷漆即可。如果原导线不够长，可加一小段同线径导线绞接再焊。

②更换绕组或穿绕修补　定子绕组发生故障后，若经检查发现仅个别线圈损坏需要更换。为了避免将其他的线圈从槽内翻起而受损，可以用穿绕法修补。穿绕时先将绕组加热到80～100℃，使绕组的绝缘软化，然后把损坏线圈的槽楔敲出，并把损坏线圈的两端剪断，将导线从槽内逐根抽出。原来的槽绝缘可以不动，另外用一层6520聚脂薄绝缘纸卷成圆筒，塞进槽内；然后用与原来的导线规格、型号相同的导线一根一根地在槽内来回穿绕到尽量接近原来的匝数；最后按原来的接线方式接好线、焊好之后，进行浸漆干燥处理，如图4—100所示。

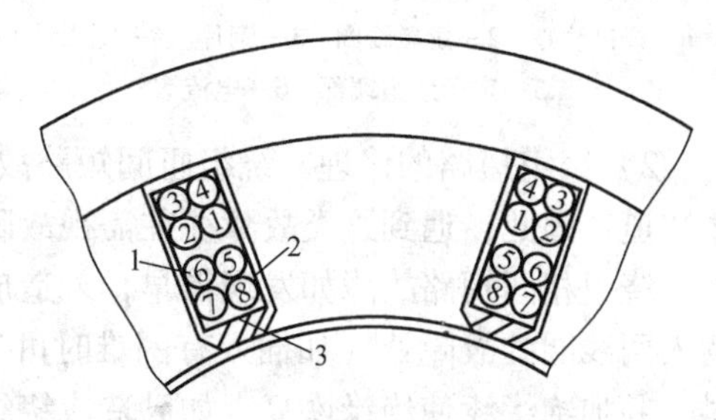

图4—100　穿绕修补

1—导线　2—绝缘套筒　3—槽楔

（4）绕组短路的检查和修理　绕组短路的原因主要是由于电源电压过高、电动机驱动的负载过重，电动机使用过久或受潮、受污等造成定子绕组绝缘老化与损坏，从而产生绕组短路故障。定子绕组的短路故障按发生地点划分为绕组对地短路、绕组匝间短路和绕组相与相短路等三种。

1）绕组短路的检查　绕组短路的检查见表4—17。

表4—17　绕组短路的检查

检查方法	检查内容
直观检查	使电动机空载运行一段时间，然后拆开电动机端盖，抽出转子，用手触摸定子绕组。如果有一个或几个线圈过热，则这部分线圈可能有匝间或相间短路故障。也可用眼观察线圈外部绝缘有无变色和烧焦，或用鼻闻有无焦臭气味，如果有，该线圈可能短路
用兆欧表检查相间短路	拆开三相定子绕组接线盒中的连接片，分别测量任意两相绕组之间的绝缘电阻值，若绝缘电阻阻值为零或很小，说明该两相绕组相间短路
用钳形电流表测三相绕组的空载电流，检查匝间短路	空载电流明显偏大的一相有匝间短路故障
用直流电阻法测量匝间短路	用电桥分别测量各个绕组的直流电阻值，电阻值较小的一相可能有匝间短路
用短路测试器（短路侦察器）检查匝间短路	用测空载电流或直流电阻值的方法来判断绕组是否有匝间短路，有时准确度不很高，可能会出现误判断，而且也不容易判断到底哪个线圈有匝间短路。因此，在电动机检修中常常用短路测试器来检查绕组的匝间短路故障

用短路侦察器检查绕组匝间短路时，具体操作是将开口变压器放在有短路线圈外的铁心槽上，在这个线圈的另一个槽口上放置薄钢片（或锯条片）。钢片因短路线圈中电流过大而产生振动，根据钢片振动大小和噪声来判断出短路线圈，如图4—101和图4—102所示。

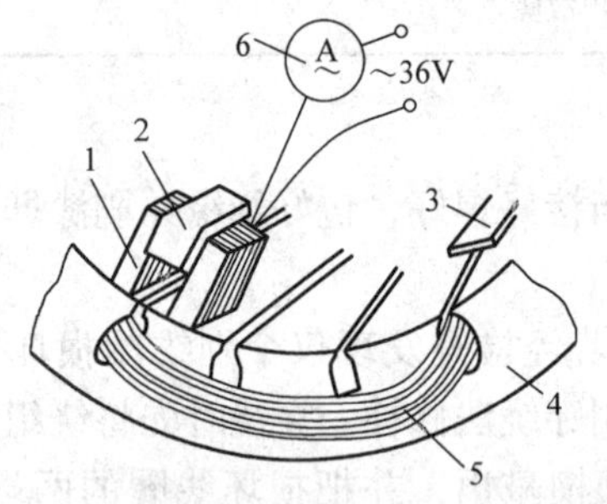

图4—101　短路侦察器检查单层绕组匝间短路

1—开口铁心　2—励磁线圈　3—钢片　4—定子铁心　5—定子绕组端部　6—电流表

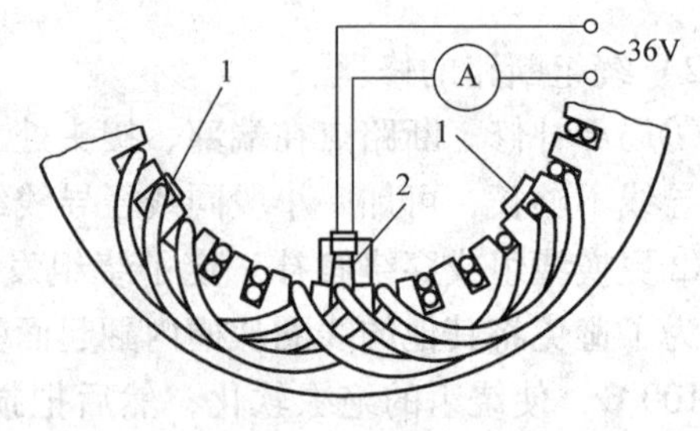

图4—102　短路侦察器检查双层绕组匝间短路

1—钢片　2—短路侦察器

2）绕组短路的修理　绕组匝间短路故障，一般事先不易发现，往往均是在绕组烧损后才知道，因此，遇到这类故障往往需视故障情况，全部或部分更换绕组。

绕组相间短路故障如发现得早，未造成定子绕组烧损事故时，可以找出故障点，用竹楔插入两线圈的故障处（如插入有困难时可先将线圈加热），把短路部分分开，再垫上绝缘材料，并加绝缘漆使绝缘恢复。如已造成绕组烧损时，则应更换部分或全部绕组。

3. 转子绕组的故障处理

（1）笼型转子故障的检查与排除　笼型转子的常见故障是断条，断条后的电动机一般能空载运行，但当加上负载后，电动机转速将降低，甚至停转。若用钳形电流表测量三相定子绕组电流时，电流表指针会往返摆动。

断条的检查方法通常有以下两种：

1）用短路测试器检查　如图 4—103 所示。

2）导条通电法。

转子导条断裂故障一般较难修理，通常是更换转子。

（2）绕线转子故障的检修

1）绕线转子绕组断路、短路、接地等故障的检修与定子绕组故障检修相同。

2）集电环、电刷、举刷和短路装置的检修

检查集电环、电刷、举刷和短路装置的接触是否良好，变阻器是否断路，引线是否接触不良等。

①集电环的检修　如图 4—104 所示，铜环表面车光，铜环紧固，使接线杆与铜环接触良好。对铜环短路，可更换破损的套管或更换新的集电环。

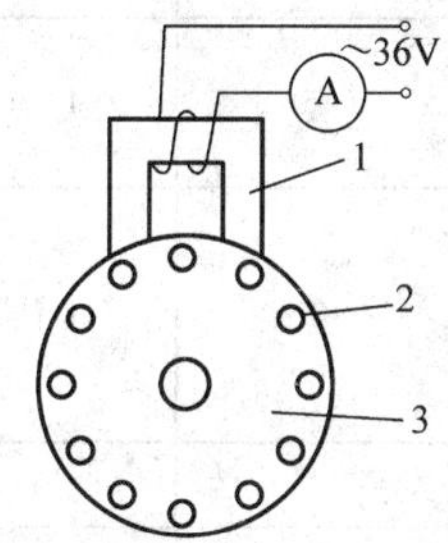

图 4—103　短路测试器检查测试断条

1—短路测试器　2—导条　3—转子

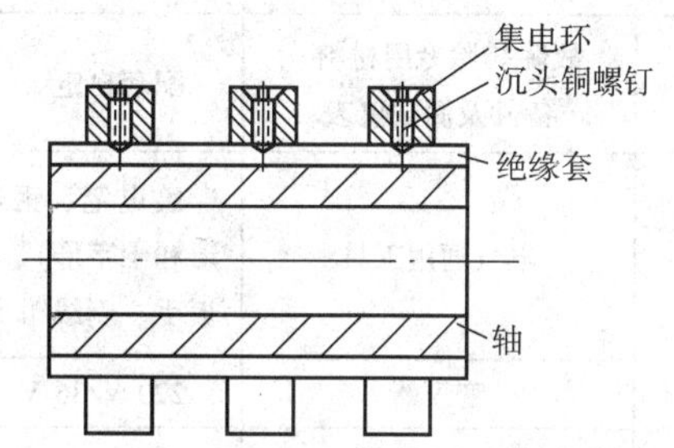

图 4—104　检查集电环、电刷、举刷和短路装置

②电刷的检修　调整电刷的压力，研磨电刷使之与集电环接触良好或更换同型号的电刷。图 4—105 给出三相异步线绕转子换向器电动机电刷研磨参考图。

如电刷的引线断了，可采用锡焊、铆接或螺钉连接、铜粉塞填法接好，如图 4—106 所示。

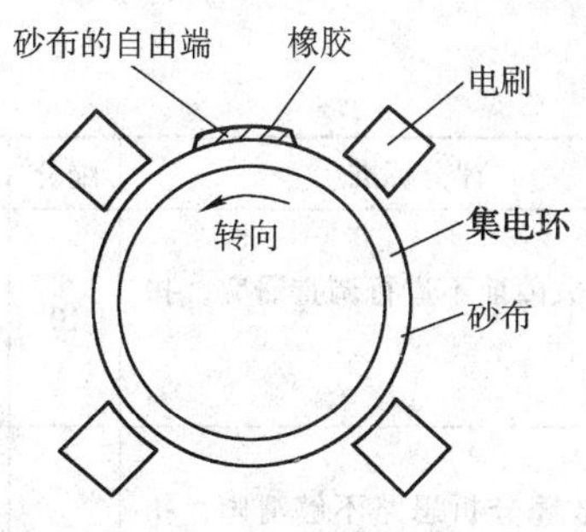

图 4—105　电刷研磨参考图

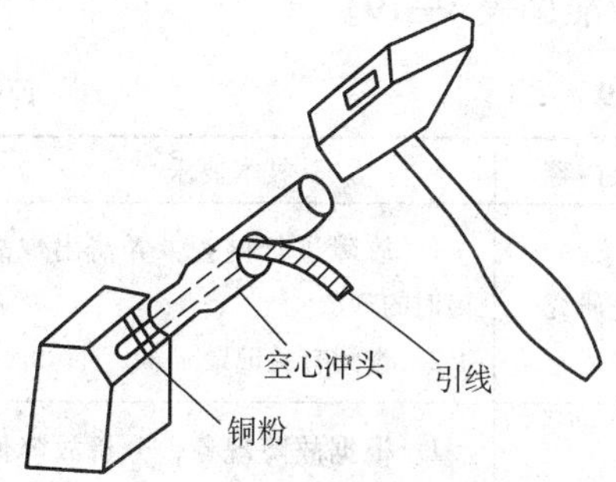

图 4—106　铜粉塞填法

③举刷和短路装置的检修　当手柄未扳到位时，排除卡阻和更换新的键滑或触头；当电刷举、落不到位时，排除机械卡阻故障。

技能训练6　三相异步电动机的检修（一）

一、训练内容

定子绕组端部断路故障的检修训练。

二、工具、仪表、器材（见表4—18）

表4—18　　工具、仪器仪表及材料

序号	名称	型号与规格	单位	数量	备注
1	三相异步电动机	Y160M－4	台	1	
2	故障检修专用工具	配套自定	套	1	
3	助手	配初级工助手	人	1	
4	起重设备	配套自定	台	1	
5	故障排除专用材料、备件及测试仪表	配套自定	套	1	
6	电气通用工具	验电笔、钢丝钳、螺钉旋具（一字形和十字形）、电工刀、尖嘴钳、活络扳手、剥线钳	套	1	
7	变压器	220 V/36 V			
8	低压校验灯	36 V			
9	万用表	自定	块	1	
10	兆欧表	自定	台	1	
11	圆珠笔	自定	支	1	
12	劳保用品	绝缘鞋、工作服等	套	1	

三、评分标准

评分标准见表4—19。

表4—19　　评分标准

序号	主要内容	技术要求	评分标准	配分	扣分	得分
1	调查研究	1. 故障进行调查，弄清出现故障时的现象 2. 查阅有关记录	排除故障前不进行调查研究，扣10分	10		
2	故障分析	1. 根据故障现象，分析故障原因，思路正确 2. 判明故障部位 3. 采取有针对性的处理方法进行故障部位的修复	1. 故障分析思路不够清晰，扣15分 2. 确定最小的故障范围，每个故障点扣10分	30		

续表

序号	主要内容	技术要求	评分标准	配分	扣分	得分
3	故障排除	1. 正确使用工具和仪表 2. 找出故障点并排除故障 3. 排除故障时要遵守电动机检修的有关工艺要求 4. 根据故障情况进行电气试验	1. 不找出故障点，扣15分 2. 不能排除故障，扣15分 3. 排除故障方法不正确，扣15分 4. 根据故障情况不会进行电气试验，扣15分	60		
4	其他	操作如有失误，要从此项总分中扣分	1. 排除故障时，产生新的故障后不能自行修复，每个故障从本项总分中扣10分：已经修复，每个故障从本项总分中扣5分 2. 损坏电动机，从本项总分中扣40～100分			
备注			合计			
			教师签字	年 月 日		

四、训练步骤

（1）拆开电动机，将出线盒内的接线片拆下（△形联结）。

（2）用万用表或校验灯查处断路的一相绕组。

（3）逐步缩小断路故障范围，最后找出故障所在的线圈。

（4）将定子绕组放在烘箱内加热，使线圈的绝缘软化，再设法找出故障点，断路故障一般均发生在线圈之间的连接线处或铁心槽口处。

（5）视故障实际情况进行处理。如断路点发生在端部，则可将断路处恢复加焊后再进行绝缘处理；如断路点发生在槽口处或槽内，则一般可拆除故障线圈，用穿绕修补法进行修理或者重新绕制。

（6）将绕组及电动机复原。

（1）在找到故障点后，应观察故障现象，分析故障原因，然后再行修复。

（2）进行锡焊时，应注意锡焊点处不得有毛刺等尖凸部位，焊锡不能掉入绕组内。

技能训练7 三相异步电动机的检修（二）

一、训练内容

定子绕组匝间短路故障的检修训练。

故障现象：电动机启动后过热。

故障设置：匝间短路。

按工艺规程检修7.5 kW三相异步电动机。在三相异步电动机定子绕组上设隐蔽故障1处。学生向教师询问时，教师可以将故障现象告诉学生，学生必须单独排除故障。

二、工具、仪器仪表及材料

工具、仪器仪表及材料见表4—18。

三、评分标准

评分标准见表4—19。

四、训练步骤

1. 询问故障现象为电动机启动后过热，分析故障原因可能是：

（1）电源电压过大或三相电压相差过大，导致电流增大。

（2）电动机过载。

（3）电源一相断路或定子绕组一相断路，造成电动机缺相运行。

（4）定子绕组局部短路，相间短路，绕组通地。

（5）转子与定子相擦。

2. 对上述分析原因进行逐一排查，经检查电源电压正常，负载正常；在停电情况下，用手转动转子，运转灵活；确定故障可能是定子绕组局部断路或短路。

3. 按电动机拆卸步骤拆开电动机，在助手的帮助下，用起吊设备取出转子和端盖，拆开接线盒内的连接片和电源连接线。

4. 用兆欧表测量相间绝缘电阻值，若某两相绝缘电阻值为零，则该两相相间短路。

5. 将定子绕组烘焙加热至绝缘软化，拆开一相绕组各线圈的连接处，用淘汰法找出与另一相绕组短路的线圈。

6. 将36 V电源与灯泡串联后，一端接故障线圈的一个端点，另一端接另一相绕组的一个端点，若灯亮则故障就在该处。

7. 用划线板轻轻拨动故障线圈的前、后端部，当拨到某一点时，灯光闪动，该点就是相间短路点。

8. 用复合青壳纸做相间绝缘材料垫在故障点处，恢复相间绝缘。

9. 用校验灯和兆欧表复检，校验灯完全熄灭，故障部位的绝缘电阻值应大与0.5 MΩ。

10. 将各接线点恢复并包扎整形。

11. 在故障处刷涂或浇注绝缘漆后烘干。

12. 重新装配电动机。

13. 对电动机进行修复后的有关试验。如直流电阻值的测量、绝缘电阻值的测量、转速试验，用钳形电流表检查三相电流和空载试验等，合格后校验。

（1）绝缘电阻值的测定　主要测定各绕组间各绕组与地间冷态绝缘电阻值。对于 500 V 以下的电动机，绝缘电阻值不应低于 1 MΩ。

（2）直流电阻值的测定　直流电阻值的测定一般在常温下进行。绕组电阻值可采用单臂电桥测量。所测各相电阻值偏差与其平均值之比不得超过 5%。

（3）耐压试验　电动机定子绕组相与相之间及每相与机壳之间经过绝缘处理后，应能承受一定的电压而不击穿称为耐压试验。对绕线转子异步电动机而言还包含转子绕组相与相之间及相与地之间的耐压。耐压试验的目的是考核各相绕组之间及各相绕组对机壳之间的绝缘性能的好坏，以确保电动机的安全运行及操作人员的人身安全。

耐压试验一般在单相工频耐压试验机上进行，试验电压种类为工频交流。对 1 kW 以下电动机，试验电压有效值为 $500\ \text{V}+2U_N$；对额定电压为 380 V、功率在 1～3 kW 的试验电压值为 1 500 V；额定功率在 3 kW 以上的试验电压值为 1 760 V。试验时电机处于静止状态。定子做耐压试验时绕线转子异步电动机的转子绕组应接地。试验电压一般从零逐步升高到规定值，并保持 1 min，再逐步减小到零，以不发生击穿或闪弧为合格。试验时必须注意人身安全，试验结束，被测试件必须放电后才能触及。

试验中常见的击穿原因有：长期停用的电机受潮，电机线圈组间接线错误，长期过载运行、过压运行，没经过烘干处理，绝缘老化损坏。

（4）空载试验　经上述检查合格的电动机，方可进行空载试验。空载运行时间为 30 min。主要为了确定空载电流和空载损耗。还应测量三相电流是否平衡，其偏差不应超过 10%。如空载电流过大，则可能是定转子之间的气隙超出允许值，或是装配质量差所致。如空载电流过小，则可能是绕组匝数过多，绕组连接有误等。空载试验时，应仔细观察电动机运行情况，监听有无异常声音，电动机是否过热，轴承的运转是否正常等。绕线转子异步电动机还应检查电刷有无火花及过热现象。

（1）定子绕组是多路并联的，要拆开各并联支路。

（2）用短路侦察器时，应先将其铁心放在定子铁心上后，再接通电源进行操作。

（3）用划线板拨动故障线圈的动作要轻，不要碰伤绕组，以防故障的扩大。

第五章

单相异步电动机

单相异步电动机是利用单相电源供电的一种小容量交流电动机。它具有结构简单、运行可靠、维修方便等优点，特别是可以直接用220 V交流电源供电，所以得到广泛应用。但单相异步电动机与同容量的三相异步电动机相比较，体积较大，运行性能较差，效率较低。因此，一般只制成小型和微型系列，容量一般在1 kW之内，主要用于驱动小型机床、离心机、压缩机、泵、风扇、洗衣机、冷冻机等。

第一节　单相异步电动机的结构及原理

1. 熟悉单相异步电动机的结构。
2. 掌握单相异步电动机的工作原理。
3. 熟悉单相异步电动机的铭牌及分类。

一、单相异步电动机结构

1. 普通单相异步电动机的结构（见图5—1）

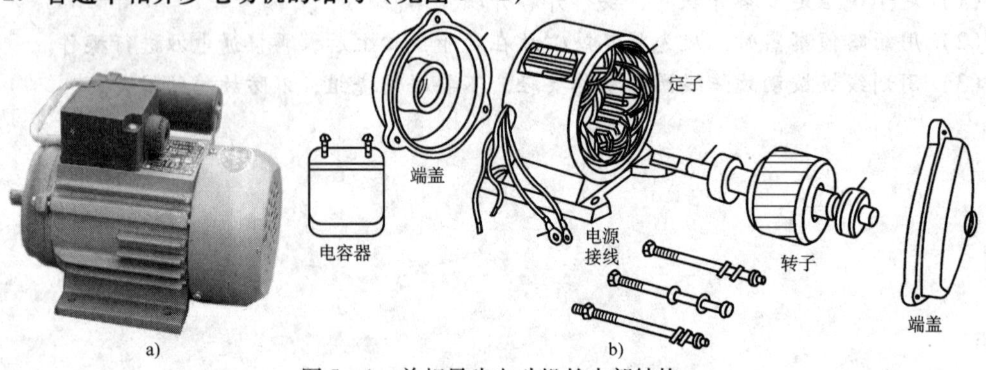

图5—1　单相异步电动机的内部结构

a）外形　b）结构

单相异步电动机结构与一般小型三相笼型异步电动机相似。

(1) 定子　定子由定子铁心、定子绕组和机座组成。

1) 定子铁心　也是用硅钢片叠压而成。

为什么单相异步电动机的定子铁心也是用硅钢片叠压而成?

2) 定子绕组　铁心槽内放置有两套绕组，一套是主绕组，也称工作绕组，另一套是副绕组，又称启动绕组，如图 5—2 所示。

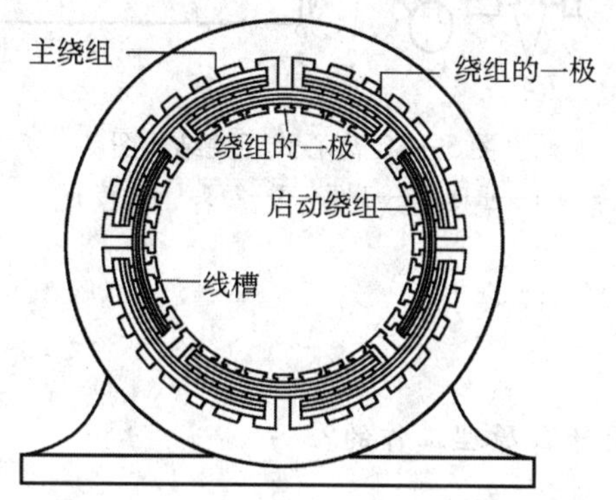

图 5—2　工作绕组和启动绕组的分布

为使单相异步电动机能自行旋转起来，将单相异步电动机的定子进行了特殊设计，在定子中加上一个启动绕组，启动绕组与主绕组在空间上相差 90°。

如何区分工作绕组和启动绕组?

3) 机座　也是用铁或铝铸造而成，它能固定铁心和支持端盖。

(2) 转子　单相异步电动机转子与三相异步电动机笼型转子相同，采用笼型结构。

(3) 其他附件　端盖、轴承、轴承端盖、风扇等。

(4) 启动元件　电容器或电阻器。

(5) 启动开关

1）离心式启动开关　离心开关是较常用的启动开关，一般安装在电动机端盖边的转子上。当电动机转子静止或转速较低时，离心开关的触头在弹簧的压力下处于接通位置；当电动机转速达到一定值后，离心开关中的重球产生的离心力大于弹簧的弹力，则重球带动触头向右移动，触头断开。其结构如图5—3所示。

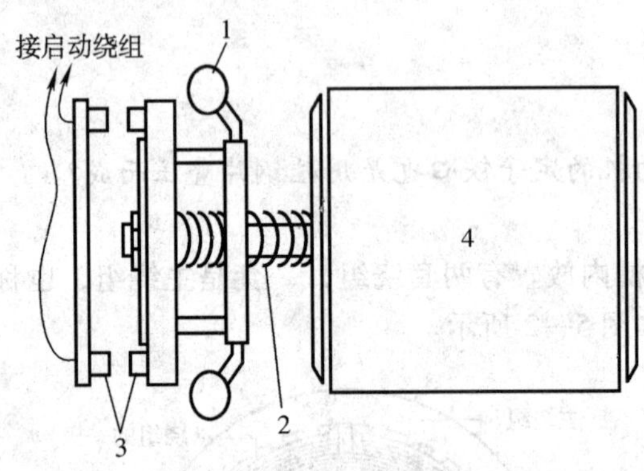

图5—3　离心式开关结构图

1—重球　2—弹簧　3—触头　4—转子

离心式启动开关是利用什么原理工作的？

2）电磁启动继电器　电磁启动继电器主要用于专用电动机上，如冰箱压缩电动机等，有电流启动型和电压启动型两种类型。电流启动型的工作原理如图5—4所示，继电器的线圈与工作绕组串联，电动机启动时工作绕组电流大，继电器动作，触头闭合，接通启动绕组。随着转速上升，工作绕组电流减少，当电磁启动继电器的电磁引力小于继电器铁心的重力及弹簧反作用力时，继电器复位，触头断开，切断启动绕组。电压启动型的工作原理如图5—5所示。

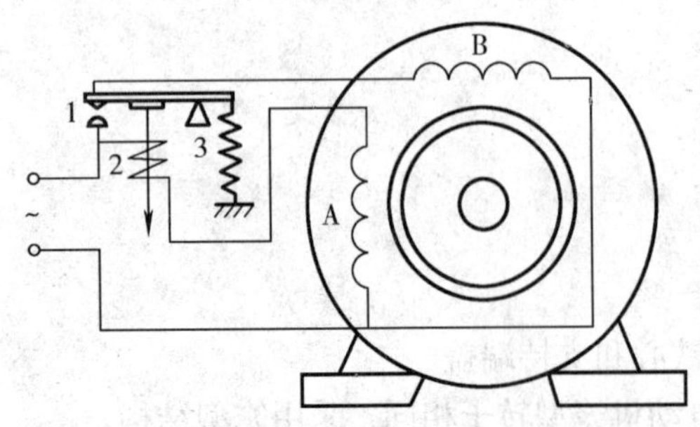

图5—4　电流启动型继电器的启动电路图

A—工作绕组　B—启动绕组

1—触点组　2—继电器线圈　3—反作用弹簧

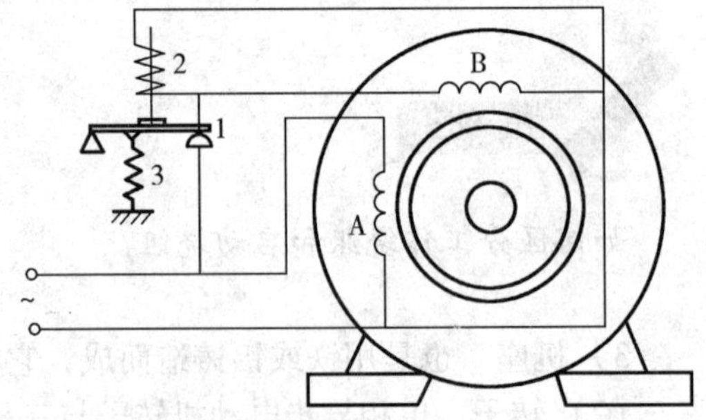

图5—5　电压启动型继电器的启动电路图

A—工作绕组　B—启动绕组

1—触点组　2—继电器线圈　3—反作用弹簧

3）PTC 元件　如图 5—6 所示，PTC 元件是一种正温度系数的热敏电阻器，“通”至“断”的过程即为低阻向高阻态转变过程。一般冰箱、空调压缩机应用 PTC 元件替代单相异步电动机电路中的电阻器和启动开关，体积只有贰分硬币大小。PTC 元件的特点是无触点、无电弧，工作过程比较安全、可靠、安装方便，价格便宜。缺点是不能连续启动，两次启动间隔 3 ~5 min。低阻时约几欧至几十欧，高阻时为几十千欧。

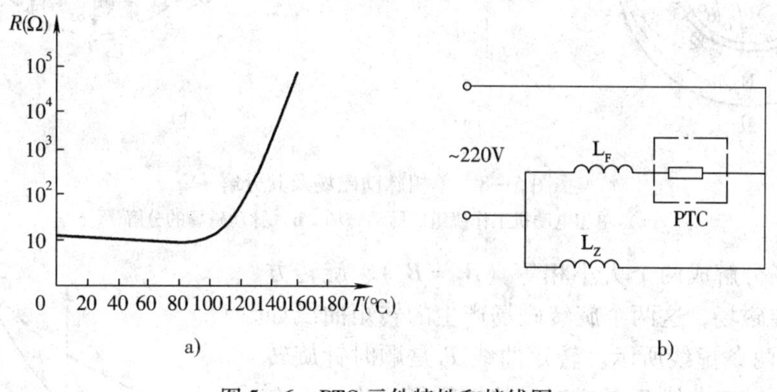

图 5—6　PTC 元件特性和接线图

注：L_F—启动绕组　L_Z—工作绕组

2. 单相罩极异步电动机结构

单相罩极电动机转子一般为笼型转子，定子铁心有两种结构，凸极式或隐极式，一般采用凸极结构，如图 5—7 所示。其外形是一种方形或圆形的磁场框架，磁极凸出，凸极中间开一个小槽，用短路铜环罩住 1/3 磁极面积。短路环起辅助绕组作用，而凸极磁极上集中绕组则起主绕组作用。

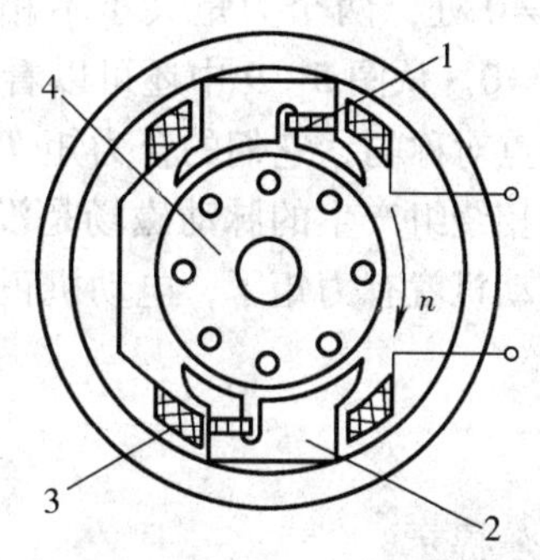

图 5—7　单相罩极电动机的凸极结构

1—短路环　2—凸极定子铁心
3—定子绕组　4—转子

二、单相异步电动机的原理

在三相异步电动机中曾讲到，向三相绕组通入三相对称交流电，则在定子与转子的气隙中会产生旋转磁场。当电源一相断开时，电动机就成了单相运行（也称为两相运行），气隙中产生的是脉动磁场。

单相异步电动机工作绕组通入单相交流电时，产生的也是一个脉动磁场，脉动磁场如图 5—8a 所示中分布，脉动磁场的磁通大小随电流瞬时值的变化而变化，但磁场的轴线空间位置不变，因此磁场不会旋转，当然也不会产生启动力矩。但可以应用矢量分解的方法，把这个磁场分解成两个大小相等（$B_1 = B_2$）、旋转方向相反的旋转磁场。从图 5—8b 中看出：在 t_0时刻 B_1、B_2正处在正、反向位置，矢量合成为零；在 t_1时刻 B_1顺时针旋转 45°，B_2逆时针旋转 45°，矢量合成为$\sqrt{2}B_1$；在 t_2时刻 B_1、B_2又各转了 45°，相位一致，矢量合成为$2B_1$……如此继续旋转下去，两个正、反向旋转的磁场就合成了时间上随正弦交流电变化的脉动磁场。

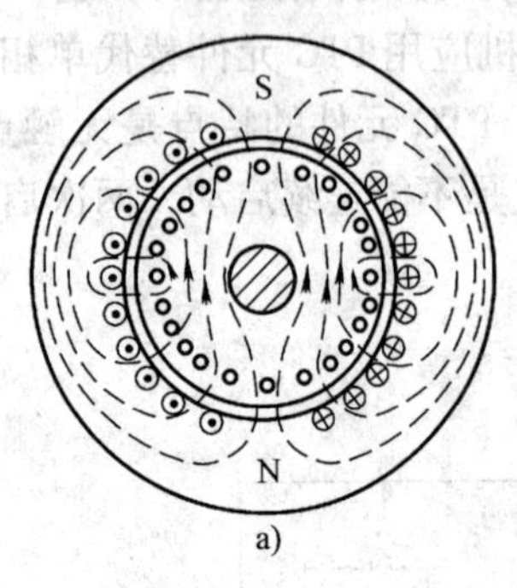

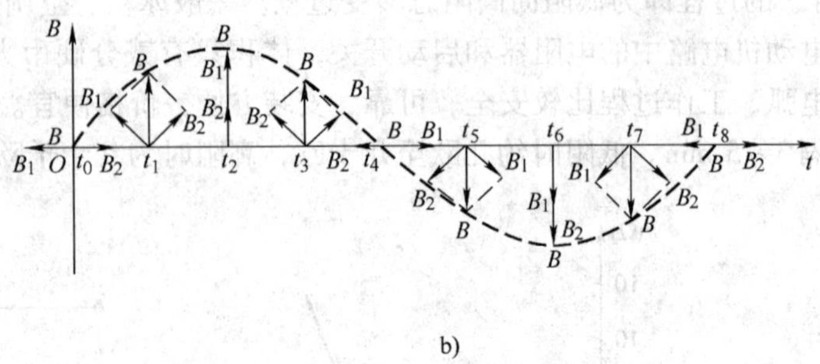

图 5—8　单相脉动磁场及其分解

a）单相电动机工作绕组的脉动磁场　b）脉动磁场的分解

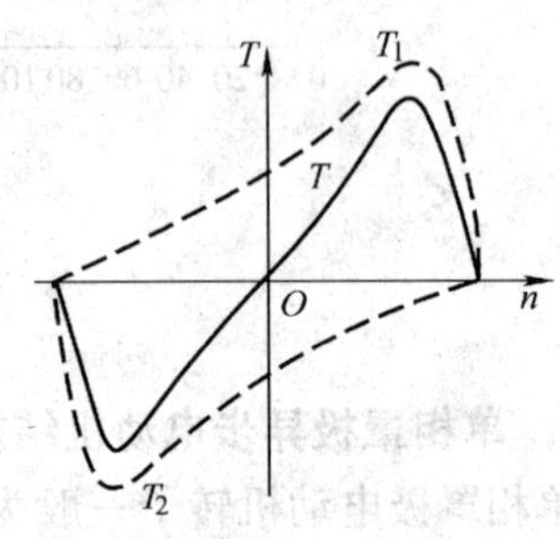

图 5—9　单相异步电动机的转矩特性

脉动磁场分解成两个大小相等（$B_1=B_2$）、旋转方向相反的旋转磁场，这两个旋转磁场产生的转矩曲线如图 5—9 中的两条虚线所示。转矩曲线 T_1 是顺时针旋转磁场产生的，转矩曲线 T_2 是逆时针旋转磁场产生的。在 $n=0$ 处，两个力矩大小相等、方向相反，合力矩 $T=0$；在 $n\neq0$ 处，两个力矩大小不相等、方向相反，但合力矩 $F\neq0$。从图 5—9 中还可以看出，转矩曲线 T_1 和 T_2 是以原点对称的，它们的合力矩 T 是用实线画的曲线。说明单相绕组产生的脉动磁场是没有启动力矩的，但启动后电动机就有力矩了，电动机正反向都可转，方向由所加外力方向决定。

脉动磁场分解成两个以相同转速、旋转方向相反的旋转磁场，转子合成转矩为零，所以电动机无法旋转。故单相异步电动机关键问题是解决启动问题。

单相异步电动机是如何解决启动问题的？

三、铭牌及分类

1. 铭牌

单相异步电动机铭牌如图 5—10 所示。

单相双值电容异步电动机

型号	YL90S2	出厂编号	340
额定转速	2800r/min	额定功率	1500W
额定电压	220V	额定频率	50Hz
额定电流	9.44A	电容值	35μF/150V
防护等级	IP44	绝缘等级	B级
接线方式		出厂日期	1995年1月

××××电机厂制造

图 5—10　单相异步电动机铭牌

（1）型号　型号举例

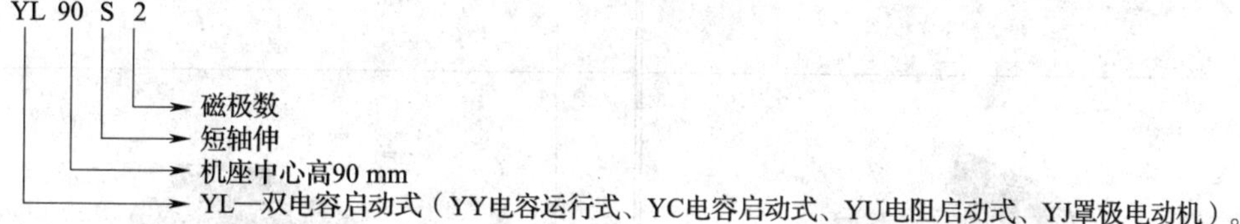

（2）额定值

1）额定电压 U_N（V）　额定运行时，规定加在定子绕组上的电压。

2）额定电流 I_N（A）　额定运行时，规定加在定子绕组上的电流。

3）额定功率 P_N（W）　额定运行时，电动机的输出功率。

4）额定转速 n_N（r/min）额定运行时，电动机的转子转速。

5）额定频率 f（Hz）　规定的电源频率。

2. 单相异步电动机分类

单相异步电动机根据获得启动转矩的方法不同，结构也存在较大差异，主要分为分相式异步电机和罩极式异步电机。

单相异步电动机按启动和运行方式分为五类，见表 5—1。

表 5—1　　单相异步电动机按启动、运行方式分类

序号	分类	序号	分类
1	单相电容运行式异步电动机（功率在 300 W 以上）	2	单相电容启动式异步电动机

续表

序号	分类	序号	分类
3	 单相电阻启动式异步电动机	4	 单相电容运行式异步电动机（功率在 300 W 以下）
5	 单相双电容启动式异步电动机	6	 单相罩极异步电动机

（1）单相电容运行式异步电动机　常用于家用小功率设备中或电扇、吸尘器等家用电器中。

（2）单相电容启动式异步电动机　常用于小型空气压缩机、洗衣机、空调器等。

（3）单相电阻启动式异步电动机　常用于电冰箱、空调压缩机中。

（4）单相双电容启动式异步电动机　这种电动机有较大的启动转矩，广泛用于小型机床设备。

（5）单相罩极异步电动机　单相罩极异步电动机主要适用于小功率空载启动场合。如计算机散热风扇、仪表风扇、电唱机等。

知识拓展

表 5—2 给出了常用的单相异步电动机的结构形式。

表 5—2　　单相异步电动机的用途

序号	用途	单相异步电动机结构形式
1	吊扇	吊扇电动机
2	转叶扇	转叶扇电动机
3	空调	空调压缩机（内置电动机）
4	洗衣机	洗衣机电动机

续表

序号	用途	单相异步电动机结构形式
5	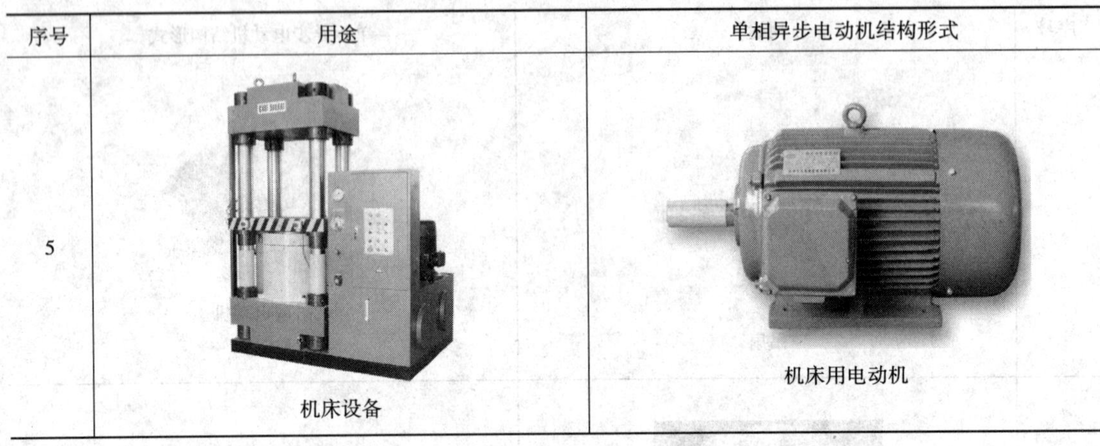 机床设备	机床用电动机

技能训练1　单相异步电动机的拆装

一、训练内容

单相异步电动机的拆装。

二、设备、工具、仪器仪表准备

1. 工具

电工工具1套（验电笔、一字和十字螺钉旋具、钢丝钳、尖嘴钳、斜口钳、剥线钳、电工刀等）。拆装、接线、调试的专用工具。

2. 单相异步电动机1台。

三、评分标准

评分标准见表5—3。

表5—3　　评分标准

序号	主要内容	评分标准	配分	扣分	得分
1	拆装前的准备	1. 考核前未将所需工具、仪器及材料准备好，每件扣2分 2. 拆除电动机电源电缆头及电动机外壳保护接地工艺不正确，电缆头没有保安措施，扣5分 3. 拉联轴器方法不正确，扣5分	15		
2	拆卸	1. 拆卸方法和步骤不正确，每次扣5分 2. 碰伤绕组，扣10分 3. 损坏零部件，每次扣5分 4. 装配标记不清楚，每处扣5分（扣完为止）	30		
3	装配	1. 装配步骤方法错误，每次扣5分 2. 碰伤绕组，扣10分 3. 损伤零部件，每次扣5分	30		

续表

序号	主要内容	评分标准	配分	扣分	得分
3	装配	4．轴承清洗不干净、加润滑油不适量，每只扣5分 5．紧固螺钉未拧紧，每只扣3分 6．装配后转动不灵活，扣5分（扣完为止）	30		
4	接线	1．接线不正确，扣5分 2．不熟练，扣2分 3．电动机外壳接地不好，扣3分	10		
5	电气测量	1．测量电动机绝缘电阻值不合格，扣5分 2．不会测量电动机的电流、转速，各扣5分	15		
6	时间	180 min			
7	备注	合　计			
		教　师 签　字	年　月　日		

四、训练步骤

1．操作准备

（1）必须断开电源，拆除电动机与外部电源的连接线，并标好标记。

（2）检查拆卸电动机的专用工具是否齐全。

（3）做好相应的标记和必要的数据记录。

在带轮或联轴器的轴伸端做好定位标记，测量并记录联轴器或带轮与轴台间的距离。在电动机机座与端盖的接缝处做好标记。

2．单相双电容器启动式异步电动机的拆卸步骤（见表5—4）

表5—4　　单相双电容器启动式异步电动机的拆卸

序号	步骤	相关照片	相关描述
1	拆卸带轮		用拉具和扳手（或管钳）将带轮取下

续表

序号	步骤	相关照片	相关描述
2	取出键楔		用“一”字螺钉旋具将键楔朝槽口方向撬起卸下
3	拆卸风扇防护罩		待风扇防护罩的四枚螺钉取下后将防护罩取下
4	拆卸风扇		在风扇套管上的螺钉松开取下后沿轴方向往外用力将风扇取下
5	拆卸后端盖与转子		用扳手将后端盖的四枚螺钉取下，然后用胶锤或木锤在前端盖处敲击转轴，使后端盖松脱

续表

序号	步骤	相关照片	相关描述
6	取出后端盖与转子		待后端盖松脱后，用双手握紧后端盖小心地将后端盖连同转子取出。在此过程中要注意别碰着定子绕组，以免损伤绕组线圈
7	分离后端盖与转子		用胶锤均匀地敲击后端盖的周围，使后端盖从后轴承上脱落下来
8	拆卸完毕后的后端盖与转子		待后端盖和转子分离后，认真地观察它们的结构。特别是结合相关理论知识观察转子导体结构。同时留意在前端轴承与笼型转子间有个离心重锤机构，它是在转子速度达到一定后，靠重锤的离心力作用，推开常闭的启动开关将启动电容器 C_2 断开
9	拆卸前端盖		待前端盖的四枚螺钉取下后，将前端盖连同启动开关拆卸下来

续表

序号	步骤	相关照片	相关描述
10	研究启动开关的工作原理		启动开关与接线盒中 V_1 和 V_2 端子相连接，是常闭触点
11	测量工作绕组直流电阻值	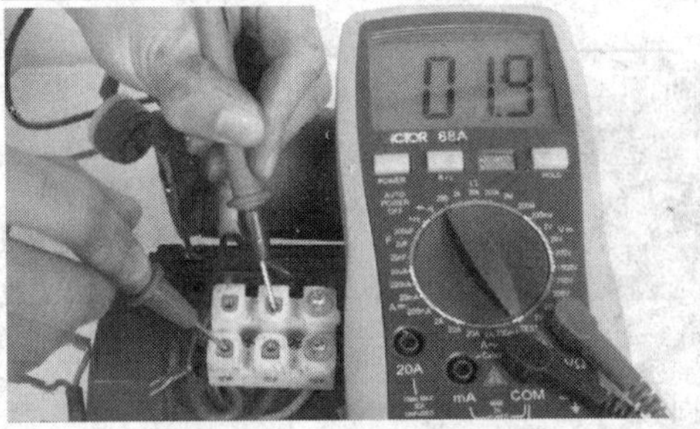	用万用表测量工作绕组的直流电阻值（接线盒中 U1 和 U2 端子），图中测得工作绕组的直流电阻值为 1.9 Ω
12	测量启动绕组直流电阻值	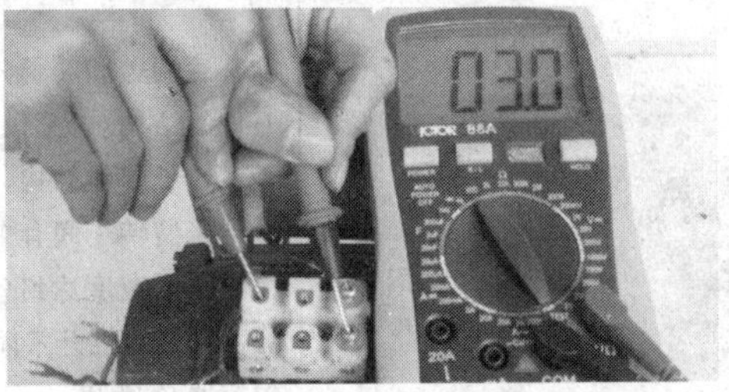	用万用表测量启动绕组的直流电阻值（接线盒中 Z1 和 Z2 端子），图中测得启动绕组的直流电阻值为 3.0 Ω
13	测试启动开关	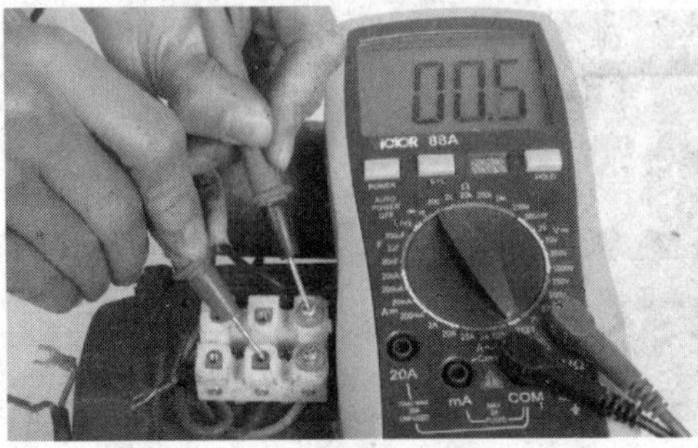	用万用表测试启动开关（接线盒中 V_1 和 V_2 端子），经测试启动开关是常闭触点

续表

序号	步骤	相关照片	相关描述
14	描绘原理图	L N Z1 L_F Z2 SQ V2 C1 C2 200μF V1 30μF L_Z U2 U1	参照以上测量和铭牌上标志内容，绘制出该电动机的电气原理图并进行工作原理分析，同时写出其工作原理

单相电动机拆卸工序要点：

（1）首先拆开电动机外部连接件，要随拆随标出工作、启动绕组引出线端头和启动绕组所串接的启动元件，如电容器，做好记录，然后，将电动机地脚螺栓松开。

（2）先将连接件上的销钉、紧固螺钉等拆下来，然后用专用工具将电动机的连接件（带轮、联轴器或齿轮等）松开。

（3）拆卸装有离心开关或其他启动元件端的端盖，松开端盖螺钉，可把带有离心开关的端盖连同离心开关和转子一起抽出来。抽出前，要将启动绕组和离心开关接线标清楚。在抽出转子时，要防止撞伤定子绕组。

（4）拆卸滚动轴承时，采用专用工具将轴承从转轴上卸下来。

（1）为什么在拆卸电动机以前要做标记？

（2）拆卸带轮需要采用哪些工具？

（3）取出转子时应注意哪些问题？

3. 单相异步电动机的装配步骤

将各零部件清洗干净，并检查完好后，按与拆卸相反的步骤进行装配。由于小功率电动机零部件小，结构刚性低，易变形，因此在装配操作受力不当时会使其失去原来精度，影响电动机装配质量，所以在装配时要合理使用工具，用力适当。在装配过程中尽量少用修理工具修理，如刮、砂、锉等操作。因为这些工具会将屑末带入电动机内部，影响电动机零部件的原有精度。单相异步电动机的装配步骤见表5—5。

单相电动机装配工序要点：

单相电动机的装配与拆卸工序相反，装配前要将各零部件清洗干净，用压缩空气吹净电动机内部杂质，检查转子是否有脏物并清理干净。另外，要检查轴承是否清洗干净，并加入适量润滑剂。电动机装配要点如下：

（1）由于小功率电动机零部件小，结构刚性低，易变形，因此在装配操作受力不当时会使其失去原来精度，影响电动机装配质量，所以在装配时要合理使用工具，用力适当。

表 5—5　　单相异步电动机的装配步骤

序号	步骤	相关照片	相关描述
1	安装前端盖		在安装前端盖时应注意： （1）要使前端盖对准机座的原位进行安装，切莫错位 （2）端盖位置对准后，用胶锤敲击端盖的周围使之紧密的镶进机座 （3）勿将端盖上的端面固定轴承的弹片丢失
2	安装转子与后端盖		先将后端盖套进转轴的后轴承，然后将后端盖连同转子小心地、水平地塞进机座
3	固定转子与后端盖		待转子与后端盖基本对准原位后，一手在前端盖侧拖住转轴，另一手用胶锤敲击后端盖，使之嵌入机座，然后用四枚螺钉固定后端盖
4	测试转轴灵活性		待端盖安装好后，用手旋转转轴看看转轴是否能灵活转动。如果转动不灵活，可能是端盖偏位或个别螺钉未拧紧，应重新将端盖螺钉稍微拧松后，用胶锤敲击端盖使转轴转动灵活，然后将螺钉锁紧 注意：在锁紧四个螺钉时切勿一步锁紧，而是四个螺钉轮流多次用力，同时不停地测试转轴的灵活性
5	测试绕组间及绕组对地绝缘电阻值		为了确保电动机重装后能安全正常使用，已经装配好的电动机要进行一次绝缘测试，主要是用摇表测量工作绕组与启动绕组间及其各自与外壳间的绝缘电阻值。应大于 0.5 MΩ 以上才可使用。如绝缘电阻值较低，则应先将电动机进行烘干处理，然后再测绝缘电阻值，合格后才可通电使用

续表

序号	步骤	相关照片	相关描述
6	电动机试运行		待电动机机械性能与电气性能检查无问题后，要进行试运行测试。按正确的方法接好各端子及电源线后，通电试运行，同时用钳形电流表测量运行电流，图中测得其空载电流为4.88 A，对照其额定电流9.44 A可推测该电动机工作基本正常

（2）在装配过程中尽量少用修理工具修理，如刮、砂、锉等操作。因为这些工具会将屑末带入电动机内部，影响电动机零部件的原有精度。

（3）转子要做动平衡试验，保证电动机运行寿命长、噪声低、振动小。

（4）要注意电刷压力的调整，保证电刷与滑动体的磨合精度并使其接触电阻小。

（5）要保证转子的同轴度和端盖安装的垂直度。

（6）装配环境要清洁，以防轴承润滑剂中混入磨料性尘埃。有些高精度的产品，要求有一定温度和湿度的装配车间，以及有空调和净化措施（一般要求温度20℃左右，相对湿度小于75%）。

（1）固定转子与后端盖的工艺要点有哪些？

（2）测试转轴灵活性的工艺要点有哪些？

（3）接上电源线试运行时，用钳形表测量电动机的空载电流为什么会比额定电流小？

第二节　典型的单相异步电动机

1．掌握电容器分相式单相异步电动机的原理及使用方法。
2．掌握电阻器分相式单相异步电动机的原理及使用方法。
3．掌握罩极式单相异步电动机的原理及使用方法。

一、电容器分相单相异步电动机

在电动机定子铁心上嵌放两套对称绕组：主绕组 L_Z（又称工作绕组）和副绕组 L_F（又称启动绕组）。在启动绕组 L_F 中串入电容器以后再与工作绕组并联接在单相交流电源上，经电容器分相后，产生两相相位相差90°的交流电，如图5—11a所示。与三相电流产生旋转磁场一样，两相电流也能产生旋转磁场，如图5—11b所示。旋转磁场的转速 $n_1 = 60f_1/p$，旋转磁场的方向可任意改变工作绕组或启动绕组的首端、末端与电源的接线，或将电容器从一组绕组中改接到另一组绕组中（只适用于单相电容运行式异步电动机），即可改变旋转磁场的转向。转子在旋转磁场中，感应出电流。感应电流与旋转磁场相互作用产生电磁力，电磁力作用在转子上将产生电磁转矩，并驱动转子沿旋转磁场方向异步转动。

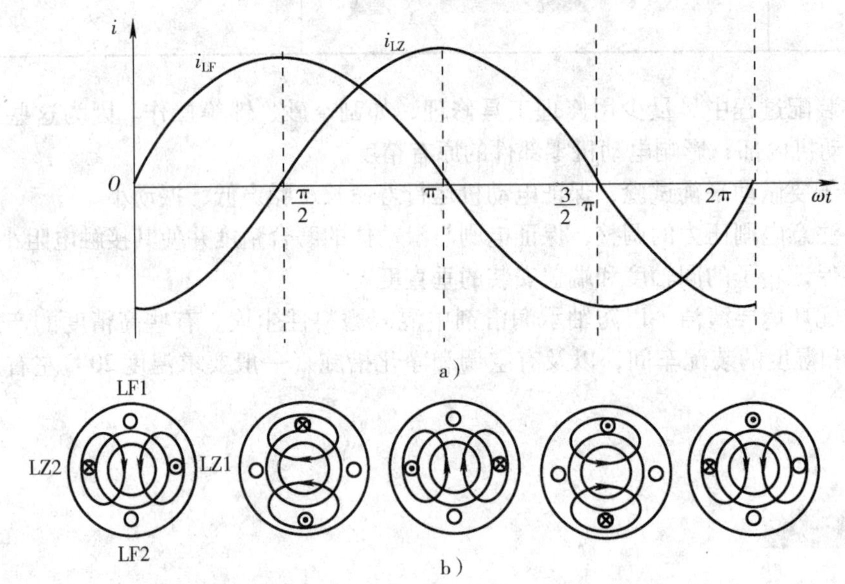

图5—11　两相旋转磁场的形成

两个在相位上相差90°的电流通入两个在空间上相差90°的绕组，将会在空间上产生（两相）旋转磁场，在这个旋转磁场作用下，转子就能自行启动。

1. 单相电容器运行式异步电动机

如图5—12所示，启动绕组与电容器串联后，再与工作绕组并联接在单相交流电源上。

图5—12　单相电容器运行式异步电动机电路图

单相电容器运行式异步电动机工作时启动绕组也不断电，它实质上已成为一台两相异步电动机。

这种电动机常用于各种电扇、吸尘器等上面，如图 5—13 所示

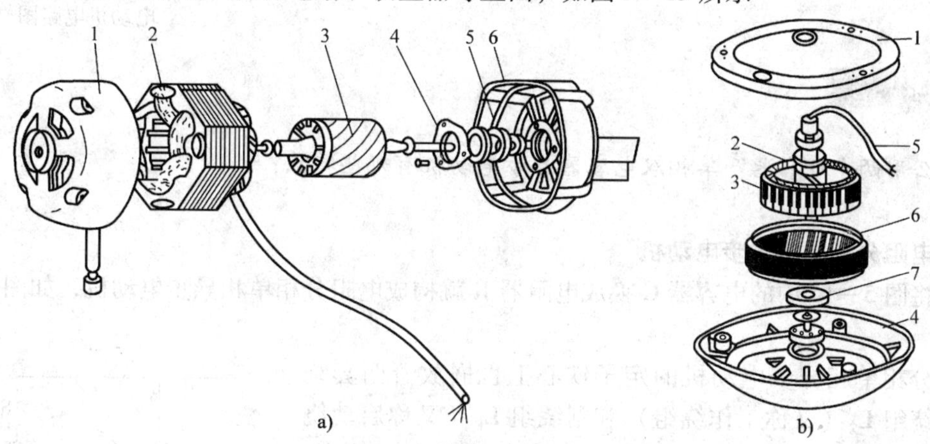

图 5—13　台扇、吊扇单相异步电动机结构图

a）台扇用电动机

1—前端盖　2—定子　3—转子　4—轴承盖　5—油毡圈　6—后端盖

b）吊扇用电动机

1—上端盖　2、7—挡油罩　3—定子　4—下端盖　5—引出线　6—外转子

任意改变工作绕组或启动绕组的首端、末端与电源的接线，或将电容器从一组绕组中改接到另一组绕组中（只适用于单相电容运行式异步电动机），即可改变旋转磁场的转向。

2. 单相电容器启动式异步电动机

如图 5—14 所示，启动绕组与电容器、启动开关一起串联后，再与工作绕组并联接在单相交流电源上。电动机达到额定转速时的 70% ~80% 后，启动开关可将启动绕组从电路中断开，起到保护该绕组的作用。

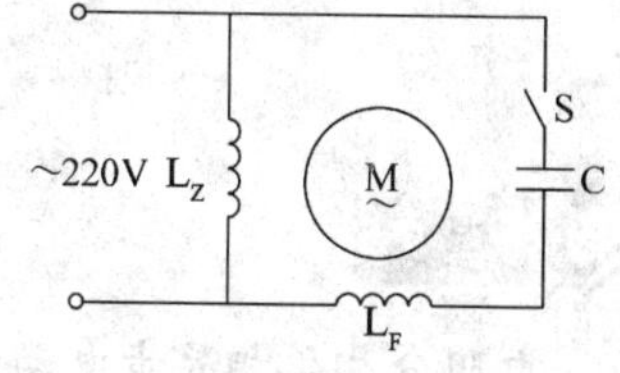

图 5—14　单相电容器启动式异步电动机电路图

正常运行时仅工作绕组参与工作。电容启动电动机有较大的启动转矩，启动性能好。

这种电动机常用于小型空气压缩机、洗衣机、空调器等。

3. 单相双电容器启动式异步电动机

如图 5—15 所示，两只电容器并联后与启动绕组串联，启动时两只电容器都工作，转速达到 80% 额定转速成时，C1 断开，C2 工作，使电动机有较高的效率和功率因数。

这种电动机有较大的启动转矩，广泛用于小型机床设备。

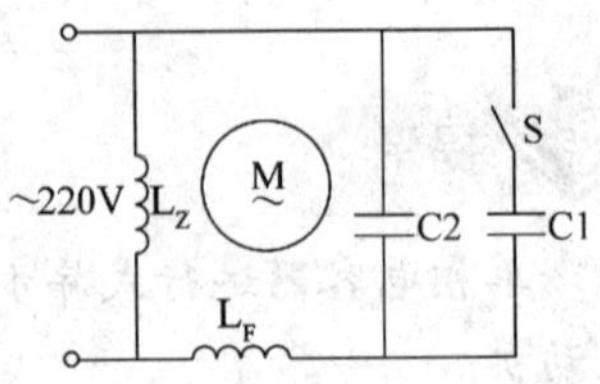

图 5—15　单相双电容异步电动机电路图

为什么用两个电容器？单相双电容器异步电动机有哪些特点？

二、电阻分相单相异步电动机

如果将图 5—14 中的电容器 C 换成电阻器 R 就构成电阻分相单相异步电动机，如图 5—16 所示。

电阻分相单相异步电动机的定子铁心上也嵌放着两套绕组，即主绕组 L_Z（又称工作绕组）和副绕组 L_F（又称启动绕组）。在电动机运行过程中，工作绕组自始至终接在电路中，一般工作绕组占定子总槽数的 2/3，启动绕组占定子总槽数的 1/3。而启动绕组只在启动过程中接入电路，待电动机转速达到额定转速的 70% ~80% 时，离心开关 S 将启动绕组从电源上断开，电动机即进入正常运行状态。为了增加启动时流过工作绕组和启动绕组之间电流的相位差（希望为 90°电角度），通常可在启动绕组回路中串联电阻器 R 或增加启动绕组本身的电阻（启动绕组用细导线绕制）。由于启动绕组的导线较细，故流过启动绕组导线的电流密度相应地比工作绕组中的要大，因此，启动绕组只能短时工作，启动完毕必须立即从电源上切除，如超过较长时间仍未切断，就有可能烧损启动绕组，导致整台电动机损坏。

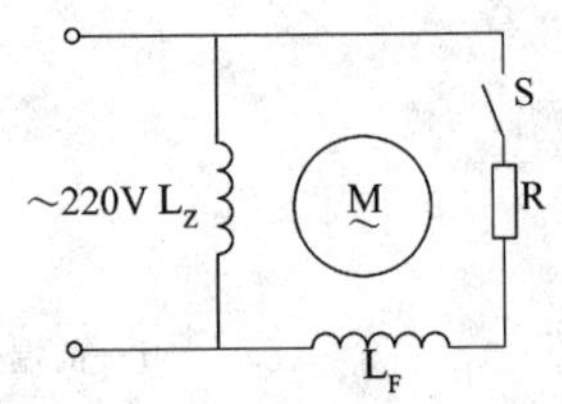

图 5—16　单相电阻启动式异步电动机电路图

电阻分相单相异步电动机工作绕组接近纯感性负载，启动绕组又串有电阻，接近纯阻性负载，结果使流入两套绕组的电流相位差小于而接近 90°。

单相电阻启动式异步电动机如图 5—16 所示，启动绕组与电阻、启动开关一起串联后，再与工作绕组并联接在单相交流电源上。目前广泛应用 PTC 元件替代电阻和启动开关。

这种电动机在电冰箱、空调压缩机中获得广泛的采用。

单相电阻启动式异步电动机是如何改变旋转磁场转向的？

三、罩极式单相异步电动机

当给罩极电动机励磁绕组内通入单相交流电时，在励磁绕组与短路铜环的共同作用下，磁极之间形成一个连续移动的磁场，好似旋转磁场一样，从而使笼型转子受力而旋转，如图5—17所示。

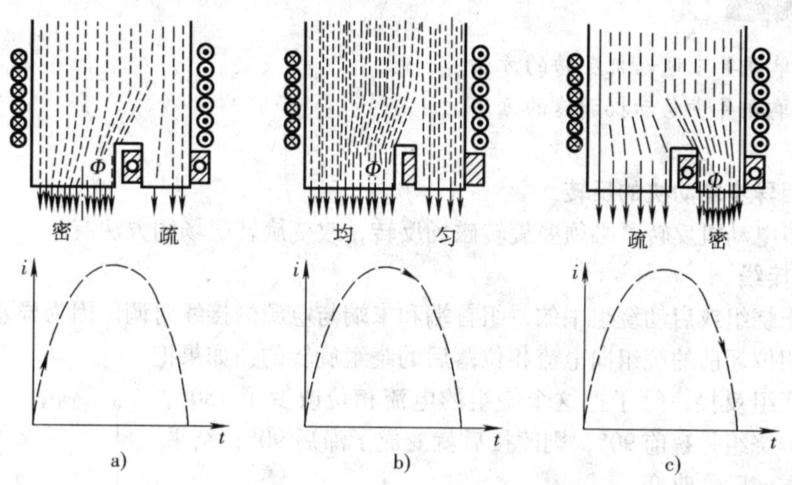

图5—17 罩极异步电动机中的磁场分布

单相罩极电动机是单相异步电动机中结构最简单的一种，如图5—18所示。其具有坚固可靠、成本低廉、运行时噪声微弱以及干扰小等优点。它一般用于空载启动的小功率场合，如电扇、仪器用电动机、电动模型及鼓风机等。

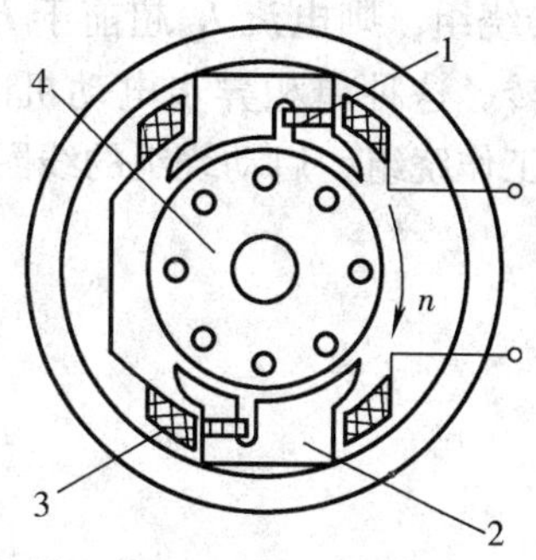

图5—18 单相罩极电动机的凸极结构

1—短路环 2—凸极定子铁心 3—定子绕组 4—转子

单相罩极电动机启动转矩较小，转向为什么不能改变？

第三节 单相异步电动机的运行

1. 掌握单相异步电动机反转的方法。
2. 掌握单相异步电动机调速的方法。

一、单相异步电动机的反转

单相异步电动机反转，必须要旋转磁场反转，改变旋转磁场的方法有：

1. 改变接线

即把工作绕组或启动绕组中的一组首端和末端与电源的接线对调。因为异步电动机的转向是从电流相位超前的绕组向电流相位落后的绕组旋转的，如果把其中的一个绕组反接，等于把这个绕组的电流相位改变了180°，假若原来这个绕组是超前90°，则改接后就变成了滞后90°，结果旋转磁场的方向随之改变。

2. 改变电容器的连接

有的电容运行单相电动机是通过改变电容器的接法来改变电动机转向的，如洗衣机需经常正、反转，如图5—19所示。

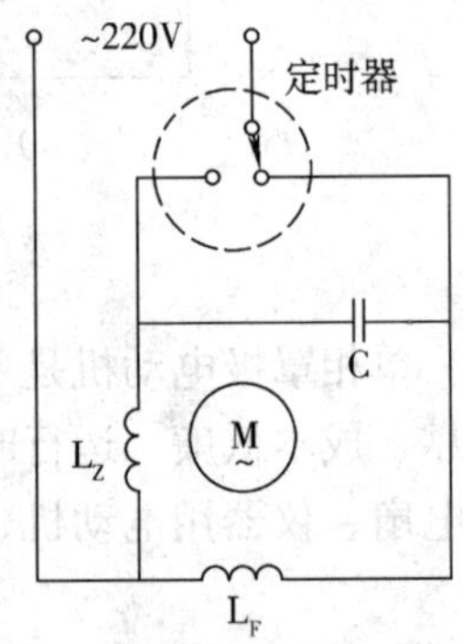

图5—19 洗衣机电动机的正、反转控制

当定时器开关处于图中所示位置时，电容器串联在L_Z绕组上，电流I_{L_Z}超前于I_{LF}相位约90°；经过一定时间后，定时器开关将电容从L_Z绕组切断，串联到L_F绕组，则电流I_{L_F}超前于I_{L_Z}相位约90°。从而实现了电动机的反转。这种单相异步电动机的工作绕组与启动绕组可以互换，所以工作绕组、启动绕组的线圈匝数、粗细、占槽数都应相同。

任意改变工作绕组或启动绕组的首端、末端与电源的接线，或将电容器从一组绕组中改接到另一组绕组中（只适用于单相电容运行式异步电动机），即可改变旋转磁场的转向。

因为罩极电动机的旋转磁场是根据主磁极和罩极的相对位置来决定的，不能随意控制反转。所以它一般用于不需改变转向的场合。

二、单相异步电动机的调速

单相异步电动机和三相异步电动机一样，恒转矩负载的转速调节是较困难的。在风机型负载情况下，调速一般有串电抗器调速、绕组内部抽头调速、晶闸管调速。现将各自的调速原理、特点介绍如下。

1. 串电抗器调速

将电抗器与电动机定子绕组串联，利用电抗器上产生的电压降，使加到电动机定子绕组上的电压下降，从而将电动机转速由额定转速往下调。其电路原理如图 5—20 所示。

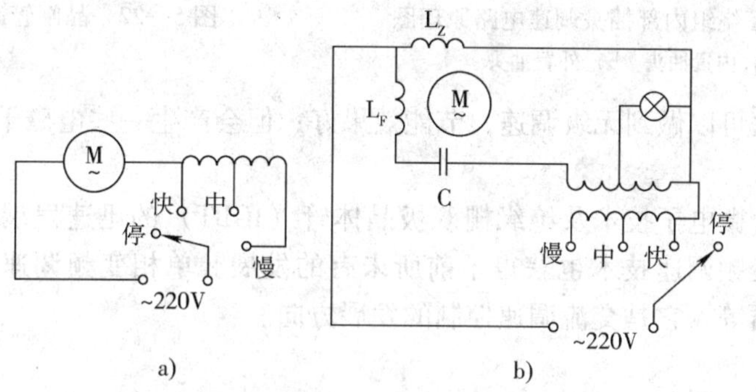

图 5—20 串电抗器调速电路原理图

a）调节整机电压 b）调节启动绕组电压

这种调速方法简单、操作方便；但只能有级调速，且电抗器上消耗电能，目前已基本不用。

为什么串电抗器调速不能使转速由额定转速往上调？

2. 绕组内部抽头调速

电动机定子铁心嵌放有工作绕组 L_Z、启动绕组 L_F 和中间绕组 L_L，通过开关改变中间绕组与工作绕组及启动绕组的接法，从而改变电动机内部气隙磁场的大小，使电动机的输出转矩也随之改变，在一定的负载转矩下，电动机的转速也变化。其电路原理如图 5—21 所示。

这种调速方法不需电抗器，材料省、耗电少，但绕组嵌线和接线复杂，电动机和调速开关接线较多，且是有级调速。

3. 晶闸管调速

利用改变晶闸管的导通角，来改变加在单相异步电动机上的交流电电压，从而调节电动机的转速。其电路原理如图 5—22 所示。

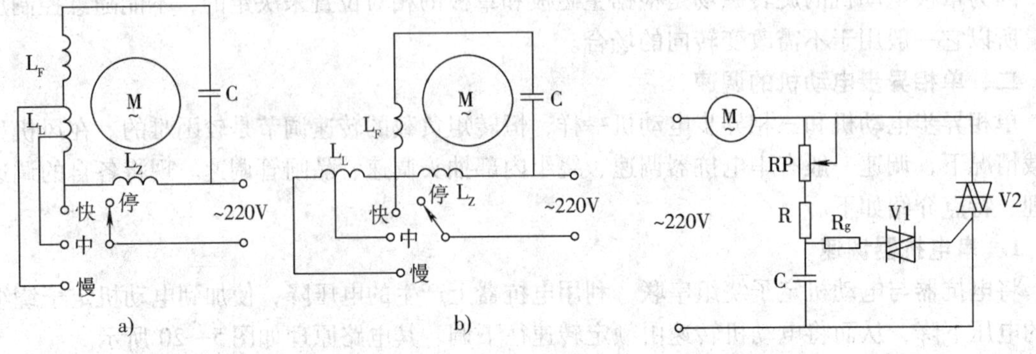

图 5—21　绕组内部抽头调速电路原理图

a）内置抽头　b）外置抽头

图 5—22　晶闸管调速电路原理图

这种调速方法可以做到无级调速，节能效果好；但会产生一些电磁干扰，大量用于风扇调速。

近年来，随着微电子技术及绝缘栅双极晶体管（IGBT）的迅速发展，作为交流电动机主要调速方式的变频调速技术也获得了前所未有的发展。单相变频调速已在家用电器上应用，如变频空调器等，它是交流调速控制的发展方向。

第四节　单相异步电动机的绕组

1. 熟悉单相异步电动机的单层链式绕组的布线规律。
2. 熟悉单相异步电动机的双层链式绕组的布线规律。
3. 熟悉单相异步电动机正弦绕组的布线规律。

单相异步电动机定子绕组按电动机类别不同可分成两类：一类是集中绕组，主要用在单相罩极电动机上，其绕组集中绕制后，布置在凸出的磁极上，这种绕组结构简单，但电磁性能差，主要用于小功率电动机中；另一类是分布绕组，大多数单相异步电动机均采用分布绕组，这种绕组的各个线圈如三相异步电动机定子绕组一样，按一定规律分布嵌放在定子铁心圆周的槽内，然后按一定规则进行连接。本节介绍的是分布绕组，按绕组的结构及布置方式不同可分为单层链式绕组、单层同心式绕组、双层叠绕组和正弦绕组等多种。

一、单层链式绕组

单层链式绕组又称为单层叠绕组，其构成原则与三相异步电动机定子单层链式绕组相似，即在每个铁心槽内只嵌放一个线圈的一条有效边，所以链式绕组的线圈数等于定子槽数的 1/2。

单相异步电动机单层链式绕组由工作绕组和启动绕组两部分组成，对电容运转电动机而言，通常工作绕组和启动绕组相等，各占定子铁心槽数的 1/2。对电容启动和电阻启动电动机而言，由于启动绕组只在启动时起作用，启动后即切除、属短时间通电，故工作、启动绕组所占铁心槽数通常按 2∶1 分配。

现举例说明单层链式绕组的构成。

【例 5—1】　一台电容启动单相异步电动机 $2p=4$，$z_1=24$，工作绕组、启动绕组所占槽数比为 2∶1，试绘出绕组展开图。

解：（1）分极　每极所占槽数为 $\tau=\frac{z_1}{2p}=\frac{24}{2\times2}$槽$=6$ 槽

其中，每极下工作绕组所占槽数为 4 槽；每极下启动绕组所占槽数为 2 槽。

（2）分槽　工作绕组 U1U2 所占槽号为 1、2、3、4；7、8、9、10；13、14、15、16；19、20、21、22。启动绕组 Z1Z2 所占槽号为 5、6；11、12；17、18；23、24。

（3）将工作绕组和启动绕组连接成线圈组　由于绕组连接方法不同，因此可以构成不同的绕组类型。

1）图 5—23a 所示连接方式　工作绕组为 U1—1～7—2～8—3～9—4～10—13～19—14～20—15～21—16～22—U2。

启动绕组为 Z1—5～11—6～12—17～23—18～24—Z2。

该绕组线圈的节距为 6，电动机的极距也为 6，因此称为整距单层链式绕组。

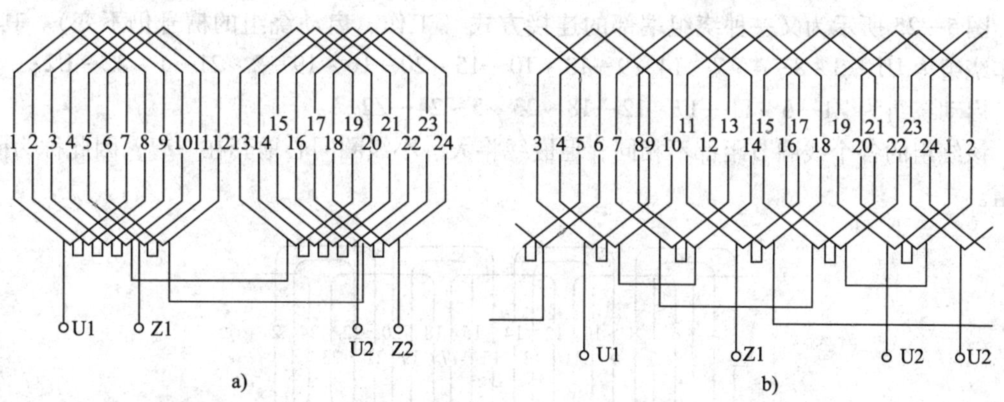

图 5—23　单相 24 槽 4 极分相电动机单层链式绕组展开图（整距）

2）图 5—23b 所示连接方式　与图 5—23a 相比较，工作绕组及启动绕组所占的定子槽数不变，仅改变绕组端部的连接方式。绕组线圈的节距仍为 6，故也属整距单层链式绕组。它与图 5—23a 的不同之处是线圈组数较多，因此并头过程较复杂。

3）图 5—24 所示连接方式　图 5—24 的工作绕组及启动绕组所占槽号仍没有变化，但该绕组线圈节距为 5，而电动机的极距仍为 6，因此称为短距单层链式绕组。

工作绕组为 U1—2～7—4～9—15～10—13～8—14～19—16～21—3～22—1～20—U2。

启动绕组为 Z1—6～11—17～12—18～23—5～24—Z2。

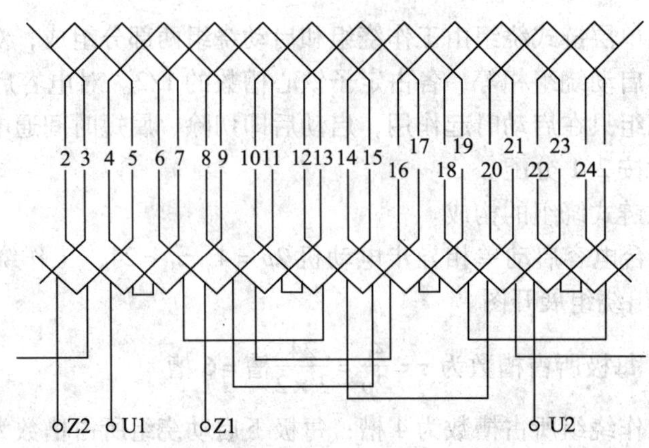

图 5—24　单相 24 槽 4 极分相电动机单层链式绕组展开图（短距）

图 5—24 的单层链式短距绕组展开图与图 5—23 展开图有哪些异同点？

二、单层同心式绕组

图 5—25 所示为又一种绕组端部的连接方式（工作、启动绕组的槽号仍不变）。其中，工作绕组为 U1—3 ~ 8—4 ~ 7—14 ~ 9—13 ~ 10—15 ~ 20—16 ~ 19—2 ~ 21—1 ~ 22—U2；

启动绕组为 Z1—6 ~ 11—17 ~ 12—18 ~ 23 ~ 5 ~ 24—Z2。

该绕组的各个线圈节距都不相同，但嵌线将大、小线圈同心地套在一起，因此称为同心绕组。

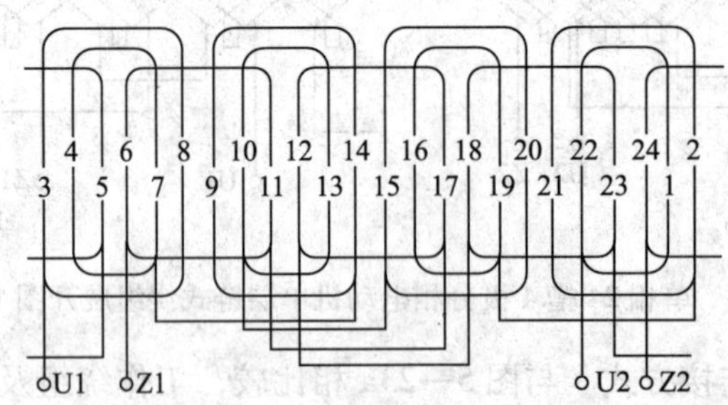

图 5—25　单相 24 槽 4 极分相电动机单层同心式绕组展开图

图 5—23、图 5—24 及图 5—25 三种线圈的端部结构形成虽然不同，但工作绕组、启动绕组的槽数及槽号均未变化，因此，从电动机产生的电磁性能上看基本上相同，但图 5—24 单层链式短距绕组的端接部分最短，节省铜导线，在工艺许可的情况下应优先采用。而同心式绕组嵌线比较简单，一般在嵌线困难的条件下（2 极电机或功率小时）选用。

单层链式短矩绕组由于线圈端部较短和绕组及定子漏抗较小，便于改善电动机运行性能，用得最多。

各线圈组之间的连接方式可参照三相异步电动机定子绕组的连接方式。

三、双层叠绕组

双层叠绕组是每个定子铁心槽中嵌放两个不同线圈的上层边和下层边，再通过一定的连接方式而构成的绕组。采用双层绕组的目的同三相异步电动机定子绕组一样，可以采用短距绕组以改善电动机的磁势及电势波形，进而改善运行性能。但双层绕组的结构比较复杂，在定子铁心内径小时（电动机功率小时）嵌线很困难，故一般少用。目前双层叠绕组主要用于磁极数多，电动机结构为外转子、内定子的吊风扇电动机上。图 5—26 所示为 $z_1=36$，$2p=18$电容运行单相异步电动机工作绕组展开图，其启动绕组构造与工作完全一样，嵌放在偶数槽中（图中未画出）。

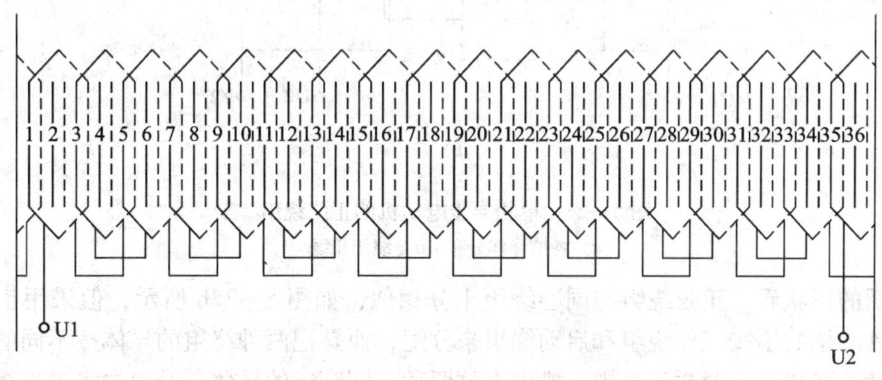

图 5—26　电容运行单相异步电动机工作绕组展开图

双层绕组的特点是线圈节距相等，端部排列整齐，可以改善电动机的启动性能，但双层绕组嵌线比较困难，因此对于小容量电动机，均不采用这种形式。

四、正弦绕组的构成

如前所述，当单相异步电动机采用单层绕组时，虽然具有结构简单、嵌线方便、槽满率较高等优点，但电动势及磁动势的波形较差，从而使电动机的启动及运行性能不理想。为了克服这些缺点，目前在单相异步电动机定子绕组中较多的采用正弦绕组。所谓正弦绕组是指该绕组在各个定子铁心槽中的导体数不是均匀分布的，而是按正弦函数规律分布，如图 5—

27 所示，这样就能使电动机气隙磁动势的分布也接近正弦波形，从而可以显著地削弱磁动势及电动势中的高次谐波，改善电动机的运行性能。

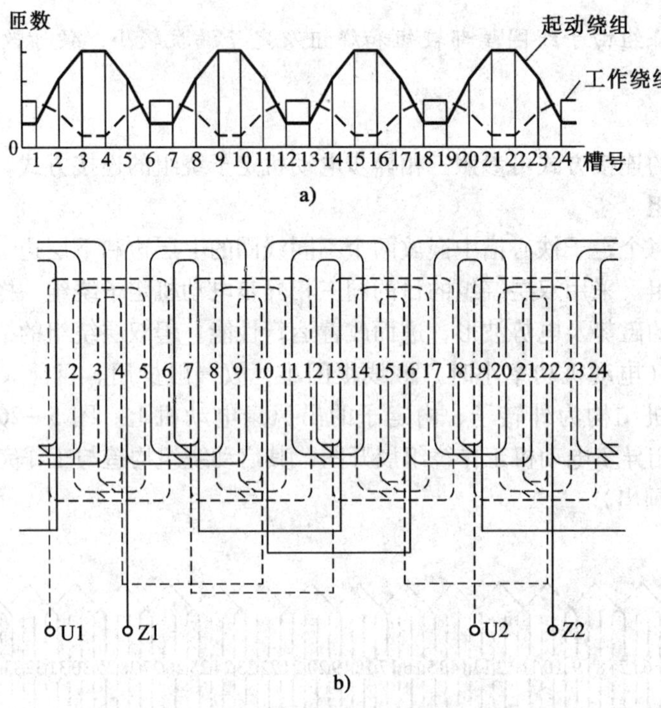

图 5—27　单相异步电动机的正弦绕组

a）各槽导体分布　b）绕组接线

从线圈的形状看，正弦绕组与同心绕组十分相似，如图 5—27b 所示，但采用正弦绕组时，定子铁心槽数不按工作绕组和启动绕组来分配，而是把两种绕组的导体按不同的数量分布在定子铁心各槽中，通常每个铁心槽内嵌放两种不同绕组的导体，一般先将工作绕组嵌放在槽的下层，垫上绝缘后再嵌放启动绕组，因此与双层绕组相似。

技能训练 2　单相异步电动机的维护及故障排除

一、训练内容

单相异步电动机的维护及故障排除。

二、训练器材

1. 电工工具

验电笔、一字和十字螺钉旋具、钢丝钳、尖嘴钳、斜口钳、剥线钳、电工刀等。

2. 仪表

MF30 型万用表或 MF47 型万用表、T301—A 型钳形电流表、兆欧表 500 V（0～2 000 MΩ）、转速表。

3．单相异步电动机1台。

三、评分标准

评分标准见表5—6。

表5—6　　评分标准

序号	主要内容	技术要求	评分标准	配分	扣分	得分
1	电动机的维护	检查电动机绝缘电阻值	测试电动机绝缘电阻值不正确，扣5分	5		
		电动机机温检查	电动机机温检查不正确，扣5分	5		
		机械性能检查	机械性能检查不正确，扣5分	5		
		运行中听声音	运行中听声音检查不正确，扣5分	5		
		监视机壳是否漏电	监视机壳是否漏电检查不正确，扣5分	5		
		清洁	清洁不彻底，扣5分	5		
2	调查研究	1．故障进行调查，弄清出现故障时的现象 2．查阅有关记录	排除故障前不进行调查研究，扣5分	5		
3	故障分析	1．根据故障现象，分析故障原因，思路正确 2．判明故障部位 3．采取有针对性的处理方法进行故障部位的修复	1．故障分析思路不够清晰，扣5分 2．不能确定最小的故障范围，每个故障点扣5分	15		
4	故障处理	1．正确使用工具和仪表 2．找出故障点并排除故障 3．排除故障时要遵守电动机检修的有关工艺要求 4．根据故障情况进行电气试验	1．不找出故障点，扣15分 2．不能排除故障，扣15分 3．排除故障方法不正确，扣5分 4．根据故障情况不会进行电气试验，扣15分	50		
5	其他	操作如有失误，要从此项总分中扣分	1．排除故障时，产生新的故障后不能自行修复，每个故障从本项总分中扣10分；已经修复，每个故障从本项总分中扣5分 2．损坏电动机，从本项总分中扣40～100分			
备注			合计			
			教师签字　　　　年　月　日			

四、训练步骤

1．单相异步电动机的维护

单相异步电动机使用和维护与三相异步电动机相同，但要注意：

(1) 单相异步电动机接线时，需正确区分工作绕组与启动绕组，并注意它们的首、尾端。如果出现标志脱落，则电阻值大者为辅助绕组。

(2) 更换电容器时，电容器的容量与工作电压必需与原规格相同。启动用的电容器应选用专用的电解电容器，其通电时间一般不得超过 3 s。

(3) 单相启动式电动机，只有在电动机静止或转速降低到使离心开关闭合时，才能采用对其改变方向的接线。

(4) 额定频率为 60 Hz 的电动机，不得用于 50 Hz 电源。否则，将引起电流增加，造成电动机过热甚至烧毁。

维护过程见表 5—7。

表 5—7　　维护过程

序号	维护项目	过程照片	过程描述
1	检查电动机绝缘电阻值		用兆欧表检测单相异步电动机的启动绕组与工作绕组间及各绕组对外壳间的绝缘电阻值，应大于 0.5 MΩ 以上才可使用。如绝缘电阻值较低，则应先将电动机进行烘干处理，然后再测绝缘电阻值，合格后才可通电使用
2	电动机机温检查		用手触及外壳，看电动机是否过热烫手，如发现过热，可在电动机外壳上滴几滴水，如果水急剧汽化，说明电动机显著过热，此时应立即停止运行，查明原因，排除故障后方能继续使用
3	机械性能检查		通过转动电动机的转轴，看其转动是否灵活。如转动不灵活，必须拆开电动机观察转轴是否有积炭、有无变形、是否缺润滑油？如果是有积炭，可用小刀轻轻地将积炭刮掉并补充少量凡士林作润滑。如果是缺润滑油的话，就补充适量的润滑油

续表

序号	维护项目	过程照片	过程描述
4	运行中听声音		用长柄旋具头，触及电机轴承外的小油盖，耳朵贴紧旋具柄，细听电动机轴承有无噪声、振动，以判断轴承运行情况。均匀的“沙沙”声，运转正常。如果有“嗞嗞”的金属碰撞声，说明电动机缺油；如果有“咕噜咕噜”的冲击声，说明轴承有滚珠被轧碎
5	监视机壳是否漏电		用手摸之前先用验电笔试一下外壳是否带电，以免发生触电事故
6	清洁	对拆开的电动机进行清理，先清理掉各部件上所有灰尘和杂物，尤其定子绕组上的积尘，可先用“皮老虎”或空气压缩泵将灰尘吹掉，然后用干布擦掉油污，必要时可蘸少量汽油擦净，以不损伤绕组绝缘漆为原则。擦洗完毕，再吹一次	

1．检查电动机工作绕组和启动绕组对地的绝缘电阻值时，接线盒的接线是否需要拆除？
2．如何判断电动机运行中的声音是否正常？
3．如何清洁电动机？

2．单相异步电动机的故障处理

单相异步电动机的检修与三相电动机相类似，即通过听、看、闻、摸等手段，不再详述。这里将单相电动机的常见故障介绍如下，根据故障症状推断故障可能部位，并通过一定的检查方法，找出损坏的地方，以便进行故障处理。

（1）单相异步电动机常见故障分析　单相异步电动机的许多故障，如机械构件故障和绕组断线、短路、接地等故障，无论在故障现象和处理方法上都和三相异步电动机相同。但由于单相异步电动机结构上的特殊性，它的故障也与三相异步电动机有所不同，如启动装置故障、启动绕组故障、电容器故障等。单相异步电动机常见故障现象、产生故障的可能原因见表5—8。

表 5—8　　单相异步电动机常见故障及原因分析

故障现象	造成故障的可能原因
无法启动	（1）电源电压不正常 （2）电动机定子绕组断路 （3）电容器损坏 （4）离心开关触头闭合不上 （5）转子卡住 （6）过载
启动转矩很小或启动迟缓且转向不定	（1）启动绕组断路 （2）电容器开路或容量减小 （3）离心开关触头合不上
电动机转速低于正常转速	（1）电源电压偏低 （2）绕组匝间短路 （3）离心开关触头无法断开，启动绕组未切除 （4）电容器损坏（击穿或容量减小） （5）电动机负载过重
电动机过热	（1）工作绕组或启动绕组（电容运转式）短路或接地 （2）电容启动式电动机工作绕组与启动绕组相互接错 （3）电容启动式电动机离心开关触头无法断开，使启动绕组长期运行
电动机转动时噪声大或振动大	（1）绕组短路或接地 （2）轴承损坏或缺少润滑油 （3）定子与转子空隙中有杂物 （4）电风扇风叶变形、不平衡

（2）单相异步电动机常见故障的处理

1）电动机通电后不转，发出“嗡嗡”声，用外力推动后可正常旋转的故障处理方法

①用万用表检查启动绕组是否断开。如在槽口处断开，则只需一根相同规格的绝缘线把断开处焊接，加以绝缘处理；如内部断线，则要更换绕组。

②对单相电容异步电动机，检查电容器是否损坏。如损坏，更换同规格的电容。

判断电容是否有击穿、接地、开路或严重泄漏故障方法如下：

将万用表拨至×10 kΩ 或×1 kΩ 挡，用螺钉旋具或导线短接电容两端进行放电后，把万用表两表笔接电容器出线端。表针摆动可能为以下情况，如图 5—28 所示。

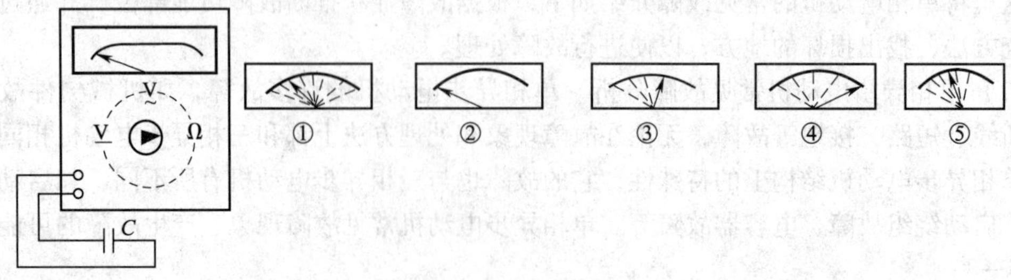

图 5—28　检查电容器

a. 指针先大幅度摆向电阻零位，然后慢慢返回初始位置——电容器完好。

b. 指针不动——电容器有开路故障。

c. 指针摆到刻度盘上某较小阻值处，不再返回——电容器泄漏电流较大。

d. 指针摆到电阻零位后不返回——电容器内部已击穿短路。

e. 指针能正常摆动和返回，但第一次摆幅小——电容器容量已减小。

f. 把万用表拨至×100 Ω 挡，用表笔测电容器两端接线端对地电阻，若指示为零说明电容器已接地。

③对单相电阻式异步电动机，用万用表检查电阻元件是否损坏。如损坏，同样更换同规格的电阻。

④对单相启动式异步电动机，要检查离心开关（或继电器）。如触点闭合不上，可能是有杂物进入，使铜触片卡住而无法动作，也可能是弹簧拉力太松或损坏。处理方法是清除杂物或更换离心开关（或继电器）。

⑤对罩极电动机，检查短路环是否断开或脱焊，焊接或更换短路环。

2）电动机通电后不转，发出“嗡嗡”声，外力推动也不能使之旋转的故障处理方法

①检查电动机是否过载，若过载即减载。

②检查轴承是否损坏或卡住，修理或更换轴承。

③检查定、转子铁心是否相擦，若是轴承松动造成，应更换轴承，否则应锉去相擦部位，校正转子轴线。

④检查工作绕组和启动绕组接线，若接线错误，重新接线。

3）电动机通电后不转，没有“嗡嗡”声，外力也不能使之旋转的故障处理方法

①检查电源是否断线，恢复供电。

②检查进线线头是否松动，重新接线。

③检查工作绕组是否断路、短路（与三相异步电动机定子绕组的检查方法相同），找出故障点，修复或更换断路绕组。

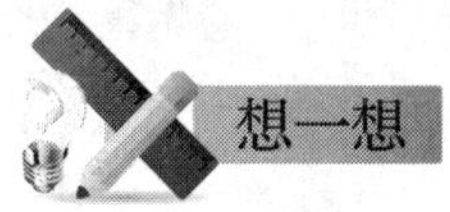

电动机转速低于正常转速该如何检修？电动机过热该如何处理？

第六章

直流电动机

直流电机是直流发电机与直流电动机的总称。直流电机具有可逆性，既可作发电机运行，也可作电动机运行。作直流发电机运行时，将机械能转变成直流电能输出；作直流电动机运行时，则将直流电能转换成机械能输出。由于大功率半导体整流器件的广泛应用，直流电能的获得基本上靠将交流电通过整流装置变成直流电，而不采用体积大、质量重、价格贵的直流发电机发出直流电。因而本章重点介绍有关直流电动机的概念与使用。

直流电动机与交流电动机相比，虽然结构较复杂，使用维护较麻烦，价格较贵，但由于其具有调速性能好、启动转矩较大等优点，在起重机械、运输机械、冶金传动机构、精密机械、重械设备及自动控制系统等领域均获得了较广泛的应用。随着近些年来交流电动机变频调速技术的迅速发展，在许多领域中直流电动机有被交流电动机取代的趋势。

第一节　直流电动机的原理及结构

1. 掌握直流电动机的原理。
2. 熟悉直流电动机的铭牌与分类。
3. 掌握直流电动机的结构和拆装技能。

一、直流电动机的原理

1. 工作原理

图6—1所示为直流电动机的物理模型。图中，N和S是主磁极，它们是固定不动的，*abcd* 是装在可以转动的圆柱体上的一个线圈，把线圈的两端分别接到两个半圆换向片（合称为换向器）上。圆柱体、线圈和换向片可以一齐转动，这个可以转动的转子称为电枢。换向片上放上固定不动的电刷A和B。通过电刷A、B把旋转着的电路与外部静止的电源+、

-极相连接。

在图 6—1a 所示瞬间，直流电流从电源的+极通过电刷 A，换向片 1、线圈边 *ab* 和 *cd*，最后经换向片 2 及电刷 B 回到电源的-极。

载流导体 *ab* 和 *cd* 在磁场中要受到电磁力（单位为 N）的作用，其大小为

$$F = BlI_a \tag{6—1}$$

式中 B——磁场的磁感应强度，Wb/m^2；

l——导体的有效长度，m；

I_a——线圈的电流，A。

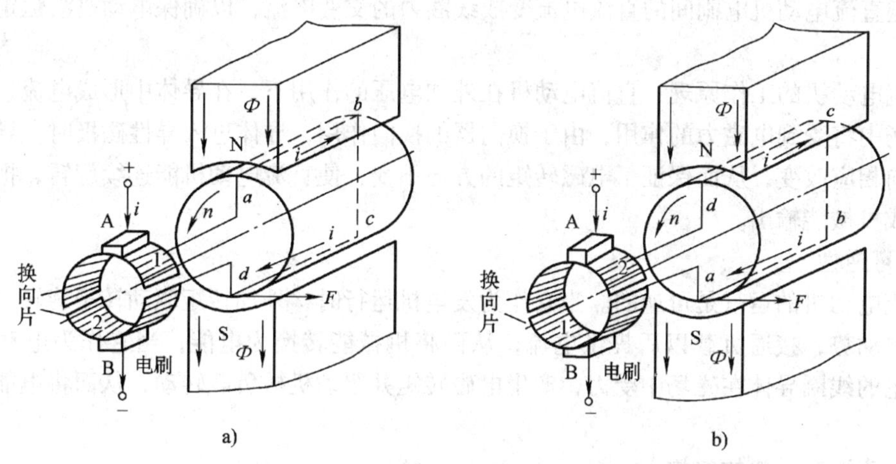

图 6—1 直流电动机的物理模型图

在图 6—1a 中，*ab* 导体受到水平向左的力，而 *cd* 导体受到水平向右的力，同时此二力作用在转子的切线上且大小相等，构成力偶矩。因此转子将逆时钟旋转。换向前，N 极下导体的电流向里，S 极下导体的电流向外。

在图 6—1b 中，*cd* 导体受到水平向左的力，而 *ab* 导体受到水平向右的力，同时此二力作用在转子的切线上且大小相等，构成力偶矩。因此转子将逆时钟旋转。换向后，N 极下导体的电流仍然向里，S 极下导体的电流仍然向外。

转子导体受力 F 的方向可应用左手定则确定。导体 *ab* 中的电流方向为由 a 到 b；导体 *cd* 中的电流方向为由 c 到 d，其受力方向均为逆时针方向。这样就产生一个转矩，称为电磁转矩，如果此电磁转矩能够克服电枢上的阻力转矩（例如由摩擦引起的阻力转矩以及其他负载转矩），电枢就能按逆时针方向旋转起来。

当电枢转过 90°时，两个线圈边均处于磁通密度为“0”的位置，电刷 A、B 刚好处于换向片 1 与 2 之间的空隙上，线圈中就没有电流流过，转矩便消失。

由于机械惯性的作用，使电枢冲过一个角度，在图 6—1b 所示导体 *cd* 转到 N 极下，*ab* 转到 S 极下时，直流电流仍从电刷 A 流入，经换向片 2、线圈边 *cd* 和 *ab*、换向片 1 后，从电刷 B 流出。这时导体 *cd* 受力方向变为从右向左，导体 *ab* 受力方向变为从左向右，故产生的电磁转矩的方向未变，仍为逆时针方向……

直流电动机转动是否也是要产生旋转磁场？

综上所述可知，通过换向片与电刷的滑动接触，可以使正电刷 A 始终与经过 N 极面下的导体相连，负电刷始终与经过 S 极面下的导体相连，故电刷之间的电压是直流电，而线圈内部的电流则是交变的，所以换向器是直流电动机中换向的关键部件。通过换向器和电刷的作用，把直流电动机电刷间的直流电流变成线圈内的交变电流，以确保电动机沿恒定方向旋转。

直流电动机的工作原理：直流电动机在外加电压的作用下，在导体中形成电流，载流导体在磁场中将受到电磁力的作用，由于换向器的换向作用，导体进入异性磁极时，导体中的电流方向相应改变，从而保证了电磁转矩的方向不变，使直流电动机能连续旋转，把直流电能转换成机械能输出。

2．可逆性

直流电动机的运行是可逆的。当它作为发电机运行时，外加转矩驱动转子旋转，线圈产生感应电动势，接通负载以后提供电流，从而将机械能转换为电能；当它作为电动机运行时，通电的线圈导体在磁场中受力，产生电磁转矩并驱动机械负载转动，从而将电能变成机械能。

二、直流电动机的结构

前面所讲的直流电动机的简单模型只是用于说明原理，实际中使用的直流电动机外形结构和内部结构如图 6—2 和图 6—3 所示。要实现机电能量变换，电路和磁场之间必须有相对运动，直流电动机与其他旋转电动机一样，具备静止的和转动的两大部分。静止和转动部分之间要有一定大小的间隙（以后称为气隙）。直流电动机的静止部分称为定子，它的主要作用是产生磁场和机械支撑，由主磁极、机座、换向磁极、电刷装置和端盖等组成。转动部分就是转子（电枢），它的作用是产生电磁转矩，由电枢铁心和电枢绕组、换向器、轴和风扇等组成。

a)

b)

图 6—2　直流电动机外形

a）Z2 系列　b）Z4 系列

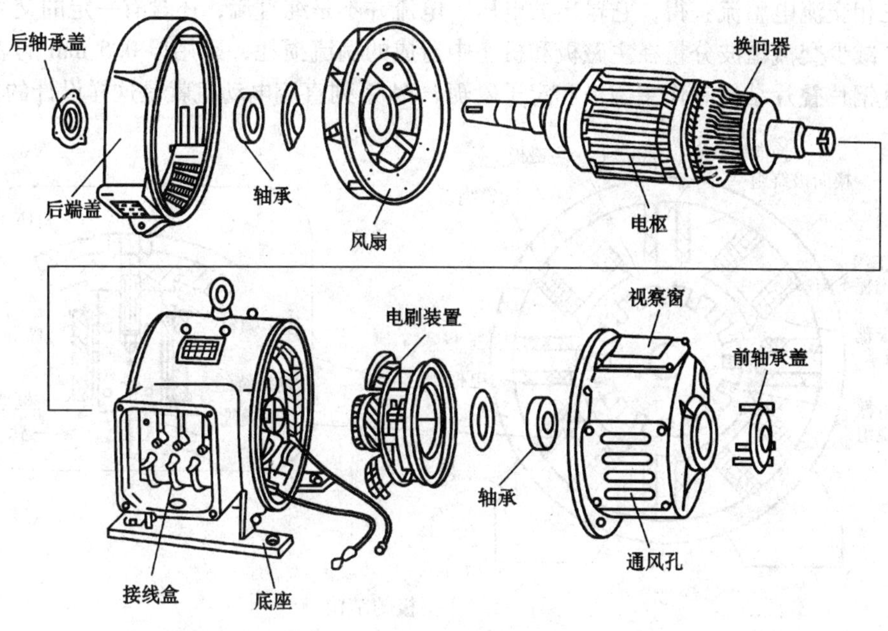

图 6—3 直流电动机总装配图

1. 定子

(1) 主磁极 在一般中小型直流电动机中，主磁极是一种电磁铁，由主磁极铁心和励磁绕组构成。主磁极的结构如图 6—4 和图 6—5 所示。主磁极的铁心用 1～1.5 mm 厚的钢板冲片叠压紧固而成，分成极身和极靴两部分，极靴的作用是使气隙磁通密度的空间分布均匀并减小气隙磁阻，同时极靴对励磁绕组也起支撑作用。主磁极上的线圈是用来产生主磁通的，称为励磁绕组。各主磁极上的励磁绕组连接通常是串联，通电时要保证相邻磁极的极性呈 N 极和 S 极交替地排列。

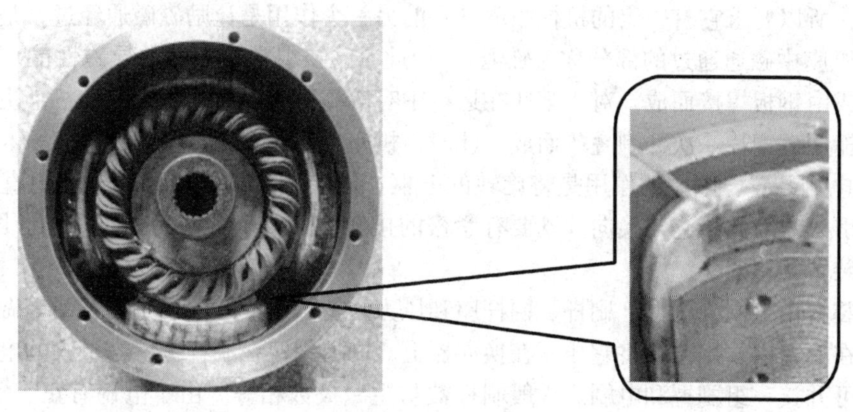

图 6—4 直流电动机的径向剖面示意图

目前，常采用晶闸管整流电源作为直流电动机的直流电源，晶闸管整流电源一般是通过单相或三相交流电整流获得，它输出的电压、电流并不是纯直流，还含有一定的交流谐波分量，为了减少交流谐波分量在主磁极和机座中造成的涡流损耗，采用厚0.5 mm的表面有绝缘层的硅钢片叠片结构制作主磁极和定子磁轭，Z4系列直流电动机就是这样设计的。

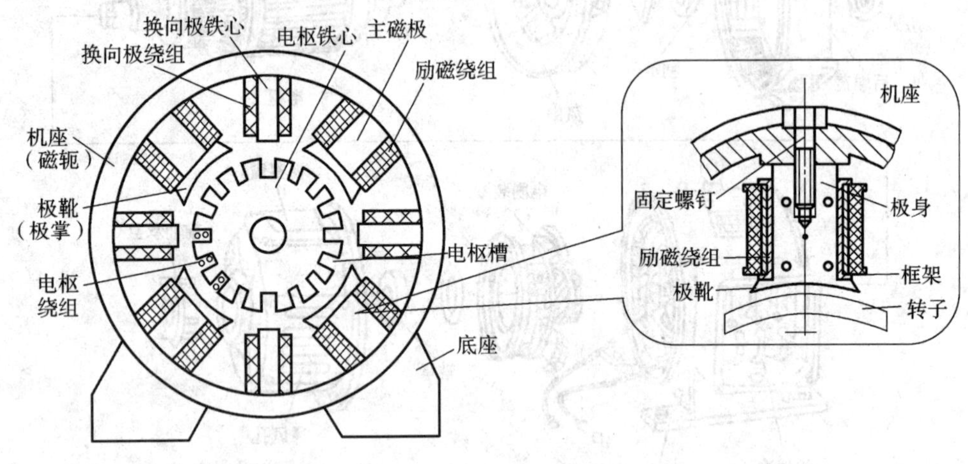

图6—5　主磁极的结构

（2）换向磁极　换向磁极是位于两个主磁极之间的小磁极，又称为附加磁极。换向磁极的位置如图6—5所示。它由换向极铁心和换向磁极绕组组成。其作用是产生换向磁场，改善电动机的换向，使电刷与换向片之间火花减小。

换向磁极铁心一般用整块钢或钢板制成。在大型电动机和用晶闸管供电的功率较大的电动机中，为了能更好地改善电动机的换向，换向磁极铁心也采用硅钢片叠片结构。换向磁极绕组和主磁极绕组一样制作，套装在换向磁极铁心上，最后固定在机座上。换向磁极绕组应当与电枢绕组串联，而且极性不能接反，它的匝数少、导线粗。小型直流电动机换向不困难，一般不用换向磁极。

（3）机座　机座的作用之一是把主磁极、换向极、端盖等零部件固定起来，起到机械支撑作用，所以要求它有一定的机械强度。它的另一个作用是让励磁磁通经过，是主磁路的一部分（机座中磁通通过的部分称为磁轭）。因此，又要求它有较好的导磁性能，机座一般为铸钢件或由钢板焊接而成。对于某些在运行中有较高要求的微型直流电动机，主磁极、换向极和磁轭用硅钢片一次冲制叠压而成，此时，机座只起固定零部件的作用。

（4）电刷装置　电刷的作用是将旋转的电枢与固定不动的外电路相连，把直流电压和直流电流引入。因此，它与换向片既要有紧密的接触，又要有良好的相对滑动。图6—6所示为电刷装置结构图。

电刷装置由电刷、刷握、刷杆、刷杆座和压力弹簧等组成。电刷是用石墨等做成的导电块，放置在刷盒内，用弹簧将它压紧在换向器上。刷握固定在刷杆上，容量大的电动机，同一刷杆上可并接一组刷握和电刷。一般刷杆数与主磁极数相等。由于电刷有正、负极之分，因此刷杆必须与刷杆座绝缘。电刷组在换向器表面应对称分布，刷杆座可与端盖或机座相连接。整个电刷装置可以移动，用以调整电刷在换向器上的位置。

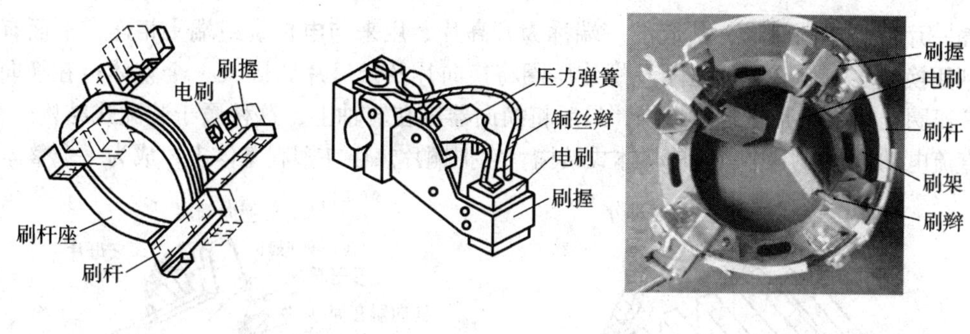

图6—6　电刷装置结构图

a）电刷放置示意图　b）电刷结构　c）电刷结构图片

2. 直流电动机的电枢

（1）电枢铁心　电枢铁心是主磁路的一部分，在铁心槽中嵌放电枢绕组。由于电动机运行时，电枢与气隙磁场间有相对运动，铁心中也会产生感应电动势而出现涡流和磁滞损耗。为了减少损耗，电枢铁心通常用厚度为0.5 mm、表面有绝缘层的圆形硅钢冲片叠压而成。图6—7中的铁心冲片，在铁心外圆均匀地分布着嵌放电枢绕组的槽，轴向有轴孔和通风孔。

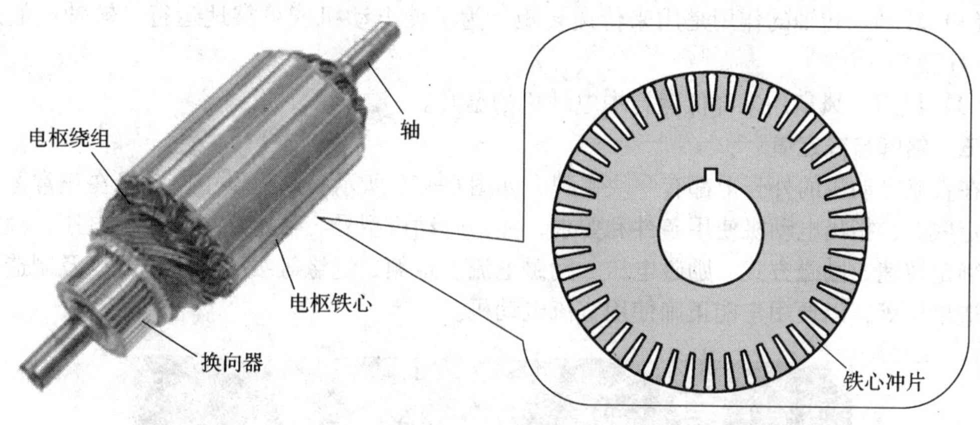

图6—7　电枢结构图

（2）电枢绕组　电枢绕组是直流电动机电路的主要部分，它的作用是产生感应电动势和流过电流，从而产生电磁转矩，实现机电能量转换，是电动机中的重要部件。电枢绕组由许多个绕组元件按一定的规律连接而成。绕组元件是由一匝或多匝导线绕制成的，两端分别与两片换向片相连的线圈，它是构成电枢绕组的基本单元。这种线圈通常用高强度聚酯漆包线绕制而成，它的一条有效边（线圈的直导线部分，因切割磁场而感应电动势的有效部分）嵌入某个槽中的上层，称为上层边，另一条有效边则嵌入另一槽中的下层，称为下层边，如图6—8所示。每个线圈两有效边的引出端都分别按一定的规律焊接到换向器的换向片上。

（3）换向器　换向器的作用是与电刷一起将直流电动机输入的直流电流转换成电枢绕组内的交变电流，从而保证所有导体上产生的转矩方向一致。

换向器结构如图6—9所示。换向器由许多特殊形状的梯形铜片和起绝缘作用的云母片一片隔一片地叠成圆筒形，凸起的一端称为升高片，用来与电枢绕组端头相连；下面有燕尾槽，利用换向器套筒、V 形压圈及螺旋压圈将换向片及云母片紧固成一个整体；在换向片与套筒、压圈之间用 V 形云母环绝缘，最后将换向器压在转轴上，这种属于装配式结构。在中、小型直流电动机中常用的一种是整体式结构，它把铜片热压在塑料基体上，成为一个整体。

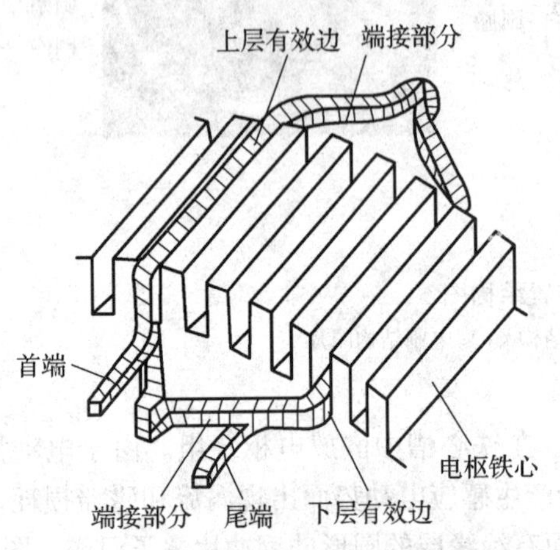

图 6—8　电枢线圈在槽内安放示意图

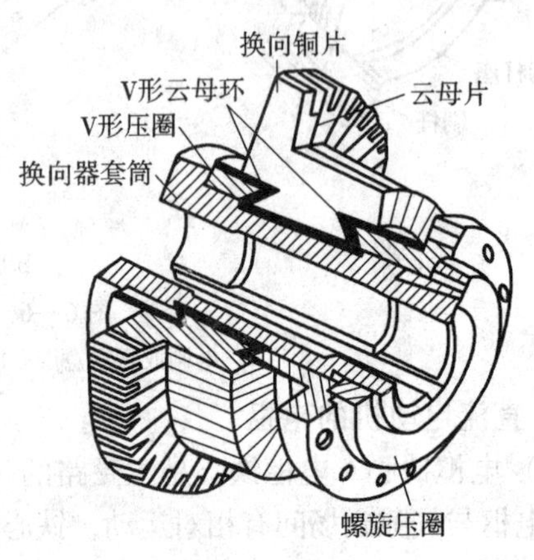

图 6—9　换向器结构图

（4）转轴　转轴的作用是用来传递转矩，为了使电动机能可靠地运行，转轴一般用合金钢锻压加工而成。

（5）风扇　风扇用来降低运行中电动机的温升。

三、铭牌与额定值

在直流电动机的外壳上都有一块铭牌，如图 6—10 所示。它提供了电动机在正常运行时的额定数据，指出电动机使用条件和要求，如：电动机型号、额定功率、额定电压、额定电流、额定转速、励磁方式、励磁电压、励磁电流、定额、绝缘等级、额定温升以及制造日期和制造单位等，以便用户能正确使用直流电动机。

图 6—10　直流电动机的铭牌

1. 电动机型号

电动机型号代表电动机的类型、系列和产品代号等。目前仍在广泛使用的一般用途直流电动机为 Z2、Z4 系列，其型号标志含义举例如下：

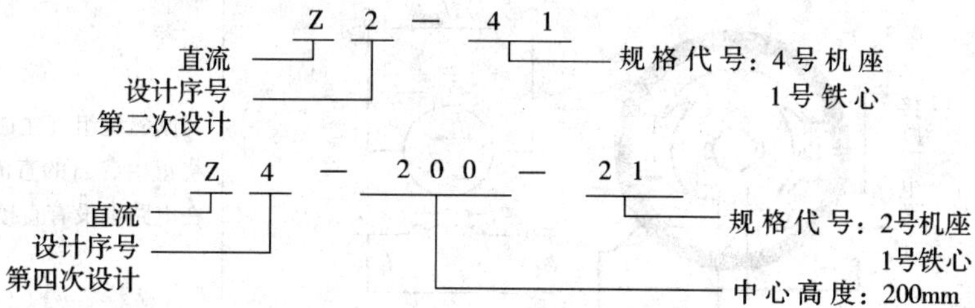

2. 额定值

直流电动机的额定值见表 6—1。

表 6—1　　直流电动机的额定值

额定值	意　义
额定功率 P_N	指电动机在额定工况下，长期运行所允许的输出功率，单位用 kW 表示。对于直流电动机，P_N 是指从转轴上输出的机械功率
额定电压 U_N	对于直流电动机，是指在额定运行情况下，从电刷两端输入给电动机的电源电压，单位用 V 表示
额定电流 I_N	对于直流电动机，是指长期连续运行时，允许从电刷输入给电枢绕组中的电流，单位用 A 表示
额定转速 n_N	当电动机处于额定状态下运行时，电动机转子的转速为额定转速，单位用 r/min 表示。一般电动机用两个转速表示，一个是基本转速（低转速），另一个是最高转速
励磁方式	指电动机励磁绕组的连接和供电方式。通常有他励、自励，自励又包括并励、串励、复励等
额定励磁电压 U_f	指施加在励磁绕组上的额定电压
额定励磁电流 I_f	励磁绕组在额定电压下产生的额定电流
额定温升	指电动机在额定状态下运行时，电动机所允许的温度，即电动机允许的工作温度减去环境温度的数值，单位用 K 表示
定额	指电动机在额定值时允许的连续运行时间，一般分为连续、短时和断续三种工作方式
绝缘等级	指电动机所采用的绝缘材料的耐热等级

四、分类

直流电动机的种类较多，性能各异，分类方法也有多种，具体介绍如下：

1. 按励磁方式分类

励磁方式是指直流电动机主磁场产生的方式。不同的励磁方式会产生不同的电动机输出特性，从而可适用于不同的场合。

直流电动机按励磁方式分类，有他励和自励两类。自励的励磁方式包括：并励、串励、复励等，复励又有积复励和差复励之分，具体见表 6—2。

表 6—2　　直流电动机按励磁方式分类

名称		电动机绕组接线图	特点
他励直流电动机		接励磁电源 U_f 接电源 U_a + U_a − I_a E_a F_f + U_f − I_f	励磁绕组（主磁极绕组）与电枢绕组由各自的直流电源单独供电，在电路上没有直接联系
自励直流电动机	并励	接电源 U + U − I_a E_a I_f F_f	1. 励磁绕组与电枢绕组并联，加在这两个绕组上的电压相等，而通过电枢绕组的电流 I_a 和通过励磁绕组的电流 I_f 则不同，总电流 $I = I_a + I_f$ 2. 励磁绕组匝数多，导线截面较小，励磁电流只占电枢电流的一小部分
	串励	接电源 U + U − F_s I_a E_a	1. 励磁绕组与电枢绕组串联，因此励磁绕组的电流与电枢绕组的电流相等 2. 励磁绕组匝数少，导线截面较大，励磁绕组上的电压降很小
	复励	接电源U + U − F_s I_a E_a F_f 积复励 + U − F_s I_a E_a F_f 差复励	1. 复励电动机的励磁绕组有两组，一组与电枢绕组串联，另一组与电枢绕组并联 2. 当两个绕组产生的磁通方向一致时，称为积复励电动机 3. 当两个绕组产生的磁通方向相反时，称为差复励电动机

永磁电动机也应属于他励电动机的一种，自 20 世纪 80 年代起由于钕铁硼永磁材料的发现，使永磁电动机的功率已经从毫瓦级发展到千瓦以上。由于其具有体积小、结构简单、质量轻、损耗低，效率高、节约能源、温升低、可靠性高，使用寿命长、适应性强等突出优点而使用越来越广泛。它在军事上的应用占绝对优势，几乎取代了绝大部分电磁式电动机。其他方面的应用有汽车用永磁电动机、电动自行车用永磁电动机、直流变频空调用永磁电动机等。

2. 按用途分类

具体见表 6—3。

表 6—3　　直流电动机按用途的分类

序号	产品名称	主要用途	型号	代号意义
1	直流电动机	基本系列，一般工业应用	Z	直
2	广调速直流电动机	用于大范围恒功率调速系统	ZT	直调
3	起重、冶金直流电动机	起重机械、冶金辅助传动机械	ZZJ	直重金
4	直流牵引电动机	电力传动机车、工矿电动机车和蓄电池车	ZQ	直牵
5	船用直流电动机	船舶上各种辅助机械	Z—H	直船
6	精密机床用直流电动机	磨床、坐标镗床等精密机床	ZJ	直精
7	汽车起动机用直流电动机	汽车、拖拉机、内燃机等	ST	直拖
8	挖掘机用直流电动机	冶金矿山挖掘机	ZKJ	直矿掘
9	龙门刨直流电动机	龙门刨床	ZU	直刨
10	无槽直流电动机	快速动作伺服系统	ZW	直无
11	防爆增安型直流电动机	矿井和有易燃气体场所	ZA	直安
12	力矩直流电动机	作为速度和位置伺服系统的执行元件	ZLJ	直力矩
13	直流测功机	测定原动机效率和输出功率	CZ	测直

3. 按电枢直径分类

按电枢直径分类，电枢直径为 1 000 mm 以上的，称为大型直流机；电枢直径为 425 ~ 1 000 mm的，称为中型直流机；电枢直径小于 425 mm 的，称为小型直流机。

4. 按防护方式分类

按防护方式分类，有开启式、防护式、防滴式、全封闭式和封闭防水式等。

技能训练1 直流电动机的拆卸、火花等级的鉴别和电刷中性线位置的调整

一、训练内容

直流电动机的拆卸、火花等级的鉴定和电刷中性线位置的调整。

二、工具、仪器仪表及材料

1. 电工工具

验电笔、一字和十字螺钉旋具、钢丝钳、尖嘴钳、斜口钳、剥线钳、电工刀等。

2. 仪表

MF30 型万用表或 MF47 型万用表、T301—A 型钳形电流表、兆欧表 500 V（0 ~ 2 000 MΩ）、转速表、直流毫伏表、3 V 直流电源等。

3. 直流电动机 1 台。

4. 拆装、接线、调试的专用工具。

5. 配助手 1 名。

6. 其他

汽油、刷子、干布、绝缘黑色胶布、演草纸、圆珠笔、劳保用品等，按需而定。

三、评分标准

评分标准见表 6—4。

表 6—4 评分标准

序号	项目内容	评分标准		配分	扣分	得分
1	拆卸电动机	1. 拆卸步骤不正确，每处扣 5 分 2. 损伤零部件，每只扣 5 分 3. 损伤绕组和换向器扣 20 分		20		
2	火花等级鉴别	1. 不熟记火花等级，每项扣 5 分 2. 火花等级判别错误，扣 10 ~ 20 分		20		
3	装配电动机	1. 装配步骤不正确，每处扣 5 分 2. 螺栓未拧紧，每只扣 5 分 3. 转子转动不灵活，扣 10 分		20		
4	调整电刷中性线	1. 电路接线不正确，扣 10 分 2. 操作方法配合不好，扣 5 ~ 20 分		30		
5	安全、文明生产	每违反一项，扣 5 分		10		
6	工时	4 h				
7	备注		合计			
			教师签字	年　月　日		

四、训练步骤

1. 直流电动机的拆卸

直流电动机的拆卸见表 6—5。

表 6—5　　直流电动机的拆卸

项目	图　示	操作步骤及要点提示
拆卸		打开电动机接线盒，拆下电源连接线。在端盖与机座连接处做好标记
取出电刷	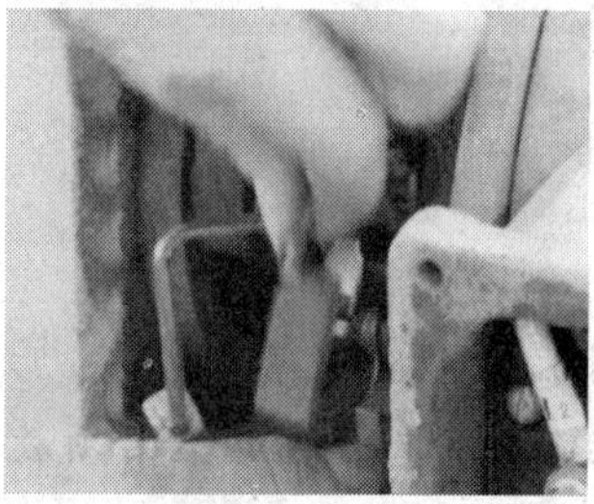	打开换向器侧的通风窗，卸下电刷紧固螺钉，从刷握中取出电刷，拆下接到刷杆上的连接线
拆卸轴承外盖		拆除换向器侧端盖螺钉和轴承盖螺钉，取出轴承外盖；拆卸换向器端的端盖，必要时从端盖上取下刷架
抽出电枢		抽出电枢时要小心，不要碰伤电枢

续表

项目	图　示	操作步骤及要点提示
	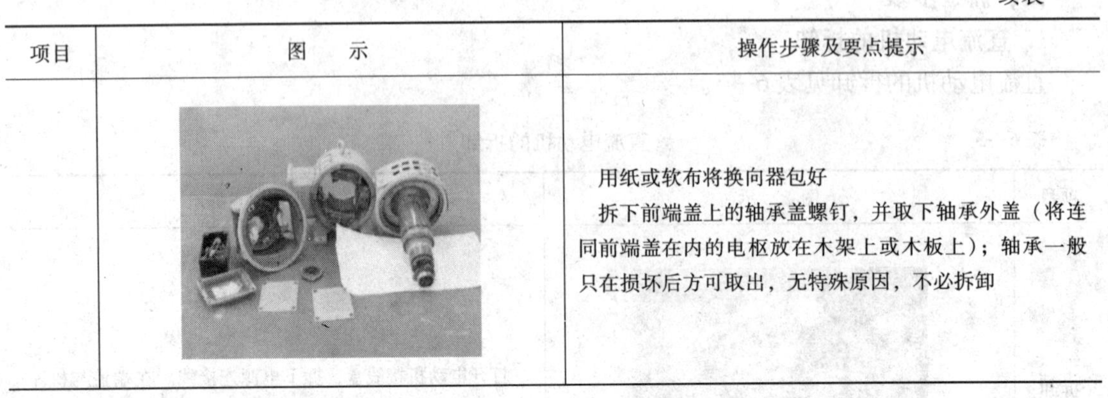	用纸或软布将换向器包好 拆下前端盖上的轴承盖螺钉，并取下轴承外盖（将连同前端盖在内的电枢放在木架上或木板上）；轴承一般只在损坏后方可取出，无特殊原因，不必拆卸

2. 装配

直流电动机的装配步骤如下：

（1）拆卸完成后，对轴承等零件进行清洗，并经质量检查合格后，涂注润滑脂待用。

（2）直流电动机的装配与拆卸步骤相反。

提示

（1）拆下刷架前要做好标记，便于安装后调整电刷中性线位置。

（2）抽出电枢时要仔细，不要碰伤换向器及各绕组；取出的电枢必须放在木架或木板上，并用布或纸包好。

（3）装配时，拧紧端盖螺栓，必须四周用力均匀，按对角线上、下、左、右逐步拧紧。

3. 电刷的维护

清洁电刷与换向器表面，检查电刷与换向器接触是否良好，电刷压力是否适当。

（1）电刷的研磨　研磨电刷时，可用宽窄与换向器相同的 0 号砂纸包裹在换向器上，将电枢放在 V 形铁或架子上，转动电枢，研磨电刷，电刷研磨面要在 80% 以上。大型电动机可在安装后在电动机内部进行研磨。如图 6—11 所示。

（2）检查电刷压力　如电刷压力大小不当或不均匀，则用弹簧秤校正电刷压力达到 14.7 ~ 24.5 kPa（150 ~ 250 g/cm^2），如图 6—12 所示。如压紧电刷的弹簧失去弹性，要更换弹簧。

4. 确定电刷几何中性线

调整电刷中性线位置常用的一种方法是感应法，励磁绕组通过开关接到 1.5 ~ 3 V 的直流电源上，毫伏表接到相邻两级的电刷上（电刷与换向器的接触一定要良好）。当断开或闭合开关时，即交替接通和断开励磁绕组的电流，毫伏表的指针会左右摆动，这时将电刷架顺电动机旋转方向或逆旋转方向缓慢移动，直到毫伏表指针几乎不动时，刷架位置就是中性线位置，如图 6—13 所示。

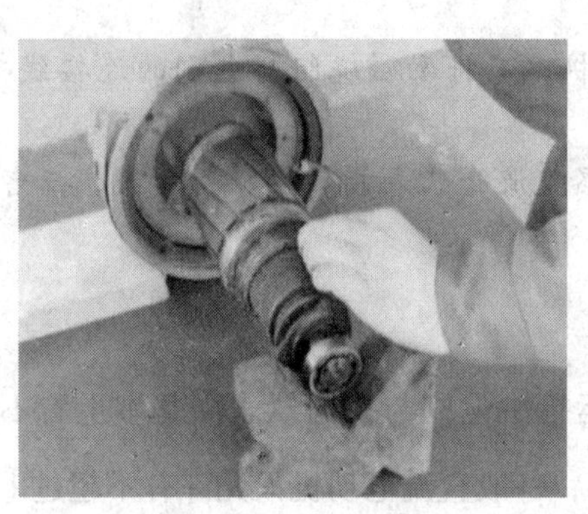

图 6—11 研磨电刷

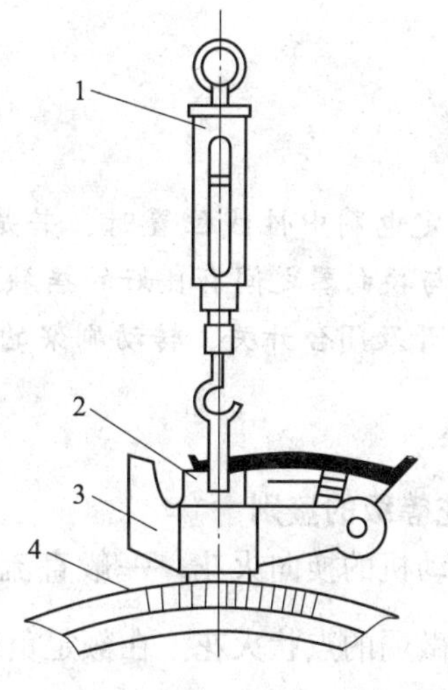

图 6—12 弹簧秤检查电刷压力

1—弹簧秤 2—电刷 3—刷架 4—换向器

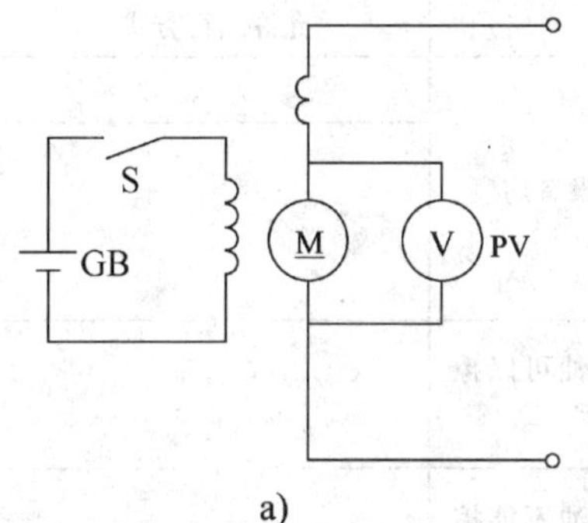

a)

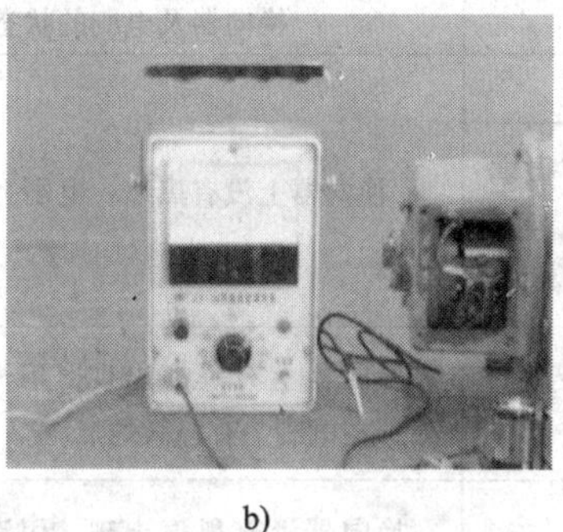

b)

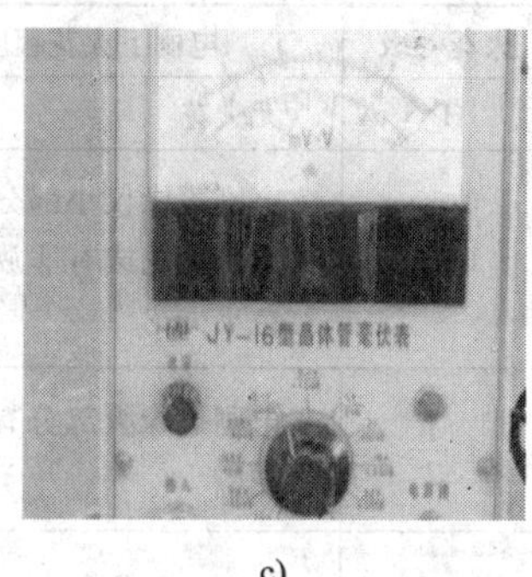

c)

图 6—13 毫伏表调整电刷中性线位置

调整完电刷中性线位置，要将电刷架紧固，如图 6—14 所示。

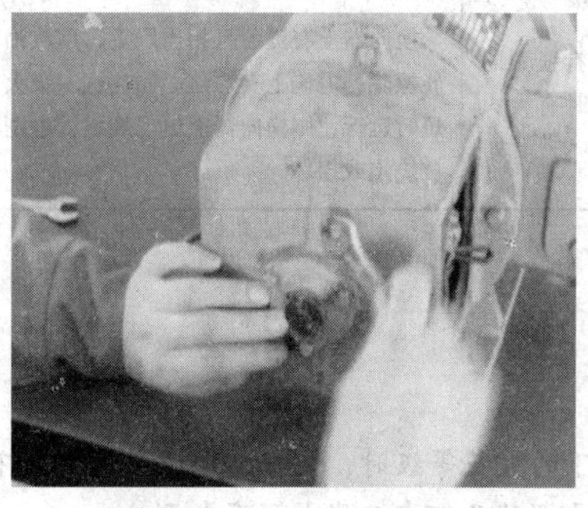

图 6—14 紧固刷架螺钉

（1）确定电刷中性线位置时，若是并励电动机，应将励磁绕组与电刷的连接线拆开。要保证电刷与换向器之间有良好的接触。

（2）断开及闭合开关、转动刷架的位置及观察直流毫伏表指针的摆动情况，三者应同时进行。

5. 火花等级的鉴别

监视电动机的换向火花，一般直流电动机在运行中电刷与换向器表面基本上看不到火花，或只有微弱的点状火花。在额定负载的情况下，一般直流电动机只允许有不超过$1\frac{1}{2}$级的火花。电刷下的火花等级，见表6—6。

表6—6　　电刷下的火花等级

<table>
<tr><th>火花等级</th><th>电刷下火花程度</th><th>换向器及电刷的状态</th><th>允许运行方式</th></tr>
<tr><td>1</td><td>无火花</td><td rowspan="2">换向器上没有黑痕；电刷上没有灼痕</td><td></td></tr>
<tr><td>$1\frac{1}{4}$</td><td>电刷边缘仅小部分有微弱的点状火花或有非放电性的红色小火花</td><td></td></tr>
<tr><td>$1\frac{1}{2}$</td><td>电刷边缘大部分有轻微的火花</td><td>换向器上有黑痕出现，用汽油可以擦除；在电刷上有轻微灼痕</td><td></td></tr>
<tr><td>2</td><td>电刷边缘大部分有较强烈的火花</td><td>换向器上有黑痕出现，用汽油不能擦除；电刷上有灼痕。短时出现这一级火花，换向器上不出现灼痕，电刷不致烧焦或损坏</td><td></td></tr>
<tr><td>3</td><td>电刷的整个边缘有强烈的火花，即环火，同时有大火花飞出</td><td>换向器上有黑痕且相当严重；用汽油不能擦除；电刷上有灼痕。如在这一级火花短时运行，则换向器上出现灼痕，电刷将被烧焦或损坏</td><td></td></tr>
</table>

（1）在判别各种情况下的火花等级时，应保持电动机的负载不变。

（2）当火花过大时，要调整几何中心线或研磨电刷。

第二节　直流电动机的电枢绕组

1. 熟悉直流电动机电枢绕组的术语。
2. 熟悉直流电动机单叠绕组的布线规律。
3. 熟悉直流电动机单波绕组的布线规律。

一、术语

直流电动机电枢绕组是闭合的。所谓闭合绕组是指从电枢绕组中某一导体出发，将绕组中的所有导体连接后，仍回到出发的导体上，自成回路，无固定的引出端。当电枢旋转时，各线圈依次通过电刷作为引出端。为了在闭合绕组中不产生环流，绕组所有线圈的电动势的代数和应等于零。因此，从电刷两端看进去，至少要有两条并联支路，它们的电动势大小相等、方向相反。下面介绍一些与电枢绕组有关的名词。

1．绕组元件

绕组元件是指一个由一匝或多匝导线绕制成的、两端分别与两片换向片相连的线圈，它是构成绕组的基本单元，如图 6—15 所示。

电枢绕组是指许多分布在电枢表面槽中按一定规律相连的绕组元件的组合。

2．绕组的有效边与端线

绕组元件嵌入电枢槽内能切割磁力线产生感应电动势的部分称为有效边。每个元件有两个有效边，放置于槽的上层的称为上层边，放置于另一槽下层的称为下层边。元件的槽外部分仅起连接作用的称为端线。

3．实槽和虚槽

实槽是指电枢铁心上实际存在的槽。在实际的电动机结构中，电枢绕组元件数往往多于实槽数，常常在一个铁心槽内放置几组绕组元件，通常把一个元件的上层边与另一个元件的下层边称为一个虚槽，如图 6—16 所示。如果一个实槽内有 μ 个虚槽，那么电枢铁心的总的虚槽数 Z_0 和实槽数 Z 的关系为 $Z_0=\mu Z$。

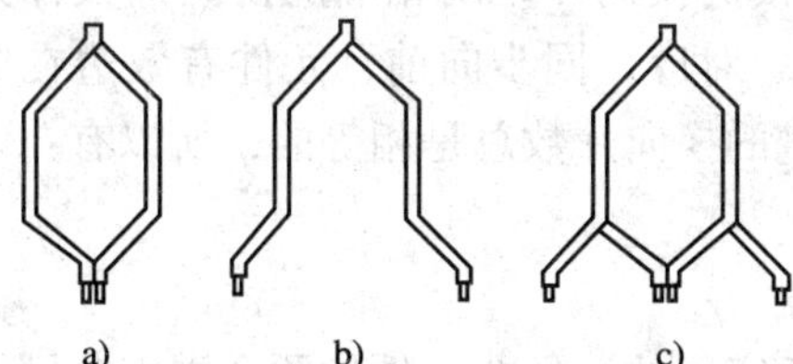

图 6—15　直流电动机的绕组元件

a）叠绕组　b）波绕组　c）混合绕组

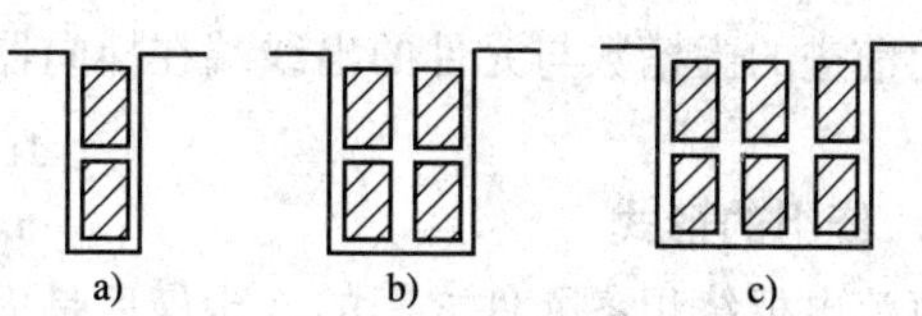

图 6—16　实槽中的虚槽

a）$\mu=1$　b）$\mu=2$　c）$\mu=3$

4. 元件数与虚槽数、换向片数的关系

一个虚槽由一个上层边和一个下层边组成（两个有效边），两个有效边组成一个元件，每一个元件有两个端头，而每个换向片都要焊接两个端头，所以元件数 S、虚槽数 Z_0 和换向片 K 数应该相等。即

$$Z_0 = K = S \quad (6\text{—}2)$$

5. 极距 τ

对应于一个磁极在电枢外圆上所占的弧长叫极距，习惯上极距都用一个磁极所占有的虚槽数来表示。如果用 τ 表示极距，p 表示磁极对数，Z_0 表示虚槽数，它们之间的关系为

$$\tau = \frac{Z_0}{2p} \quad (6\text{—}3)$$

6. 绕组的节距

各种绕组的连接规律取决于它们的节距，有关节距的意义如下：

（1）第一节距 y_1　一个元件的两个有效边在电枢表面的距离称为第一节距 y_1，用虚槽数表示。为了使元件中的感应电动势最大，第一节距应当等于极距或接近于极距。节距应当是整数，而极距可能是带小数的，当第一节距等于极距时，称为整距绕组；当第一节距大于极距时，称为长距绕组；当第一节距小于极距时，称为短距绕组。整距和短距绕组是常用的绕组，而长距绕组由于端线较长，浪费材料，一般不用。第一节距 y_1 与极距 τ 有如下的关系：

$$y_1 = \tau \pm \varepsilon \quad (6\text{—}4)$$

式中　ε——使 y_1 凑成整数的一个小数。

为什么第一节距 y_1 要凑成一个整数？

（2）第二节距 y_2　前一个元件下层边与后一个元件的上层边之间的距离叫第二节距 y_2，也用虚槽数表示。第二节距用以确定连接同一换向片的两个不同元件的有效边之间的距离。

（3）合成节距 y　互相串联的两个元件对应边之间的距离称为合成节距 y，用虚槽数表示，如图 6—17 所示。

（4）换向器节距 y_k　一个元件两个出线端所连接的换向片之间相隔的换向片数称为换向器节距 y_k。换向器和电枢是同心的，在连接时一一对应，同步向前，元件有效边在电枢表面上前进的虚槽数与元件的出线端在换向器上前进的换向片数总是相等的，所以有：

$$y_k = y$$

7. 绕组的形式

直流电枢绕组各元件之间的连接最后是借换向片完成的，每个元件的两个端点分别接在两个换向片上。由于相邻两元件的连接规律不同，可分为单叠绕组、单波绕组、复叠绕组、复波绕组及蛙形绕组（混合绕组）。其中单叠绕组和单波绕组是最常用的。

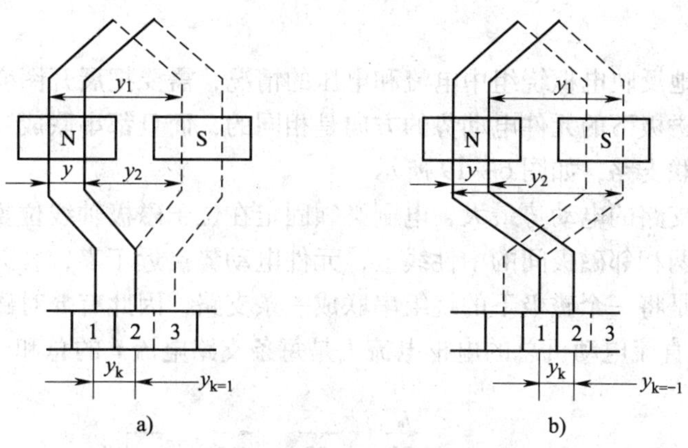

图 6—17 单叠绕组的两种形式

a）右行绕组 b）左行绕组

二、单叠绕组

1. 单叠绕组的特点

单叠绕组的特点是一个元件的上层边和下层边分别接在相邻的两个换向片上，同时第一个元件的下层边与第二个元件的上层边接在同一换向片上，也就是第二元件和第一元件的对应有效边总是相隔一个虚槽，其合成节距 $y_k = \pm 1$，一般取 $y = 1$，称为右行绕组，如图 6—17a 所示。右行绕组的端线相对较短，且端部无交叉，既可以节省铜料，又比较安全，因此较为常用。

2. 单叠绕组展开图

绕组的连接常用展开图表示。绕组展开图是假设从某槽中间沿轴剖开后展成一个平面的绕组连接图。展开图是嵌线时的主要依据。图 6—18 所示为当 $2p = 4$、$S = K = Z_1 = 16$ 的单叠右行绕组展开图。

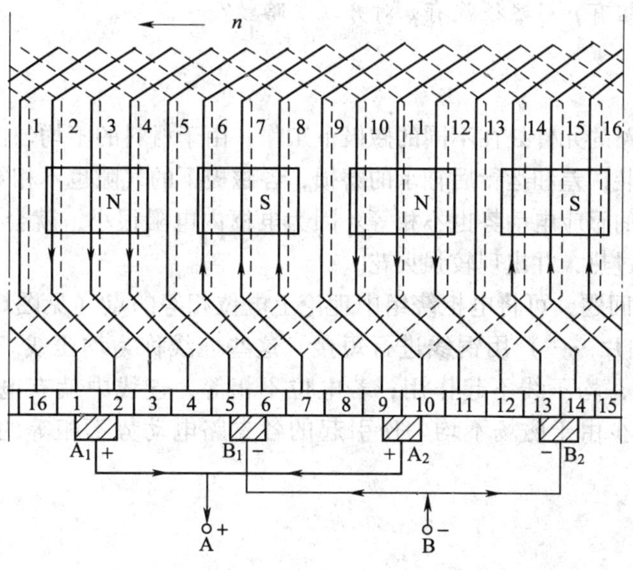

图 6—18 $2p = 4$、$S = K = Z_1 = 16$ 单叠右行绕组展开图

3. 并联支路

为了比较直观地反映电枢绕组中电流和电压的情况，需要把展开图变成并联支路图。由于单叠绕组在同一磁极下的元件电动势的方向是相同的，而且都串联成一路。因此，四极电动机可分为四条并联支路，如图6—19所示。

为了保证每条支路的电动势最大，电刷必须固定在位于磁极轴线位置。这时被电刷短接的元件边分别处于两相邻磁极间的中性线上，元件电动势接近于零，容易换向。

由于单叠绕组是将一个磁极下的绕组串联成一条支路，因此有 p 对磁极就有 p 对并联支路数，即 $2a=2p$。直流电动机总的电枢电流 I_a 是每条支路电流 i_a 的总和，即 $I_a=2ai_a$。

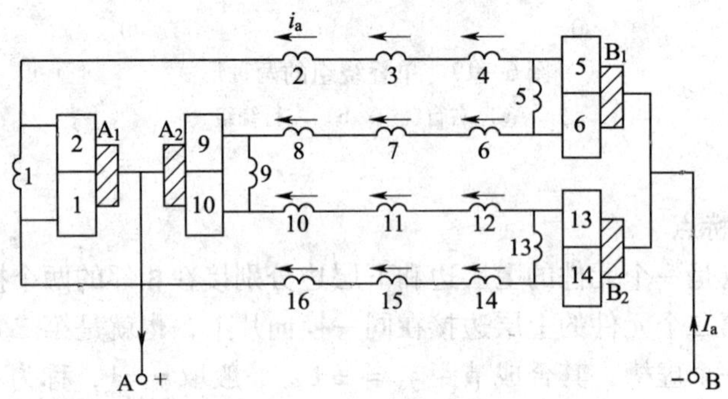

图6—19　单叠绕组并联支路图

为什么单叠绕组有 p 对磁极就有 p 对并联支路数？

4. 均压线

单叠绕组各支路的元件处在不同的磁极下工作，由于材料的不均匀性，磁路的磁阻可能不等，或者由于安装误差和运行后轴承的磨损，各磁极下的气隙也不相等，各磁极的磁通不一定相等，支路中的感应电动势也不相等。因为电枢内电阻很小，就会出现相当大的环流，从而引起电枢绕组过热，并出现较强火花。

为了解决这一问题，可将电枢绕组中理论上电位相等的点（见图6—18中的1与9换向片，2与10换向片……）用铜线进行短接，这些连线称为均压线。当电位相等时，连线中没有电流流过，均压线不起作用；若电位不相等，连线中就有电流流过，这个电流产生的磁通可以减少由于磁场不均匀所引起的各支路电动势不相等的程度，减少环流及其不良影响。

单叠绕组展开图的画法

(1) 计算极距和节距

$\tau = \frac{Z_0}{2p} = \frac{16}{4} = 4$ 槽。

$y_1 = \frac{Z_0}{2p} \pm \varepsilon = \frac{16}{4} \pm 0 = 4$ 槽，采用整距绕组。因为是单叠右行，故 $y = y_k = 1$，所以 $y_2 = y_1 - y = 3$ 槽。

(2) 列绕组元件连接顺序表　单叠绕组在接线时，先将绕组元件、槽及换向片编号，从第 1 号换向片出发，接第 1 号元件的上层边 1，端线跨过 $y_1 = 4$ 槽，在第 5 号槽放第 1 号元件的下层边 5′，接第 2 号换向片；从第 2 号换向片出发，接第 2 号元件的上层边 2，端线跨过 $y_1 = 4$ 槽，在第 6 号槽放第 2 号元件的下层边 6′，接第 3 号换向片……以此前行，最后在第 4 号槽放第 16 号元件的下层边 4′，接第 1 号换向片，从而组成一个闭合绕组。其连接顺序见表 6—7。

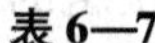
表 6—7　　单叠绕组元件串联顺序表

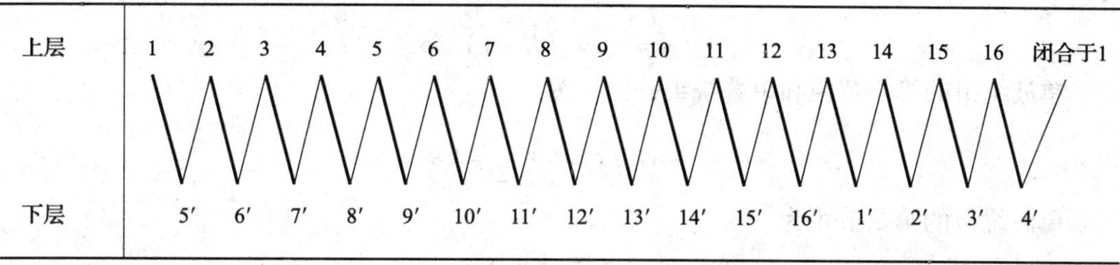

上层	1	2	3	4	5	6	7	8	9	10	11	12	13	14	15	16	闭合于1
下层	5′	6′	7′	8′	9′	10′	11′	12′	13′	14′	15′	16′	1′	2′	3′	4′	

在表 6—7 中，上面一行数字表示元件的上层边所在槽号，也表示换向片号和元件号；下面一行的数字则表示对应元件的下层边所在的槽号。粗实线表示线圈，细实线表示前后线圈在换向片上的连接。

(3) 画展开图　绕组展开图如图 6—18 所示。画图步骤如下：先画出 16 个槽和 16 片换向片；每一槽用一根实线表示上层边，用一根虚线表示下层边；让 1 号元件上层边的首端接 1 号换向片，下层边的末端接 2 号换向片；同时，该元件的上层边放在 1 号槽的上层（用实线表示），下层边放在 5 号槽的下层（用虚线表示），1 号元件的末端与 2 号元件的首端通过 2 号换向片连接，依次继续把所有对应元件置于对应的槽内，首端及末端接于对应的换向片上，绕电枢一周将全部元件边都连接起来，并通过换向片串联成一个闭合回路。

(4) 画磁极和电刷　各磁极在圆周上的位置必须是均匀对称的，图 6—18 中表示的磁极是放在绕组的上面，即 N 极的磁力线方向是进入纸面的。

电刷的放置必须使相邻两个电刷间的电压达到最大值，电刷应放在感应电动势改变方向

（即换向）的地方。在图6—18中电刷放置在磁极中心线上。

在单叠绕组中，由于并联支路的需要，电刷对数必须等于磁极对数。电刷在换向器上是对称分布的，在展开图上也是均匀布置的。为了分析方便，图6—18中电刷的宽度为一片换向片宽，实际上一般为2~3片换向片宽。电刷太宽，受到换向片厚度的限制；太窄了，电流密度太高，电刷容易磨损，强度也不够。

（5）确定元件感应电动势方向和电刷的极性　电枢旋转方向如图6—18所示（如n所示）。

假设电机做发电机运行，根据磁极极性，用右手定则可确定元件感应电动势方向，则电流自极性相同的两个电刷A_1、A_2，并联后流向外电路，故A是正电刷，极性相同的另两个电刷B_1、B_2并联后作为负电刷B。A、B电刷位置相互间隔均匀对称。

三、单波绕组

1. 单波绕组的特点

单波绕组的特点是一个元件的上层边和下层边分别接在相隔较远的两个换相片上，同时相串联的第一个元件的上层边与第二个元件的上层边放在相同极性的相邻磁极下面，它们在空间位置上相距约两个极距，如图6—20a所示。同时，p对磁极下的p个元件串联沿圆周向一个方向绕行一周，其末尾所连的换向片必须回到起始换向片相邻的位置上，才能保证继续绕下去。如果回到与起始片相隔两片以上的位置，就成了复波绕组。因此，单波绕组的合成节距为

$$y = y_k = (K \pm 1)/p$$

单波绕组的第一节距和单叠绕组一样，为

$$y_1 = \tau \pm \varepsilon = \frac{Z_0}{2p} \pm \varepsilon$$

单波绕组的第二节距为

$$y_2 = y - y_1$$

单波绕组与单叠绕组有哪些不同点？

2. 并联支路

图6—20b所示是单波绕组的并联支路图。从图中可看出，单波绕组是把所有N极下的全部元件串联起来组成一条支路，又把所有S极下的全部元件串联起来组成另一条支路，最后组成一闭合回路。所以，单波绕组永远只有两条支路，而与磁极对数的多少无关，即单波绕组的支路对数a永远为1。单波绕组电枢电流I_a等于2倍的支路电流i_a，即$I_a = 2i_a$。

与单叠绕组一样，单波绕组的电刷应该放在磁极轴线下的换向片上。单波绕组的电刷对

数也应该等于磁极对数，如果只从支路的观点来考虑电刷数，因单波绕组只有两条支路，只要一对电刷就够了。然而，如果去掉一对电刷，通过剩下的电刷上电流将增大，这样就要增加换向器的长度，浪费用铜。因此，一般单波绕组的电刷对数还是等于磁极对数，如图6—20b所示。只有特殊情况下才例外。

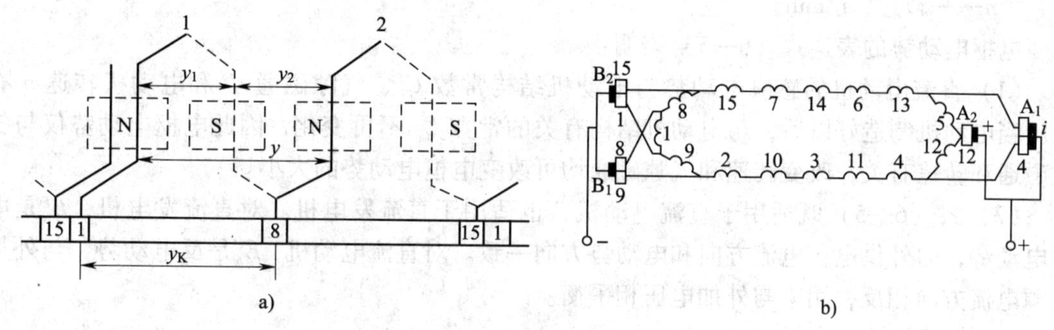

图6—20　单波绕组

a）元件图　b）并联支路

在单波绕组中，因只有两条并联支路，每条支路的元件分布在所有相同极性的磁极之下，磁路的不对称相互抵消，不会引起各支路中电动势的不平衡。因此，单波绕组不需要均压线。

单叠绕组一般适用于较大电流的直流电动机，单波绕组一般适用于较高电压的直流电动机。在大型电动机中，有时采用由叠绕组和波绕组混合而成的电枢绕组，称为混合绕组，由于其绕组元件的外形很像青蛙，故又称为蛙形绕组。蛙形绕组的主要特点是波绕组和叠绕组之间相互起到均压线的作用，无须另接均压线，从而节约铜。

第三节　直流电动机的电动势、电磁转矩和功率

1. 理解直流电动机电动势、电磁转矩和功率的概念。
2. 掌握直流电动机电压、转矩和功率平衡方程式。
3. 理解电枢反应的概念。

一、直流电动机的电动势

直流电动机运行时，电枢绕组元件在磁场中运动切割磁感线产生电动势，称为电枢电动势。电枢电动势是指直流电动机正、负电刷之间的感应电动势，也就是每个支路里的感应电动势。其表达式为

$$E_a = C_e \Phi n \tag{6—5}$$

式中 C_e——电动机电动势常数，当电动机做好后仅与电动机结构有关，即 $C_e = \frac{pN}{60a}$，其中：p 为磁极对数，N 为电枢导体总数，a 为支路对数；

Φ——气隙磁通，Wb；

n——转速，r/min。

电枢电动势的表达式（6—5）表明：

（1）直流电动机的感应电动势与电动机结构常数 C_e、气隙磁通 Φ 和电动机转速 n 有关。当电动机制造好以后，与电动机结构有关的常数 C_e 不再变化，因此电枢电动势仅与气隙磁通和转速有关，改变转速和气隙磁通均可改变电枢电动势的大小。

（2）式（6—5）既适用于直流电动机，也适用于直流发电机。对直流发电机，E_a是电源电动势，向外供电，电流方向和电动势方向一致。对直流电动机，E_a是反电动势，与外加电源电流方向相反，用来与外加电压相平衡。

为什么直流电动机的感应电动势是反电动势而直流发电机的感应电动势是电源电动势呢？

【例6—1】 已知某直流发电机 $2p=4$，单波绕组，电枢绕组总导体数为 $N=648$，电动机的转速为 $n=1\ 450$ r/min，$\Phi=0.005\ 1$ Wb。求发出的电动势 E_a；如果保持 Φ 不变，转速减为 $n=1\ 000$ r/min，此时的电动势 E_a 为多少？

解：电动机电动势常数为

$$C_e = \frac{pN}{60a} = \frac{648\times 2}{60\times 1} = 21.6$$

$n=1\ 450$ r/min 时，$E_a = C_e\Phi n = 21.6\times 0.005\ 1\times 1\ 450 = 159.73 \approx 160$ V

$n=1\ 000$ r/min 时，$E_a = C_e\Phi n = 21.6\times 0.005\ 1\times 1\ 000 = 110.16 \approx 110$ V

二、直流电动机的电磁转矩

无论是直流发电机或直流电动机在负载状态下工作时，电枢绕组中都有电流通过，因此在磁场中都将受到电磁力的作用，电磁力在电枢上产生的转矩称为电磁转矩，即

$$T = C_T\Phi I_a \qquad (6—6)$$

式中 C_T——电动机转矩常数，仅与电动机结构有关，$C_T = \frac{pN}{2\pi a}$，其中：p 为磁极对数，N 为电枢导体总数，a 为支路对数；

Φ——气隙磁通，Wb；

I_a——电枢电流，A。

从式（6—6）可知：

（1）制造好的直流电动机其电磁转矩仅与电枢电流 I_a 和气隙磁通 Φ 成正比。

（2）电磁转矩是由电源供给电动机的电能转换而来的，是电动机的驱动转矩。

【例6—2】 某4极直流电动机，单波绕组，电枢的导体总数为 $N=186$ 根，每极磁通 Φ 为 6.98×10^{-2} Wb，电枢电流 $I_a=331$ A。求电磁转矩。

解：4极电动机 $p=2$，单波绕组 $a=1$，则电磁转矩为：

$$T=C_T\Phi I_a=\frac{pN}{2\pi a}\Phi I_a=\frac{186\times2\times6.98\times10^{-2}\times331}{2\times3.14\times1}=1\ 368.6\text{N}\cdot\text{m}$$

答：电磁转矩为1 368.6 N·m。

三、直流电动机的电磁功率

一切能量形式的转换均遵守能量守恒定律，在直流电动机中也是一样。通过电磁转矩的传递，实现机械能和电能的相互转换，通常把电磁转矩所传递的功率称为电磁功率。由力学知识可知，电动机的电磁功率为

$$P=T\omega \tag{6—7}$$

式中 $\omega=\frac{2\pi n}{60}$——电枢转动的角速度。

由于 $T=C_T\Phi I_a$，$E_a=C_e\Phi n$，$C_T=\frac{pN}{2\pi a}$，$C_e=\frac{pN}{60a}$，代入式（6—7），推导得出电动机的电磁功率为

$$P=E_aI_a \tag{6—8}$$

式（6—8）表明电磁功率这个物理量，从机械角度讲是电磁转矩与角速度的乘积；从电的角度讲是电枢电动势与电枢电流的乘积。这两者是同时存在且互相转换的。

实际中的直流电动机是有功率损耗的，因此电磁功率总是小于输入功率而又大于输出功率。

电磁功率为什么从机械角度讲是电磁转矩与角速度的乘积；从电的角度讲是电枢电动势与电枢电流的乘积？

四、电压、转矩和功率平衡方程式

1. 电压平衡方程

直流电动机与电源接通，当负载恒定时，直流电动机将以恒定的速度旋转，即电动机处于稳定运行状态。该状态下，电动机的电枢电动势、功率、转矩保持着平衡关系。

根据直流电动机他励、并励接线图的电路基本规律，可以写出他（并）励直流电动机的电路平衡方程式为

$$U=E_a+I_aR_a+2\Delta U$$

忽略电枢压降 $2\Delta U$，则有

$$U=E_a+I_aR_a \tag{6—9}$$

式中 U——电动机外加直流电压，V；

E_a——电动机的反电动势，V；

I_a——电动机的电枢电流，A。

2. 转矩平衡方程

根据牛顿力学定律，稳态运行时电动机应满足转矩平衡方程，即

$$T = T_2 + T_0 \tag{6—10}$$

式中 T——电动机的电磁转矩，为驱动性质，N·m；

T_2——电动机轴上输出的机械转矩，为制动性质，N·m；

T_0——空载时电动机损耗所形成的制动性转矩，N·m。

并励直流电动机，输入电流 I、电枢电流 I_a 和励磁电流 I_f 之间的关系为

$$I = I_a + I_f$$

3. 功率平衡方程

（1）输入功率、电磁功率和铜损耗　图 6—21 所示为直流电动机功率流程图。

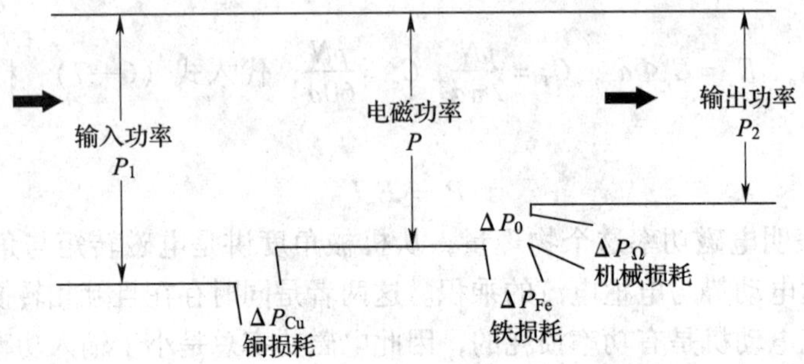

图 6—21　直流电动机功率流程图

对于直流电动机来讲，电磁功率 P 是指电能转变成机械能的这部分功率，直流电动机从电源吸取的电功率称为输入功率 P_1；由于直流电动机的电枢绕组、电刷、电刷与换向器的接触处等都存在着电阻，统称为电枢电阻 R_a，电枢电流流过时，就会发热，产生损耗，称为铜损耗 ΔP_{Cu}。铜损耗是随着负载电流的变化而变化的，所以也称为可变损耗。即

$$P_1 = P + \Delta P_{Cu} \tag{6—11}$$

（2）机械损耗、铁损耗、空载损耗和输出功率　转变成机械功率的电磁功率 P 中有一小部分消耗在电动机的机械损耗上，机械损耗常常产生于电刷与换向器之间；旋转部分（轴承、风扇等处）与空气的摩擦，机械损耗用 ΔP_Ω 表示。

在电枢铁心中还存在着由于磁滞和涡流引起的能量损耗，由于它存在于铁磁回路中，所以称为铁损耗，铁损耗用 ΔP_{Fe} 表示。

由于直流电动机只要通了电，并且转动起来，不管它有没有带负载，机械损耗和铁损耗都会存在。所以，这两项损耗合起来称为空载损耗，它与负载大小基本无关，是一个常量，所以空载损耗也叫做不变损耗 ΔP_0，则

$$\Delta P_0 = \Delta P_{Fe} + \Delta P_\Omega$$

电磁功率和输出功率的关系为

$$P = P_2 + \Delta P_0 = P_2 + \Delta P_{Fe} + \Delta P_\Omega \tag{6—12}$$

式中 P_2——电动机的输出功率，kW。

直流电动机接上电源后，绕组中便有电流流过，由电源输入的功率是 P_1，从输入功率除去铜损耗 ΔP_{Cu}，余下的是被电动机转换的电磁功率 P，电动机在转动中要产生机械损耗 ΔP_Ω 及铁损耗 ΔP_{Fe}。从电磁功率中减去这部分空载损耗 ΔP_0 后，就是直流电动机的输出功率 P_2。直流电动机的功率平衡方程式也可以写为

$$P_1 = P_2 + \Delta P_{Fe} + \Delta P_\Omega + \Delta P_{Cu} \tag{6—13}$$

直流电动机的效率为

$$\eta = \frac{P_2}{P_1} \times 100\% \tag{6—14}$$

【例 6—3】 某台 Z2－51 型直流他励电动机，额定功率（输出功率）$P_2 = 3$ kW，电源电压 $U = 220$ V，电枢电流 $I_a = 16.4$ A，电枢回路电阻 $R_a = 0.84\ \Omega$。求输入功率 P_1、铜损耗 ΔP_{Cu}、空载损耗 ΔP_0、反电动势 E_a 和电动机的效率 η。

解：

$$P_1 = UI_a = 220 \times 16.4 = 3\ 608\ \text{W} = 3.608\ \text{kW}$$

$$\Delta P_{Cu} = I_a^2 R_a = 16.4^2 \times 0.84 = 226\ \text{W} = 0.226\ \text{kW}$$

$$\Delta P_0 = P_1 - P_2 - \Delta P_{Cu} = 3.608 - 3 - 0.226 = 0.382\ \text{kW}$$

$$E_a = U - I_a R_a = 220 - 16.4 \times 0.84 = 206.2\ \text{V}$$

$$\eta = \frac{P_2}{P_1} \times 100\% = \frac{3}{3.608} \times 100\% = 83\%$$

五、电枢反应

1. 主磁极磁场

主磁极磁场如图 6—22a 所示。在主磁极 N、S 之间并通过电枢轴中心的平分线称为几何中性线，用 nn' 表示。通过电枢轴中心，电枢铁心圆周上磁通为零的两点连线，称为物理中性线，用 mm' 表示。

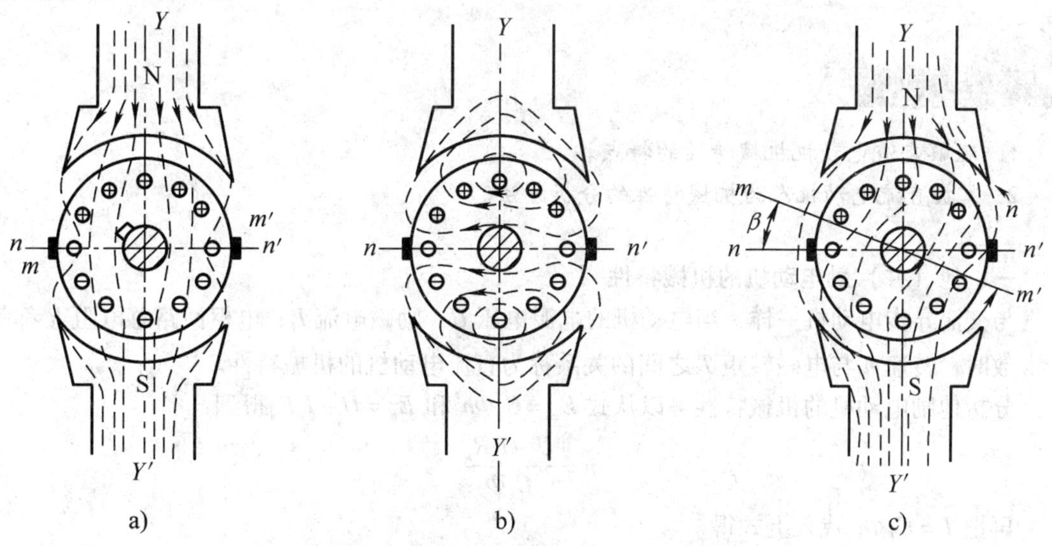

图 6—22 直流电动机的电枢反应示意图

a）主磁极磁场分布图 b）电枢磁场分布图 c）合成磁场分布图

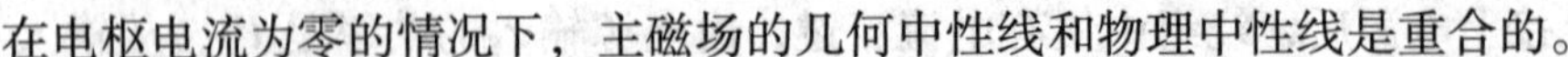

在电枢电流为零的情况下，主磁场的几何中性线和物理中性线是重合的。

2. 电枢磁场

当电动机在负载下运行时，电枢绕组中有负载电流流过，电枢电流产生的磁场称为电枢磁场。其分布情况如图6—22b所示，从图中可以看出电枢磁场的轴线和几何中性线 nn' 是重合的。

3. 电枢反应

直流电动机在负载情况下运行，主极磁场和电枢磁场同时存在，它们之间互相影响，直流电动机中气隙磁场是主极磁场和电枢磁场叠加后的磁场。

假定电枢逆时针转动，主极磁场和电枢磁场叠加后的合成磁场如图6—22c所示。在主磁极的右侧（即电枢旋转时进入的一端），由于主极磁场和电枢磁场方向相同，磁通增加；而在主磁极的左侧，主极磁场和电枢磁场方向相反，磁通减少。因此，电枢反应使合成磁场的物理中性线 mm' 逆着电枢转动方向移过了一个 β 角。同样，β 角的大小决定于电枢电流的大小，电枢电流越大，电枢磁场越强，β 角就越大，合成磁场就扭曲得越厉害。

综上所述，电枢磁场对气隙磁场的影响就叫做电枢反应。

直流电动机电枢反应结果是：

（1）合成磁场发生畸变，物理中性线逆电枢转动方向转过了一个角度，使换向火花增大。

（2）主极磁通受到削弱，使电动机发出的电磁转矩有所减小。

因此，电枢反应对直流电动机是不利的，必须采取措施来减少电枢反应的影响。

第四节 直流电动机的机械特性

1. 理解直流电动机机械特性的特点。
2. 掌握直流电动机人为机械特性的分析方法。

一、他（并）励电动机的机械特性

与交流异步电动机一样，当电动机的电源电压 U、励磁电流 I_f、电枢回路总电阻 R 都等于常数时，转速 n 与电磁转矩 T 之间的关系称为直流电动机的机械特性。

分析他励电动机的机械特性可以从式 $E_a = C_e \Phi n$ 和 $E_a = U - I_a R_a$ 得到

$$n = \frac{U - I_a R_a}{C_e \Phi}$$

再把 $T = C_T \Phi I_a$ 代入上式得

$$n = \frac{U}{C_e \Phi} - \frac{R_a}{C_e C_T \Phi^2} T = n_0 - \alpha T \tag{6—15}$$

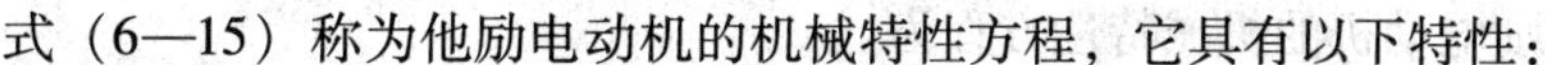

式（6—15）称为他励电动机的机械特性方程，它具有以下特性：

（1）$T=0$ 时，$n=n_0=\dfrac{U}{C_e\Phi}$称为理想空载转速，由于 C_e是电动机的结构常数，所以 n_0与 U 成正比，与 Φ 成反比，当 U 和 Φ 不变时，n_0是一个定值。

（2）他励电动机的机械特性是一条过 n_0并稍向下倾斜的直线，其斜率为

$$\alpha=\frac{R_a}{C_eC_T\Phi^2}$$

式中，C_e与 C_T是由电动机结构决定的常数。

他励电动机的机械特性如图 6—23 所示。

（3）在电源电压、励磁电流均为额定值，电枢回路不串入附加电阻的条件下作出的特性曲线称为自然机械特性。他励直流电动机的自然机械特性具有硬的机械特性，即电动机负载转矩增大时，转速的下降并不大。

按照我国电动机技术标准规定，电动机的转速调整率 Δn 为

$$\Delta n=\frac{n_0-n_N}{n_0}$$

式中　n_N——电动机的额定转速。

图 6—23　他励电动机的机械特性

一般他励电动机的转速调整率 Δn 为 3% ~8%。这种特性适用于在负载变化时要求转速比较稳定的场合，经常用于金属切削机床、造纸机械等要求恒速的地方。

提示

并励直流电动机具有与他励电动机相似的“硬的”机械特性，由于并励电动机的励磁绕组与电枢绕组并联，共用一个电源，电枢电压的变化会影响励磁电流的变化，因而使机械特性比他励稍软些。

二、串励电动机的机械特性

由于串励电动机的励磁绕组与电枢绕组串联，故励磁电流等于电枢电流 I_a，它的气隙磁通 Φ 主要取决于电枢电流的大小（见表 6—2），这是串励电动机最基本的特点。

当磁极未饱和时，磁通 Φ 与电枢电流 I_a成正比，即 $\Phi=CI_a$，将式（6—6）$T=C_T\Phi I_a=(C_T/C)\ \Phi^2$代入并推导得

$$\Phi=\sqrt{\frac{C}{C_T}}\cdot\sqrt{T}$$

将 Φ 代入转速方程式　$n=\dfrac{U-I_aR_a}{C_e\Phi}=\dfrac{U}{C_e\Phi}-\dfrac{I_aR_a}{C_e\Phi}$

经过计算和整理，得串励电动机的机械特性方程为

$$n = C_1 \frac{U}{\sqrt{T}} - C_2 R_a \quad (6—16)$$

式中，C_1及 C_2均为常数，串励励磁绕组电阻较小，可忽略不计。

在磁极未饱和的条件下，串励电动机的机械特性为如图 6—24 所示的双曲线。它具有以下特性：

（1）串励电动机的转速随负载的增加而迅速下降，这种机械特性称为软特性。在轻负载时，励磁电流很小，电动机转速很快；负载转矩增加时，其转速下降较慢。

（2）串励电动机的转矩和电枢电流的平方成正比，因此它的启动转矩大，过载能力强。

（3）电动机空载时，理想空载转速 n 为无限大，实际中，转速也可达到额定转速 n_N的 5 ~7 倍（也称为飞车），这是电动机的机械强度所不允许的。因此，串励电动机不允许空载或轻载运行。

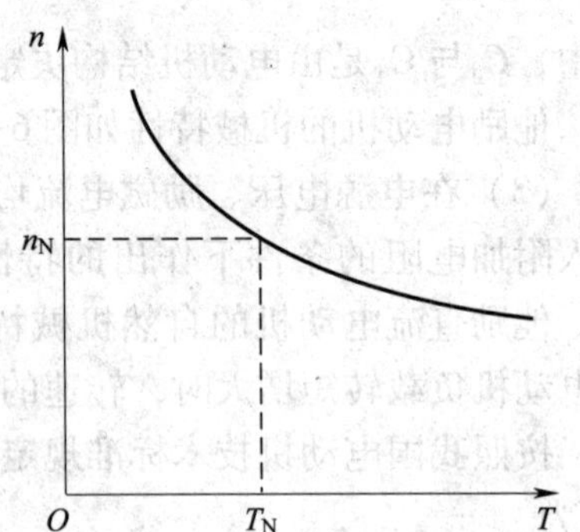

图 6—24　串励电动机的机械特性曲线

（4）串励电动机也可以通过电枢串电阻、改变电源电压、改变磁通得到人造机械特性，以适应负载和工艺的要求。

串励电动机适用于负载变化比较大，且不可能空转的场合。例如，电动机车、地铁电动车组、城市电车、电瓶车、挖掘机、铲车、起重机等。

三、复励电动机的机械特性

复励电动机分为积复励和差复励两种，常用的是积复励电动机。积复励电动机的机械特性介于他励和串励电动机的机械特性之间，具有串励直流电动机的启动转矩大、过载倍数强的优点，而没有空载转速很高的缺点。这种电动机的用途也很广泛，如无轨电车就是用积复励直流电动机驱动的。

四、人为的机械特性

直流电动机可以通过改变电枢回路电阻、电枢电源电压、励磁磁通等方法使机械特性发生变化，以适应负载和工艺的要求。其参数改变后，对应的机械特性称为人为机械特性。下面以他励直流电动机为例，说明三种人为机械特性。

（1）电枢回路串接电阻的人为机械特性。当电枢加额定电压 U_N，每极磁通为额定值 Φ_N，电枢回路串入电阻 R 后，机械特性表达式为

$$n = \frac{U_N}{C_e \Phi_N} - \frac{R_a + R}{C_e C_T \Phi^2} T$$

电枢串入电阻值不同时的人为机械特性如图 6—25 所示。

显然，理想空载转速 $n_0 = \frac{U}{C_e \Phi}$与固有机械特性的 n 相同，斜率 $\alpha = \frac{R_a + R}{C_e C_T \Phi^2}$与电枢回路电阻有关，串入的阻值越大，特性越倾斜。

从图 6—25 得知，电枢回路串电阻的人为机械特性是一组放射型直线，都通过理想空载

转速点。

（2）改变电枢电压的人为机械特性。保持每极磁通为额定值不变，电枢回路不串电阻，只改变电枢电压时，机械特性表达式为

$$n = \frac{U_N}{C_e \Phi_N} - \frac{R_a}{C_e C_T \Phi^2} T$$

电压 U_1 的绝对值大小不能比额定值高，否则绝缘将承受不住，但是电压方向可以改变。改变电压大小的人为机械特性如图 6—26 所示。

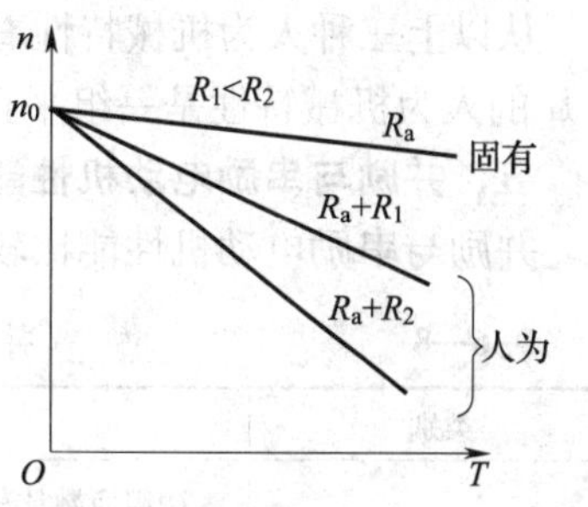

图 6—25 电枢回路串电阻的人为机械特性

显然，U 不同，理想空载转速 $n_0 = \frac{U}{C_e \Phi}$ 随之变化，并成正比关系，但是斜率都与固有机械特性斜率相同，因此各条特性曲线彼此平行。

从图 6—26 得知，改变电压 U 的人为机械特性是一组平行直线。

（3）减少气隙磁通量的人为机械特性。减少气隙每极磁通的方法是用减小励磁电流来实现的。由于电动机磁路接近于饱和，增大每极磁通难以做到，改变磁通时，都是减少磁通。

保持电枢电压为额定值不变，电枢回路不串电阻，仅减少气隙磁通的人为机械特性表达式为

$$n = \frac{U_N}{C_e \Phi_N} - \frac{R_a}{C_e C_T \Phi^2} T$$

显然理想空载转速 $n_0 \propto \frac{1}{\Phi}$，$\Phi$ 越小，n_0 越高；而斜率 $\alpha \propto \frac{1}{\Phi^2}$，$\Phi$ 越小，特性越倾斜。

减少气隙磁通的人为机械特性如图 6—27 所示，它是一组既不平行又不呈放射型的直线。

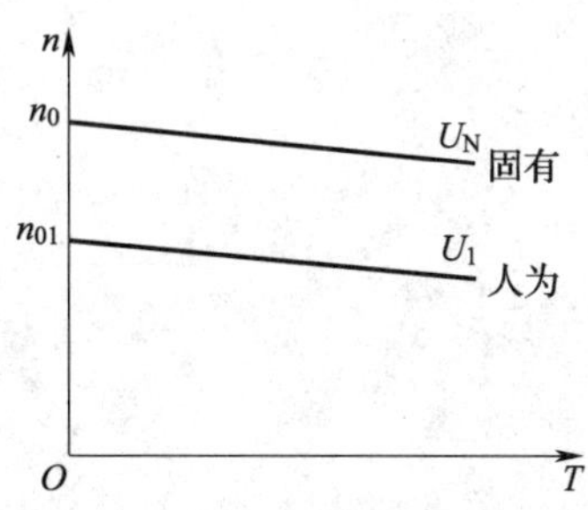

图 6—26 改变电枢电压的人为机械特性

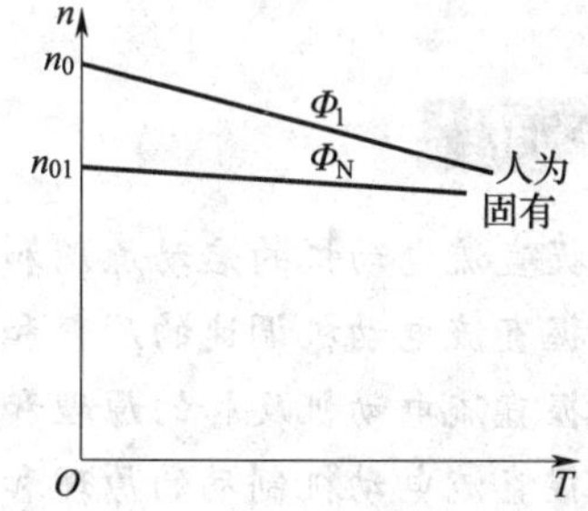

图 6—27 减少气隙磁通量的人为机械特性

为什么只能减少气隙磁通量而不能增加气隙磁通量呢？

从以上三种人为机械特性看，电枢回路串电阻和减弱磁通，机械特性都变软。而改变电压 U 的人为机械特性是一组平行直线。

五、并励与串励电动机性能比较

并励与串励电动机性能比较见表 6—8。

表 6—8　　并励与串励电动机比较

类别	并励电动机	串励电动机
主磁极绕组构造特点	绕组匝数比较多，导线线径比较细，绕组的电阻值比较大	绕组匝数比较少，导线线径比较粗，绕组的电阻值较小
主磁极绕组和电枢绕组连接方法	主磁极绕组和电枢绕组并联，主磁极绕组承受的电压较高，流过的电流较小	主磁极绕组和电枢绕组串联，主磁极绕组承受的电压较低，流过的电流较大
机械特性	具有硬的机械特性，负载增大时，转速下降不多。具有恒转速特性	具有软的机械特性，负载较小时，转速较高，负载增大时，转速迅速下降。具有恒功率特性
应用范围	适用于在负载变化时要求转速比较稳定的场合	适用于恒功率负载和速度变化大的负载
使用时应注意的事项	可以空载或轻载运行。主磁通很小时可能造成飞车，主磁极绕组不允许开路	空载或轻载时转速很高，会造成换向困难或离心力过大而使电枢绕组损坏，不允许空载启动及带传动

第五节　直流电动机的运行

1. 掌握直流电动机的启动原理和方法。
2. 掌握直流电动机调速的原理和方法。
3. 掌握直流电动机反转的原理和方法。
4. 掌握直流电动机制动的原理和方法。

一、直流电动机的启动

直流电动机由静止状态加速达到正常运转的过程，称为启动过程。

直流电动机在刚启动瞬间，转速 $n=0$，故反电动势 $E_a=C_e\Phi n=0$，此时电枢电流 I_a 为：

$$I_a=\frac{U-E_a}{R_a}=\frac{U}{R_a}=I_{st}$$

此时的电流称为启动电流，用 I_{st} 表示。由于电枢绕组的电阻 R_a 很小，故启动电流必然很大，通常可达到额定电流的 10～20 倍。这样大的启动电流会引起电动机换向困难，并使供电线路产生很大的压降。因此，除小容量电动机外，直流电动机一般不允许直接启动，而必须采取适当的措施限制启动电流。

对启动的要求：

（1）最初启动电流 I_{st} 要小。

（2）最初启动转矩 T_{st} 要大。

（3）启动设备要简单可靠。

为限制启动电流可以采取以下措施来实现启动。

1. 电枢回路串变阻器启动

变阻器启动就是在启动时将一组启动电阻 R_{st} 串入电枢回路，以限制启动电流。待转速上升以后，再逐段将启动电阻切除。此法启动时的启动电流为：

$$I_{st} \approx \frac{U}{r_a + R_{st}}$$

因此，只要 R_{st} 的阻值选择得当就能将启动电流限制在允许的范围内。

变阻器外形图如图 6—28 所示。图 6—29 所示为并励直流电动机的串变阻器启动电路，该启动电阻器具有失压保护功能，电枢回路是靠电磁开关 K 来接通的，当失压后电磁开关靠弹簧的力自动复位而断开；在直流电动机启动时，用手控制调节旋钮，随转速提高顺时针旋转，将串联在电枢回路上的电阻逐渐减小直到转速提高到正常转速。

图 6—28 变阻器外形图

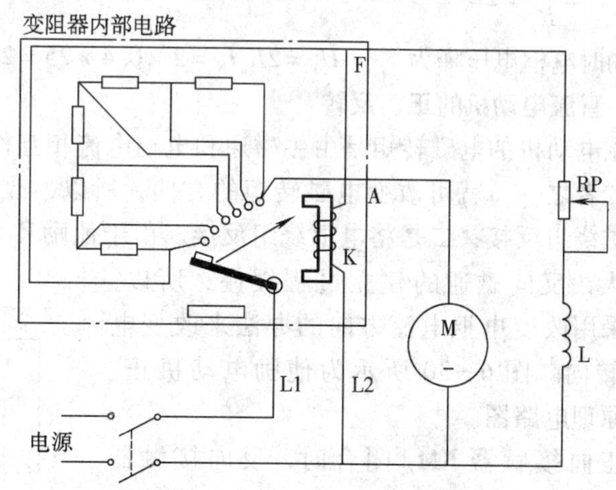

图 6—29 直流电动机串变阻器启动电路

通常把启动电流限制在（1.5～2.5）I_N 的范围内来选择启动电阻的大小。一般 150 kW 以下的直流电动机启动电流可取上限；150 kW 以上的直流电动机则取下限。

变阻器启动用于各种中、小型直流电动机，其缺点是变阻器比较笨重，启动过程中消耗很多电能。

2. 减压启动

减压启动是在启动时通过暂时降低电动机供电电压的方法，来限制启动电流。

减压启动方法一般只用于大容量、启动频繁的直流电动机，并要有一套可变电压的直流电源。常见的发电机—电动机组就是采用减压启动方式来启动电动机的，其优点是启动电流小，启动时消耗能量少，升速比较平稳。近代采用的由晶闸管整流电源组成的整流器—电动机组，也适用于减压启动。

并励电动机采用减压启动时只降低电枢电压，励磁绕组的外施电压却不能降低，否则启动转矩将变小，电动机将无法启动。因此，减压启动只适用于他励电动机。

【例6—4】 有一台并励直流电动机，电枢绕组 $R_a=0.4\ \Omega$，额定电压 $U_N=110$ V。设磁通恒定不变，当 $n=n_N$时，$E_a=100$ V。试求：（1）额定电流；（2）直接启动时的启动电流 I_{st}；（3）要使电动机启动瞬间的电流限制在2倍额定电流之内，求启动时的电枢电压。

解：（1）$I_N=\dfrac{U_N-E_a}{R_a}=\dfrac{110-100}{0.4}=25$ A

（2）直接启动时的启动电流 $I_{st}=\dfrac{U_N}{R_a}=\dfrac{110}{0.4}=275$ A

（3）$I_1=\dfrac{U_1}{R_a}=2I_N$

启动时电枢电压降为　　$U_1=2R_aI_N=2\times0.4\times25=20$ V

二、直流电动机的正、反转

直流电动机的电磁转矩是由主磁通和电枢电流相互作用而产生的。根据左手定则，任意改变二者之一，就可改变电磁转矩的方向，所以，改变电动机转向的方法有两种：一是将励磁绕组反接；二是将电枢绕组反接。由于他励和并励电动机励磁绕组的匝数较多，电感较大，反向磁通的建立过程缓慢，所以，一般都采用改变电枢电流方向的办法来改变电动机的转向。图6—30所示为他励电动机正、反转的原理电路图。

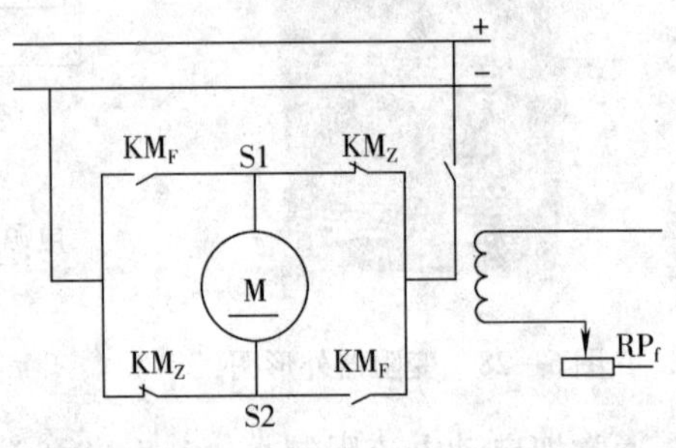

图6—30　他励电动机正、反转的原理电路图

当正向接触器 KM_Z 闭合时，反向接触器 KM_F 是断开的。电枢的S1端接正极；S2端接负极。如将 KM_Z 断开、KM_F 闭合，则电枢电流反向，电磁转矩 T 和转速 n 的方向也随之改变。如果把反向前的电磁转矩 T 和转速 n 定为正值，反

向后的 T 和 n 则为负值。

为什么一般不采用励磁绕组反接法对直流电动机进行反转控制？

对于复励电动机，进行反转控制时，应将电枢引出端对调或者同时将并励绕组和串励绕组引出端分别对调（维持加复励状态）。

三、直流电动机的调速

直流电动机有良好的调速性能，与交流电动机相比，这也是直流电动机的一个显著优点。直流电动机比较容易满足调速幅度宽广、调速连续平滑、损耗小、经济指标高等电动机调速的基本要求。

直流电动机的调速是指电动机的机械负载不变的条件下，改变电动机的转速。调速可采用机械方法、电气方法或机械和电气配合的方法。

根据直流电动机的转速公式 $n \approx \dfrac{U - I_a R_a}{C_e \Phi}$ 可知，直流电动机有三种调速方法，即电枢回路串变阻器调速法、改变励磁磁通调速法和改变电枢电压调速法。下面列表介绍这三种调速方法的控制。

表 6—9　　三种调速方法的控制

项目	电枢回路串电阻	改变励磁磁通	改变电枢电压
实现方法	在直流电动机的电枢回路中串联一只调速变阻器来实现调速	改变励磁电流的大小来实现调速	使用可变直流电源来实现调速。图例用 G—M 系统供电，调节发电机 G1 的励磁电流即可改变其输出电压，从而调节电动机 M1 的转速
电路图	+Ø　RP_a　M 3~　−Ø	+Ø　M 3~　RP_f　−Ø	RP_{G2}　RP_{G1}　RP_f　G　M 3~　G　M 3~　G2　M2　G1　M1

续表

项目	电枢回路串电阻	改变励磁磁通	改变电枢电压
机械特性			
特点	(1) 设备简单，投资少，只须增加电阻和切换开关，操作方便。小功率电动机中用得较多，如电气机车等 (2) 属于恒转矩调速方式，转速只能由额定转速往下调 (3) 只能分级调速，调速平滑性差 (4) 低速时，机械特性很软，转速受负载影响变化大，电能损耗大，经济性能差	(1) 调速在励磁回路中进行，功率较小，故能量损失小，控制方便 (2) 速度变化比较平滑，但转速只能往上调，不能在额定转速以下进行调节 (3) 调速的范围较窄，在磁通减少太多时，由于电枢反应对主磁场的影响加大，会使电机火花增大、换向困难 (4) 在减少励磁调速时，如负载转矩不变，电枢电流必然增大，要防止电流太大带来的问题，如发热、打火等	(1) 调速范围宽广，可以从低速一直调到额定转速，速度变化平滑，通常称为无级调速 (2) 调速过程中没有能量损耗，且调速的稳定性较好 (3) 转速只能由额定转速往低调，不能超过额定转速（因端电压不能超过额定电压） (4) 所需设备较复杂，成本较高

比较三种调速方法的综合性能，你认为调速性能好的为哪一种？

四、直流电动机的制动

在生产过程中，经常需要采取一些措施使电动机尽快停转，或者从某高速降到某低速运转，或者限制位能性负载在某一转速下稳定运转，这就是电动机的制动问题。直流电动机的制动可以分为机械制动和电气制动，其中电气制动又可以分为能耗制动、反接制动和再生制动等。

1. 能耗制动

利用双掷开关将正常运行的电动机电源切断而将电枢回路串入适量电阻，进入制动状态后，电动机驱动系统由于有惯性而继续旋转，电枢电流反向，转矩也反向，其方向和转速方向相反，成为制动转矩，使电动机能很快地停转。在能耗制动中，电动机实际变成了发电机运行状态，将系统中的机械动能转化为电能消耗在电枢回路的电阻中。能耗制动电路原理图如图 6—31 所示。

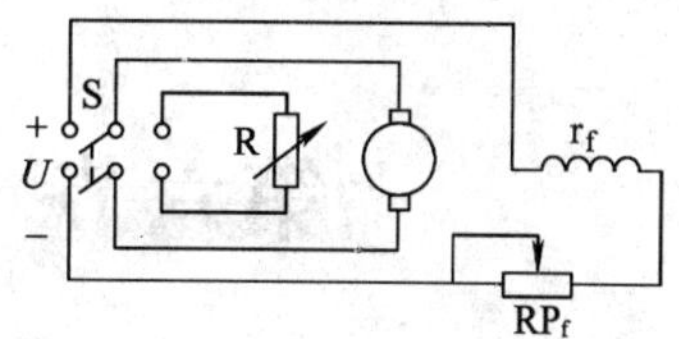

图 6—31 能耗制动电路原理图

特性：能耗制动的优点是所需设备简单，成本低，制动减速平稳可靠。其缺点是能量无法利用，白白消耗在电阻上发热；能耗制动的制动转矩随转速变慢而相应减少，制动时间较长。

直流电动机的能耗制动与交流电动机的能耗制动有什么不同？

2. 反接制动

改变电枢绕组上的电压方向（使 $I_α$ 反向）或改变励磁电流的方向（使 Φ 反向），可以使电动机得到反力矩，产生制动作用。当电动机速度接近零时，迅速脱离电源，实现直流电动机的反接制动。反接制动电路原理如图 6—32 所示。

特性：

反接制动的优点是制动转矩比较恒定，制动较强烈，操作比较方便。其缺点是需要从电网吸取大量的电能，而且对机械负载有较强的冲击作用。它一般应用在快速制动的小功率直流电动机上。

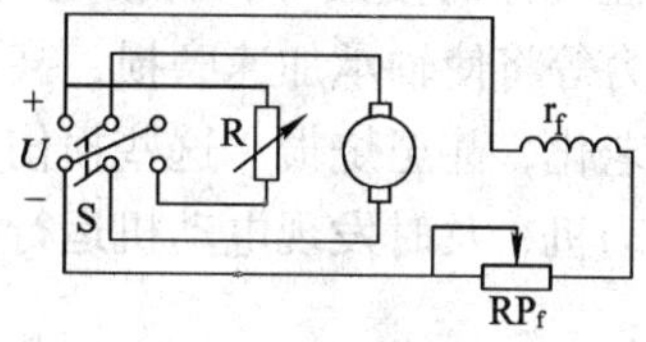

图 6—32 反接制动电路原理图

3. 再生制动

如直流电动机所驱动的电车或电力机车，在电车下坡时，电车位能负载使电车加速，转速增加。当转速升高到一定值后，反电动势 E 大于电网电压 U，电动机转变为发电机运行，向电网送出电流，电磁转矩变为制动转矩，把能量反馈给电网，以限制转速继续上升，电动机以稳定的转速控制电车下坡，这时，电机从电动机状态转变为发电机状态运行，把机械能转变成电能，向电源馈送，故称为回馈制动，也称为再生制动或发电制动。

再生制动的优点是产生的电能可以反馈回电网中去，使电能获得利用，简便、可靠而经济。缺点是再生制动只能发生在 $n>n_0$ 的场合，限制了它的应用范围。

再生制动能发生在 $n<n_0$ 的场合吗？为什么？

第六节 直流电动机的使用与维护

1. 掌握直流电动机的使用和维护。
2. 掌握直流电动机常见故障的处理方法和技能。

一、直流电动机的使用与维护

1. 电动机的正确使用

电动机的使用寿命是有一定限制的，电动机在运行过程中其绝缘材料会逐步老化、失效，电动机轴承将逐渐磨损，电刷在使用一定时期后因磨损必须进行更换，换向器表面有时也会发黑或灼伤等。但一般说来，电动机结构是相当牢固的，在正常情况下使用，电动机寿命是比较长的。电动机在使用过程中由于受到周围环境的影响，如油污、灰尘、潮气、腐蚀性气体的侵蚀等，将使电动机的寿命缩短。电动机如使用不当，比如转轴受到不应有的扭力等将使轴承加速磨损，甚至使轴扭断。再如由于电动机过载，将会使电动机过热造成绝缘老化，甚至烧损。这些损伤都是由于外部因素造成的，为避免这些情况的发生，正确使用电动机、及时发现电动机运行中的故障隐患是十分重要的。正确使用电动机应从以下方面着手：

（1）根据负载大小正确选择电动机的功率，一般电动机的额定功率要比负载所需的功率稍大一些，以免电动机过载。但也不能太大，以免造成浪费。

（2）根据负载转速正确选择电动机的转速，其原则是使电动机和被驱动的生产机械都在额定转速下运行。

（3）根据负载特点正确选择电动机的结构形式，一般要求转速恒定的机械采用并励电动机；起重及运输机械选用串励电动机，并需考虑电动机的抗振性能及防止风沙雨水等的侵袭，在矿井内使用的直流电动机还需具有防爆性能。

（4）电动机在使用前的检查项目　对新安装使用的电动机或搁置较长时间未使用的电动机，在通电前必须作如下检查：

1）检查电动机铭牌、电路接线、启动设备等是否完全符合规定。

2）清洁电动机，检查电动机绝缘电阻。

3）用手拨动电动机旋转部分，检查是否灵活。

4）通电进行空载试验运转，观察电动机转速、转向是否正常，是否有异声等。

以上检查合格后，方可带动负载启动。

（5）电动机在运行中的监视　对运行中的电动机进行监视的目的是为了清除一切不利于电动机正常运行的因素，及早发现故障隐患，及时进行处理，以免故障扩大，造成重大损

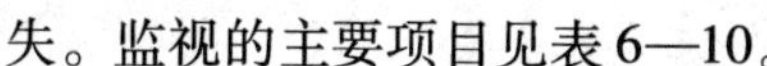

失。监视的主要项目见表6—10。

表6—10　　电动机在运行中监视的主要项目

监视项目	监视内容及做法
监视电动机的温度	观察电动机运行中是否有过热现象。对于一般常用的小型直流电动机，可用手接触电动机外壳，是否有明显的烫手感觉，如明显的烫手，则属电动机过热。也可在外壳上滴几点水，如水滴急剧汽化，并伴有“咝咝、咝咝”声，说明电动机过热。大、中型电动机有的往往装有热电偶等测温装置来监视电动机温度。如在电动机运行时，用鼻嗅到绝缘的焦味，则也属电动机过热，必须立即停机检查原因
监视电动机的负载电流	一般不允许超过额定电流，容量较大的电动机一般都装有电流表以便随时观测之用。负载电流与电动机的温度两者是紧密相连的
监视电源电压的变化	电源电压过高或过低都会引起电动机的过载，给电动机运行带来不良后果，一般电压的变动量应限制在额定电压的 ± (5 ~ 10)% 范围内。通常可在电动机的电源上装电压表进行监视
监视电动机的换向火花	一般直流电动机在运行中电刷与换向器表面基本上看不到火花，或只有微弱的点状火花。在额定负载的情况下，一般直流电动机只允许有不超过3/2级的火花
监视电动机轴承的温度、漏油	轴承温度不容许超过允许的数值；轴承外盖边缘处不允许有漏油现象
监视电动机运行时的声音及振动情况等	电动机在正常运行时，不应有杂声，较大电动机也只能听到均匀的“哼”声和风扇的呼啸声。如运行中出现不正常的噪声、尖锐的啸叫声等应立即停车检查。电动机在正常运行时不应有强烈的振动或冲击声，如出现也应停车检查。总之只要当电动机在运行中出现与平时正常使用时不同的声音或振动时，必须立即停车检查以免造成事故

2. 电动机的定期维护

为了保证电动机正常工作，除按操作规程正确使用电动机，运行过程中注意正常监视外，还应对电动机进行定期检查维护，其主要内容包括：

(1) 清擦电动机外部，及时除去机座外部的灰尘、油泥。检查、清擦电动机接线端子，观察接线螺钉是否松动、烧伤等。

(2) 检查传动装置包括带轮或联轴器等有无破裂、损坏，安装是否牢固等。

(3) 定期检查、清洗电动机轴承，更换润滑油或润滑脂。

(4) 电动机绝缘性能的检查　电动机绝缘性能的好坏不仅影响到电动机本身的正常工作，而且还会危及人身安全，故电动机在使用中，应经常检查绝缘电阻值，特别是电动机搁置一段时间不用后及在雨季受潮后，还要注意查看电动机机壳接地是否可靠。

(5) 清洁电刷与换向器表面，检查电刷与换向器接触是否良好，电刷压力是否适当。

二、常见故障的处理

直流电动机常见故障的处理见表6—11。

表 6—11　　直流电动机常见故障的处理

故障现象	造成故障的可能原因	检查与处理
无法启动	（1）电源无电压 （2）励磁回路断开 （3）电刷回路断开 （4）启动电流太小 （5）有电源但电动机不转	（1）检查电源及熔断器 （2）检查励磁绕组启动器 （3）检查电枢绕组及电刷与换向器接触情况 （4）负载过重或电枢卡死或启动设备不符合要求所致 （5）检查电枢绕组是否短路或断路；排除接线错误
转速不正常	（1）转速过高 （2）转速过低	（1）检查电源电压是否过高，主磁场是否过弱，电动机负载是否过轻 （2）检查电枢绕组是否有断路、短路、接地等故障；检查电刷压力及电刷位置；检查电源电压是否过低及负载是否过重；检查励磁绕组回路是否正常
电刷下火花过大	（1）电刷不在中心线上 （2）电刷压力不当或电刷与换向器接触不良或电刷牌号不对 （3）换向器表面不光洁、有污垢，换向器上云母片凸出、刷握松动或安装位置不正确 （4）电动机过载或电源电压过高 （5）电枢绕组或磁极绕组或换向极绕组有断路或短路故障 （6）转子平衡未校好	（1）调整刷杆位置 （2）调整电刷压力、研磨电刷与换向器接触面，调换电刷 （3）研磨换向器表面、下刻云母槽 （4）降低电动机负载或电源电压 （5）分别检查原因 （6）重新校正转子动平衡
电动机温升过高	（1）长期过载 （2）电源电压过高或过低 （3）电枢、磁极、换向器绕组故障 （4）启动或正、反转过于频繁	（1）更换功率大的电动机 （2）检查电源电压 （3）分别检查原因 （4）避免不必要的正、反转
机壳带电	（1）电动机受潮后绝缘电阻下降 （2）引出线碰壳 （3）各绕组绝缘损坏造成对地短路	（1）烘干或重新浸漆 （2）修复出线头绝缘 （3）修复绝缘损坏处

直流电动机的故障检修

1．电枢绕组故障的检修

（1）电枢绕组接地　这是直流电动机最常见的故障。电枢绕组接地故障常出现在槽口处和槽内底部，对其判断可用兆欧表或校验灯检查，兆欧表测量法前已讲述，这里只介绍校验灯法。将 36 V 低压电通过 36 V 低压照明灯分别接在换向片上及转轴一端，若灯泡发光，则说明电枢绕组接地，如图 6—33 所示。

具体是哪个槽的绕组元件接地，可采用如图 6—34 所示的方法。将 6 ~ 12 V 直流电压接到相隔 $K/2$ 的两换向片上，用毫伏表的一支表笔触及转轴，另一支依次触及所有的换向片，若读数为零，则该换向片或该换向片所连接的绕组元件接地。

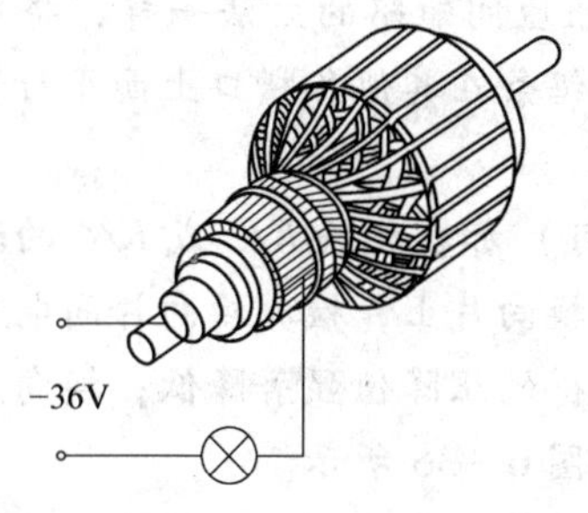

图 6—33 校验灯检查电枢绕组接地

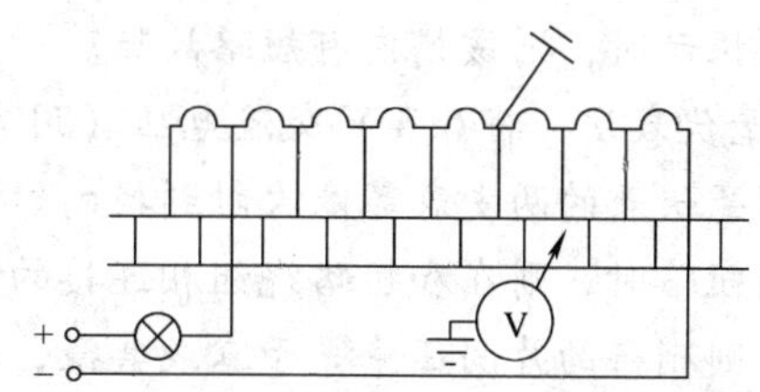

图 6—34 毫伏表检查电枢绕组接地

电枢绕组接地点找出来后，可以根据绕组元件接地的部位，采取适当的修理方法。若接地点在元件引出线与换向片连接的部位，或者在电枢铁心槽的外部槽口处，则只需在接地部位的导线与铁心之间重新进行绝缘处理就可以了。若接地点在铁心槽内，一般需要更换电枢绕组。如果只有一个绕组元件在铁心槽内发生接地，而且电动机又急需使用时，可采用应急处理方法，即将该元件所连接的两换向片之间用短接线将该接地元件短接，此时电动机仍可继续使用，但是电流及火花将会有所加大。

（2）电枢绕组断路、开焊故障　这也是直流电动机常见的故障。电枢绕组断点一般发生在绕组元件引出线与换向片的焊接处，这种断路点比较容易发现，只要仔细观察换向器升高片处的焊点情况，再用螺钉旋具或镊子拨动各焊接点，即可发现。

若断路点发生在电枢铁心内部，或者不易发现的部位，则可测量换向片间压降，即在相隔接近一个极距的两换向片上接入低压直流电源，用直流毫伏表测量相邻换向片间的压降，如图 6—35 所示。

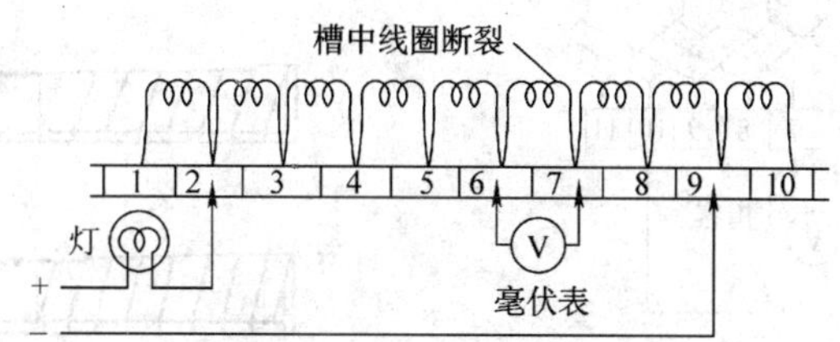

图 6—35 检查电枢绕组是否有断路

电枢断路或焊接不良时，则在相连接的换向片上测得的压降将比平均值显著增大。

电枢绕组断路点若发生在绕组元件与换向片的焊接处，只要重新焊接好即可。断路点只要不在槽内部，就可以焊接短线，再进行绝缘处理即可。如果断路点发生在铁心槽内，且断路点只有一处，则可将该绕组元件所连的两片换向片短接，也可以继续使用，若断路点较多，则需更换电枢绕组。

(3) 电枢绕组短路　若电枢绕组短路严重，会使电动机烧坏。若只有个别线圈短路时，电动机仍能运转，但会造成换向器表面火花变大，电枢绕组发热严重，若不及时发现加以排除，则最终也将导致电动机烧毁。电枢绕组短路故障主要发生在同槽绕组元件的匝间短路，查找短路的方法如下：

1）短路测试器法　与检查三相异步电动机定子绕组匝间短路的方法一样，将短路测试器接通交流电源后，置于电枢铁心的某一个槽上，将断锯条在其他各槽口上面平行移动，当出现较大振动时，则该槽内有短路故障。

2）毫伏表法　将6.3 V交流电压（用直流电压也可）加在相隔$K/2$或$K/4$的两片换向片上，用毫伏表的两支表笔依次触到换向器的相邻两片换向片上，检测换向片间电压。电枢绕组匝间短路时，则在和短路绕组相连接的换向片上测得的压降值显著降低；换向片间直接短路时，则测得的片间压降等于零或甚微，检测方法如图6—36所示。

电枢绕组短路故障可按不同情况分别加以处理，若绕组只有个别地方短路，且短路点较为明显，则可将短路线圈的导线拆开后在其间垫入绝缘材料并涂以绝缘漆，待烘干后即可使用。若短路点难以找到，而电动机又急需使用时，则可用前面所述的短路法将短路元件所连接的两换向片短接即可。如短路故障较严重，则需局部或全部更换电枢绕组。

2. 换向器的检修

(1) 片间短路　可按如图6—36所示的方法确定换向器片间是否短路。如发现是片间表面短路或有火花烧灼伤痕，只要用拉槽工具（见图6—37）刮去片间短路的金属屑末、电刷炭粉、腐蚀物质及尘污等，直至校验灯或万用表检查无短路即可，再用云母粉末或小块云母加上胶水填补孔洞，使其硬化干燥。若上述方法还不能消除片间短路，就要拆开换向器，检查其内表面。如果用上述方法不能消除片间短路，即可确定短路故障发生在换向器内部，一般应更换换向器。

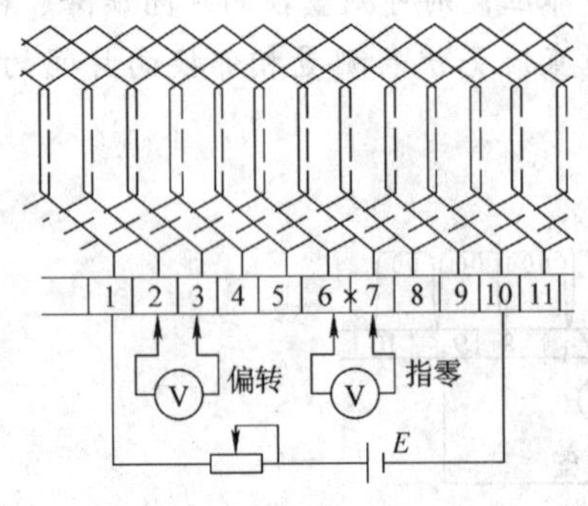

图6—36　检查电枢绕组是否有短路

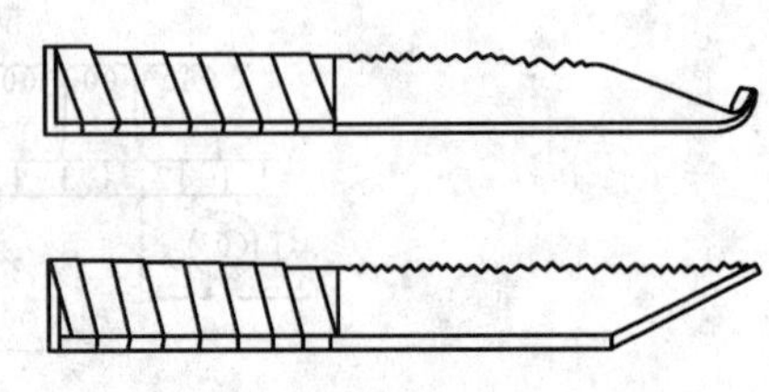

图6—37　拉槽工具

(2) 换向器接地　通地故障经常发生在云母环上，该环一部分在外部，由于灰尘、油污和其他碎屑堆积在上面，很容易造成通地故障。发生通地故障时，这部分的云母片大都已烧毁，寻找起来比较容易，找到后再用校验灯或万用表进行检查。修理时，一般只要把击穿

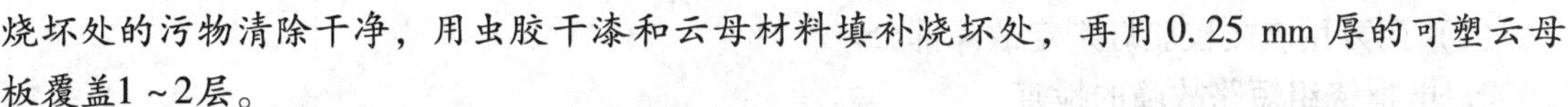

烧坏处的污物清除干净，用虫胶干漆和云母材料填补烧坏处，再用 0.25 mm 厚的可塑云母板覆盖1～2层。

(3) 云母片凸出　由于换向器的换向片磨损比云母快，往往出现云母凸出。修理时，可用拉槽工具，把凸出的云母片刮削到比换向片低约 1 mm，刮削要平，不可使两边比中间高。

技能训练2　直流电动机的故障查找及测试

一、训练内容

直流电动机的故障查找及测试。

二、工具及材料

常用电工工具、直流电动机、直流毫伏表、3V 直流电源等。

三、评分标准

评分标准见表 6—12。

表 6—12　　**评分标准**

序号	项目内容	评分标准		配分	扣分	得分
1	电路接线	接线错误，扣 20 分		20		
2	仪表使用	1. 使用方法不正确，每次扣 5 分 2. 损坏仪器、仪表，扣 20 分		20		
3	故障检查	1. 检查方法不正确，每次扣 5 分 2. 故障判断错误，每次扣 15 分		30		
4	测试	1. 测试方法不正确，每次扣 5 分 2. 测试结果不正确，每次扣 5 分		20		
5	安全、文明生产	每违反一项，扣 5 分		10		
6	工时	4 h				
7	备注		合计			
			教师签字	年　　月　　日		

四、训练步骤

1. 电枢绕组接地故障的检查

将低压直流表接到相隔 $K/4$ 或 $K/2$ 的两片换向片上（可用胶带纸将接头粘在换向片上），注意一个接头只能和一片换向片接触。将直流毫伏表一端接转轴，另一端依次与换向片接触，观察毫伏表的读数，来判断该换向片或所接的绕组元件有无接地故障。

判断是绕组元件接地还是换向片接地的方法：

(1) 用电烙铁将绕组元件从换向片升高片处焊下来。

（2）用万用表或校验灯判定故障部分。

2. 电枢绕组短路故障的检查

（1）将低压直流电源按图 6—36 接到相应的换向片上。

（2）用直流毫伏表依次测量并记录相邻两片换向片上的电压。

（3）若读数很小或为零，则接在该两片换向片上的绕组元件短路或换向片片间短路。

（4）最后判定故障部分，可参照“接地故障”判定方法进行。

3. 电枢绕组断路故障的检查

（1）同前法将低压直流电源接到相应的换向片上。

（2）用直流毫伏表依次测量并记录相邻两片换向片上的电压。

（3）若相邻两片换向片上的电压基本相等，则表明电枢绕组无断路故障。

（4）若电压表读数明显增大，则接在这两片换向片上的绕组元件断路。

4. 针对所发生的故障进行检修。

5. 重新装配电动机。

6. 测试

（1）用指南针检查换向极绕组极性，如接反，改正接法　如图 6—38 所示，对电动机，换向极极性与顺着电枢转向的下一个主磁极极性相反；对发电机，换向极极性与顺着电枢转向的下一个主磁极极性相同。

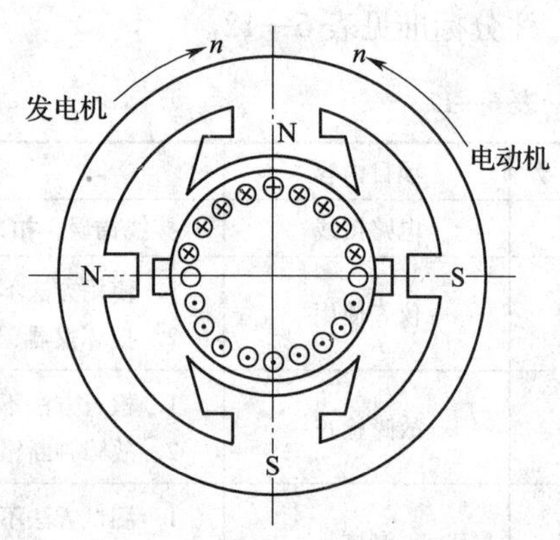

图 6—38　换向极绕组极性

（2）测量绝缘电阻值　如图 6—39 所示，对低压电动机，将 500 V 的兆欧表的一端接在电枢轴（或机壳）上，另一端分别接在电枢绕组、换向片上，以 120 r/min 的转速摇动 1 min 后读出其指针指示的数值，测量出电枢绕组对机壳、换向片对地的绝缘电阻值。

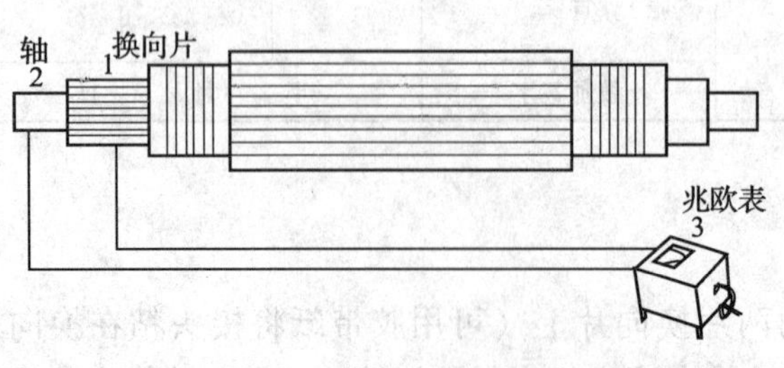

a)

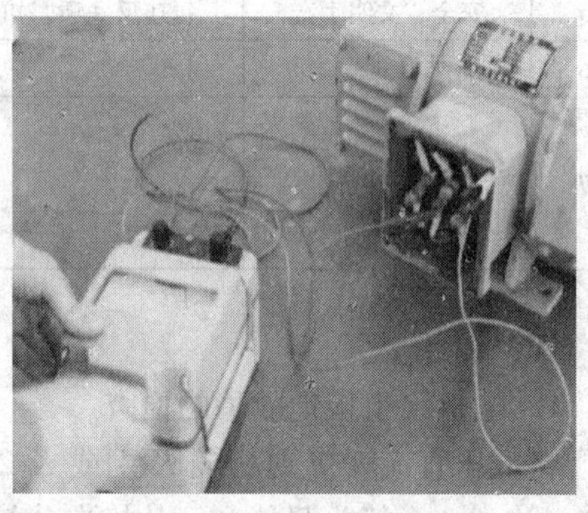

b)

图 6—39　测量直流电动机绝缘电阻

a）接电枢测绝缘电阻值　b）接机壳测绝缘电阻值

电动机在冷态时，其绝缘电阻值应按绕组的额定电压大小来计算，要求不低于 1 MΩ/kV，一般额定电压 500 V 以下的电动机在热态时（绕组温升接近额定温升时）绝缘电阻不应低于 0.5 MΩ。

（3）测量绕组的直流电阻值　测量绕组直流电阻值常用以下两种方法：

1）电桥法　对单叠绕组应在换向器直径两端的两片换向片上进行测量；对单波绕组应在等于极距的两片换向片上进行测量。测量时要提起电刷，然后用电桥进行测量，具体操作方法参见交流电动机定子绕组直流电阻值的测量。

如何用电桥法测量绕组直流电阻值？

2）电流表电压表法　测量小电阻值按图 6—40 所示接线，图中 R 为被测电阻，RP 为调节电阻器。

由于被测电阻值小，电流表的内阻将影响测量精度，用此法接线时，电压表测量得到的电压值不包含电流表上的电压降，故测量较精确。此时被测电阻值 R 为

$$R = \frac{U}{I}$$

由于有一小部分电流被电压表分路，故电流表中读出的电流大于流过被测电阻 R 上的电流，因此测出的电阻值比实际电阻值偏小。精确的电阻值可用下式计算

$$R = \frac{U}{I - U/R_v}$$

式中 R_v 为电压表的内阻。

测量大电阻值按图 6—41 所示接线。

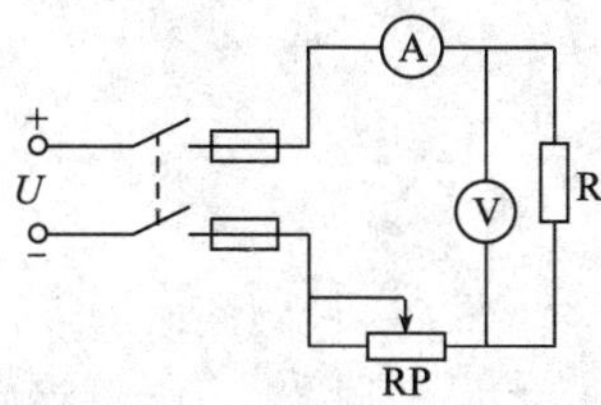

图 6—40　测量小电阻值接线图

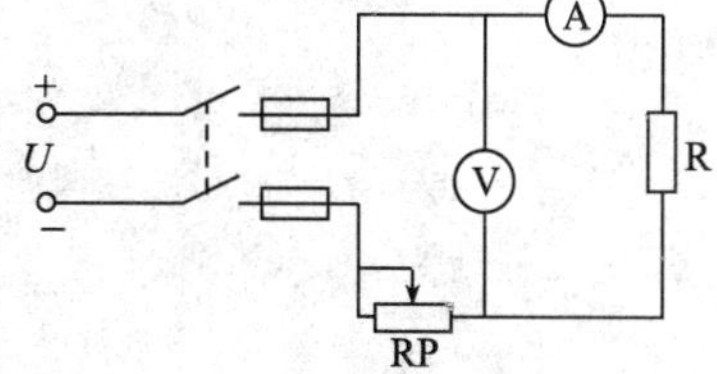

图 6—41　测量大电阻值接线图

若考虑电流表内阻 R_A，则被测量电阻值可用下式计算

$$R = \frac{U - IR_A}{I}$$

不管用何种方法测得的绕组直流电阻值都应换算到标准温度15℃时的电阻值。其换算公式为

$$R_{15}=\frac{R_{\theta}}{1+\alpha(\theta+15)}$$

式中 R_{15}——绕组在温度为15℃时电阻值，Ω；

R_{θ}——绕组在温度为θ时电阻值，Ω；

α——绕组导体的温度系数，铜的$\alpha=0.004$，铝的$\alpha=0.00385$；

θ——测量电阻时绕组的实际温度，℃。

一般要求测得的电阻值R_{15}和电动机出厂值比较，不超过±2%。

（4）负载试验 安装好电动机，让电动机在额定电压、额定电流、额定转速下，带上额定负载，按定额运行一定的时间。观察电动机的运行状况是否良好，换向火花是否在允许范围之内。换向器上没有黑痕及电刷上没有灼痕，运行平稳、无噪声和振动为正常。

第七章

同步电机

在交流电机中，转子转速严格等于同步转速 $n_0=\frac{60f}{p}$的电机称为同步电机。它包括同步发电机、同步电动机和同步补偿机。三相同步电机的主要用途是发电，全世界的电力网（包括火力发电、水力发电、原子能发电等）几乎都是三相同步发电机供电的。用做电动机时，因为它的结构比异步电动机复杂，没有启动转矩，以及不能调速，应用范围受到限制。但是它具有改善电网的功率因数、转速稳定、过载能力强等优点，常用于不需调速的大型机械设备上。同步补偿机又称同步调相机，它相当于一台空载的同步电动机，通过改变励磁电流可以调节电网的无功功率，提高电力系统的功率因数。

第一节 同步电机的结构及类型

1. 熟悉同步电机的结构。
2. 熟悉同步电机的类型。

同步电机的结构与异步电动机相似，同步电机的外形如图7—1所示。主要由定子和转子两部分组成，如图7—2所示。在定子与转子之间存在气隙，但气隙要比异步电动机宽。

一、同步电机的结构

1. 定子

定子由定子铁心、定子绕组、机座、端盖、挡风装置等部件组成。铁心由0.5 mm厚彼此绝缘的硅钢片叠成，整个铁心固定在机座内，铁心的内圆槽内放置三相对称的绕

图7—1 同步电机的外形结构

组，即电枢绕组。

对于大型的同步电动机，如蓄能电站的同步电动机，由于定子直径太大，运输不方便，通常分成几瓣制造，再运到电站拼装成一个整体。

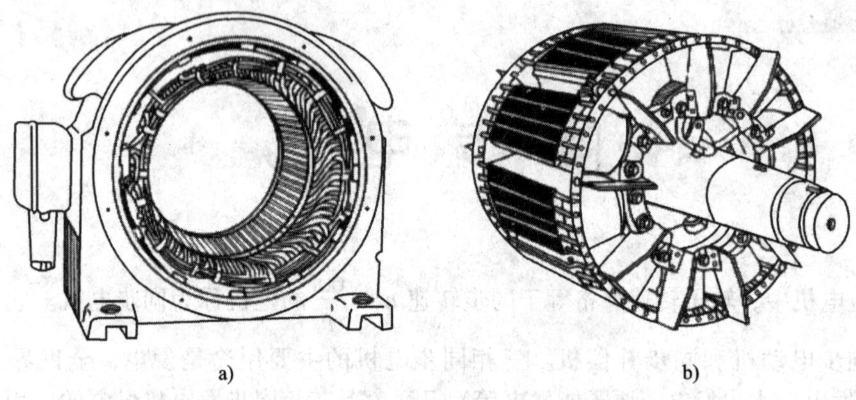

图 7—2　同步电动机的定子与转子

a）定子　b）转子

2. 转子

转子有隐极和凸极两种，图 7—2b 所示为励磁式同步电动机凸极转子的外形。凸极式同步电动机的转子主要由磁极、励磁绕组和转轴组成，磁极由 1 ~ 1.5 mm 厚的钢板冲成磁极冲片，用铆钉装成一体，磁极上套装有励磁绕组，励磁绕组多数由扁铜线绕成，各励磁绕组串联后将首末引线接到集电环上，通过电刷装置与励磁电源相接。为了使同步电动机具有启动能力，在磁极上还装有启动绕组（或称阻尼绕组），启动绕组是插入极靴阻尼槽内的裸铜条并和端部环焊接而成，如图 7—3 所示。凸极式磁极铁心的尾套在转子轴的 T 形槽上固定。

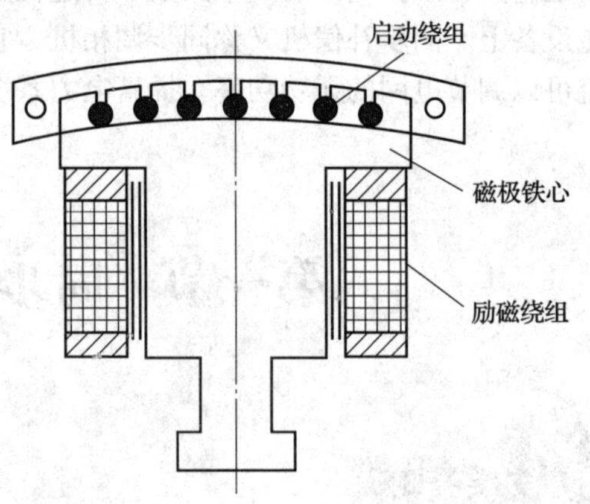

图 7—3　转子磁极结构

凸极式转子为什么不用硅钢片？

凸极式同步电动机分为立式和卧式结构，低速大功率的同步电动机多数采用立式，如大容量的蓄能电站用的同步电动机及大型水泵用的同步电动机。此外，绝大多数的凸极同步电动机都采用卧式结构。

凸极式同步电动机的定子和转子之间存在气隙，气隙是不均匀的，极弧底下气隙较小，极间部分气隙较大，使气隙中的磁感应沿定子圆周按正弦分布，转子（磁极）转动时，在定子绕组中便可获得正弦电动势。

隐极式电动机转子做成圆柱形，气隙是均匀的，它没有显露出来的磁极，但在转子本体圆周上，几乎有 1/3 是没有槽的，构成所谓“大齿”，励磁磁通主要由此通过，相当于磁极，其余部分是“小齿”，在小齿之间的槽里放置励磁绕组，如图 7—4 所示。目前，汽轮发电机大都采用这种结构形式。

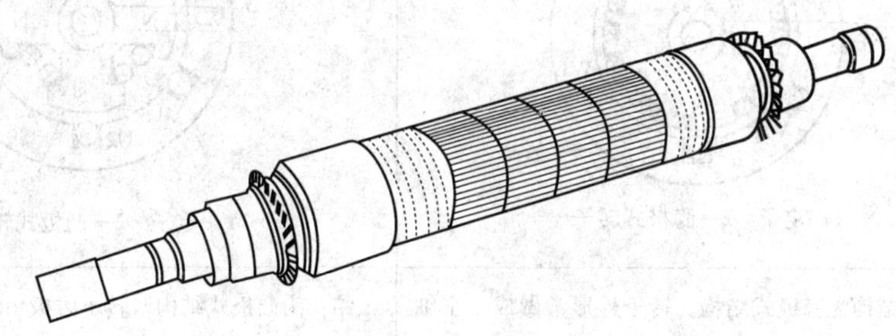

图 7—4　隐极式电动机转子

二、同步电机的类型

1. 按结构和作用分类

按结构分，同步电机有隐极和凸极两种，同步电动机大多制成凸极式；按作用分，同步电机可作为发电机、电动机、补偿机。

同步电动机也有三相和单相之分，单相同步电动机定子结构与单相异步电动机相同，但转子不是笼形，而是用永久磁铁作磁极或用直流电励磁。微型同步电机的转子，也可制成反应式或磁滞式。

2. 按通风和冷却方式分类

按通风方式分为开启式、防护式和封闭式。按冷却方式分为空气冷却、氢气冷却、水冷却和混合冷却。按驱动发电机的原动机分为汽轮发电机、水轮发电机、柴油发电机和风力发电机等。

国产汽轮发电机系列有 QFQ、QFN、QFS。QF 表示汽轮发电机，第三个字母 Q 表示氢外冷，N 表示氢内冷，S 表示双水内冷。

国产大型水轮发电机有 TS 系列，T 表示同步，S 表示水轮。

TD 表示同步电动机系列，TDL 表示立式同步电动机系列。TT 为同步调相机系列。T2 为小型三相同步发电机系列，T 为中型三相同步发电机系列。

BP、BFT、BPZ、BPS 及 BL 等为中频发电机系列。

三、发电机的特点

汽轮发电机和水轮发电机的结构、性能特点见表 7—1。

表 7—1　　汽轮发电机和水轮发电机的结构、性能特点

项目	汽轮发电机	水轮发电机
结构图	1—定子　2—隐极式转子	1—定子　2—凸极式转子
结构特点	其转子结构为隐极式结构。转子外形常做成一个细长的圆柱体，励磁绕组嵌放在其表面圆周上铣出的槽内。定子铁心由 0.5 mm 或其他厚度的硅钢片叠成，沿轴向叠成多段形式，各段间留有通风槽	结构为凸极式结构，转子磁极由厚度为 1 ~ 2 mm 的钢板冲片叠成，磁极两端有磁极压板，磁极与磁极轭部采用 T 形或鸽尾形连接。定子铁心由扇形硅钢片叠成，定子铁心中留有径向通风沟
性能特点	高转速汽轮发电机转子圆周线速度高，为了减少高速旋转引起的离心力，转子做成细长的隐极式圆柱体，但隐极式结构和加工工艺较为复杂	由于水轮机的转速较低，要发出工频电能，发电机的极数就比较多。因此水轮发电机的特点是：极数多，直径大，轴向长度短。凸极式结构的加工工艺较为简单
转子实物图		

凸极式发电机的气隙与隐极式发电机的气隙各有什么特点？

第二节　同步电机的工作原理

1. 掌握同步发电机的工作原理。
2. 掌握同步电动机的工作原理。

一、同步发电机的工作原理

同步电动机是根据导体切割磁力线感应电动势这一基本原理工作的。因此，同步发电机应具有产生磁感线的磁场和切割该磁场的导体。通常前者是转动的，称为转子，后者是固定的，称为定子（或称电枢），定、转子间有气隙。图 7—5 所示为同步发电机的工作原理图，定子上有三相对称绕组，每相有相同的匝数和空间分布，其轴线在空间互差 120°电角度。转子上有磁极和励磁绕组，励磁绕组中通以直流电流励磁，产生恒定方向的磁场。当原动机驱动发电机转子以转速 n（r/min）旋转时，磁感线将切割定子绕组的导体，根据电磁感应定律，定子绕组中将感应出交变电动势。

每经过一对磁极，感应电动势就交变一周，若发电机有 p 对磁极，则感应电动势的频率为

$$f = \frac{pn}{60} \tag{7—1}$$

因三相绕组在空间位置上有 120°电角度的相位差，其感应电动势在时间相位上也存在 120°的相位差。若在三相绕组的出线端接上三相负载，便有电能输出，定子电流与磁场相互作用产生的电磁转矩与原动机的驱动转矩相平衡，即发电机将机械能转换成电能。

由式（7—1）可知：同步发电机定子绕组感应电动势的频率取决于它的极对数 p 和转子的转速 n。可见，同步发电机极对数 p 一定时，转速 n 与电枢电动势的频率 f 间具有严格不变的关系，即当电力系统频率 f 一定时，发电机的转速 $n=60f/p$ 为恒值，这就是同步发电机的主要特点。

我国标准工频为 50 Hz，因此同步发电机的磁极对数与转速成反比，即

$$p = \frac{3\ 000}{n} \tag{7—2}$$

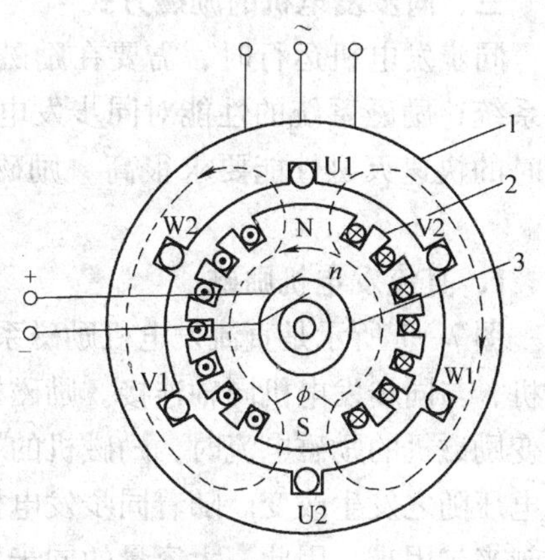

图 7—5　同步发电机工作原理图

1—定子　2—转子　3—集电环

由式（7—2）可知：汽轮发电机转速较高，极

对数少，如转速 $n=3\ 000$ r/min 的汽轮发电机，极对数 $p=1$。水轮发电机转速较低，极对数较多，如转速 $n=125$ r/min 的水轮发电机，极对数 $p=24$。

二、同步电动机的工作原理

三相同步电动机的定子和三相异步电动机的定子结构是相同的，在定子铁心中装有三相对称交流绕组。转子也称为磁极，有凸极和隐极两种结构形式，隐极式用于高速（$n>1\ 500$r/min），而凸极用于低速。同步电动机通常做成凸极式，在转子铁心中绕有励磁绕组，通过电刷和集电环引入直流电，凸极式同步电动机的工作原理如图 7—6 所示。

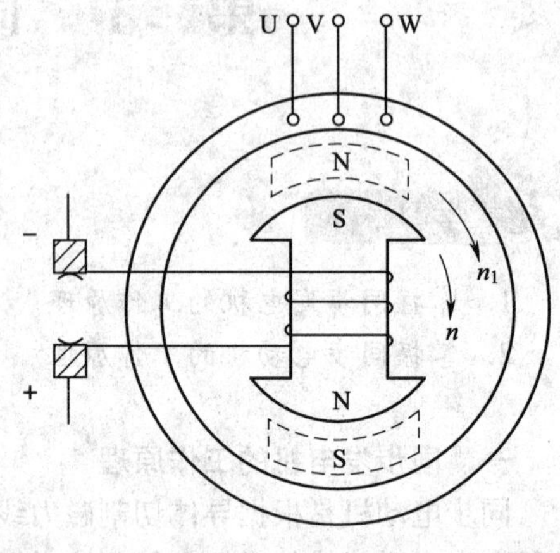

图 7—6　凸极式同步电动机的工作原理

在同步电动机定子三相绕组内通入对称三相交流电时，对称的三相绕组中就产生一个旋转磁场，当转子的励磁绕组已加上励磁电流时，则转子就好像一个“磁铁”，于是旋转磁场就带动这个“磁铁”并按旋转磁场转速旋转，这时转子转速 n 等于旋转磁场的同步转速 n_0，即

$$n = n_0 = \frac{60f}{p} \tag{7—3}$$

这就是同步电动机的工作原理。

同步电动机随着负载的变化，其转速是否恒等于旋转磁场的同步转速？为什么？

三、同步发电机的励磁方式

同步发电机运行时，需要在励磁绕组中通入直流电励磁，提供直流励磁的装置称为励磁系统，励磁系统的性能对同步发电机的工作影响很大，特别是对低压时的强励磁和故障时的快速灭磁性能要求很高。励磁方式主要有发电机励磁和半导体可控整流励磁两大类。

1. 直流发电机励磁

图 7—7 所示是直流发电机励磁系统的原理图。一台小容量的直流并励发电机，也称励磁机，与同步发电机同轴连接。励磁机发出的直流电，直接供给同步发电机的励磁绕组，当改变励磁机的励磁电流时，励磁机的端电压就会变化，从而使同步发电机的励磁电流和输出端电压随之发生改变。随着同步发电机单机容量日益增大，制造大电流、高转速的直流励磁机越来越困难。因此，大容量的同步发电机均采用半导体可控整流励磁系统。

2. 半导体可控整流励磁系统励磁

半导体可控整流励磁系统分自励式和他励式两种。

（1）自励式　自励式励磁系统所需的励磁功率直接从同步发电机所发出的功率中取得，如图7—8所示是这种励磁方式原理简图。同步发电机发出的交流电，由晶闸管整流器整流后再接到同步发电机的励磁绕组，提供直流励磁电流。励磁电流的大小可通过改变晶闸管整流器的控制角来调节。

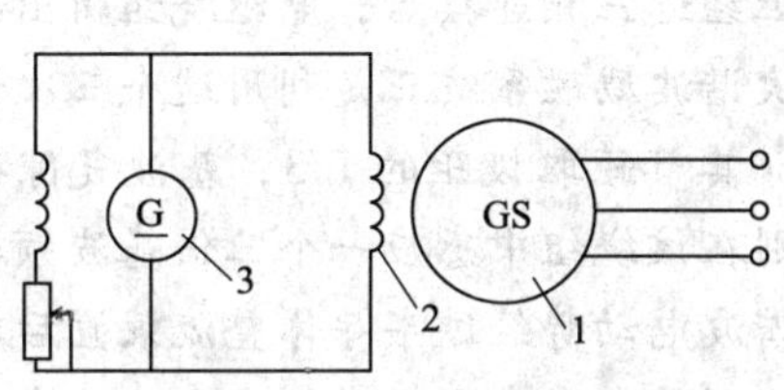

图7—7　直流发电机励磁系统的原理图
1—同步发电机　2—同步发电机励磁绕组
3—直流励磁发电机（励磁机）

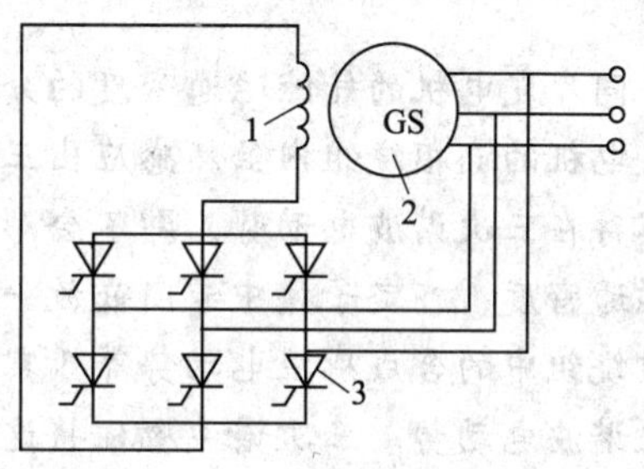

图7—8　自励式励磁系统原理线路
1—同步发电机励磁绕组　2—同步发电机
3—晶闸管整流器

（2）他励式　他励式半导体励磁系统如图7—9所示，它包括一台交流励磁机（主励磁机）G1、一台交流副励磁机G2和三套整流装置。交流主励磁机G1是一个中频（100 Hz）的三相交流发电机，其输出电压经硅整流装置向同步发电机G3的励磁绕组提供直流电。副励磁机G2是一个频率为400 Hz的中频交流发电机，它输出交流电压有两条路径，一条经晶闸管整流后作为主励磁机的励磁电流；另一条经硅整流装置供给它自身所需的励磁电流。自动调节励磁装置取样于同步发电机的电压和电流，经电压互感器和电流互感器及自动电压调整器来改变晶闸管的控制角，以改变主励磁机的励磁电流而进行自动调压。

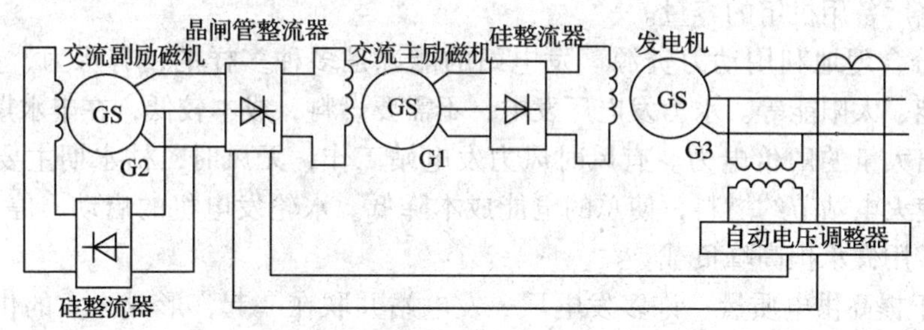

图7—9　采用交流励磁机的励磁系统

采用交流励磁机的励磁系统与自励式励磁系统各有什么特点？

三次谐波励磁

同步发电机的气隙磁通密度的分布，不可避免地存在三次谐波分量。这个谐波分量在同步发电机的电枢绕组内虽然感应出三次谐波电动势，但经过三相连接后，电枢绕组输出线上并不存在三次谐波电动势，即不会影响供电质量。三次谐波励磁系统正是利用这个三次谐波的磁通密度，在定子槽中专门嵌放一套三次谐波绕组，其节距取极距的1/3，基波气隙磁场在该绕组中的合成感应电动势等于零，三次谐波磁场则在该绕组中感应一个三倍基波频率的三次谐波电动势。三次谐波励磁将这个绕组中的三次谐波电动势经过半导体整流装置后转换成直流电流，再接到发电机的励磁绕组上。三次谐波励磁是一种自励方式，它和直流发电机的电压建立过程相同，由于磁路具有剩磁和饱和现象，所以能自励，并具有稳定的工作点。三次谐波励磁在单机运行的小型同步电动机中应用广泛。

四、同步发电机的并联运行

1. 并联运行的优点

在一个发电厂里一般都有多台发电机并联运行，现代电力系统中又把许多水电站和火电站并联起来，形成横跨几个省市或地区的电力网，向用户供电。这种做法有很多好处，主要优点如下。

（1）提高供电的可靠性，减少备用机组容量　多台发电机并联运行后，若其中一台出现故障需要修理时，可以由其他发电机来承担它的负荷，继续供电，从而避免停电事故，还可以减少发电厂备用机组的容量。

（2）充分合理地利用动力资源　发电站的能源是多种多样的，有水力、火力、风力、核能、潮汐能、太阳能等。水力发电厂发电，不需要燃料，成本较低，在丰水期，让水电站满载运行发出大量的廉价电力。有风时风力发电站工作，无风时，枯水期主要靠火电站补充，则可以使火电站节约燃料，使总的电能成本降低。水轮发电机的启动、停止比较方便，电网中还常常用做承担高峰负载。

（3）便于提高供电质量　许多发电厂、发电站并联在一起，形成强大的供电网，其容量相当大，因此在发生负载变动或有发电机启动、停止等情况时，对电网的电压和频率扰动大大减少，从而提高供电质量。

2. 并网运行的条件

把同步发电机并联至电网的过程称为投入并列，或称为并车、整步。为了避免在并列时产生巨大的冲击电流，防止同步发电机受到损坏、电网遭受干扰，同步发电机与电网并联合闸时，必须满足以下的并列条件：

（1）待并发电机与电网电压应有一致的相序。

（2）待并发电机与电网电压的大小应相等。

（3）待并发电机与电网电压应有相同的频率。

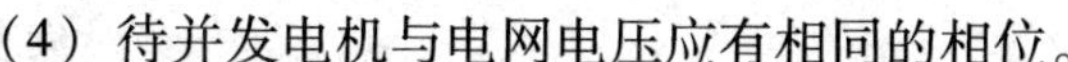

（4）待并发电机与电网电压应有相同的相位。

上述条件中，除相序一致是绝对条件外，其他条件都是相对的，因为通常电机可以承受一些小的冲击电流。

并网的准备工作是检查并网条件和确定合闸时刻。通常用电压表测量电网电压，并调节发电机的励磁电流使得发电机的输出电压等于电网电压。再借助同步指示器检查并调整频率和相位，以确定合闸时刻。

第三节 同步电动机的启动

1. 熟悉同步电动机的启动原理。
2. 掌握同步电动机的启动方法。

一、同步电动机的旋转原理

1. 定子旋转磁场与转子励磁磁场的关系

同步电动机的定子结构和三相异步电动机是一样的，当通入三相对称电流时，它将产生一个同步速度旋转的正弦分布磁场，而这时转子上也有一个直流励磁正弦分布的磁场。当三相同步电动机正常工作时，转子也是以同步转速旋转，所以这两个磁场在空间上的位置是相互固定的，它们之间的作用也是固定的。

根据这两个磁场的相对位置不同，可分成表 7—2 三种情况。

表 7—2　　定子旋转磁场与转子励磁磁场的关系

磁场相对位置	能量、力矩平衡关系	磁场相对位置示意图
转子磁场超前定子磁场 θ 角	这时转子磁场吸引着定子旋绕磁场作同步转速运转，从物理学的能量、力矩平衡关系看，转子的（机械）驱动力矩应等于定子磁场的（电磁）阻力矩。转子做的功（机械功）应等于定子中产生的功（电功）。转子的功是由原动机提供的，同步电机处于发电机运行状态	θ N S n_1 O
转子磁场落后定子磁场 θ 角	这时定子磁场吸引着转子磁场作同步转速运转，从物理学的能量、力矩平衡关系看，是定子磁场做功，转子输出机械功，即同步电动机工作在电动机状态。当转子的负载增加时，拉力就会增大，磁感线会被拉长，转子落后的角度就会增加，所以 θ 角也称功角	S θ N S O n_1

续表

磁场相对位置	能量、力矩平衡关系	磁场相对位置示意图
转子磁场与定子磁场的夹角 θ 为零	这时定子磁场和转子磁场正好重合，虽然相互吸引，但这个吸引力是经过转子的轴心的，所以不会产生力矩，因此也就不会输出功率。当空载时，虽然转子没有输出功率，但电动机总有一定的摩擦力矩、空气阻力矩等，所以 θ 角不可能完全为零，但 θ 角很小	

功角 θ 是不是越大越好?

2. 失步现象

从前面分析看出，电动机运行时，定子磁场驱动转子磁场转动。两个磁场之间存在着一个固定的力矩，这个力矩的存在是有条件的，必须两者的转速要相等，即同步才行，所以这个力矩也称同步力矩。一旦两者的速度不相等，则同步力矩就不存在了，电动机就会慢慢停下来，这种转子速度与定子磁场不同，而造成同步力矩消失、转子慢慢停下来的现象，称为“失步现象”。

为什么失步时，电动机就没有旋转力矩呢？因为当转子磁场与定子磁场不同步时，两者的相对位置就会起变化，即 θ 角就会变化。当转子磁场落后定子磁场角度在 $\theta=0°\sim180°$ 时，定子磁场对转子产生的是驱动力；当 $\theta=180°\sim360°$ 时，定子磁场对转子产生的是阻力，所以平均力矩是零。每当转子比定子磁场慢一圈时，定子对转子做的功半圈是正功（使转子前进），半圈是负功（使转子后退），平均下来，做功为零。由于转子没有得到力矩和功率，因此就慢慢停下来了。

发生失步现象时，定子电流迅速上升，是很不利的，应尽快切断电源，以免损坏电机。

综上所述，当电源频率一定时，同步电动机的转子速度一定为同步转速才能正常运行。这是同步电动机的特点，也是它的优点。因此，同步电动机可用于不需调速，要求速度稳定性较高的场合，如大型空气压缩机、水泵等。

二、同步电动机的启动方法

同步电动机启动时，定子上立即建立起以同步转速 n_0 旋转的旋转磁场，而转子因惯性的作用不可能立即以同步转速旋转，因此主极磁场与电枢旋转磁场就不能保持同步状态，而产生失步现象。所以同步电动机在启动时，没有启动力矩，如果不采取其他措施，是不能自行启动的。

同步电动机启动方法有辅助电动机启动法、调频启动法、异步启动法等。各种启动方法的区别见表 7—3。

表 7—3　同步电动机的启动方法

启动方法	启动过程和原理	特点
辅助电动机启动法	选用与同步电动机极数相同的异步电动机（容量为同步电动机的5%～15%）作为辅助电动机，启动时先由异步电动机驱动同步电动机启动，接近同步转速时，切断异步电动机的电源；同时接通同步电动机的励磁电源，将同步电动机接入电网，完成启动	只能用于空载启动，由于设备多，操作复杂，已基本不用
调频启动法	启动时将定子交流电源的频率降到很低的程度，定子旋转磁场的同步转速因而很低，转子励磁后产生的转矩即可使转子启动，并很容易进入同步运行。逐渐增加交流电源频率，使定子旋转磁场的转速和转子旋转同步上升，直到额定值	性能虽好，但变频电源比较复杂，目前采用不多。随变频技术的发展，调频启动法将更趋完善
异步启动法	依靠转子极靴上安装的类似于异步电动机的笼形绕组的启动绕组，产生异步电磁转矩，把同步电动机当做异步电动机启动	目前同步电动机最常用的启动方法

异步启动法的具体启动过程，如图 7—10 所示，先合上开关 QS2 在Ⅰ的位置，在同步电动机励磁回路串接一个约 10 倍于励磁绕组电阻的附加电阻 RP，将励磁绕组回路闭合。然后合上开关 QS1，给定子绕组通入三相交流电，则同步电动机将在启动绕组作用下，异步启动。当转速上升到接近于同步转速（约0.95n）时，迅速将开关 QS2 由Ⅰ位合至Ⅱ位，给转子通入直流电流励磁，依靠定子旋转磁场与转子磁极之间的吸引力，将同步电动机牵入同步速度运行。转子到达同步转速以后，转子笼形启动绕组导体与电枢磁场之间就处于相对静止状态，笼形绕组中的导体中就没有感生电流而失去作用，启动过程随之结束。

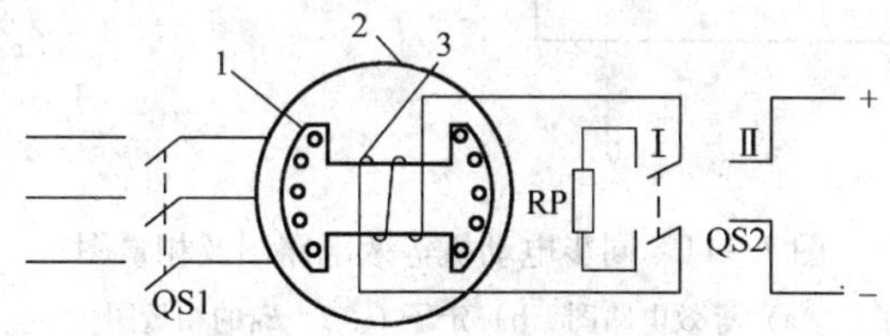

图 7—10　同步电动机异步启动电路图

1—笼形启动绕组　2—同步电动机　3—同步电动机励磁绕组

同步电动机异步启动时，同步电动机的励磁绕组切忌开路。因为刚启动时，定子旋转磁场相对于转子的转速很大，而励磁绕组的匝数又很多，因此会在励磁绕组中感应出很高的电动势，可能会破坏励磁绕组的绝缘，造成人身和设备安全事故。但也不能将励磁绕组直接短

接，否则会使同步电动机的转速无法上升到接近同步转速，使同步电动机不能正常启动。

第四节　同步电动机功率因数的调整和同步补偿机

1. 掌握同步电动机功率因数的调整原理和方法。
2. 了解同步补偿机的用途。

一、同步电动机的电压平衡方程式

图 7—11a 所示为同步电动机的等效电路图。图中 r_1 是定子绕组电阻，X 是定子绕组的感抗，定子绕组中除了电阻和电抗会产生电压降外，还有转子产生的磁场因旋转切割定子绕组而产生的反电动势 $\dot{E}_0$（$\dot{E}_0$ 与 $\dot{I}$ 方向相反）。所以电源电压 $\dot{U}$ 要与这三个电压平衡，如果 r_1 阻值很小，可以忽略，就有电压平衡方程式：

$$\dot{U} = \dot{I}r_1 + \mathrm{j}\dot{I}X + \dot{E}_0 \approx \mathrm{j}\dot{I}X + \dot{E}_0 \tag{7—4}$$

根据上式可画出相量图，如图 7—11b 所示。

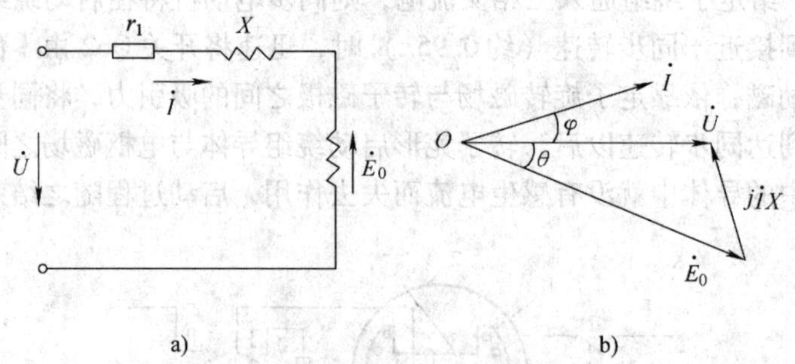

图 7—11　同步电动机等效电路图及相量图

a）等效电路图　b）定子 U、I、E_0 的相量图

二、同步电动机的电磁功率

同步电动机的电磁功率（即电能转化为机械能的功率）只与两个因素有关：一个因素是转子的励磁，励磁大，吸引力大，功率就大；但因励磁大，产生的反电动势 E_0 就大，所以励磁的大小可以用 E_0 来表示。另一个因素是功角 θ，在同样的磁场作用下，θ 越大，定、转子磁极间的拉力就越大，产生的功率也就越大。所以，同步电动机的电磁功率 P_{em} 可以用下式表示

$$P_{em} = KE_0\sin\theta \tag{7—5}$$

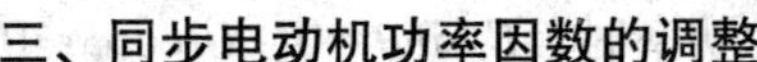

三、同步电动机功率因数的调整

由式 $P_{em}=KE_0\sin\theta$ 可以看出，电动机的电磁功率由 E_0 和 θ 决定，E_0 是可以通过改变转子励磁来改变的。如果在改变 E_0 的同时也改变 θ，就可以保持电磁功率 P_{em} 不变，而改变了电动机的无功功率，$\cos\varphi$ 因此得到调整。下面分三种情况来分析。见表 7—4。

表 7—4　　同步电动机功率因数的调整

励磁情况	励磁特点	相量图
正常励磁	当励磁大小恰当时，$\dot{U}$ 与 $\dot{I}$ 同相位，$\varphi=0$，$\cos\varphi=1$，电动机只有有功功率 P_{em}，而无功功率为零	$UI\cos\varphi$= 常数 $\varphi=0$ O　$\dot{I}$　$\dot{U}$　θ $j\dot{I}X$ $E_0\sin\theta$= 常数 $\dot{E}_0$
过励磁	当增加励磁，$\dot{E}_0$ 增大时，$\dot{I}$ 超前 $\dot{U}$ 一个 φ 角。这时同步电动机为容性负载，可以中和电网中的感性负载，使电网中的功率因素提高	$\dot{I}$ O　φ　θ　$\dot{U}$　$j\dot{I}X$ $\dot{E}_0$
欠励磁	当 $\dot{E}_0$ 减小，工作在欠励磁状态时，$\dot{I}$ 就会落后 $\dot{U}$，成为感性负载，同步电动机就和异步电动机一样了，这对电网不利，所以一般都不工作在这个状态	O　φ　θ　$\dot{U}$ $\dot{I}$　$j\dot{I}X$ $\dot{E}_0$

由上表可以看出，因为励磁的变化，引起 $\cos\varphi$ 的变化，而输入有功功率 $\sqrt{3}UI\cos\varphi$ 和电磁功率 $KE_0\sin\varphi$ 都保持不变，但无功功率却变化了。

同步电动机的无功功率、功率因数是可以通过改变励磁来调节的，这是一个很大的优点。如果我们把这样的同步电动机安装在大量感性负载的工厂附近，就可减少在工厂和发电厂之间的线路传输损耗了。

四、同步补偿机

过励状态下的同步电动机可以输出电感性的无功功率，可以提高电网的功率因数，人们利用这一特性制造了一种同步电动机，它不带任何机械负载，专门在过励状态下空载运行，只向电网输出感性无功功率，这种同步电动机称为同步补偿机，也称为同步调相机。

从表 7—4 中过励磁情况可知，当电动机不输出有功功率时，$E_0\sin\theta\approx0$，$UI\cos\varphi\approx0$，即有 $\theta\approx0$，$\varphi\approx90°$，就可得到图 7—12 所示的同步补偿机的电压、电流相量图。可见同步补偿机是在过励磁状态下空载运行，电流 $\dot{I}$ 将超前电压 $\dot{U}$ 为 90°。同步补偿机在运行时能够输出较大的感性无功功率，这就相当于给电网并联了一个大容量的电容器，使电网的功率因数得到提高。

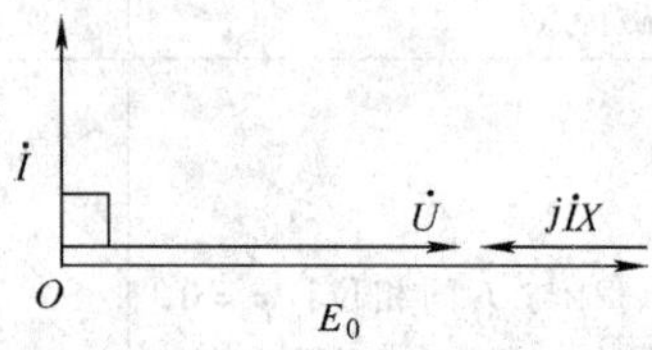

图 7—12　同步补偿机相量图

同步补偿机在使用时，一般应将其接在用户区，就近向用户提供感性无功功率，使线路上的感性无功电流大大减少，从而达到降低电网线路损耗的目的。

第八章

特种电机

特种电机是指具有某种特殊功能和作用的电机。除了在某些特殊场合做动力使用外，大多数是在自动控制系统和计算装置中作检测、放大、执行、校正和解算等元件使用，因此也称为控制电机。随着科学技术的高度发展，新品种、高性能的特种电机不断出现。发展的方向主要是提高精确度、灵敏性和可靠性，尺寸小型化，适应模拟和数字控制的要求等。特种电机的品种繁多，本章仅对常用的一些特种电机作简要的介绍。

第一节 测速发电机

1. 熟悉直流测速发电机结构、原理和特点。
2. 熟悉交流测速发电机结构、原理和特点。
3. 掌握测速发电机的维护方法。

测速发电机是一种检测元件。它能将转速变换成电信号。输出的电信号与转速成正比。测速发电机具有测速、阻尼和计算等功能。在调速系统中，作为测速元件，构成负反馈通道，在解算装置中，作解算元件，进行积分、微分运算。

按测速发电机用途不同，对其性能有不同要求，基本要求如下：

(1) 作测速元件时，要求有较高的灵敏度、线性度，且反应要快。

(2) 作解算元件时，要求有较高的线性度，较小的温度误差和剩余电压，但对灵敏度则要求不高。

(3) 作阻尼元件时，要求有较高的灵敏度，对线性度要求不高。

一、测速发电机的分类

测速发电机分为直流和交流两大类。

测速发电机
- 直流测速发电机
  - 永磁式直流测速发电机
  - 电磁式直流测速发电机
- 交流测速发电机
  - 同步测速发电机
  - 异步测速发电机

几种测速发电机的性能和适用范围见表 8—1。

表 8—1　　测速发电机的性能和适用范围

名称	型号	性能特点	适用范围	图形
空心杯转子异步测速发电机	CK 系列	本系列测速发电机惯量小，能快速动作；输出电压的频率不随转速的变化而改变；输出特性线性度好、精度高；运行可靠、抗干扰能力强等特点	在反馈稳速系统中作为阻尼元件，达到使系统稳定运行的目的；在计算解答装置中作为微、积分元件等	
永磁直流测速发电机	CY 系列	由永久磁钢励磁，无须励磁电源，使用方便、效率高，它是一种速度检测元件，能将机械转速转换为电气信号，其输出的直流电压大小与转速成正比	在自动控制系统中可作测速元件，阻尼元件和解算元件	
带温度补偿永磁直流测速发电机	CYB 系列	它与一般直流测速发电机相比，在提供一定的功率情况下，具有较高的精度。环境温度在 0 ~ +55℃变化时，测速机的空载输出电压变化不大于 0.05%/10℃	可用于数控装置的速度控制、控制系统中阻尼及普通的速度指示用	
高灵敏度直流测速发电机	CYD 系列	具有电机直径大、轴向尺寸小、灵敏度高等优点，结构简单、紧凑、耦合刚度好、分辨力高；输出斜率高、反应快；线性误差小、低速精确度高；可靠性好、寿命长等特点	广泛应用于惯性导航的稳定平台、雷达天线驱动系统、陀螺仪实验台的稳定与跟踪系统及单晶炉直接驱动低速伺服系统	
电磁式直流测速发电机	ZCF 系列	系封闭自冷式具有换向器的他励直流发电机，具有线性误差小，运行可靠，尺寸小，质量轻等特点	用于自动控制系统及计算解答装置中，作为测速和反馈等元件	

对测速发电机最主要的要求是什么？测速发电机有哪些主要用途？

二、直流测速发电机

1. 结构

直流测速发电机的外形如图 8—1 所示。直流测速发电机按电枢结构不同，可分为有槽式电枢、无槽式电枢、空心杯形电枢和圆盘式印制绕组电枢等，常用的是有槽式电枢结构。

2. 工作原理

直流测速发电机实际上就是一台普通小型的直流发电机，在恒定磁场下，旋转的电枢切割磁通，在电刷之间产生直流电动势，其大小与转速成正比，即 $E = k_E n$。改变转子的旋转方向，输出电压的极性也随之改变。从电压的变化就可反映出速度的变化，达到测速的目的。直流测速发电机工作原理图如图 8—2 所示。

图 8—1　直流测速发电机外形

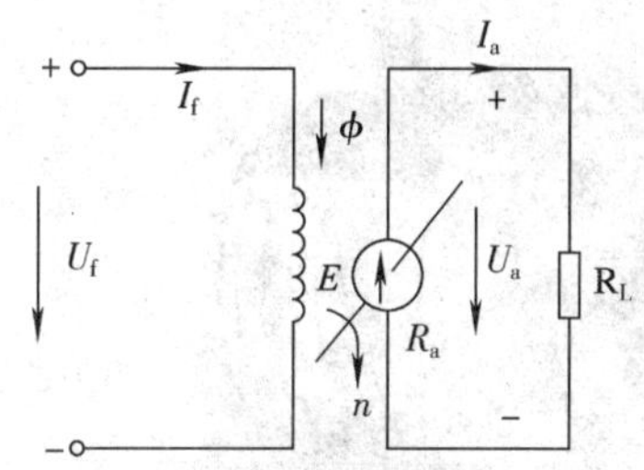

图 8—2　直流测速发电机的工作原理

由于直流测速发电机杯形转子中感应电流的大小与转子的转速成正比，因此，输出电压与转子的转速成正比，所以只要用一个直流电压表就可测出速度大小及方向。

3. 工作特性

工作特性即输出特性。直流测速发电机的工作特性，主要是指输出幅值特性，即直流测速发电机的输出电压与转速之间的关系。直流测速发电机的工作特性如图 8—3 所示。

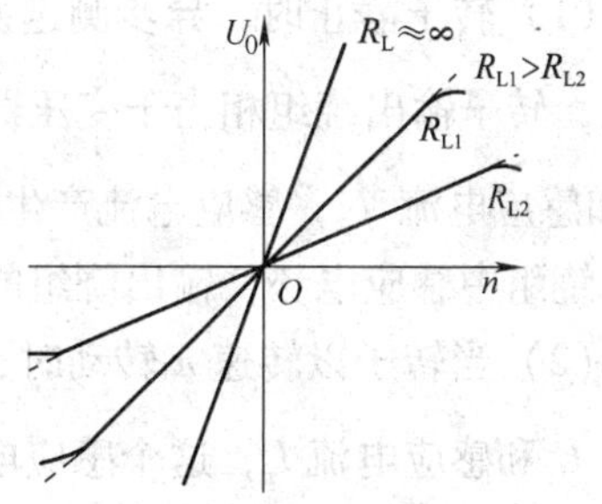

图 8—3　直流测速发电机的工作特性

在励磁电压和负载电阻一定时，直流测速发电机的输出电压与转速成正比。相同转速下，负载电阻越大输出电压越大。

三、交流测速发电机

1. 结构

图 8—4 是交流测速发电机的外形结构，它实质上就是一种微型交流异步发电机。目前，交流测速发电机应用较多的是空心杯转子的异步测速发电机，如图 8—5 所示。其结构与空心杯转子的交流伺服电动机相似，定子上装有在空间相差 90°电角度的两个对称绕组，一个是励磁绕组，接交流电压。另一个是输出绕组，接测量仪器或仪表。转子采用薄壁非磁性空心杯，壁厚 0. 2 ~0. 3 mm，由高电阻率的硅锰青铜制成，电阻更大。

图 8—4　交流测速发电机的外形

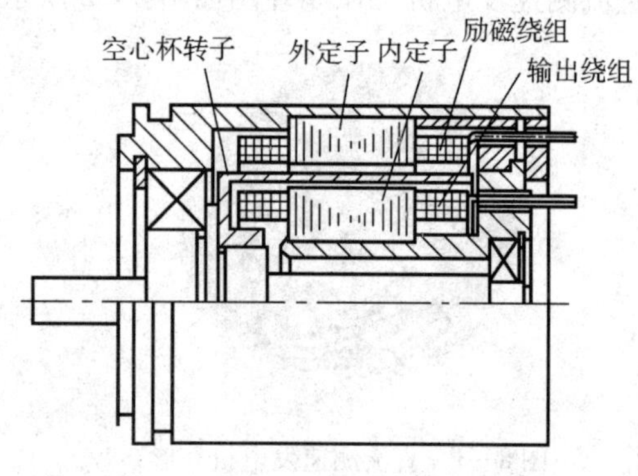

图 8—5　空心杯转子的异步测速发电机内部结构

2. 工作原理

（1）转子静止时，异步测速发电机类似于一台变压器。励磁绕组相当于变压器的一次绕组，转子输出绕组相当于变压器的二次绕组。励磁电流磁通 $\dot{\Phi}_d$ 在转子中产生感应电动势 $\dot{E}_t$ 和感应电流 $\dot{I}_t$，感应电流产生的磁通 $\dot{\Phi}_t$ 与励磁磁通 $\dot{\Phi}_d$ 方向相同。转子静止时，不会在输出绕组中感应电势，输出绕组的输出电压为零，如图 8—6a 所示。

（2）当转子以转速 n 转动时，转子切割励磁绕组产生的磁通 Φ_r，产生另外一个感应电动势 E_r和感应电流 I_r，这个感应电流产生的磁通 $\dot{\Phi}_r$ 与励磁磁通 $\dot{\Phi}_d$ 方向垂直，在输出绕组中感应出电动势 $\dot{E}_o$，这个电动势就是交流测速发电机的输出电动势，且输出电动势与转速成正比，如图 8—6b 所示。

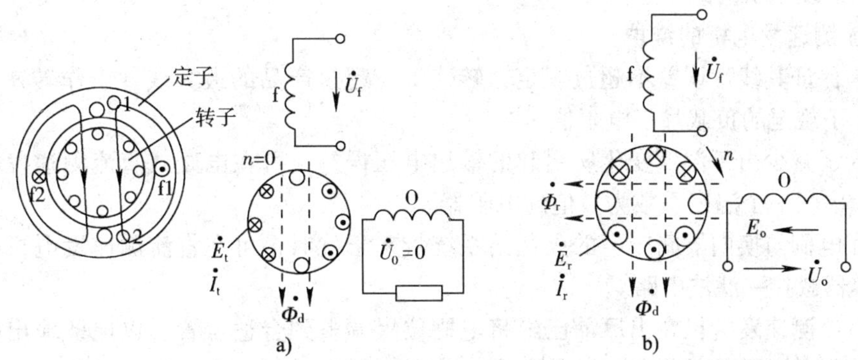

图 8—6　交流测速发电机工作原理

a）转子静止时电路状态　b）转子转动时电路状态

交流测速发电机是采用什么基本原理工作的？

3. 工作特性

交流测速发电机的工作特性包括输出幅值特性和输出相位特性。

（1）输出幅值特性　指交流测速发电机输出电压的幅值或有效值与转速的关系。输出幅值特性如图 8—7 所示。在理想情况下，交流测速发电机输出电压的大小与转速成正比。输出幅值特性是一条通过原点的直线。

（2）输出相位特性　指输出电压与励磁电压的相位差 φ（输出相位）与转速的关系。交流测速发电机的输出相位特性如图 8—8 所示。

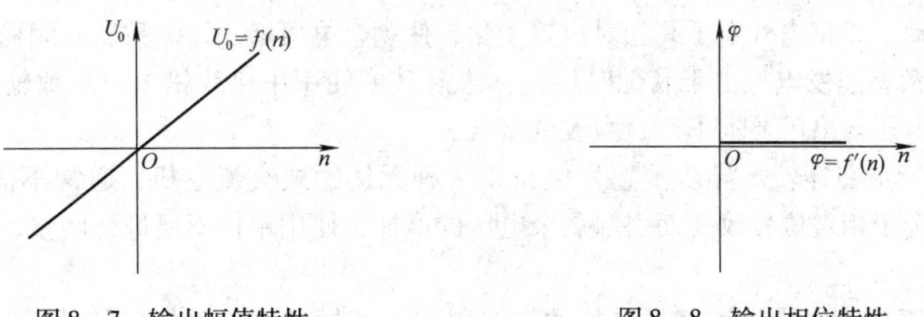

图 8—7　输出幅值特性　　图 8—8　输出相位特性

在理想情况下，输出电压与励磁电压的相位差 $\varphi=0$，即输出电压与励磁电压同相。

四、测速发电机的维护

1. 直流测速发电机的维护

（1）为保证其线性误差不超过规定，转速不应超过产品的最大线性工作转速，负载电阻值不应小于规定的负载最小电阻值。

（2）为了减少由于温度变化所引起的输出电压误差，可在电磁式直流测速发电机的励磁回路中，串联一个温度系数为负值的电阻器。

（3）在电刷与换向器间产生的火花给系统带来干扰时，可在直流测速发电机的输出端并联一电容器或接一滤波电路。

（4）直流测速发电机在出厂前已经将电刷位置调整到合适位置，以保证输出电压不对称度符合要求，使用中不允许松动刷架系统的紧固螺钉。

（5）永磁直流测速发电机不允许将电枢从电动机定子中抽出，以免失磁。

（6）使用场合不允许有强的外磁场的存在，以免影响测速发电机输出特性的稳定。

（7）选型时应充分注意该测速发电机的负载状况，使用中，不允许超出测速发电机的最大允许负载电流，以免引起输出特性变坏或失磁。

（8）应注意由于测速发电机自身发热或环境温度的变化会导致输出斜率的降低或升高。

（9）应使直流测速发电机工作环境条件符合规定。

2. 交流测速发电机的维护

（1）选用交流测速发电机时，应根据它在系统中所起的作用提出不同的技术要求。如作计算元件用时，应着重考虑其线性误差要小，电压稳定性要好；作校正元件用时，应着重考虑其电动势要大，对线性误差不宜提出过分的要求。

（2）交流测速发电机的主要技术数据很多都是空载时的指标，只有在负载电阻或阻抗远大于测速发电机的输出阻抗时，才能直接应用这些数据，否则需重新测定。

（3）交流测速发电机的输入阻抗比较小，所以励磁电源的内阻抗也应该尽量小一些。励磁电源与交流测速发电机之间的连接导线不宜太长。

（4）交流测速发电机由于装配中紧固螺钉紧固不牢，有可能造成在运输和使用过程中紧固螺钉松动，导致内外定子间相对位置变化，使剩余电压增加，需重新紧固松动的螺钉。

（5）交流测速发电机由于装配时接线标志混乱或使用中接线错误，导致输出电压相位倒相和剩余电压与出厂要求不符，需改变接线。

（6）由于空心杯转子异步测速发电机是一种无接触式交流电机，通常不需特殊维护。对于因内外定子相对位置改变而引起剩余电压的增加，使用单位不便进行调整，需送制造厂调整。

（7）应正确处理异步测速发电机的输出斜率与其短路输出阻抗间的关系。一般说来，在一定几何尺寸下，满足一定线性误差要求的异步测速发电机，随着其输出斜率的提高，它的短路输出阻抗将急剧增加。

（8）异步测速发电机在出厂前都经过严格调试，以使其剩余电压（零速输出电压）达到要求，调试后已用红色磁漆将紧固螺钉点封，使用中严禁拆卸，否则剩余电压将急剧增加，以致于无法使用。

（9）空心杯转子异步测速发电机是一种精密控制元件，使用中应注意保证它和驱动它的伺服电动机之间连接的高同心度和无间隙传动，否则会使该测速发电机损坏或导致系统误差增加。此外应按照各品种规定的安装方式安装测速发电机，安装中应使测速发电机各部分受力均匀，以免导致剩余电压增加。

（10）异步测速发电机可以在超过它的最大线性工作转速 1 倍左右的转速下工作，但应注意，随着工作转速范围的扩大，其线性误差、相位误差都将增大。

（11）使用中应严格按照规定的接线标志接线，低电位端应与机壳共同接地。

（12）应按照规定的使用环境条件使用。

第二节　伺服电动机

1. 熟悉交流伺服电动机的结构、原理和特点。
2. 熟悉直流伺服电动机的结构、原理和特点。
3. 掌握伺服电动机的维护方法。
4. 了解伺服驱动器。

伺服电动机又称为执行电动机，它具有一种服从控制信号的要求而动作的职能。在信号到来之前，转子静止不动；信号到来之后，转子立即转动；当信号消失，转子能即时自行停转。伺服电动机广泛应用于需精密控制行程的电气传动系统中，如数控系统。伺服电动机是通过编码器反馈回来的脉冲来判断电动机转距（转过的角度）和转向，从而再通过计算，可知电动机的转速和所控制机械的位置。

常用的伺服电动机有两大类，以交流电源工作的称为交流伺服电动机；以直流电源工作的称为直流伺服电动机。

一、交流伺服电动机

1. 结构

交流伺服电动机在结构上与异步测速发电机相似，其实物图和结构图分别如图 8—9 和图 8—10 所示。

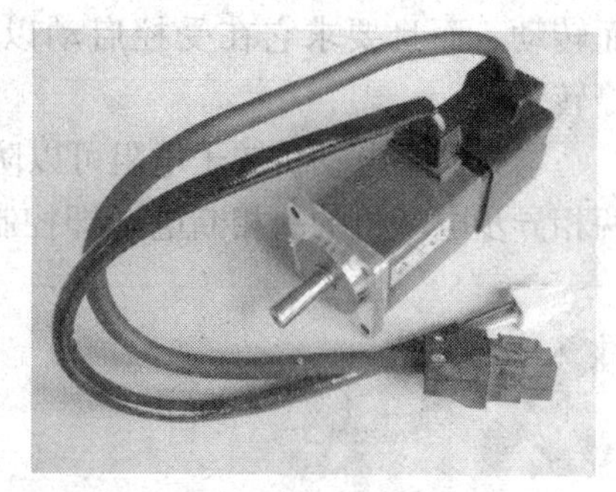

图 8—9　交流伺服电动机实物图

交流伺服电动机的定子上装有两相绕组，它们在空间相差 90°电角度。定子有内、外两个铁心，均用硅钢片叠成。在外定子铁心的圆周上装有两个对称绕组，一个叫励磁绕组，另一个叫控制绕组，励磁绕组与交流电源相连，控制绕组接输入信号电压，所以交流伺服电动机又称两相伺服电动机。

转子采用了空心杯转子，但转子比一般异步电动机大得多，细而长。装在内、外定子之间，由铝或铝合金的非磁性金属制成，壁厚为 0.2 ~ 0.8 mm，用转子支架装在转轴上。惯性小，能极迅速和灵敏地启动、旋转和停止。

2. 工作原理

交流伺服电动机的工作原理与单相异步电动机相似，当它在系统中运行时，励磁绕组固定地接到交流电源上，通过改变控制绕组上的控制电压来控制转子的转动。如图 8—11 所示为交流伺服电动机原理图。

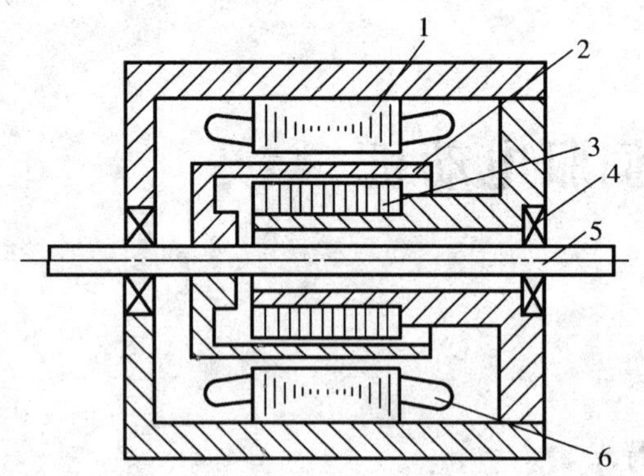

图 8—10　交流伺服电动机的内部结构

1—外定子　2—空心杯转子　3—内定子铁心

4—轴承　5—转轴　6—绕组

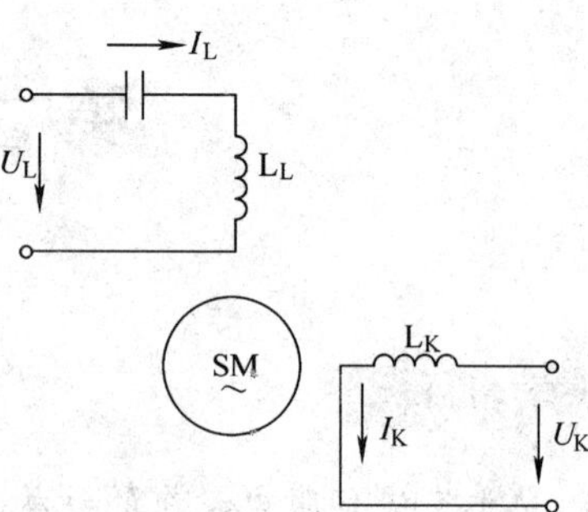

图 8—11　交流伺服电动机的工作原理图

能说出交流伺服电动机的工作原理吗？

3. "自转" 现象的防止

两相异步电动机正常运行时，若转子电阻较小，当控制电压变为零时，电动机便成为单相异步电动机，会继续运行（称为"自转"现象），而不能立即停转。而伺服电动机在自动控制系统中起执行命令的作用，因此，不仅要求它在静止状态下能服从控制电压的命令而转动，而且要求它在受控启动以后，一旦信号消失，即控制电压移去，电动机能立即停转。

增大伺服电动机转子电阻可以防止"自转"现象的发生，当转子电阻增大到足够大时，两相异步电动机的一相断电（即控制电压等于零）时，电动机会停转。

增大转子电阻是如何防止"自转"现象发生的？

为了使转子具有较大的电阻和较小的转动惯量，交流伺服电动机的转子有三种形式：高电阻率导条的笼形转子、非磁性空心转子和铁磁性空心转子。

4．交流伺服电动机的控制方法

交流伺服电动机的控制方法有以下三种：

（1）幅值控制　即保持控制电压的相位不变，仅仅改变其幅值来进行控制。

（2）相位控制　即保持控制电压的幅值不变，仅仅改变其相位来进行控制。

（3）幅—相控制　即同时改变幅值和相位来进行控制。

上述三种控制方法的实质，和单相异步电动机一样，都是利用改变正转与反转旋转磁通势大小的比例，来改变正转和反转电磁转矩的大小，从而达到改变合成电磁转矩和转速的目的。

5．交流伺服电动机的工作特性

交流伺服电动机的工作特性由机械特性和调节特性来表示。见表 8—2。

表 8—2　　交流伺服电动机的工作特性

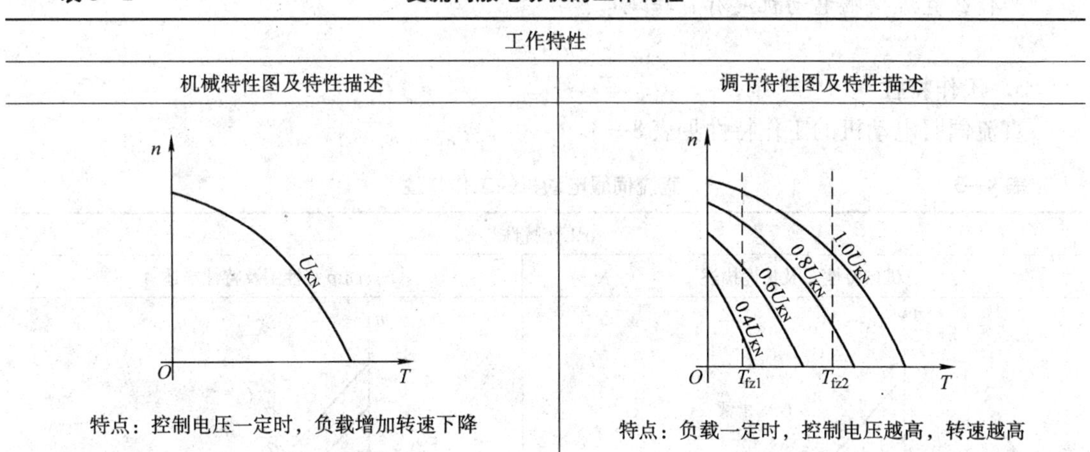

工作特性	
机械特性图及特性描述	调节特性图及特性描述
特点：控制电压一定时，负载增加转速下降	特点：负载一定时，控制电压越高，转速越高

交流伺服电动机的调节特性与控制电压有哪些关系？

二、直流伺服电动机

1. 直流伺服电动机的结构

图 8—12 所示为直流伺服电动机实物图。直流伺服电动机的结构与普通小型直流电动机相同，不过由于直流伺服电动机的功率不大，也可由永久磁铁制成磁极，省去励磁绕组。其励磁方式几乎只采取他励式。

2. 工作原理

直流伺服电动机的工作原理和普通直流电动机相同。只要在其励磁绕组中有电流通过且产生了磁通，当电枢绕组中通过电流时，这个电枢电流与磁通相互作用而产生转矩使伺服电动机投入工作。这两个绕组其中一个断电时，电动机停转。它不像交流伺服电动机那样有“自转”现象，所以直流伺服电动机也是自动控制系统中一种很好的执行元件。图 8—13 所示为电磁式直流伺服电动机接线图。

图 8—12　直流伺服电动机实物图

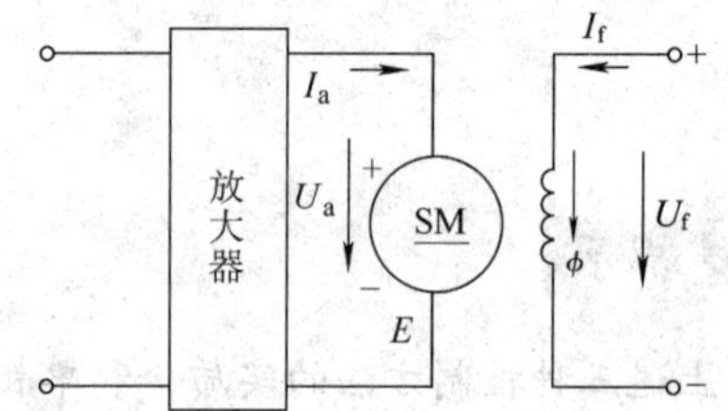

图 8—13　电磁式直流伺服电动机接线图

为什么直流伺服电动机没有自转现象？

3. 工作特性

直流伺服电动机的工作特性见表 8—3。

表 8—3　　**直流伺服电动机的工作特性**

<table>
<tr><th colspan="2">工作特性</th></tr>
<tr><th>机械特性图及特性描述</th><th>调节特性图及特性描述</th></tr>
<tr><td colspan="2">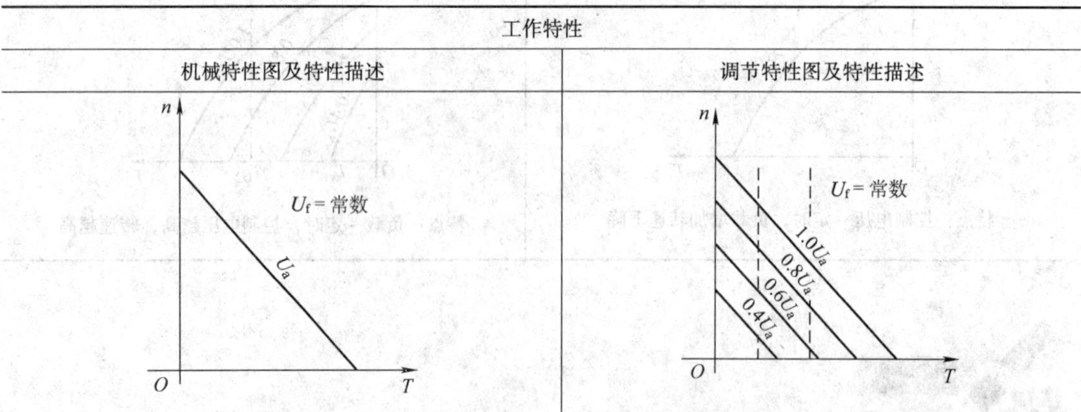
</td></tr>
<tr><td>特点：当励磁电压和电枢电压一定时，负载增加，转速下降</td><td>特点：在一定负载转矩下，当磁通不变时，电枢电压升高，转速升高</td></tr>
</table>

三、应用

伺服电动机是自动控制系统和计算装置中广泛应用的一种执行元件，其作用是把所接受的电信号转换成为电动机转轴的角位移或角速度。下面是几种类型伺服电动机的性能和应用，见表8—4。

表8—4 伺服电动机的性能和应用

电动机名称	型号	性能特点	适用范围	外形图
一般直流伺服电动机	SY SZ	该电动机具有体积小、质量轻、伺服性能好、力能指标高等优点	广泛用于自动控制系统中作执行元件，也可作驱动元件	
杯形电枢永磁直流伺服电动机	SYK	转动惯量和电动机时间常数小，总损耗小，效率高，启动、停止迅速，换向性能好，运行平稳	广泛应用于计算机外部设备、音响设备、办公设备、仪器仪表、电影摄影机和录像机等	
永磁交流伺服电动机	ST	具有良好的控制性能，系统的动态和静态性能好。电动机能够在四象限宽调速运行	适用于精密数控机床、工业机器人、雷达以及特殊环境条件控制的关键执行部件	
笼形转子交流伺服电动机	SL	具有良好的可控性，电动机运行平稳、结构简单、成本低、运行可靠	广泛应用于各种自动控制系统、随动系统和计算装置中	

四、伺服电动机使用和维护

1. 直流伺服电动机使用和维护

（1）直流伺服电动机的特性与温度有关，寿命与使用环境温度、海拔高度、湿度、空气质量、冲击、振动及轴上负载等有关，选择时应综合考虑。

（2）电磁式电枢控制直流伺服电动机在使用时，要先接通励磁电源，然后再施加电枢控制电压。电动机运行过程中，一定要避免励磁绕组断电，以免电枢电流过大和超速。

（3）采用晶闸管整流电源时，要带滤波装置。

（4）输入控制信号的放大器的输出阻抗要小，防止机械特性变软。

（5）运行中的直流伺服电动机，当控制电压消失或减小时，为了提高系统的快速响应性能，可以在电枢两端并联一个电阻，以便和电枢形成回路。

2．交流伺服电动机使用和维护

交流伺服电动机因没有电刷之类的滑动接触，机械强度高，可靠性好，寿命长。只要选用恰当，使用正确，故障率通常很低。但要注意以下几点：

（1）励磁绕组经常接在电源上，要防止过热现象。为此，交流伺服电动机要安装在有足够大散热面积的金属固定面板上，电动机与散热板应紧密接触，要通风良好，必要时可以用风扇冷却。电动机与其他发热器件尽量隔开一定距离。

（2）输入控制信号的放大器的输出阻抗要小，防止机械特性变软。

（3）信号频率不能超过其额定范围，否则，机械特性也会变软，还可能产生“自转”现象。

交流伺服电动机的接线

下面以三菱公司生产的交流伺服系统为例，详细说明该系统的组成及系统中各器件间的连接方法。

1．交流伺服驱动器与伺服电动机连接

如图 8—14 所示，经交流伺服驱动器调整过的电源送至伺服电动机，而由编码器反馈回的转矩和转向信号送至伺服驱动器的 CN2 端口。

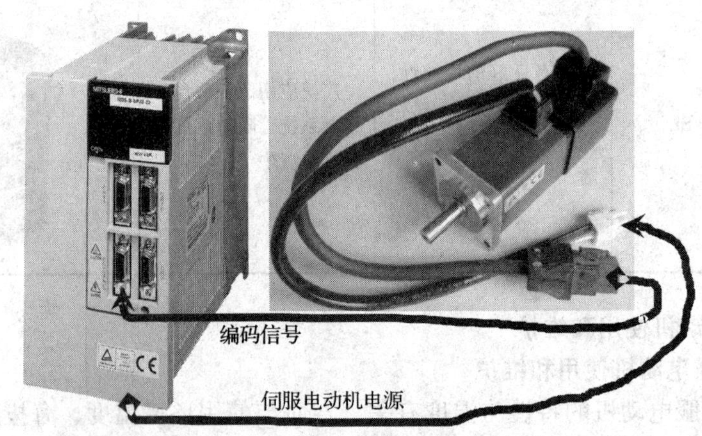

图 8—14　交流伺服驱动器与伺服电动机实物连接图

2. 认识交流伺服驱动器面板结构和端口功能

图 8—15 所示为 MR—J2S 系列 100A 以下交流伺服驱动器面板结构和端口功能解释。交流伺服驱动器实物与图 8—15 进行对照，并在实物中找出与图中对应的结构和端口。

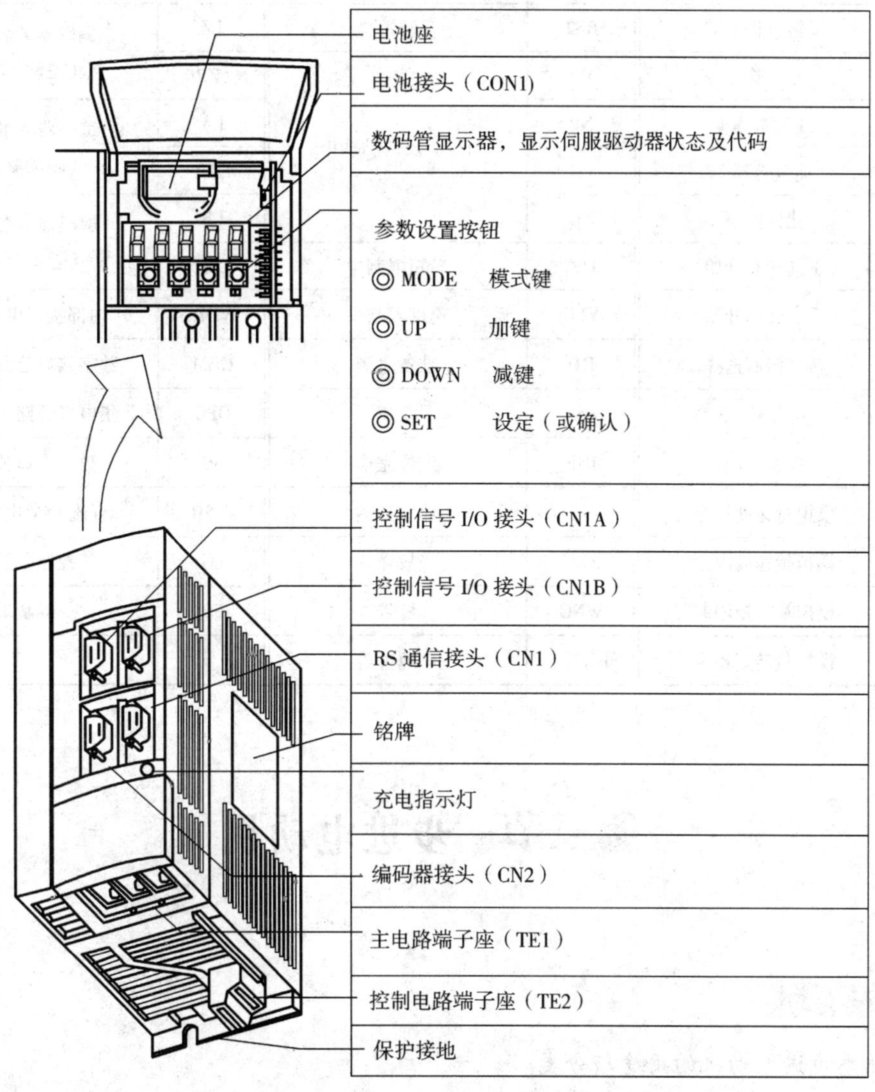

图 8—15 交流伺服驱动器面板结构及端口功能

3. MR—J2S 系列 100A 以下交流伺服系统主电路接线

主电路接线步骤：

三相电源经断路器→接触器→主电路端子座 TE1 中的输入端子（L1、L2、L3）→主电路端子座 TE1 中的输出端子（U、V、W）→伺服电动机；

注：控制电路电源是在断路器输出侧引出两根相线，至控制电路端子座 TE2 中的端子 L11、L12。

附：MR—J2S 伺服系统交流伺服驱动器端子文字符号含义

符号	信号名称	符号	信号名称	符号	信号名称
SON	伺服开启	EMG	外置紧急停止	OP	编码器 Z 相脉冲
LSP	正转行程末端	RS1	正转选择	MBR	电磁制动器联锁
LSN	反转行程末端	RS2	反转选择	LZ	编码器 Z 相脉冲（差动驱动）
CR	清除	PP	正向/反向脉冲串	LZR	
SP1	速度选择 1	NP		LA	编码器 A 相脉冲（差动驱动）
SP2	速度选择 2	PG		LAR	
PC	比例控制	NG		LB	编码器 B 相脉冲（差动驱动）
ST1	正向转动开始	TLC	转矩限制中	LBR	
ST2	反向转动开始	VLC	速度限制中	VDD	内部接口电源输出
TL	转矩限制选择	RD	准备完毕	COM	数字接口公共端输入
RES	复位	ZSP	零速	OPC	集电极开路电源输入
LOP	控制切换	INP	定位完毕	SG	数字接口公共端
VC	模拟量速度指令	SA	速度到达	P15R	直流 15V 电源输出
VLA	模拟量速度限制	ALM	故障	LG	控制公共端
TLA	模拟量转矩限制	WNG	警告	SD	屏蔽端
TC	模拟量转矩指令	BWNG	电池警告		

第三节 步进电动机

学习目标

1. 熟悉步进电动机的用途与分类。
2. 掌握步进电动机的工作原理。
3. 理解步进电动机的运行特性及指标。
4. 掌握步进电动机的使用和维护要点。
5. 掌握步进电动机的拆装技能。

一般电动机是连续旋转的，而步进电动机是一种“一步一步”地转动的电动机，因其转矩性质和同步电动机的电磁转矩性质一样，所以本质上也是一种磁阻式同步电动机或永磁式同步电动机。由于电源输入是一种电脉冲（脉冲电压），步进电动机接收一个电脉冲就相应地转过一个固定角度，故而也称脉冲电动机，图 8—16 所示为步进电动机实物图。在自动控制系统中，利用步进电动机所具有的这种特性，可将电脉冲信号转变为直线位移或角位移的执行元件。由于控制精度高，步进电动机常用于较为精密电气传动控制系统，例如裁线机、烫印机等要求较为准确的行程控制的场合。

图 8—16　步进电动机实物图

一、步进电动机的结构与分类

1．步进电动机的基本结构

步进电动机主要由定子、转子、端盖等构成，如图 8—17 所示。一般定子相数为两相～六相，每相两个绕组套在一对定子磁极上，称为控制绕组，转子是无绕组的铁心。三相步进电动机定子和转子上分别有六个和四个磁极，如图 8—18 所示。

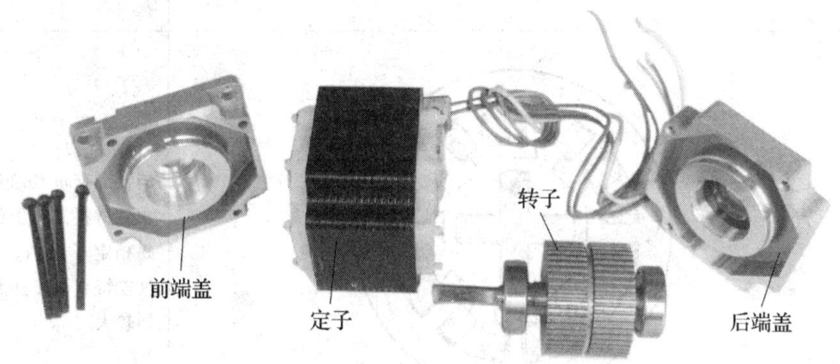

图 8—17　步进电动机的基本结构

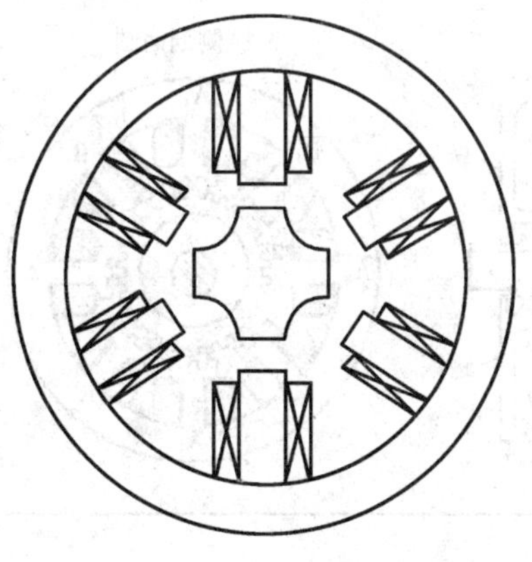

图 8—18　步进电动机结构示意图

2．步进电动机的种类

步进电动机的结构形式和分类方法较多，通常按励磁方式分为反应式、永磁式、感应子式（混合式）三大类，见表 8—5。

表 8—5　　　　步进电动机的种类

种类	结构图	特点
反应式		转子为软磁材料，无绕组。定子磁极开有小齿，转子沿圆周均布小齿，其齿距和齿形与定子相同。性能特点是步距小。应用最广
永磁式		定子为凸极，极上无小齿，绕有 m 相绕组。转子为永磁材料，转子的极数等于每相定子极数，不开小齿。性能特点是步距角较大，力矩较大
感应子式（混合式）	N 极侧剖面图	定子结构与单段反应式步进电动机相同。转子为永磁式、两段，开小齿，混合反应式与永磁式步进电动机的优点。性能特点是转矩大、动态性能好、步距角小。但结构复杂，成本较高

步进电动机的结构上有哪些特点？

二、步进电动机的工作原理

1. 基本工作原理

下面以反应式步进电动机为例，分析其工作原理。

图 8—19 是三相反应式步进电动机原理示意图，当 A 相绕组通电时，由于磁力线力图通过磁阻最小的路径，转子将受到磁阻转矩作用，必然转到其磁极轴线与定子极轴线对齐的位置，磁力线便通过磁阻最小的路径。此时两轴线间夹角为零，磁阻转矩为零，即转子磁极 1，3 轴线与 A 相绕组轴线重合，这时转子停止转动，位置如图 8—19a 所示。当 A 相断电、B 相通电时，根据同样的原理，转子将按逆时针方向转过空间角 30°，使得转子 2，4 磁极轴线与 B 相绕组轴线重合，如图 8—19b 所示。同样，B 相断电、C 相通电时，转子再按逆时针方向转过空间角 30°，使转子 1，3 磁极轴线与 C 相绕组轴线重合，如图 8—19c 所示。若按 A—B—C 顺序轮流给三相绕组通电，转子就按逆时针方向一步一步地前进（转动）；若按 A—C—B 顺序通电，转子就按顺时针方向一步一步地转动。由此，步进电动机运动的方向取决于控制绕组通电的顺序。而转子转动的速度取决于控制绕组通断电的频率，显然，变换通电状态的频率（即电脉冲的频率）越高，转子转得越快。

通常把由一种通电状态转换到另一种通电状态叫做一拍，每一拍转子转过的角度叫步距角 θ_s，上述的通电方式称为三相单三拍运行，三相是指定子为三相绕组，单是指每拍只有一相绕组通电，三拍是指经过三次切换绕组的通电状态为一个循环。

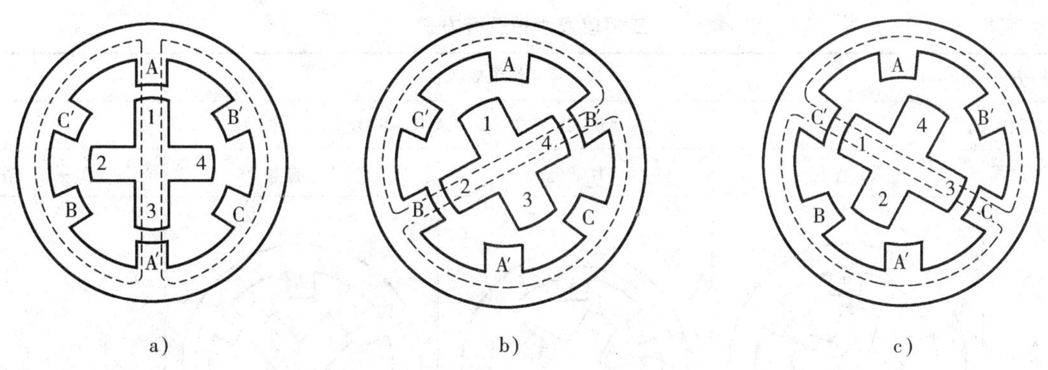

图 8—19 三相反应式步进电动机原理图

三相步进电动机除了三相单三拍运行方式外，还有三相双三拍、三相单双六拍运行方式，详见表 8—6。

从表 8—6 中所示三相双三拍运行方式可以看出，顺时针方向通电一周后，转子逆时针转了$\frac{1}{4}$（4 极）周，每步旋转角度为 30°，即转步距角为 30°。

从表 8—7 中所示的三相单双六拍运行方式可以看出，顺时针方向通电一周后，转子逆时针转了$\frac{1}{4}$（4 极）周，每步旋转角度为 15°，即转步距角为 15°。

表 8—6　　三相双三拍运行方式

运行方式	三相双三拍		
通电顺序	AB→BC→CA→AB		
工作过程	AB 通电	BC 通电	CA 通电
图示	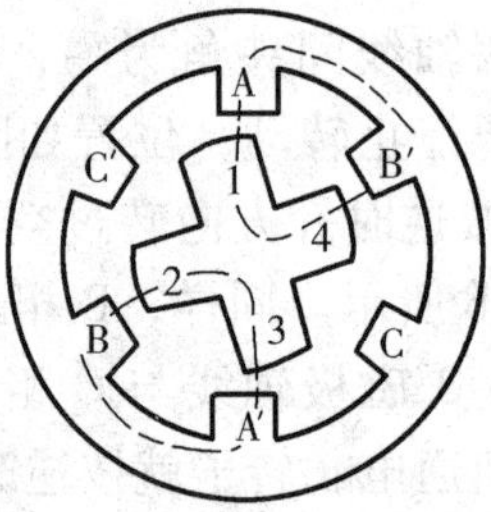		
定子转动特点	AA′磁场对 1、3 齿有拉力，BB′磁场对 2、4 齿有磁拉力，转子停在两磁拉力平衡的位置上	BB′磁场对 2、4 齿有磁拉力，CC′磁场对 3、1 齿有拉力，转子停在两磁拉力平衡的位置上。相对于 AB 通电，转子转了 30°	CC′磁场对 3、1 齿有磁拉力，AA′磁场对 4、2 齿有拉力。转子停在两磁拉力平衡的位置上。相对于 BC 通电，转子又转了 30°

表 8—7　　三相单双六拍运行方式

运行方式	三相单双六拍			
通电顺序	AB→B→BC→C→CA→A→AB			
工作过程	AB 通电	B 通电	BC 通电	“C→CA→A” 略
图示	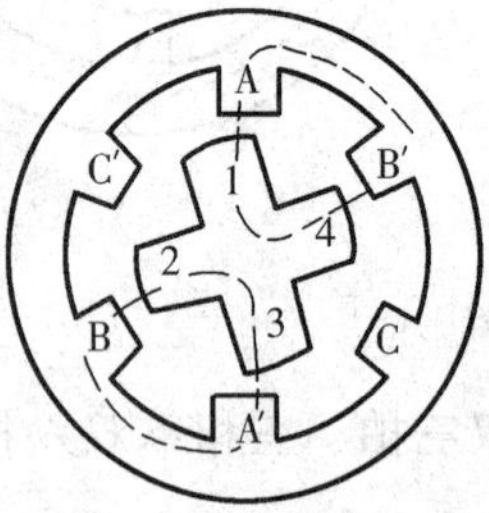	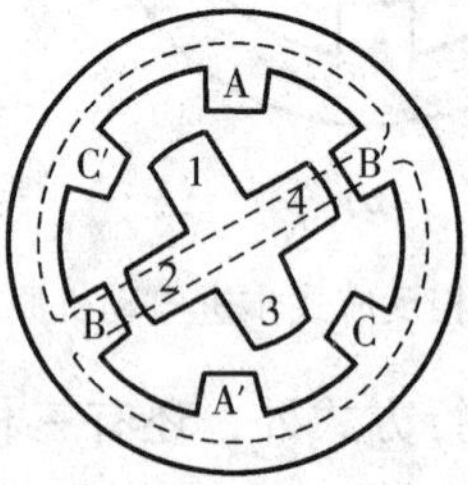		总之，每个循环周期，有六种通电状态，所以称为三相六拍，步距角为 15°
定子转动特点	AA′磁场对 1、3 齿有拉力。BB′磁场对 2、4 齿有磁拉力，转子停在两磁拉力平衡的位置上	BB′磁场对 2、4 齿有磁拉力，转子 2、4 齿和 B 相对齐，相对于 AB 通电，转子转了 15°	BB′磁场对 2、4 齿有拉力。CC′磁场对 1、3 齿有磁拉力，转子停在两磁拉力平衡的位置上。相对于 B 通电，转子又转了 15°	

从步进电动机三相单三拍和双六拍运行方式上来看，有哪些规律？

2. 小步距角步进电动机的工作原理

上述的三相反应式步进电动机的步距角太大，通常不能满足生产中小位移的要求，为此必须增加拍数和转子齿数。实际采用的步进电动机的步距角多为3°和1.5°，步距角越小，机加工的精度越高。下面介绍一种最常见的小步距角三相反应式步进电动机。

三相反应式步进电动机典型结构示意图如图8—20所示。定子仍然为三对磁极，每相一对，不过每个定子磁极的极靴上各有5个小齿，转子圆周上均匀分布着40个小齿，转子的齿距等于360°/40 = 9°，齿宽、齿槽各4.5°。为使转、定子的齿对齐，定子磁极上的小齿，齿宽和齿槽和转子相同。

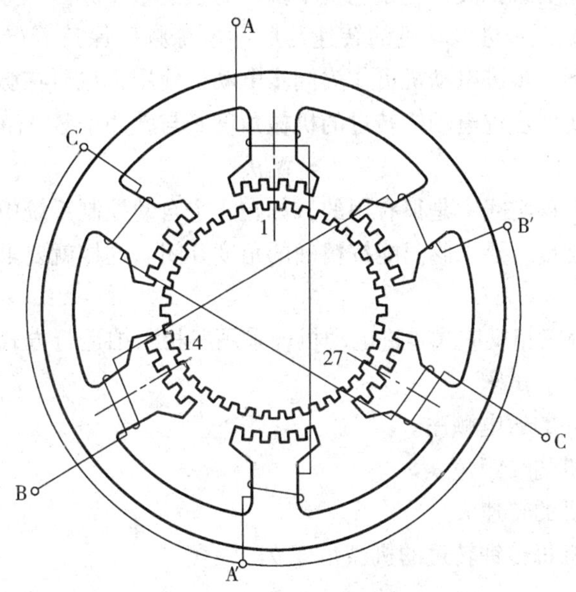

图8—20　三相反应式步进电动机结构图

（图中状态为A相通电时位置）

假设是单三拍通电工作方式。

（1）A相通电时，定子A相的五个小齿和转子对齐。此时，B相和A相空间差120°，含$\frac{120°}{9°}=13\frac{1}{3}$齿。A相和C相差240°，含$\frac{240°}{9°}=26\frac{2}{3}$个齿。所以，A相的转子、定子的五个小齿对齐时，B相、C相不能对齐，B相的转子、定子相差$\frac{1}{3}$个齿（3°），C相的转子、定子相差$\frac{2}{3}$个齿（6°）。

（2）A 相断电、B 相通电后，转子只需转过$\frac{1}{3}$个齿（3°），使 B 相转子、定子对齐。

同理，C 相通电再转 3°

若工作方式改为三相六拍，则每通一个电脉冲，转子只转 1.5°。

由工作原理可知，每改变定子绕组的 1 次通电状态，转子就转过 1 个步距角 θ_S，若转子齿数为 Z_R，步距角 θ_S的大小与转子齿数 Z_R和拍数 N 的关系为

$$\theta_S = \frac{360°}{Z_R N} \quad (8—1)$$

因为每输入一个脉冲，转子转过$\frac{1}{Z_R N}$转，若脉冲电源的频率为 f，步进电动机转速为

$$n = \frac{60f}{Z_R N}(\text{r/min}) \quad (8—2)$$

由式（8—2）说明，步进电动机转速由控制脉冲频率 f、拍数 N、转子齿数 Z_R决定，与电源电压、绕组电阻及负载无关，这是它抗干扰能力强的重要原因。

由式（8—2）可见，步进电动机的转速与脉冲电源频率保持着严格的比例关系。因此在恒定脉冲电源作用下，步进电动机可作为同步电动机使用，也可在脉冲电源控制下很方便地实现速度调节，因此，步进电动机转过的机械角度 θ 与脉冲个数 N_1 的关系为

$$\theta = N_1\theta_S \quad (8—3)$$

这个特点在许多工程实践中是很有用的，如在一个自动控制系统中，用步进电动机带动管道阀门，为了控制流量，要求阀门能按精确的角度开闭。这样就要求能对步进电动机进行精确的角度控制。

【例 8—1】 一台三相反应式步进电动机，采用三相六拍运行方式，转子齿数 $Z_R=40$，脉冲电源频率为 800 Hz。试求：

（1）写出一个循环的通电顺序。

（2）求步进电动机的步距角 θ_S。

（3）求步进电动机的转速 n。

（4）求步进电动机每秒钟转过的机械角度 θ。

解：

（1）因为该步进电动机采用三相六拍运行方式，完成一个循环的通电顺序为：AB－B－BC－C－CA－A。

（2）三相六拍运行方式时，$N=6$，故

$$\theta_S = \frac{360°}{Z_R N} = \frac{360°}{40 \times 6} = 1.5°$$

（3）电动机的转速

$$n = \frac{f\theta_S}{6°} = \frac{800 \times 1.5°}{6°} 200 \text{ r/min}$$

（4）每秒钟转过的机械角度

$$\theta = 800 \times 1.5° = 1\,200°$$

三、步进电动机的应用

由于步进电动机的步距（转速）不受电压波动和负载变化的影响，也不受环境条件（温度、压力、冲击和振动等）的限制，而只与脉冲频率成正比，所以它能按照控制脉冲数的要求，立即启动、停止、反转。在不丢步的情况下，角位移的误差不会长期积累，所以步进电动机能实现高精度的角度开环控制。然而，由于开环控制的频率不自控，低速时会发生振动现象，这是值得重视和研究的问题。尽管如此，目前步进电动机的应用范围已很广，在数控、工业控制、数模转换和计算机外围设备、工业自动线、印刷机、遥控指示装置、航空系统中，都已成功地应用了步进电动机。

四、步进电动机使用和维护

步进电动机使用和维护应注意以下几点：

1. 步进电动机的引出线通常是用不同颜色加以区别（见外形图），其中颜色特别的一根是公共引出线，另外几根是各相绕组的首端。对于三相步进电动机，如果要反向转动，只需将任意两相接线对调一下接线位置即可。

2. 启动时，应先在启动频率下启动，之后逐渐上升到运行频率；停止时，应将频率逐渐降低到启动频率以下，才能停止。

3. 工作过程中，应尽量使负载均匀，避免负载突变引起误差。

4. 注意冷却装置是否正常运行。

5. 发现失步时，应首先检查负载是否过大，电源电压是否正常，各相电流是否相等，指标是否合理；再检查驱动电源输出是否正常，波形是否正常；最后根据引起失步的原因处理。在处理过程中，不要任意更换元件和改变其规格。

6. 负载的转动惯量对步进电动机的启动及运行频率有较大的影响，选用时应注意厂家所给出的允许负载转动惯量。

技能训练1　步进电动机的拆装

一、训练内容

步进电动机的拆装。

二、工具、仪器仪表及材料

1. 电工工具

验电笔、一字和十字螺钉旋具、钢丝钳、尖嘴钳、斜口钳、剥线钳、电工刀等。

2. 仪表

MF30 型万用表或 MF47 型万用表；T301—A 型钳形电流表；兆欧表 500 V（0 ~2 000 MΩ）；转速表。

3. 小型步进电动机 1 台，其型号为“57BYGH250A”（或自定）。

4. 安装、接线用的专用工具。

5. 材料

（1）配电板 1 块（100 mm × 200 mm × 20 mm）。

（2）依据电动机容量，动力线采用 BVR2.5 mm^2（红色）多股软塑料铜线；接地线采用 BVR1 mm^2（黄绿色）多股软塑料铜线，其数量按需要而定。

（3）低压断路器　型号和规格为 DZ10－250/330，1 只。

（4）其他　绝缘黑色胶布、演草纸、圆珠笔、螺钉、垫圈、劳保用品等，按需而定。

三、评分标准

评分标准见表 8—8。

表 8—8　　评分标准

序号	主要内容	评分标准	配分	扣分	得分
1	拆装前的准备	1．考核前未将所需工具、仪器及材料准备好，每件扣 2 分 2．拆除电动机电源电缆头及电动机外壳保护接地工艺不正确，电缆头没有保安措施，扣 5 分 3．拉联轴器方法不正确，扣 5 分	15		
2	拆卸	1．拆卸方法和步骤不正确，每次扣 5 分 2．碰伤绕组，扣 10 分 3．损坏零部件，每次扣 5 分 4．装配标记不清楚，每处扣 5 分（扣完为止）	30		
3	装配	1．装配步骤方法错误，每次扣 5 分 2．碰伤绕组，扣 10 分 3．损伤零部件，每次扣 5 分 4．轴承清洗不干净、加润滑油不适量，每只扣 5 分 5．紧固螺钉未拧紧，每只扣 3 分 6．装配后转动不灵活，扣 5 分（扣完为止）	30		
4	接线	1．接线不正确，扣 5 分 2．不熟练，扣 2 分 3．电动机外壳接地不好，扣 3 分	10		
5	电气测量	1．测量电动机绝缘电阻值不合格，扣 5 分 2．不会测量电动机的电流、转速，各扣 5 分	15		
7	时间	180 min			
8	备注		合　计		
			教　师 签　字		年　月　日

四、训练步骤

1. 安装前的准备

准备好拆卸场地及摆放好各种拆卸、安装、接线与调试使用的工具，断开电源，拆卸电动机与电源线的连接线，并对电源线头做好绝缘处理。

2. 步进电动机的拆卸

步进电动机的拆卸见表 8—9。

表 8—9 步进电动机的拆卸

序号	步骤	过程照片	相关描述
1	拆卸前端盖螺钉		用旋具将步进电动机前端盖的四只螺钉拆卸下来
2	取出前端盖		待螺钉取下后，顺着转轴方向端盖拔出来。在前端盖与轴承分离过程中轴承簧垫可能会掉下来，应当注意将它妥善保管好
3	拆卸转子		待前端盖拆卸后，取出转子，因转子是永磁铁心，所以在拔取过程中应注意用力的方向
4	拆卸后端盖		待前端盖和转子拆卸后，就只剩定子和后端盖了。用手轻摇后端盖便可将定子和后端盖分离出来
5	拆卸完毕清点部件		拆卸完毕，将各部件摆放整齐并进行清点，以便减少重装过程中由于疏忽而影响质量

续表

序号	步骤	过程照片	相关描述
6	研究步进电动机定子结构	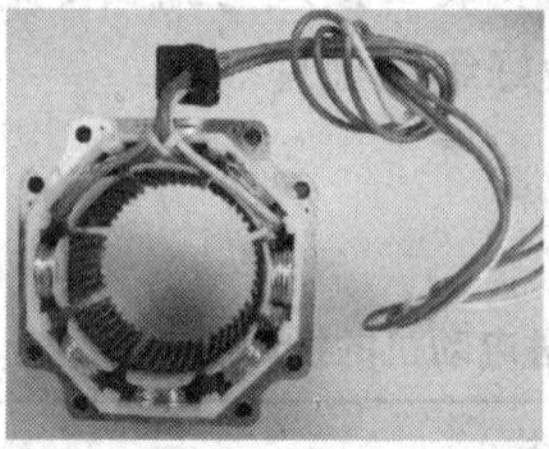	认真观察步进电动机的定子，留意其绕组和铁心的结构（图中明显可看出是两相绕组），并清点定子铁心磁极个数
7	研究步进电动机转子结构		认真观察步进电动机的转子，清点铁心磁极个数，结合定子铁心磁极个数，结合步进电动机工作原理分析其结构特点
8	研究步进电动机端盖结构		端盖的机械工艺要求很高，因为它们直接影响到转轴同心度和间隙问题。在观察过程中应注意保持端盖的洁净度

3. 步进电动机的装配

步进电动机的装配见表8—10。

表8—10 步进电动机的装配

序号	步骤	过程照片	相关描述
	检查机械性能		待步进电动机重新安装好后，首先要对转轴的灵活性进行试验，方法很简单，用手旋转转轴看转动是否灵活。值得注意的是因其转子是永磁，所以在转动时力度可能稍大些
	绕组直流电阻值测试	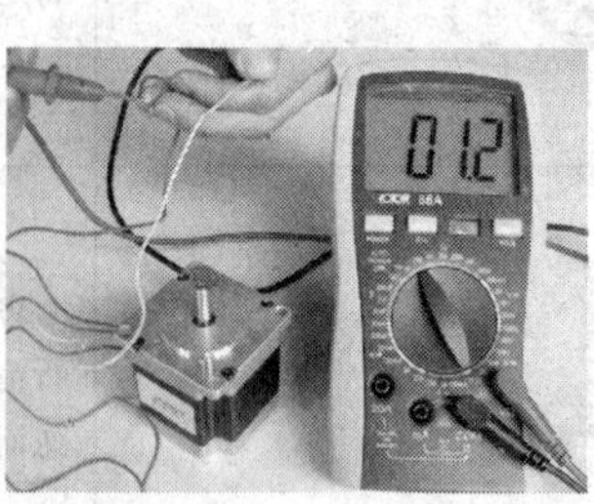	在拆卸与安装过程中绕组有可能会损坏，因此在安装好后应对绕组的完好性进行检测是必要的。分别测量两相绕组的直流电阻值（图中测得其中一相绕组直流电阻值为1.2 Ω，属正常范围）

序号	步骤	过程照片	相关描述
	绕组对外壳的绝缘电阻值测试		用万用表的“×200 MΩ”挡简易测量两相绕组各自对外壳的绝缘电阻值。（图中测得其中一相绕组对外壳的绝缘电阻值 194.5 MΩ，属正常范围）

第四节 交磁电机扩大机

1. 熟悉交磁电机扩大机的结构。
2. 掌握交磁电机扩大机的工作原理。
3. 理解交磁电机扩大机的空载特性和负载特性。
4. 掌握交磁电机扩大机的拆装技能。

交磁电机扩大机是一种用于自动控制系统中的旋转式放大元件，它能将微弱的电信号放大成较强的电功率输出。其功率放大倍数很大，可达 200～50 000。由于这种电机扩大机是利用交轴磁场进行放大工作的，所以称为交磁电机扩大机。以交磁电机扩大机构成的直流调速系统是带有反馈的连续控制系统，它可随时将系统的给定转速与实际的输出转速之差反馈到输入端，以纠正系统输出转速的误差。

一、交磁电机扩大机的结构

1. 交磁电机扩大机的定子

交磁电机扩大机的定子结构如图 8—21 所示。其工作原理如图 8—22 所示，定子铁心由硅钢片冲叠而成，铁心上有大、中、小三种槽形，槽内分别嵌入不同绕组。为了易于做到气隙均匀、磁极位置准确，交磁电机扩大机的定子多采用隐极结构。交磁电机扩大机的定子绕组见表 8—11。

2. 交磁电机扩大机的电枢

交磁电机扩大机实际上是一种特殊的直流发电机，其电枢绕组和普通直流发电机一样，但在换向器上放有两对电刷，一对和普通直流发电机相同，放在磁极中性线上，即与磁极轴线正交，称为交轴电刷，如图 8—22 所示中的 1、2；另一对叫做直轴电刷，放在磁极轴线上，如图 8—23 所示中的 3、4。

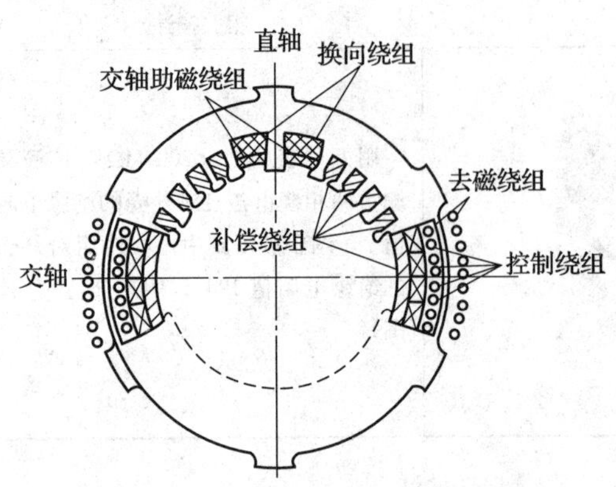

图 8—21　交磁电机扩大机定子结构

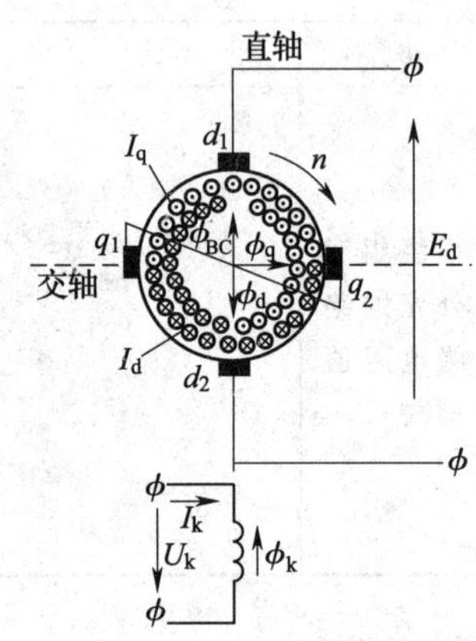

图 8—22　交磁电机扩大机的工作原理

表 8—11　　交磁电机扩大机的定子绕组

序号	名称	性　能
1	控制绕组	嵌装在大槽内，一般装有 2 ~ 4 个绕组，以便于实现自动控制系统中的各种反馈
2	补偿绕组	分布在定子的大槽和小槽中，与电枢绕组串联，用来补偿直轴电枢反应磁通
3	换向绕组	嵌装在中槽内，用以改善直轴换向。装置在中槽之间的一个定子齿就形成了交磁电机扩大机直轴方向的换向极。使用时，换向绕组与电枢绕组串联
4	交轴助磁绕组	嵌装在中槽内，串接在交轴电刷之间，产生的磁通与 ϕ_q 同向。在一定的直轴额定输出时，交轴电流可以减小，改善了交轴换向
5	交流去磁绕组	装在大槽磁轭部分，工作时通入交流电流，可减小电机放大机的剩磁电压，其磁通不经过空气隙而只经过磁轭

二、交磁电机扩大机的工作原理

1. 放大作用

当在电机扩大机的控制绕组（即励磁绕组）上加上信号电压 U_k 时，控制绕组的电流 I_k 就产生磁场 ϕ_k，若电枢由原动机（一般为异步电动机）带动顺时针旋转，则电枢绕组就在交轴电刷 q_1、q_2 两端感应交轴电势 E_q。如果把交轴电刷 q_1、q_2 短接起来，则电势 E_q 将在电枢绕组中产生一个相当大的交轴电流 I_q，其方向与 E_q 相同，如图 8—22 外层小圆内符号所示。I_q 又产生一个很强的交轴电枢反应磁场 ϕ_q，这个电枢反应磁场在这里正是要加以利用的，它对于直轴回路来说是一个主磁场。当电枢切割 ϕ_q 时，就在直轴电刷 d_1、d_2 两端产生电势 E_d，E_d 就是电机放大机的输出电势。若直轴电刷 d_1、d_2 与外电路负载相联，则电枢回路就有负载电流 I_d 流过，E_d、I_d 方向如图 8—22 内层小圆中符号所示。

交磁电机扩大机相当于两级直流发电机，由于交轴回路是短路的，很小的励磁功率就能

产生较大的交轴电流和磁势，加上电机放大机的转速高、气隙小、材料好等优点，因此，它的放大倍数很高，具有很强的功率放大能力。

2. 直轴电枢反应的补偿

当交磁电机扩大机接上负载后，直轴电枢回路就通过电流 I_d，I_d将产生直轴电枢反应磁通 ϕ_d，其方向与控制磁通方向 ϕ_k相反（见图8—22），对 ϕ_k有很大的去磁作用，将极大地削弱 ϕ_k，若不接入补偿绕组，则交磁电机扩大机根本不能带负载工作。加入补偿绕组后，补偿绕组产生的磁场 ϕ_{BC}将抵消 ϕ_d，从而对 ϕ_k进行了补偿。且由于补偿绕组与电枢绕组串联，故对任意大小的负载都能得到较好的补偿。图 8—23 所示为具有补偿绕组的交磁电机扩大机的工作原理图，一般补偿绕组都被设计成具有 10% ~15% 的磁势储备，并且在该绕组两端并联一可变电阻 R，改变电阻 R 可改变绕组中的电流，以调节补偿程度。

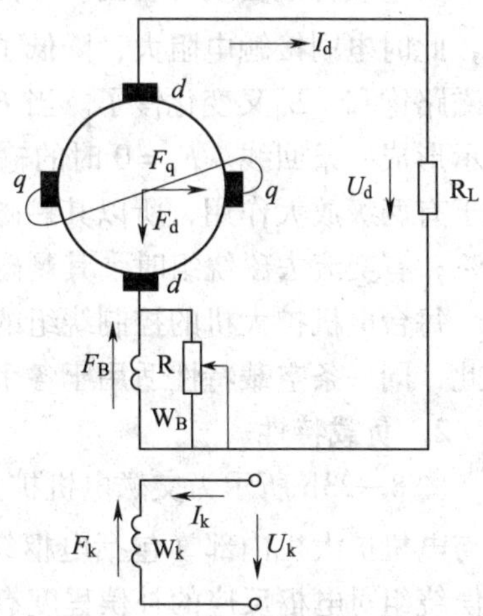

图 8—23　具有补偿绕组的交磁电机扩大机

当交磁电机扩大机补偿绕组两端并联的可变电阻 R 短路或断路时将出现什么情况?

三、空载特性和负载特性

交磁电机扩大机的特性有空载特性和外特性两种，其空载特性是指电机扩大机的空载输出电势 E_d与控制绕组磁势 F_k之间的关系；而负载特性则是指当电机扩大机控制绕组的励磁电流为常数时，其输出电压 U_d与输出电流 I_d之间的关系，两条特性都是指电机扩大机的转速为额定值时的情况。

交磁电机扩大机的空载特性和负载特性曲线如图 8—24 所示。

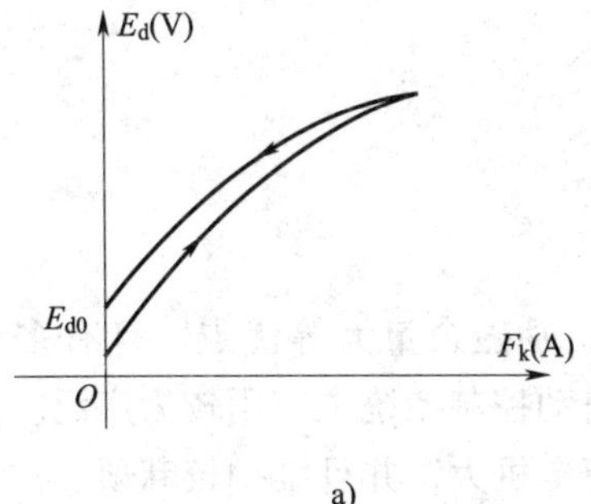

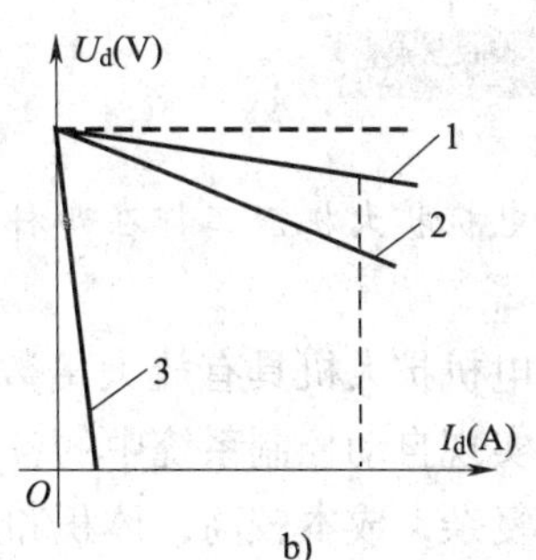

图 8—24　交磁电机扩大机特性曲线

a）空载特性　b）负载特性

1. 空载特性

由空载特性曲线可看出：在曲线的起始段，F_k增加，E_d变化较慢，这是因为F_q、I_q也较小，此时电刷接触电阻大，降低了电机扩大机的放大倍数；中间一段，E_d增加较快，最后由于磁路饱和，E_d又变化慢了。当F_k减小时，E_d将不会沿原来的曲线变化，而是如图8—23a所示形成一条回线。$F_k=0$时的输出电压E_{d0}称为电机扩大机的剩磁电压。交磁电机扩大机由于有两级放大作用，所以其剩磁电压较大，无交流去磁绕组时，其剩磁电压可达额定值的15%；有交流去磁绕组时，其剩磁电压可降到额定值的5%以下。

每台电机扩大机的控制绕组的匝数、额定电流值各有不同，但它们的额定安匝数相等，因此，同一条空载特性适用于各个控制绕组。

2. 负载特性

图8—23b所示为交磁电机扩大机的外特性曲线。交磁电机扩大机的端电压U_d的变化除了与电机扩大机内部（包括电枢绕组、换向极绕组和补偿绕组）的电压降有关以外，还与补偿绕组对电枢反应的补偿程度有关。根据补偿绕组对电枢反应的补偿程度，交磁电机扩大机的负载特性可分为三种情况，见表8—12。

表8—12　交磁电机扩大机的负载特性

补偿种类	补偿性能
全补偿	即补偿绕组安匝数等于直轴电枢反应安匝数。这时当I_d变化时影响U_d的因素只有电机扩大机的内部压降，所以U_d随I_d的增大而略有下降。如图8—24b所示中曲线1 要使交磁电机扩大机能够正常带负载工作，应使其负载特性为全补偿（理想的工作状态）
欠补偿	即补偿绕组安匝数小于直轴电枢反应安匝数。在这种情况下电机扩大机的负载特性更加倾斜，如图8—24b所示中曲线2。若无补偿时，带上很小负载，U_d就降到零，所以不能正常工作，如图8—24b所示中曲线3。因此，使用中一般应使其负载特性为欠补偿
过补偿	补偿绕组安匝数大于直轴电枢反应安匝数。这时，电机扩大机的负载特性在全补偿特性之上，当补偿过强时，负载特性会出现上翘的现象，可能引起电机扩大机自励，因而失去控制作用。因此，使用中一般应避免过补偿

交磁电机扩大机应工作在哪种工作状态？

交磁电机扩大机具有放大倍数高，时间常数小，励磁余量大等优点，且有多个控制绕组，便于实现自动控制系统中的各种反馈，因而在自动控制系统中应用较为广泛。其缺点是制造工艺复杂，成本较高，体积和质量比同容量直流电机大，并且维护较麻烦。

目前，我国生产和使用的交磁电机扩大机为ZKK系列，容量较小的交磁电机扩大机一般与驱动异步电动机装在一起，制成异步电动机—电机扩大机组。

技能训练2 交磁电机扩大机的拆装

一、训练内容

交磁电机扩大机的拆装。

二、设备、仪表、工具

交磁电机扩大机组、轴承拉具、活络扳手、锤子、木锤、紫铜棒、常用电工工具、万用表、兆欧表和指南针等。

三、评分标准

评分标准见表8—13。

表8—13 评分标准

序号	项目内容	评分标准		配分	扣分	得分
1	拆卸交磁电机扩大机	1. 拆除接线时未做标记，每处扣5分 2. 拆除机械部分未做标记，每处扣5分 3. 损坏零部件，扣10～20分 4. 不能正确判定励磁线圈好坏，扣10分		30		
2	故障处理	未能正确排除故障，每处扣5分		30		
2	装配交磁电机扩大机	1. 装配方法、步骤不正确，扣10～15分 2. 绕组接线有误，扣10分 3. 电刷接触不符合要求或位置不对，扣10～15分 4. 试车时性能不满足要求，扣10～20分		30		
3	安全文明生产	每违反一项扣5分		10		
4	工时					
5	备注		合　计			
			教师签字	年　月　日		

四、训练步骤

1. 拆卸前的准备

（1）拆除异步电动机及交磁电机扩大机的外部接线。由于电机扩大机定子槽内嵌放有多种绕组，这些绕组的极性正确与否是电机扩大机能否正常工作的关键，所以不可任意变动接线柱上各绕组的引线位置。当需要拆下引线时，必须对引线及对应的线柱做上标记，以免接错。

（2）在拆卸电机扩大机组时，应在异步电动机外壳、电机扩大机外壳的接缝处及电机扩大机前端盖（即电刷架处的端盖）与机壳连缝处做好标记。

（3）做好每只电刷与刷握相对位置的标记，如电刷接触面良好，则装配时可按原有标记安装，以减少电刷的研磨工作量。

2. 仿照直流电动机的拆卸步骤，拆卸交磁电机扩大机。检查轴承情况并进行润滑。

3. 装配

（1）装配前的检查

1）用兆欧表检查各绕组之间的绝缘、各绕组对地的绝缘，并测量各绕组的绝缘电阻值。

2）检查各绕组出线端的极性。在定子未装配前，可用指南针检查控制绕组、补偿绕组和换向绕组的极性。如指南针方向一致，则表示极性正确。

3）检查换向器。换向器表面应保持清洁，不得沾有油污；换向器不得有短路、断路及脱焊；换向器与轴承挡的同轴度允差值应小于 0.03 mm，在旋转过程中，偏转应小于 0.05 mm。

（2）安装电刷时，应按标号及安装方向将电刷对号入座。电刷在刷握中不应卡住，但也不能过松（其间隙一般为 0.1 mm）。

尽量使同一刷杆上所有电刷的压力均匀（对于电化石墨电刷的弹簧压力约为 30 kPa）。电刷如果磨损过多，应及时更换。

更换电刷时，应采用电机扩大机制造厂规定的型号，并使整台电机扩大机电刷型号一致。对于更换的电刷或发现原电刷接触面不好时，应研磨电刷。

（3）复查及调整电刷中性线位置。通常使用感应法进行校正，其接线如图 8—25 所示。

测定时，断开电机扩大机的交轴电路，并将检流计 PA1（或毫伏表）跨接在交轴电刷 q1、q2 上，同时提起直轴电刷 d1、d2，然后再在电枢不转时，利用开关通断的方法，给匝数较多的一个控制绕组通过一个变化的电流，并移动交轴电刷 q1、q2，直到检流计 PA1 读数最小，这时的电刷位置即为几何中性线位置。

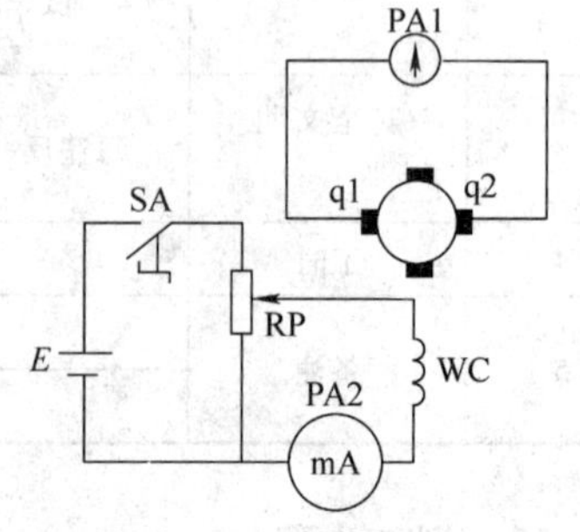

图 8—25　试验交轴电刷中性线位置

中性线位置确定好后，为了改善换向和防止自激，使电机扩大机工作稳定，可将电刷沿电枢旋转方向偏移几何中心线 1°～3°电角度，约移动（在端盖上的量）2～3 mm，然后将电刷位置固定好，并在位置上做好标记。

（4）在运转前应空载研磨电刷接触面，使磨合部分（镜面）达到电刷整个工作面 80% 以上时为止，通常需空载1 ~2 h。

（5）电机扩大机装配后应检查引出线的极性。当电机扩大机各绕组引出线接好后，可直接利用出线板上的接线端子，接上外加的直流电源，利用感应法分别测定各绕组的正、负极性，如图 8—26 所示。当接通开关 SA 时，直流毫伏表的指针应正向偏转。否则说明极性与图中方向相反，需要改正绕组线端接线。

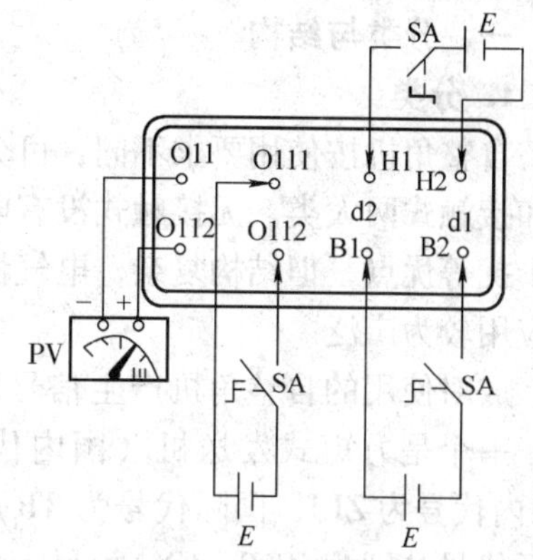

图 8—26　感应法测定控制绕组、补偿绕组和换向绕组的极性

由于电机扩大机结构复杂，为确保电机扩大机检修后的性能指标达到技术要求，必须注意以下几点：

（1）在拆卸及装配好以后，必须保证各零部件的原来状态，因此必须做好各种拆装标记。

（2）必须保证各绕组的极性与原来的一致。

（3）必须保证电刷的位置正确及电刷与换向器表面接触良好。

第五节　自 整 角 机

1. 熟悉自整角机的分类与结构。
2. 理解自整角机的工作原理。

自整角机是一种感应式机电元件。在系统中一般两个或三个组合使用，其任务是在自动装置和控制系统中，将转轴上的转角变换为电气信号，或将电气信号变换为转轴的转角，使互不相连的两根或几根转轴同步偏转或旋转，以实现角度的传输、变换和接收。自整角机广泛应用于远距离指示装置和伺服系统。自整角机的外形图如图 8—27 所示。

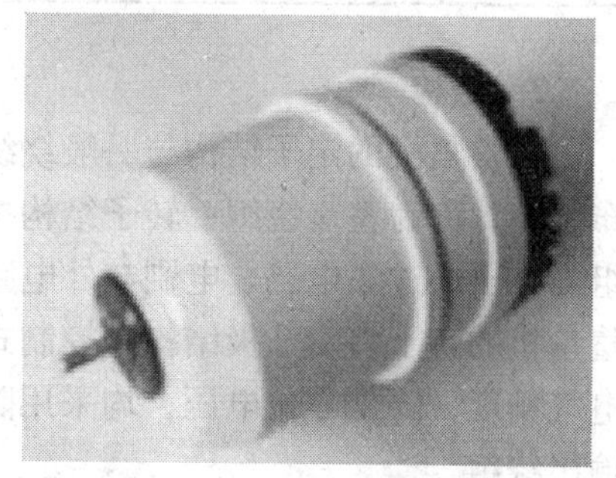

图 8—27　自整角机的外形图

一、分类与结构

1. 分类

自整角机按使用要求不同，可分为控制式和力矩式两种。按结构的不同，可分为无接触式和接触式两大类。无接触式没有电刷、集电环的滑动接触，具有可靠性高、寿命长、不产生干扰等优点，但结构复杂，电气性能较差。接触式自整角机的结构比较简单，性能较好因而应用较为广泛。

成对使用的自整角机产生信号的称为发送机，接受信号的称为接收机。按力矩式运行时，一个是力矩式发送机（国内代号为 ZLF，国际代号为 TX），另一个是力矩式接收机（国内代号为 ZLJ，国际代号为 TR）；按控制式运行时，其中一个是控制式发送机（国内、国际代号分别为 ZKF、CX），另一个则是控制式自整角变压器（国内、国际代号分别为 ZKB、CT）。其应用和功用见表 8—14。

表 8—14　　自整角机的应用和功用

名称	应用及代号	功用
力矩式自整角机	按力矩式运行的自整角机还应用到差动发送机（国内、国际代号分别为 ZCF、TDX）和差动接收机（国内、国际代号分别为 ZCJ、TDR）中。差动发送机 ZCF 串接于“ZLF”和“ZLJ”之间，将发送机转角及自身转角的和或差转变为电信号，输至接收机；而差动接收机 ZCJ 串接于两个力矩式发送机之间，接收其电信号，并使自身转子转角变换为两发送机转角的和或差	力矩式自整角机的功用是直接达到转角随动的目的，即将机械角度变换为力矩输出，但没有力矩放大作用，接收误差较大，负载能力较差，其接收机轴上产生的转矩，仅能转动指针、刻度盘等轻载荷，其静态误差范围为 0.5°～2°，因此，力矩式自整角机只适用于轻负载或精度要求不太高的开环控制的伺服系统。如在指示系统中作指示器
控制式自整角机	按控制式运行的自整角机还应用到控制式差动发送机（国内、国际代号分别为 ZKC、CDX）中。控制式差动发送机 ZKC 串接于“ZKF”和“ZKB”之间，将发送机 ZKF 转角及 ZKC 自身转角的和或差转变成电信号，输入至自整角机变压器，即“ZKB”中	控制式自整角机的功用是作为角度和位置的检测元件，它可将机械角度转换为电信号或角度的数字量转变为电压模拟量，其接收机的转轴上不带负载，没有力矩输出，只输出电压信号。因此，精密程度较高，误差范围仅有 3′～14′。多用于精密的闭环控制的伺服系统中

2. 结构

自整角机的定子结构与一般绕线转子异步电动机相似，定子铁心上嵌有三相星形对称分布绕组，称为整步绕组：转子结构按不同类型采用凸极式或隐极式，放置单相或三相励磁绕组。转子通过集电环、电刷与外电路连接。接触式自整角机结构如图 8—28 所示。力矩式自整角机的转子多为凸极结构；控制式自整角机的发送机也多为凸极转子，但接收机为了提高电气精度，降低零位电压，均采用隐极式转子，并在转子上装有单相高精度的正弦绕组作为输出绕组。

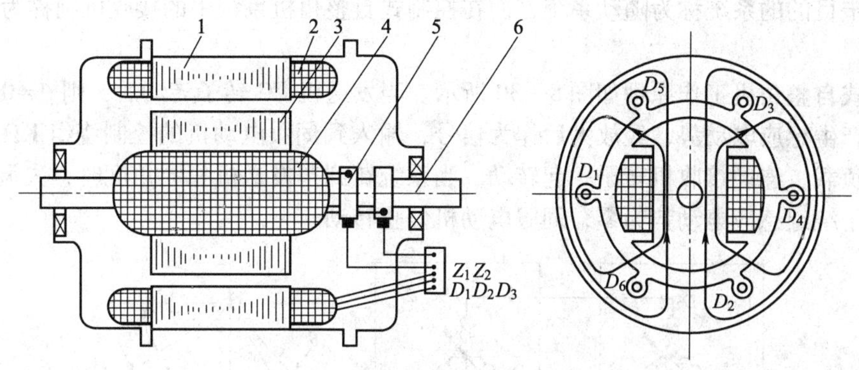

图 8—28　接触式自整角机结构简图

1—定子铁心　2—三相绕组　3—转子铁心　4—转子绕组　5—集电环　6—轴

二、工作原理

1. 力矩式自整角机

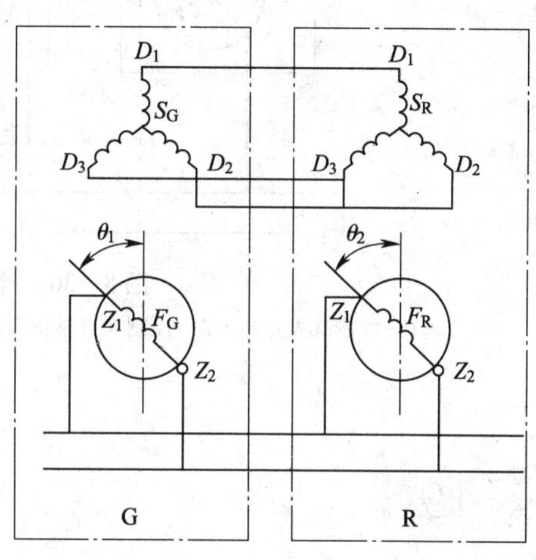

图 8—29　力矩式自整角机工作原理图

图 8—29 所示为力矩式自整角机工作原理图，其中一台为发送机 G，另一台为接收机 R。它们的励磁绕组 F 接到同一单相交流电源；整步绕组则按相序对应地星形联结。当转子绕组接上励磁电源后，产生一脉振磁场。它在定子三相整步绕组中将感应三个变压器电动势，它们在时间上是同相的。由于定子各相绕组的轴线与转子绕组轴线在空间上的相对位置不同，使其线间电动势的极性和大小也不同。

将发送机一相整步绕组轴线与励磁绕组轴线间夹角称为 θ_1，接收机的同一偏角称为 θ_2，这一角度为转子偏离其基准电气零位的角度。把 $\theta = \theta_1 - \theta_2$ 称为失调角。当 $\theta \neq 0$，即发送机与接收机两者转子偏转角不相等时，两者对应线间电动势不相等，两定子绕组间必有均衡电流流过，此均衡电流与两转子励磁绕组所建立的磁场相互作用，在两机中产生转矩，称为整步转矩。该转矩将力图消除失调角 θ。因为发送机 G 是由外力控制的，其转子与主令轴连接，定子产生的均衡电流，流入接收机三相绕组中，它们大小相等，方向相反。又由于接收机转子所受力矩与定子绕组上的整步转矩大小相等，方向相反，迫使接收机转子跟随发送机偏转，直到两者偏转角相等，失调角为零，均衡电流消失，整步转矩为零后，便完成了转角的传递任务，系统进入新的协调位置。

2. 控制式自整角机

为了提高力矩式自整角机带负载能力和精度，在原力矩式自整角机工作原理的基础上，将接收机转子绕组与励磁电源断开，这样接收机将工作在变压器状态，即当发送机产生均衡电流时，接收机定子绕组有电流并产生磁通，此磁通与接收机转子绕组相交链而产生感应电动势。若将此感应电动势经放大器放大，控制一伺服电动机系统，这种间接通过伺服电动机来达到同步目的的系统称为随动系统，而在控制式自整角机系统中的接收机则称为自整角变压器。

控制式自整角机工作原理如图 8—30 所示。当发送机 CG 转子转动后，则 $\theta \neq 0$，接收机转子绕组产生感应电动势，经放大后作为信号，输入到伺服电动机的控制绕组 KΩ，伺服电动机带动负载，连同接收机转子一起转动。当系统转到与发送机相同角度时，失调角 $\theta = 0$，接收机转子绕组感应电动势为零，伺服电动机停止转动。

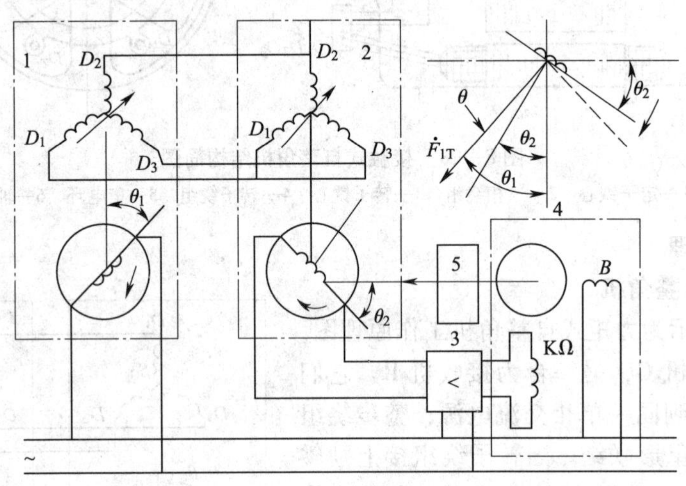

图 8—30　控制式自整角机工作原理图

1—控制式发送机　2—控制式自整角变压器 CT　3—放太器　4—伺服电动机　5—齿轮减速器

与力矩式自整角机相比，控制式自整角机不是直接驱动负载，而是适当选择放大器和伺服电动机，从而驱动阻力转矩较大的设备。

第六节　旋转变压器

1. 熟悉旋转变压器的分类与结构。
2. 理解旋转变压器的工作原理。

旋转变压器是一种特殊的旋转电机，是一种输出电压随转子转角变化的信号元件。旋转变压器的外形图如图 8—31 所示。

图 8—31　旋转变压器外形

旋转变压器的一次绕组（定子绕组）接单相交流电源励磁时，其二次绕组（转子绕组）的输出电压将与转子转角保持某种函数关系。在控制系统中可以作为计算元件，主要用于坐标变换和三角运算等；在随动系统中可用于传输与转角相应的电信号；还可用做移相器和角度—数字转换装置。

一、分类和结构

1. 分类

旋转变压器的分类见表 8—15。

表 8—15　　**旋转变压器的分类**

分类方法	种类
按其极对数的多少	单极对和多极对两种
按电刷与集电环间滑动接触情况	接触式和无接触式两种
按使用要求	用于计算装置中的旋转变压器和用于随动系统中的旋转变压器 用于计算装置中的旋转变压器，可分为正余弦旋转变压器（产品代号 XZ）、线性旋转变压器（产品代号 XX）和比例式旋转变压器（产品代号 XL）；用于随动系统中的旋转变压器，可分为旋变发送机（产品代号 XF）、旋变差动发送机（产品代号 XC）和旋变变压器（产品代号 XB）

以上各类旋转变压器的工作原理与控制式自整角机类似。但其精度比控制式自整角机高。

2. 结构

旋转变压器的结构与普通绕线转子异步电动机结构相似。旋转变压器通常采用两极隐极式结构，其定、转子绕组为两个匝数相等、线径相同、且在空间上互差 90°电角度的高精度正弦绕组。定子绕组通过固定在壳体上的接线柱直接引出，而转子绕组按引出方式的不同，有无刷式和有刷式两种结构形式。

二、工作原理

1. 正余弦旋转变压器

（1）空载时工作情况　正余弦旋转变压器空载时的工作原理如图 8—32 所示。

在图 8—32 中，定子上有两个互差 90°电角度的正弦绕组，其中一个作为励磁绕组 f，另一个作为交轴绕组 q；转子上有两个互差 90°电角度的正弦绕组，其中 A 为正弦绕组、B 为余弦绕组。由于定子或转子上两个绕组的轴线互相垂直，因此它们之间无互感作用。

将励磁绕组的轴线确定为直轴 d，在其两端加上单相交流电源 U_f，将在变压器中产生直轴脉动磁通 Φ_f，由直轴脉动磁通在励磁绕组中产生的感应电动势为

$$E_f = 4.44fN_1k\omega_1\Phi_f$$

设转子正弦输出绕组的轴线和交轴之间的夹角 α 为转子转角，则直轴磁通在 A 绕组的分量为 $\Phi_f\sin\alpha$，在B 绕组的分量为 $\Phi_f\cos\alpha$。正弦输出绕组 A 的空载电压为

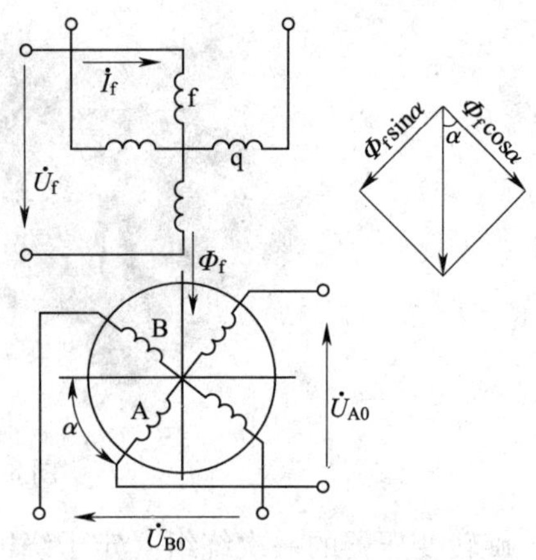

图 8—32　正余弦旋转变压器的工作原理

$$U_{A0} = E_A = 4.44\,fN_2k\omega_2\Phi_f\sin\alpha = K_uE_f\sin\alpha = K_uU_f\sin\alpha$$

在略去励磁绕组漏阻抗压降影响时，上式中，$E_f = U_f$；$K_u = \dfrac{N_2K_{\omega2}}{N_1K_{\omega1}}$称为电压比，是一个常数。

同理可求出余弦绕组 B 空载时的电压为

$$U_{B0} = E_B = 4.44\,f\mathrm{N}_2\mathrm{k}\omega_2\Phi_f\cos\alpha = K_uE_f\cos\alpha = K_uU_f\cos\alpha$$

能否看出在正余弦旋转变压器中，当励磁电压恒定时，转子绕组 A、B 的输出电压与转子转角 α 分别是什么关系？

（2）负载时的工作情况　当转子绕组带负载运行时，就有电流流过输出绕组，并产生相应的磁通，使气隙磁场发生畸变；以致旋转变压器的输出电压有一定的偏差，这种现象称为输出特性畸变。旋转变压器的负载电流越大，输出特性的畸变也将越严重。

为消除输出电压的畸变，必须采用补偿措施来消除气隙磁场的畸变。常用的补偿措施有一次侧补偿、二次侧补偿和一、二次侧同时补偿 3 种方式。一次侧补偿就是将定子交轴绕组 q 短接或接上一阻抗，当转子绕组有负载电流通过时，利用短路绕组 q 产生的交轴磁通 Φ_q，来抵消转子绕组在交轴上产生的交轴磁通，达到补偿的目的。二次补偿就是当转子某一绕组带上负载后，在另一转子绕组也接上一个负载阻抗，则流过绕组中的电流将产生互相垂直的两个磁通 Φ_A和 Φ_B，其直轴分量 Φ_{Ad}和 Φ_{Bd}虽会对定子励磁绕组 f 去磁，但可从励磁绕组的负载分量电流得到补偿，而两个磁通的交轴分量则方向相反，彼此间有互相削弱的作用，

合成交轴磁通等于两者之差，如图 8—33b 所示。实际中，为达到完善的补偿目的，通常采用一、二次侧同时补偿，可使误差减至最小。图 8—33a 所示为一、二次侧同时补偿的接线图。

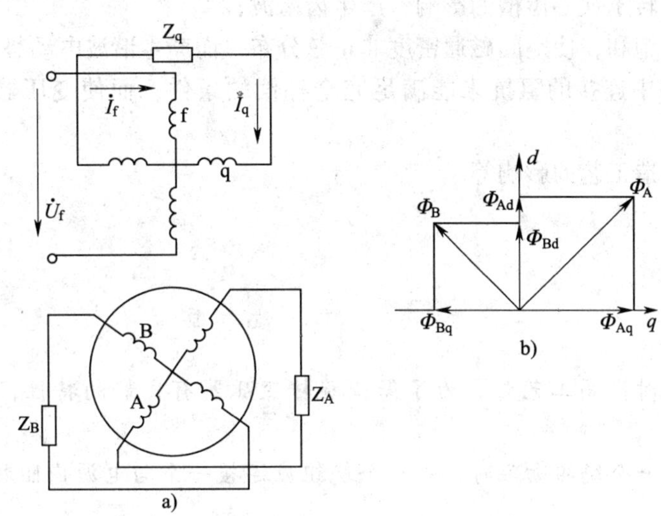

图 8—33　有补偿的正余弦旋转变压器

是否知道正余弦旋转变压器一、二次侧的补偿措施和作用吗？

2. 线性旋转变压器

线性旋转变压器是指其输出电压的大小随转子转角 α 成正比关系的旋转变压器。当偏转角 α 很小且用弧度表示时，$\sin\alpha \approx \alpha$，所以正余弦旋转变压器也可以当做线性旋转变压器来使用。不过若要求其输出电压和理想直线关系的误差不超过 ±0.1%，那么它的转角范围必须在 ±4.5°之间，显然，这样小的转角范围不能满足实际使用的要求。为了在较大的转角范围内更好地表现线性关系，可将正余弦旋转变压器按图 8—34 的方式连接，可推证输出电压为

$$U_A = E_A = \frac{K_u U_f}{1 + K_u \cos\alpha} \sin\alpha$$

当 $K_u = 0.52$ 时，在 $\alpha = \pm 60°$ 范围内，输出电压与转角 α 基本上成线性关系，并且在和理想直线比较时，误差不超过 0.1%。实际中 K_u 取 0.56 ~ 0.57。

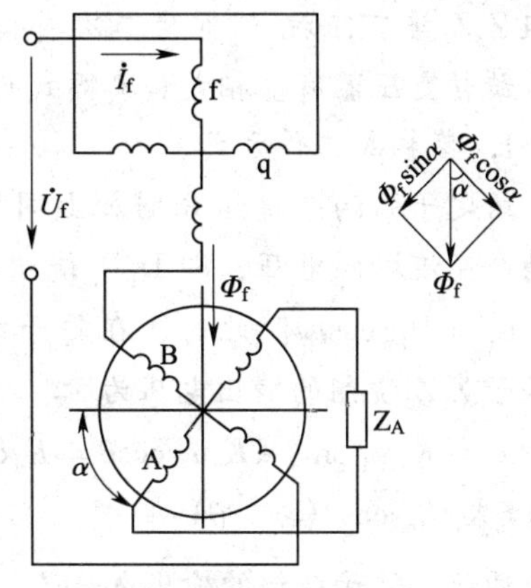

图 8—34　线性旋转变压器原理接线图

3. 旋转变压器的使用

旋转变压器输出电压存在误差主要原因有：

（1）绕组电流产生的磁动势在空间为非正弦分布，除了基波外，还有高次谐波；

（2）由于定、转子铁心齿槽的影响，产生齿谐波；

（3）铁心磁路饱和，使空间磁通密度非正弦分布，而产生谐波电动势；

（4）由于电路中连接的阻抗未能满足完全补偿的条件，而使变压器中存在着交轴磁场；

（5）材料和制造工艺的影响等。

提示

除设计、制造时提高工艺外，为了保证旋转变压器有良好的特性，在使用中必须注意：

（1）定子只有一个绕组励磁时，另一个绕组应连接一个与电源内阻抗相同的阻抗或直接短接。

（2）定子两个绕组同时励磁时，转子的两个输出绕组的负载阻抗要尽可能相等。

（3）使用中必须准确调整零位，以免引起旋转变压器性能变差。

知识拓展

旋转变压器的典型应用

在数控机床等生产设备中，正余弦旋转变压器主要用于检测角位移，也作为速度检测元件，其接线方法如图 8—35 所示。为得到较高的精度，转子绕组 Z_3Z_4 接有阻抗 Z_C 作为二次补偿。根据励磁供电方式不同，旋转变压器有鉴相式和鉴幅式两种工作方式。

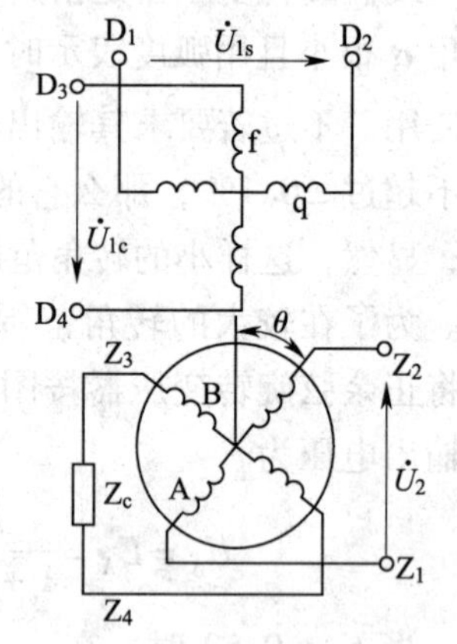

图 8—35　正余弦旋转变压器的接线方法

1．鉴相式工作方式

给定子的两个绕组分别加上同幅、同频但相位相差 90°的两个交流励磁电压，即 D_1D_2 绕组：$u_{1s}=U_{1m}\sin\omega t$；$D_3D_4$ 绕组：$u_{1c}=U_{1m}\cos\omega t$。此时，在转子绕组中产生感应电动势，在转子 Z_1Z_2 绕组的输出电压为

$$u_2 = K_u u_{1s}\sin\theta + K_u u_{1c}\cos\theta = K_u U_{1m}\sin\omega t\ \sin\theta + K_u U_{1m}\cos\omega t\ \cos\theta = K_u U_{1m}\cos(\omega t-\theta)$$

因此，转子绕组的输出电压 $\dot{U}_2$ 与定子绕组励磁电压 $\dot{U}_{1c}$ 两者的频率相同，而相位不同，其相位差为 θ。由于转子与

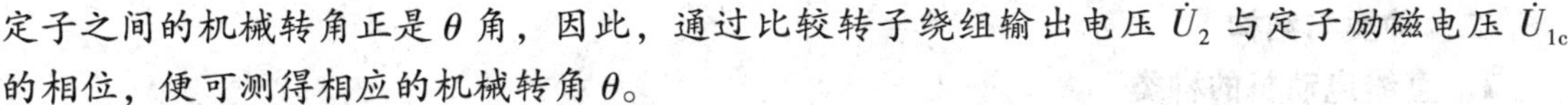

定子之间的机械转角正是 θ 角，因此，通过比较转子绕组输出电压 $\dot{U}_2$ 与定子励磁电压 $\dot{U}_{1c}$ 的相位，便可测得相应的机械转角 θ。

2. 鉴幅式工作方式

给定子的两个绕组分别加上同频率、同相位但幅值不同的交流励磁电压，即 D_1D_2 绕组：$u_{1s}=U_{1m}\sin\alpha\ \sin\omega t$；$D_3D_4$ 绕组：$u_{1c}=U_{1m}\cos\alpha\ \sin\omega t$；式中的 α 为旋转变压器励磁信号的电气角，α 是可以调节的，由于励磁电压 $\dot{U}_{1s}$ 和 $\dot{U}_{1c}$ 的幅值分别为 $U_{1m}\sin\alpha$ 和 $U_{1m}\cos\alpha$，所以它们也是随 α 的改变而变化的。

在定子绕组励磁电压的作用下，转子 Z_1Z_2 绕组中输出电压为

$$u_2 = K_u u_{1s}\sin\theta + K_u u_{1c}\cos\theta = K_u U_{1m}\sin\alpha\ \sin\omega t\ \sin\theta + K_u U_{1m}\cos\alpha\ \sin\omega t\ \cos\theta = K_u U_{1m}\cos(\alpha-\theta)\sin\omega t$$

由上式可知，转子绕组的输出电压 $\dot{U}_2$ 的幅值为 $K_uU_{1m}\cos(\alpha-\theta)$。当 α 不变时，U_{2m} 将随定、转子之间转角 θ 的改变而变化，因此，测量出 $\dot{U}_2$ 的幅值即可得到机械转角 θ。

第七节　直线电动机

1. 理解直线电动机的工作原理。
2. 了解直线电动机的结构及应用。

直线电动机是利用电能直接产生直线运动的电力传动装置，它可以省去大量中间传动机构，加快系统响应速度，提高系统精确度，得到广泛的应用。

一、基本工作原理

直线电动机的基本工作原理与旋转式异步电动机一样，定子绕组与交流电源相连接，通以多相交流电源后，则在气隙中产生一个平稳的行波磁场（当旋转半径很大时，就成了直线运动的行波磁场）。该磁场沿气隙做直线运动，同时，在动子导体中感应出电动势，并产生电流。这个电流与行波磁场相互作用产生异步推动力，使动子沿行波方向做直线运动。若把直线异步电动机定子绕组中电源相序改变一下，则行波磁场的移动方向也会反过来，根据这一原理，可使直线电动机做往复的直线运动。

直线电动机的工作原理与旋转式异步电动机有什么异同点？

二、种类与结构

1. 直线电动机的种类

直线电动机的种类按结构形式分为单边扁平型、双边扁平型、圆盘型、圆筒型（或称为管型）等，具体结构见表8—16。

表8—16　　直线电动机的种类

类型		结构图
单边扁平型	短初级	初级 次级
	短次级	初级 次级
双边扁平型	短初级	初级 次级
	短次级	初级 次级
圆盘型		初级 初级 圆盘（次级） 可绕轴旋转的圆盘
圆筒型		

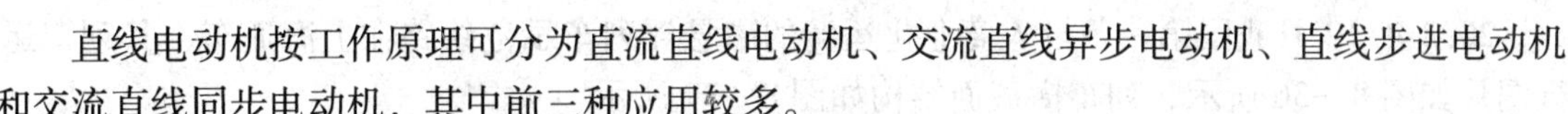

直线电动机按工作原理可分为直流直线电动机、交流直线异步电动机、直线步进电动机和交流直线同步电动机，其中前三种应用较多。

2．直线电动机的结构

直线电动机的结构主要包括定子、动子和直线运动的支撑轮三部分。为了保证在行程范围内定子和动子之间具有良好的电磁场耦合，定子和动子的铁心长度不相等。定子可制成短定子和长定子两种形式。由于长定子结构成本较高、运行费用高，故很少采用。与旋转电动机一样，直线异步电动机的定子铁心也是由硅钢片叠成，表面开有齿槽；槽中嵌有三相、两相或单相绕组；单相直线异步电动机可制成罩极式，也可通过电容移相。直线异步电动机的动子有三种形式：

（1）磁性动子　动子是由导磁材料制成（钢板）。既起磁路作用，又作为笼形动子起导电作用。

（2）非磁性动子　动子是由非磁性材料（铜）制成。主要起导电作用。这种形式电动机的气隙较大，励磁电流大，损耗也大。

（3）复合型动子　动子导磁材料表面覆盖一层导电材料，导磁材料只作为磁路导磁作用。覆盖层导电材料作笼形绕组。

直线电动机的结构上有哪些特点？

三、直线电动机传动的特点及应用

1．直线电动机传动的特点

（1）省去了把旋转运动转换为直线运动的中间转换机构，节约了成本，缩小了体积。

（2）不存在中间传动机构的惯量和阻力的影响，直线电动机直接传动，具有反应速度快、灵敏度高、随动性好、准确度高等特点。

（3）直线电动机容易密封，不怕污染，适应性强。可在有毒气体、核辐射和液态物质中使用。

（4）直线电动机散热条件好，温升低，因此可以取得较高线负荷和电流密度，可提高电动机的容量定额。

（5）装配灵活性大，往往可以将电动机与其他机件合成一体。

（6）某些特殊结构的直线电动机也存在一些缺点，如由于气隙较大，导致功率因数和效率降低，存在单边磁拉力等。

2．直线电动机的应用

在需要直线运动的场合，采用直线电动机可使装置的总体结构得到简化，直线电动机多用于各种定位系统和自动控制系统，如门自动开闭装置，起吊、传递和升降的机械设备，数控绘图仪、记录仪，磁盘存储器，精密定位机构等。大功率的直线电动机可用于电气铁路高速列车的牵引及鱼雷的发射等装置中，磁悬浮列车就是用长定子同步直线电动机驱动的。

2002 年 12 月我国第一条投入商业化运营的磁悬浮列车示范线路在上海通车，其列车运行图片如图 8—36 所示，列车横截面结构如图 8—37 所示。

图 8—36　列车运行图片

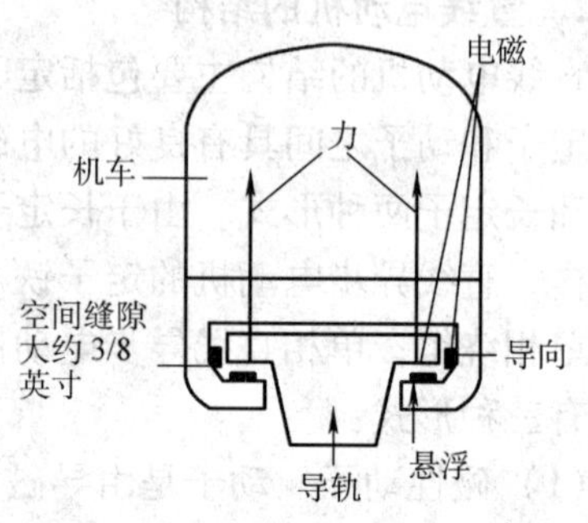

图 8—37　列车横截面结构